中国气象灾害年鉴

(2019)

中国气象局

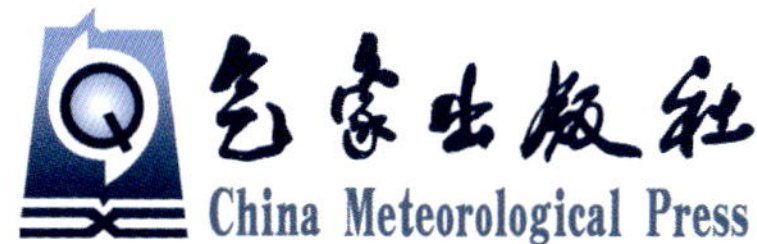

内容简介

本年鉴是中国气象局主要业务产品之一。全书共分为六章，第1章重点描述和分析2018年重大气象灾害和异常气候事件；第2章按灾种分析年内对我国国民经济产生较大影响的干旱、暴雨洪涝、热带气旋、冰雹和龙卷、沙尘暴、低温冷冻害和雪灾、雾和霾、雷电、高温热浪、酸雨、农业气象灾害、森林草原火灾、病虫害等发生的特点、重大事例，并对其影响进行评估；第3章和第4章分别从月和省(区、市)的角度概述气象灾害的发生情况；第5章分析2018年全球气候特征、重大气象灾害；第6章介绍2018年中国气象局防灾、减灾重大事例。本年鉴附录给出气象灾情统计资料和月、季、年气候特征分布以及港澳台地区的部分气象灾情。本书比较全面地总结分析了2018年我国气象灾害特点及其影响，可供从事气象、农业、水文、地质、地理、生态、环境、保险、人文、经济和社会其他行业以及灾害风险评估管理等方面的业务、科研、教学和管理决策人员参考。

图书在版编目(CIP)数据

中国气象灾害年鉴. 2019 / 中国气象局编著. — 北京：气象出版社，2020.4

ISBN 978-7-5029-7187-8

Ⅰ.①中… Ⅱ.①中… Ⅲ.①气象灾害-中国-2019-年鉴 Ⅳ.①P429-54

中国版本图书馆CIP数据核字(2020)第047173号

出版发行：气象出版社

地　　址：北京市海淀区中关村南大街46号　　**邮政编码**：100081

电　　话：010-68407112(总编室)　010-68408042(发行部)

网　　址：http://www.qxcbs.com　　**E-mail**：qxcbs@cma.gov.cn

责任编辑：张　斌　　**终　　审**：吴晓鹏

责任校对：王丽梅　　**责任技编**：赵相宁

封面设计：王　伟

印　　刷：北京中科印刷有限公司

开　　本：889 mm×1194 mm　1/16　　**印　　张**：15

字　　数：440千字

版　　次：2020年4月第1版　　**印　　次**：2020年4月第1次印刷

定　　价：150.00元

中国气象灾害年鉴(2019)

编审委员会

主　任:余　勇

副主任:宋连春

委　员(以姓氏拼音字母为序):

巢清尘　陈海山　端义宏　李茂松　李明媚　李维京　刘传正
吕　娟　潘家华　王建捷　杨　军　张　强　张祖强

科学顾问:丁一汇

编辑部

主　编:宋连春

副主编:刘绿柳　冯爱青

编写人员(以姓氏拼音字母为序):

蔡雯悦　曹　毅　戴明晶　戴　升　旦增措杰　段居琦　冯爱青
高　歌　郭安红　郭艳君　郝　丽　贺芳芳　侯　威　黄　超
黄大鹏　贾小芳　李荣庆　李文媛　李　莹　林　蓉　刘昌杰
刘绿柳　刘婷婷　刘蔚琴　刘　新　刘月丽　陆天舒　吕厚荃
梅　梅　孟凡超　倪　惠　热汗古丽·巴吾东　邵佳丽　舒文军
孙　劭　孙　蕊　唐为安　佟欣怡　王纯枝　王　飞　王记芳
王启祎　王有民　王遵娅　谢　萍　徐良炎　易灵伟　尹宜舟
于俊伟　于　群　俞亚勋　翟建青　张洪玲　张　蕾　张容焱
张素云　张颖娴　张永恒　钟海玲　周德丽　周美丽　周小兴
周星妍　朱晓金

序　言

气象灾害是指由气象原因直接或间接引起的，给人类和经济社会造成损失的灾害。20世纪90年代以来，在全球气候变暖背景下，气象灾害呈明显上升趋势，对经济社会发展的影响日益加剧，给国家安全、经济社会、生态环境以及人类健康带来了严重威胁。随着我国社会经济发展进程的加快，气象灾害的风险越来越大，影响范围也越来越广。因此，必须把加强防灾减灾作为重要的战略任务，不断提高气象服务水平和改进服务手段，提升气象灾害的监测、分析、预警能力和水平，为我国经济社会可持续发展提供科技支撑。

气象灾害信息是气象服务的重要组成部分，也是气象灾害预测与评估的基础资料。中国气象局立足于经济社会发展，为适应提高防灾抗灾能力、保护人民生命财产安全和构建和谐社会的需求，发挥气象部门优势，从2005年开始组织国家气候中心、国家气象中心、中国气象科学研究院、国家卫星气象中心以及各省(自治区、直辖市)气象局共同编撰出版《中国气象灾害年鉴》。《中国气象灾害年鉴》为研究自然灾害的演变规律、时空分布特征和致灾机理等提供了宝贵的基础信息，为开展灾害风险综合评估、科学预测和预防气象灾害提供了有价值的参考。

2018年，夏季暴雨过程频繁，但暴雨洪涝灾害总体偏轻；生成和登陆台风个数偏多、登陆位置偏北、损失偏重；高温日数多，东北及中东部地区高温极端性突出；干旱影响偏轻，但区域性和阶段性明显；低温冷冻害及雪灾频发，损失偏重；强对流天气少，损失偏轻；春季北方沙尘天气少，影响偏轻；阶段性雾、霾影响大。全年，全国因气象灾害及其次生、衍生灾害导致受灾人口约1.4亿人次，死亡568人，失踪46人；农作物受灾面积为

2081.4 万公顷，绝收面积为 258.5 万公顷；直接经济损失为 2615.6 亿元。总体来看，2018 年气象灾害直接经济损失比 1990—2017 年平均值略偏多，死亡(含失踪)人口和受灾面积均明显少于 1990—2017 年平均值。综合来看，2018 年为气象灾害偏轻年份。

《中国气象灾害年鉴(2019)》系统地收集、整理和分析了 2018 年我国所发生的干旱、暴雨洪涝、台风、冰雹和龙卷、沙尘暴、低温冷冻害和雪灾等主要气象灾害及其对国民经济和社会发展的影响，还收录了港澳台地区的部分气象灾情及全球重大气象灾害；给出全年主要气象灾害灾情图表、主要气象要素和大气现象特征分布图。希望通过本年鉴对 2018 年气象灾害的总结分析，能为有关部门加强防灾减灾工作和减少气象灾害损失提供帮助。

中国气象局副局长

余　勇

编写说明

一、资料来源

本年鉴气象资料来自我国各级气象部门的气象观测整编资料、天气气候情报分析、气候影响评估报告，灾情数据主要来源于应急管理部等部门会商核定的数据以及地方各级应急管理部门上报的数据。

二、气象灾害收录标准

1. 干旱

干旱指因一段时间内少雨或无雨，降水量较常年同期明显偏少而致灾的一种气象灾害。干旱影响到自然环境和人类社会经济活动的各个方面。干旱导致土壤缺水，影响农作物正常生长发育并造成减产；干旱造成水资源不足，人畜饮水困难，城市供水紧张，制约工农业生产发展；长期干旱还会导致生态环境恶化，甚者还会导致社会不稳定进而引发国家安全等方面的问题。

本年鉴收录整理的干旱标准为一个省（自治区、直辖市）或约 5 万平方千米以上的某一区域，发生持续时间 20 天以上，并造成农业受灾面积 10 万公顷以上，或造成 10 万以上人口生活、生产用水困难的干旱事件。

2. 暴雨洪涝

暴雨洪涝指长时间降水过多或区域性持续的大雨（日降水量 25.0～49.9 毫米）、暴雨以上强度降水（日降水量大于等于 50.0 毫米）以及局地短时强降水引起江河洪水泛滥，冲毁堤坝、房屋、道路、桥梁，淹没农田、城镇等，引发地质灾害，造成农业或其他财产损失和人员伤亡的一种灾害。

华西秋雨是我国华西地区秋季（9—11 月）连阴雨的特殊天气现象。秋季频繁南下的冷空气与暖湿空气在该地区相遇，使锋面活动加剧而产生较长时间的阴雨天气。华西秋雨的降水量虽然少于夏季，但持续降水也易引发秋汛。华西秋雨主要涉及的行政区域包括湖北、湖南、重庆、四川、贵州、陕西、宁夏、甘肃等 6 省 1 市 1 区。

本年鉴收录整理的暴雨洪涝标准为某一地区发生局地或区域暴雨过程，并造成洪水或引发泥石流、滑坡等地质灾害，使农业受灾面积超过 5 万公顷，或造成死亡 10 人以上，或造成直接经济损失 1 亿元以上。

3. 台风

热带气旋是生成于热带或副热带洋面上，具有有组织的对流和确定的气旋性环流的非锋面性涡旋的统称，分为热带低压、热带风暴、强热带风暴、台风、强台风和超强台风六个等级。热带气旋底层中心附近最大平均风速达到 10.8～17.1 米/秒（风力 6～7 级）为热带低压，达到 17.2～24.4 米/秒（风力 8～9 级）为热带风暴，达到 24.5～32.6 米/秒（风力 10～11 级）为强热带风暴，达到 32.7～41.4 米/秒（风力 12～13 级）为台风，达到 41.5～50.9 米/秒（风力

14～15级)为强台风,达到或大于 51.0 米/秒(风力 16 级或以上)为超强台风。热带气旋尤其是达到台风强度的热带气旋具有很强的破坏力,狂风会掀翻船只、摧毁房屋和其他设施,巨浪能冲破海堤,暴雨能引发山洪。在我国,通常将热带风暴及以上强度的热带气旋统称为“台风”。

本年鉴收录整理的台风标准为中心附近最大风力大于等于 8 级,且对我国造成 10 人以上死亡或直接经济损失 1 亿元以上的热带气旋。

4. 冰雹和龙卷风

冰雹是指从发展强盛的积雨云中降落到地面的冰球或冰块,其下降时巨大的动量常给农作物和人身安全带来严重危害。冰雹出现的范围虽较小,时间短,但来势猛,强度大,常伴有狂风骤雨,因此往往给局部地区的农牧业、工矿企业、电信、交通运输以及人民生命财产造成较大损失。龙卷风是一种范围小、生消迅速,一般伴随降雨、雷电或冰雹的猛烈涡旋,是一种破坏力极强的小尺度风暴。

本年鉴收录整理的冰雹和龙卷风标准为在某一地区出现的风雹过程,使农业受灾面积 1000 公顷以上,或造成 3 人以上死亡的灾害过程。

5. 沙尘暴

沙尘暴指由于强风将地面大量尘沙吹起,使空气浑浊,水平能见度小于 1 千米的天气现象。水平能见度小于 500 米为强沙尘暴,水平能见度小于 50 米为特强沙尘暴。沙尘暴是干旱地区特有的一种灾害性天气。强风摧毁建筑物、树木等,甚至造成人畜伤亡;流沙埋没农田、渠道、村舍、草场等,使北方脆弱的生态环境进一步恶化;沙尘中的有害物及沙尘颗粒造成环境污染,危害人们的身体健康;恶劣的能见度影响交通运输,并间接引发交通事故。

本年鉴收录整理的沙尘暴标准是沙尘暴以上等级,并且造成 3 人及以上死亡的灾害过程。

6. 低温冷(冻)害和雪(白)灾

低温冷(冻)害包括低温冷害、霜冻害和冻害。低温冷害是指农作物生长发育期间,因气温低于作物生理下限温度,影响作物正常生长发育,引起农作物生育期延迟,或使生殖器官的生理活动受阻,最终导致减产的一种农业气象灾害。霜冻害指在农作物、果树等生长季节内,地面最低温度降至 0℃以下,使作物受到伤害甚至死亡的农业气象灾害。冻害一般指冬作物和果树、林木等在越冬期间遇到 0℃以下(甚至－20℃以下)或剧烈变温天气引起植株体冰冻或丧失一切生理活力,造成植株死亡或部分死亡的现象。雪灾指由于降雪量过多,使蔬菜大棚、房屋被压垮,植株、果树被压断,或对交通运输及人们出行造成影响,导致人员伤亡或经济损失的现象。白灾是草原牧区冬春季由于降雪量过多或积雪过厚,加上持续低温,雪层维持时间长,积雪掩埋牧场,影响牲畜放牧采食或不能采食,造成牲畜饿冻或因而染病,甚至发生大量死亡的一种灾害。

本年鉴收录整理的低温冷(冻)害和雪(白)灾标准为影响范围 1 万平方千米以上并造成农业受灾面积 1000 公顷以上,或造成 2 人以上死亡,或造成死亡牲畜 1 万头(只)以上,或造成经济损失 100 万元以上的灾害过程。

7. 雾和霾

雾是指近地层空气中悬浮大量水滴或冰晶的乳白色集合体,使水平能见度降到 1 千米以下的天气现象。雾使能见度降低会造成水、陆、空交通灾难,也会对输电、人们日常生活等造成影响。

霾是一种对视程造成障碍的天气现象，大量极细微的干尘粒等均匀地浮游在空中，使水平能见度小于10千米，造成空气普遍浑浊。由于霾发生时，气团稳定，污染物不易扩散，严重威胁人体健康。

本年鉴收录整理的雾、霾标准为影响范围1万平方千米以上，持续时间2小时以上；并因雾、霾造成2人以上死亡，或造成经济损失100万元以上的灾害过程。

8. 雷电

雷电是在雷暴天气条件下发生于大气中的一种长距离放电现象，具有大电流、高电压、强电磁辐射等特征。雷电多伴随强对流天气产生，常见的积雨云内能够形成正、负的荷电中心，当聚集的电量足够大时，形成足够强的空间电场，异性荷电中心之间或云中电荷区与大地之间就会发生击穿放电，这就是雷电。雷电导致人员伤亡，建筑物、供配电系统、通信设备、民用电器的损坏，引起森林火灾，造成计算机信息系统中断，致使仓储、炼油厂、油田等燃烧甚至爆炸，危害人民财产和人身安全，同时也严重威胁航空、航天等运载工具的安全。

本年鉴所收集整理的雷电灾害事件标准为雷击死亡3人及以上的灾害过程。

9. 高温热浪

本年鉴将日最高气温大于或等于35℃定义为高温日；连续5天以上的高温过程称为持续高温或“热浪”天气。高温热浪对人们日常生活和健康影响极大，使与热有关的疾病发病率和死亡率上升；加剧土壤水分蒸发和作物蒸腾作用，加速旱情发展；导致水电需求量猛增，造成能源供应紧张。

本年鉴收录整理的高温热浪标准为对人体健康、社会经济等产生较大影响的高温热浪过程。

10. 酸雨

pH值小于5.6的降雨、冻雨、雪、雹、露等大气降水称为酸雨。酸雨的形成是大气中发生的错综复杂的物理和化学过程，但其最主要因素是二氧化硫和氮氧化物在大气或水滴中转化为硫酸和硝酸所致。酸雨的危害包括森林退化，湖泊酸化，鱼类死亡，水生生物种群减少，农田土壤酸化、贫瘠，有毒重金属污染增强，粮食、蔬菜、瓜果大面积减产，建筑物和桥梁损坏，文物遭受侵蚀等。

本年鉴按照大气降水pH值≥5.6为非酸性降水、4.5≤pH值<5.59为弱酸性降水、pH值<4.5为强酸性降水的标准对酸雨基本情况进行分析和整理。

11. 农业气象灾害

农业气象灾害是指不利的气象条件给农业生产造成的危害。农业气象灾害按气象要素可分为单因子和综合因子两类。由温度要素引起的农业气象灾害，包括低温造成的霜冻害、冬作物越冬冻害、冷害、热带和亚热带作物寒害以及高温造成的热害；由水分因子引起的有旱害、涝害、雪害和雹害等；由风力异常造成的农业气象灾害，如大风害、台风害、风蚀等；由综合气象要素引起的农业气象灾害，如干热风、冷雨害、冻涝害等。此外，广义的农业气象灾害还包括畜牧气象灾害（如白灾、黑灾、暴风雪等）和渔业气象灾害等。

本年鉴所收集整理的农业气象灾害标准为对农作物生长发育、产量形成造成不利影响，导致作物减产、品质降低、农田或农业设施损毁等影响较大的灾害过程或事件。

12. 森林草原火灾

森林草原火灾指失去人为控制，并在森林内或草原上自由蔓延和扩展，对森林草原生态

系统和人类带来一定危害和损失的火灾过程。

本年鉴收录整理的森林草原火灾标准为造成森林草原受灾面积100公顷以上，或造成人员伤亡，或造成经济损失100万元以上的森林草原火灾事件。

13. 病虫害

病虫害是农业生产中的重大灾害之一，是虫害和病害的总称，它直接影响作物产量和品质。虫害指作物生长发育过程中，遭到有害昆虫的侵害，使作物生长和发育受到阻碍，甚至造成枯萎死亡；病害指植物在生长过程中，遇到不利的环境条件，或者某种寄生物侵害，而不能正常生长发育，或是器官组织遭到破坏，表现为植物器官上出现斑点、植株畸形或颜色不正常，甚至整个器官或全株死亡与腐烂等。

本年鉴收录整理的病虫害标准为与气象条件相关的，造成受灾面积100万公顷以上的病虫害。

三、港澳台地区灾情

全国气象灾情统计数据未包含香港、澳门特别行政区和台湾省。港澳台地区的部分灾情摘录于新闻媒体。

四、主要灾情指标解释

受灾人口

本行政区域内因自然灾害遭受损失的人员数量(含非常住人口)。

因灾死亡人口

以自然灾害为直接原因导致死亡的人员数量(含非常住人口)。

因灾失踪人口

以自然灾害为直接原因导致下落不明，暂时无法确认死亡的人员数量(含非常住人口)。

紧急转移安置人口

指因自然灾害造成不能在现有住房中居住，需由政府进行安置并给予临时生活救助的人员数量(包括非常住人口)。包括受自然灾害袭击导致房屋倒塌、严重损坏(含应急期间未经安全鉴定的其他损坏房)造成无房可住的人员；或受自然灾害风险影响，由危险区域转移至安全区域，不能返回家中居住的人员。安置类型包含集中安置和分散安置。对于台风灾害，其紧急转移安置人口不含受台风灾害影响从海上回港但无需安置的避险人员。

因旱饮水困难需救助人口

指因旱灾造成饮用水获取困难，需政府给予救助的人员数量(含非常住人口)。具体包括以下情形：①日常饮水水源中断，且无其他替代水源，需通过政府集中送水或出资新增水源的；②日常饮水水源中断，有替代水源，但因取水距离远取水成本增加，现有能力无法承担需政府救助的；③日常饮水水源未中断，但因旱造成供水受限，人均用水量连续15天低于35升，需政府予以救助的。因气候或其他原因导致的常年饮水困难的人口不统计在内。

农作物受灾面积

因灾减产1成以上的农作物播种面积，如果同一地块的当季农作物多次受灾，只计算一次。农作物包括粮食作物、经济作物和其他作物，粮食作物是稻谷、小麦、薯类、玉米、高粱、谷子、其他杂粮和大豆等粮食作物的总称，经济作物是棉花、油料、麻类、糖料、烟叶、茶叶、水果等经济作物的总称，其他作物是蔬菜、青饲料、绿肥等作物的总称。

农作物成灾面积

农作物受灾面积中，因灾减产3成以上的农作物播种面积。

农作物绝收面积

农作物受灾面积中，因灾减产8成以上的农作物播种面积。

倒塌房屋

指因灾导致房屋整体结构塌落，或承重构件多数倾倒或严重损坏，必须进行重建的房屋数量。以具有完整、独立承重结构的一户房屋整体为基本判定单元（一般含多间房屋），以自然间为计算单位；因灾遭受严重损坏，无法修复的牧区帐篷，每顶按3间计算。

损坏房屋

包括严重损坏和一般损坏房屋两类。严重损坏房屋指因灾导致房屋多数承重构件严重破坏或部分倒塌，需采取排险措施、大修或局部拆除的房屋数量。一般损坏房屋指因灾导致房屋多数承重构件轻微裂缝，部分明显裂缝；个别非承重构件严重破坏；需一般修理，采取安全措施后可继续使用的房屋间数。以自然间为计算单位，不统计独立的厨房、牲畜棚等辅助用房、活动房、工棚、简易房和临时房屋；因灾遭受严重损坏，需进行较大规模修复的牧区帐篷，每顶按3间计算。

直接经济损失

受灾体遭受自然灾害后，自身价值降低或丧失所造成的损失。直接经济损失的基本计算方法是受灾体损毁前的实际价值与损毁率的乘积。

目　录

概　述

2018年，中国年平均气温10.1℃，较常年(9.6℃)偏高0.5℃(图1)；1月、2月、10月和12月气温较常年同期略偏低，9月接近常年同期，其余各月均偏高，其中6月、8月分别为1961年以来历史同期第二高和第四高。中国平均年降水量673.8毫米，比常年(629.9毫米)偏多7%，较2017年(641.3毫米)偏多5%(图2)；2月和10月降水量偏少，其中2月偏少53%；1月、7月、8月、9月、11月和12月降水量偏多，其中，8月为1961年以来历史同期第三多，12月偏多73%；其余月份降水接近常年同期。

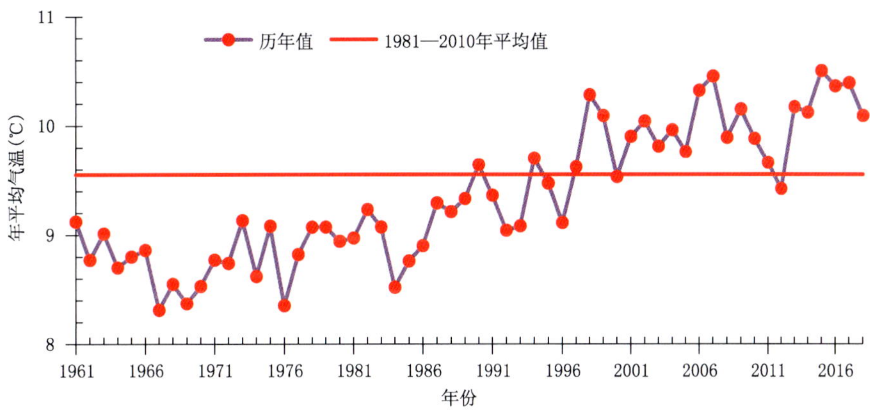

图1　1961—2018年全国年平均气温

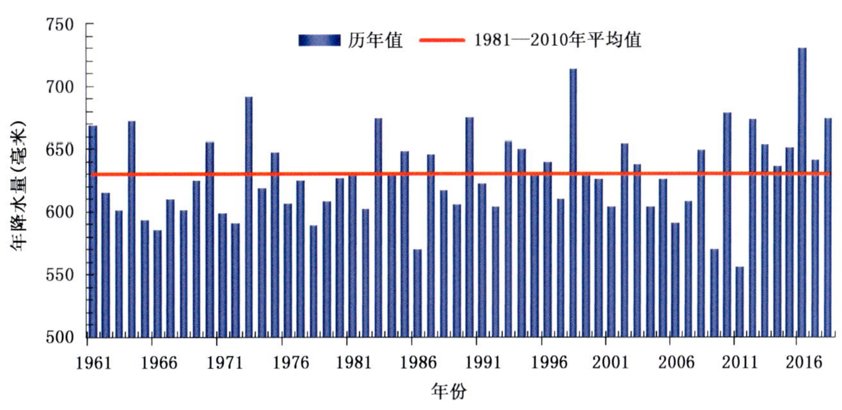

图2　1961—2018年全国平均年降水量

2018年，夏季暴雨过程频繁，但暴雨洪涝灾害总体偏轻；生成和登陆台风多、登陆位置偏北、损失偏重；高温日数多，东北及中东部地区高温极端性突出；干旱影响偏轻，但区域性和阶段性明显；

低温冷冻害及雪灾频发，损失偏重；强对流天气少，损失偏轻；春季北方沙尘天气少，影响偏轻；阶段性雾霾影响大。

2018 年，全国因气象灾害及其次生、衍生灾害导致受灾约 1.4 亿人次，死亡 568 人，失踪 46 人；农作物受灾面积 2081.4 万公顷，绝收面积 258.5 万公顷；直接经济损失 2615.6 亿元(图 3)。总体来看，2018 年气象灾害直接经济损失比 1990—2017 年平均值略偏多，死亡(含失踪)人数和受灾面积均明显少于 1990—2017 年平均值。综合来看，2018 年为气象灾害偏轻年份。

图 3 1990—2018 年全国气象灾害直接经济损失

图 4 给出 2018 年全国主要气象灾害各项损失占总损失的比例。直接经济损失中，暴雨洪涝灾害所占比例最高，为 40.5%，其次为台风，再次为低温冷冻害和雪灾。受灾人口、死亡人口和倒塌房屋方面，暴雨洪涝灾害所占比例均为最高，分别为 26.1%、61.9%、69.8%；农作物受灾面积和绝收面积方面，干旱所占比例最高，分别为 37.1%、35.7%，其次为暴雨洪涝灾害。

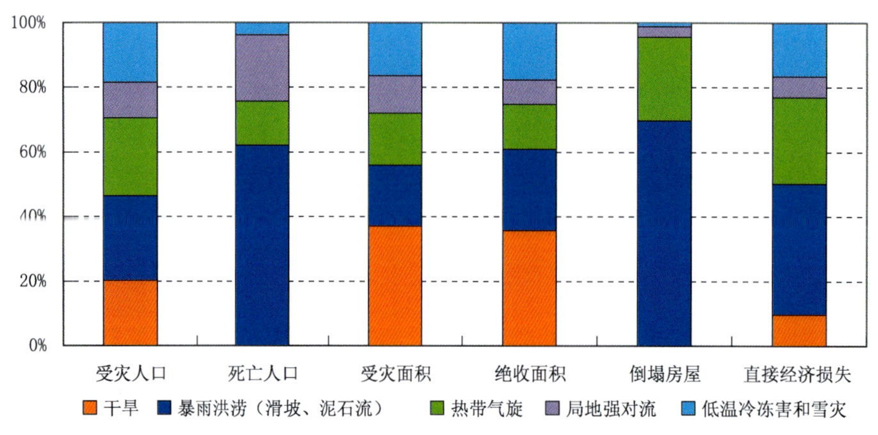

图 4 2018 年全国主要气象灾害各项损失指标比例

与 2017 年相比，2018 年暴雨洪涝灾害造成的直接经济损失和死亡人数均偏少；台风、低温冷冻害和雪灾的直接经济损失和死亡人数均偏高，局地强对流死亡人数偏多(图 5)。

2018 年主要气象灾害概述：

干旱 2018 年，中国干旱受灾面积 771.2 万公顷，较 1990—2017 年平均值明显偏小，为 1990 年以来最少值(图 6)。2018 年属干旱灾害偏轻年份，但区域性和阶段性干旱明显。年内，内蒙古东部、东北中部和南部出现春夏连旱，江汉、江南、江淮等地出现阶段性干旱，北京发生秋冬春连旱。

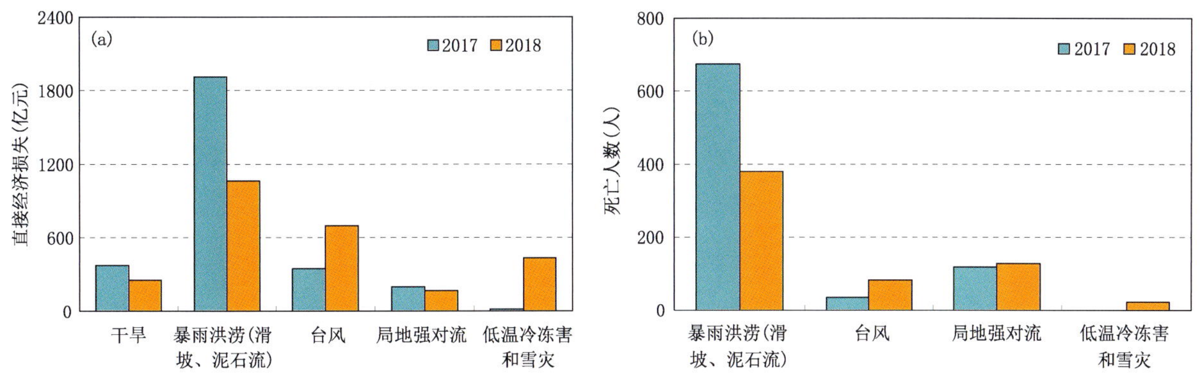

图 5　2018 年全国主要气象灾害直接经济损失(a)和死亡人数(b)与 2017 年比较

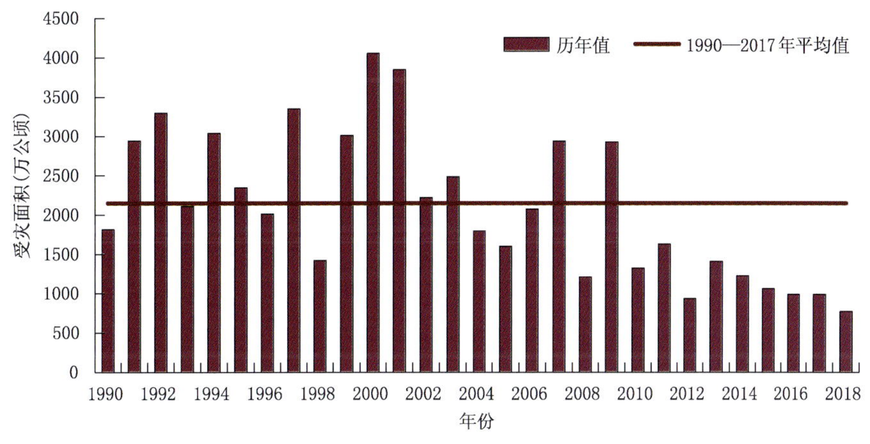

图 6　1990—2018 年全国干旱受灾面积

暴雨洪涝(及其引发的滑坡和泥石流)　2018 年汛期，全国共出现 21 次暴雨过程，部分地区洪涝灾害严重。年内暴雨洪涝及其引发的滑坡、泥石流等地质灾害造成的直接经济损失偏轻。初夏，连续强降水致多地内涝。7—7 月，长江中下游和我国北方多地发生暴雨洪涝。夏末，华南等地强降雨引发暴雨洪涝。秋季多阴雨天气，青海、四川、重庆、贵州、湖南、江西、浙江、福建、广东、广西 10 省(区、市)平均降水日数为 1982 年以来最多值。年内，全国暴雨洪涝受灾面积为 395.0 万公顷，死亡(含失踪)380 人，直接经济损失为 1060.5 亿元；与 1990—2017 年平均值相比，受灾面积、死亡或失踪人数均偏少，直接经济损失略偏多(图 7)。总体来看，2018 年属暴雨洪涝灾害略偏轻年份。

台风　2018 年，在西北太平洋和南海共有 29 个台风(中心附近最大风力≥8 级)生成，较常年(25.5 个)偏多 3.5 个。其中 10 个登陆中国，登陆个数较常年 (7.2 个)偏多 2.8 个。初台登陆时间较常年偏早 13 天，终台登陆时间偏晚 10 天。2018 年，影响中国的台风共造成 83 人死亡(含失踪)，直接经济损失 697.3 亿元；与 1990—2017 年平均值相比，2018 年台风导致的死亡人数偏少，但造成的直接经济损失偏多。总体而言，2018 年台风灾情偏重(图 8)。其中，第 18 号台风“温比亚”影响范围较大，为当年造成灾害损失最重的台风。第 22 号台风“山竹”为 2018 年登陆我国的最强台风，也是当年生命史最长的台风。

局地强对流(大风、冰雹、龙卷及雷电等)　2018 年，局地强对流总体灾情偏轻，共造成我国农作物受灾面积 240.7 万公顷，死亡(含失踪)128 人，直接经济损失 168.5 亿元。与近 10 年相比，2018 年局地强对流造成的农作物受灾面积和死亡人数偏少，直接经济损失偏轻。

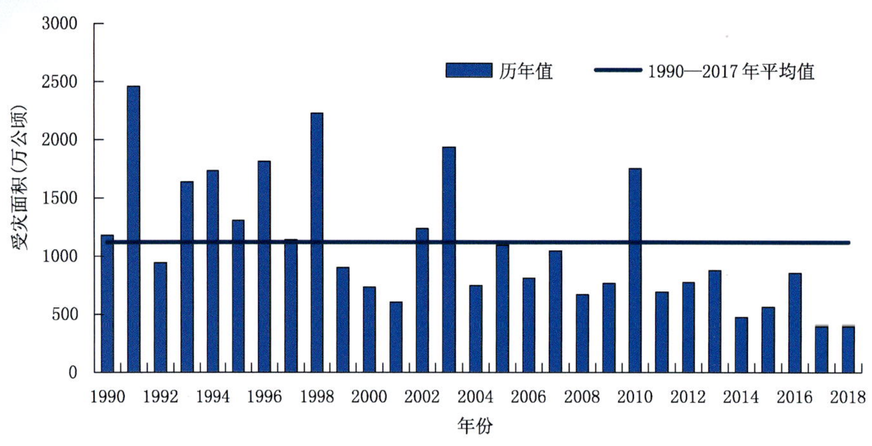

图 7　1990—2018 年全国暴雨洪涝受灾面积

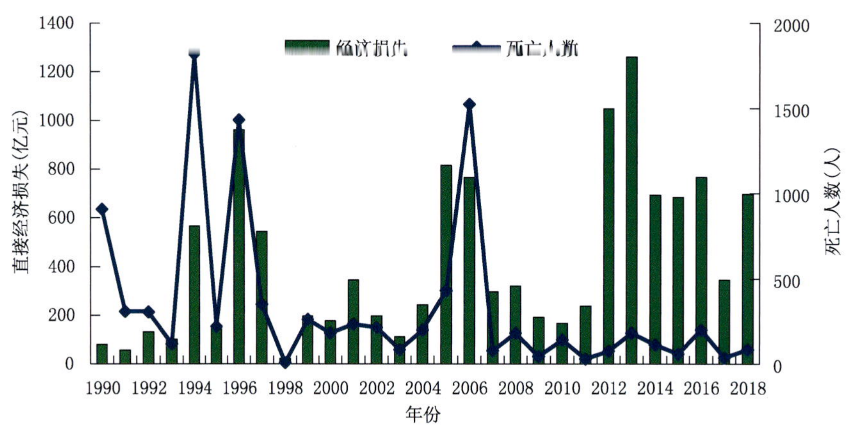

图 8　1990—2018 年全国台风直接经济损失和死亡人数

低温冷冻害和雪灾　2018 年，中国因低温冷冻害和雪灾共造成农作物受灾面积 341.3 万公顷，直接经济损失 434.0 亿元，为低温冷冻害及雪灾偏重年份。1 月中东部遭遇 3 次大范围低温和雨雪天气过程；4 月 3—7 日，北方地区受寒潮天气过程影响，部分地区遭受严重的低温冷冻害。

沙尘暴　2018 年，共出现了 14 次沙尘天气过程。沙尘天气过程首发时间偏早。春季，出现 10 次沙尘天气过程，比常年同期(17 次)少 7 次，其中沙尘暴过程 3 次；北方地区平均沙尘日数为 2.3 天，比常年同期偏少 2.8 天。3 月 26—29 日的沙尘暴天气过程影响范围最大。全年沙尘天气产生的影响总体偏轻。

第1章 重大气象灾害和气候事件

1.1 1月下旬，我国出现大范围寒潮天气过程

1月22—28日，我国出现大范围寒潮天气过程。内蒙古西部、陕西北部、山西北部、贵州东南部、广西西部等地降温幅度12～14℃，局地超过14℃；湖南东北部、湖北中北部和东部、安徽中部和南部、江苏西南部、浙江北部等地累计降雪量超过25毫米，浙江西北部、江苏南部、安徽中部、河南东南部、湖北东北部等地积雪深度15～20厘米，局地20～32厘米。此次过程是入冬以来中国范围最广、持续时间最长、影响最为严重的一次过程。受其影响，合肥市16处公交站台顶板在大雪中倒塌，江苏、浙江、安徽、江西等14省（市）近900万人受灾，对公路、铁路、航空等交通运输和农业生产产生了严重影响。

1.2 2月中下旬琼州海峡遭遇罕见持续大雾天气

2月15—28日，琼州海峡遭遇1951年以来罕见的持续大雾天气，受大雾影响，渡轮因能见度过低停航12次，累计时间长达68.5小时。由于正值春节假期结束游客返程高峰期，琼州海峡南岸大量旅客和车辆滞留，高峰滞留车辆达2万辆，车队最长有20千米，滞留旅客近10万人，海口市交通严重拥堵。

1.3 入冬以来北方雨雪稀少，多地连续无降水日数破纪录

入冬以来，东北南部、华北东部、黄淮大部降水稀少，降水量较常年同期普遍偏少5～8成，辽宁南部和西部、河北东北部、北京等地少8成以上。华北区域平均降水量5.4毫米，较常年同期偏少40.9%；东北地区平均降水量11.1毫米，偏少30.8%；其中北京市平均降水量仅0.2毫米（常年同期7.9毫米），为1961年以来最少值；辽宁省平均降水量4.5毫米（常年同期15.7毫米），为1961年以来次少值。河北平泉和宽城、内蒙古青龙山等26县（市）连续无降水日数突破历史极值；北京观象台连续145天无降水（2017年10月23日至2018年3月16日），突破该站历史纪录（114天，1970年10月25日至1971年2月15日）。

1.4 3月初，南方多地出现强对流天气

3月3—5日，广西、湖北、湖南、江西、安徽、江苏、河南等地出现雷暴、大风、冰雹、短时强降水等强对流天气，黄淮南部、江汉、江淮、江南大部、华南中北部等地出现20～50毫米，局地超过50毫米

的短时强降水；广西中北部、湖南南部、江西中北部、安徽南部等地出现8级以上、局地超10级的区域性雷暴大风天气，最大风速出现在江西庐山，达37.3米/秒，广西西北部和东部、湖南南部、江西东部、安徽中南部以及江苏西部等地局地出现冰雹，广西贺州钟山站，最大冰雹直径达50毫米。

1.5 春寒来势凶猛致中东部严重冻害

4月上旬，中国遭遇寒潮袭击，西北地区东部、华北等地过程最大降温幅度超过14℃，部分地区超过17℃。此次寒潮天气过程造成北京、河北、山西、陕西、甘肃、宁夏、安徽、山东等8省(区、市)遭受较为严重的低温冻害，共计800多万人受灾，农作物受灾面积近100万公顷。大风降温天气给正处于开花期的果树造成严重危害，直接造成果树绝产。

1.6 初夏南方连续强降水致多地内涝

6月18—26日，南方地区出现持续9天的强降雨天气，雨带在广西、贵州、湖南、江西、浙江等地摆动，局地最大累计雨量达400多毫米，超过当地年降水量的三分之一；6月30日至7月8日，长江中下游地区出现连续的强降雨过程，降雨中心出现在江西景德镇，累计降水量428毫米，7月5—8日连续降水量达332毫米，为历史同期第二高值，仅次于1993年的399毫米。强降雨过程导致部分地区发生内涝、中小河流洪水、山洪、滑坡和泥石流等灾害。

1.7 盛夏西北部分地区暴雨成灾

盛夏，西北地区出现多次强降雨天气，多地遭受暴雨洪涝灾害。7月8—11日，甘肃多地遭受暴雨洪涝灾害，导致12人死亡，4人失踪，直接经济损失14.6亿元；7月18—21日，甘肃暴雨导致13人死亡，5人失踪，直接经济损失5亿元；7月31日，新疆哈密地区山区局地出现大到暴雨，造成322人死亡，多人失踪；8月29日至9月3日，西北地区东部出现强降水天气过程，内蒙古呼和浩特、乌海、鄂尔多斯等6市遭受洪涝灾害，导致3人死亡，直接经济损失3.3亿元。

1.8 夏季，高温日数多、强度强、影响范围广，连续预警达33天

2018年夏季(6—8月)，中国平均气温21.9℃，较常年同期偏高1.0℃ ，为1961年以来同期最高值；平均高温日数为14.9天，仅次于2013年和2017年，为1961年以来历史同期第三多值，吉林、辽宁等地55站日最高气温突破历史极值。7月14日至8月15日，中央气象台连续33天发布高温预警，这是从2010年有统计记录以来高温预警连发时间最长的一次。持续高温天气导致电网用电负荷和日用电量增大，多地用电负荷创历史新高，同时对人体健康产生一定影响，医院因高温致热射病、热伤风和肠胃炎患者急剧增多；持续高温还导致大连海参大面积死亡，养殖户损失惨重。

1.9 台风登陆点偏北，三台风一个月内罕见相继登陆上海

2018年登陆的8个台风中，有4个台风在沪浙沿岸登陆，为1949年以来最多的年份，其中，“安比”“云雀”“温比亚”在一个月内相继登陆上海，为历史罕见。上述3个台风在华东地区登陆后继续北上，给华东大部、华北东部、东北地区西部和南部等地带来大范围风雨影响。“温比亚”为2018年

造成损失最为严重的台风，山东、安徽等8省(市)1800.4万人受灾，53人死亡或失踪，农作物受灾面积201.5万公顷，直接经济损失369.1亿元。

1.10 台风"山竹"强势登陆粤港澳，三地首次联合会商

第22号台风"山竹"于9月16日下午在广东省台山市以强台风等级登陆，登陆时中心附近最大风力14级(45米/秒)，是2018年生命史最长、影响中国的最强台风。受其影响，9月16—18日，粤港澳大湾区普遍出现11～14级的大风、阵风达14～17级；广东茂名、阳江、深圳、惠州及广西河池等地降水量达300～497毫米，台湾东部达300～650毫米，屏东局地超过1500毫米。为应对台风"山竹"，中央气象台与香港天文台、澳门地球物理暨气象局举行首次三方联合视频会商，对做好区域防灾减灾、服务粤港澳大湾区建设方面有着重要意义。

1.11 10月，大型泥石流导致雅鲁藏布江出现巨型堰塞湖

10月17日，西藏米林县派镇加拉村雅鲁藏布江左侧发生大型泥石流，堵塞干流形成巨型堰塞湖，10月19日，堰塞湖自然漫顶过流险情逐步解除；10月29月，因冰雪融水引发高浓度泥石流再次堵塞雅鲁藏布江，对上游和下游的生产生活和基础设施造成了重大的威胁和影响。此次堰塞湖险情系冰川发生冰崩引起，在气候变暖背景下，近年来冰川及其次生灾害频发，冰川灾害风险加剧。1961年以来，青藏高原平均气温呈明显上升趋势，2018年5—10月，米林平均气温为有观测记录以来同期最高值，气温持续偏高加剧了冰川融化、冰碛物移动堆积程度。

第2章 气象灾害分述

2.1 干旱

2.1.1 基本概况

2018年，全国平均降水量673.8毫米，较常年偏多7.0%，比2017年偏多5%。1月、7月、8月、9月、11月和12月降水量偏多，其中12月偏多78%；2月、4月、6月和10月降水量偏少，其中2月偏少53%，为1951年以来历史同期第三少值；3月和5月降水量接近常年同期。

2018年，全国共有21省(区、市)降水量较常年偏多，其中宁夏偏多42%，青海偏多29%，青海降水量为历史最多值；10个省(区、市)降水量偏少，其中辽宁偏少17%，江西偏少8%(图2.1.1)。

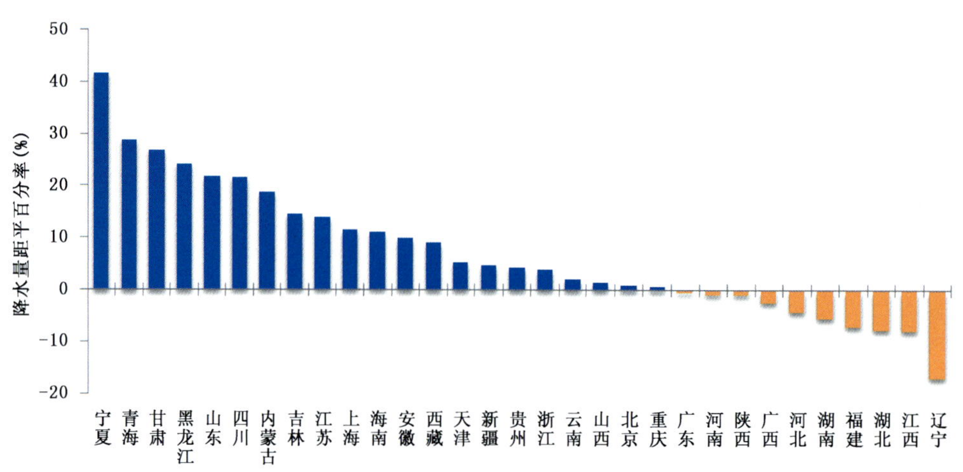

图2.1.1 2018年各省(区、市)平均年降水量距平百分率

Fig. 2.1.1 Percentage of annual precipitation anomalies in different provinces of China in 2018 (unit:%)

2018年，我国旱情比常年偏轻，但区域性和阶段性干旱明显。受旱面积较大或旱情较重的省份有内蒙古、辽宁、吉林等。年内，内蒙古东部、东北中部和南部出现春夏连旱，江汉、江南、江淮等地出现阶段性干旱，北京发生秋冬春连旱。

2018年，全国农作物受旱面积771.2万公顷，绝收面积92.2万公顷；受旱面积较常年偏小1671.4万公顷(图2.1.2)。内蒙古、辽宁、吉林3省(区)因旱绝收面积占全国因旱绝收面积的79.4%。2018年全国因旱造成2742.7万人受灾，饮水困难人口121.7万人；直接经济损失255.3亿元。

2018年不同季节主要旱区分布如图2.1.3所示。冬季气象干旱主要出现在西南地区以及广西、广东、湖南、湖北、山东、江苏、安徽、河北等省(区)；2018年春季气象干旱主要出现在东北、华北、江南、华南、西南以及内蒙古、甘肃、陕西、山东等省(区)；夏季，东北、华北、黄淮、江淮、江南、华南、

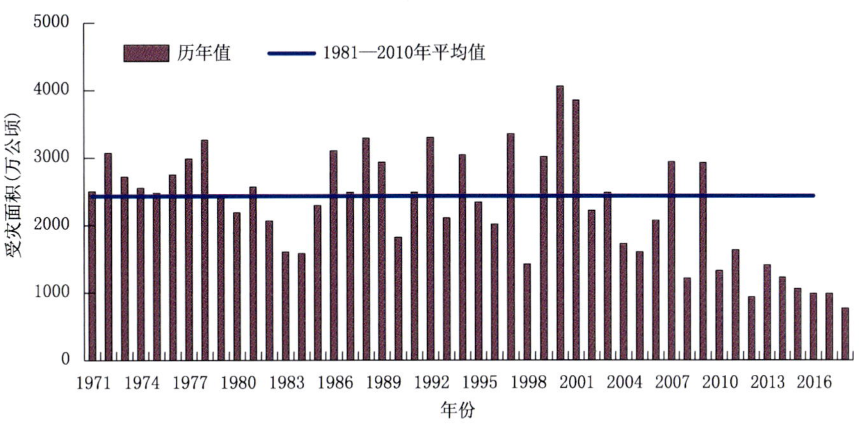

图 2.1.2　1971—2018 年全国干旱受灾面积

Fig. 2.1.2　Drought areas in China during 1971—2018(unit:10^4 hm^2)

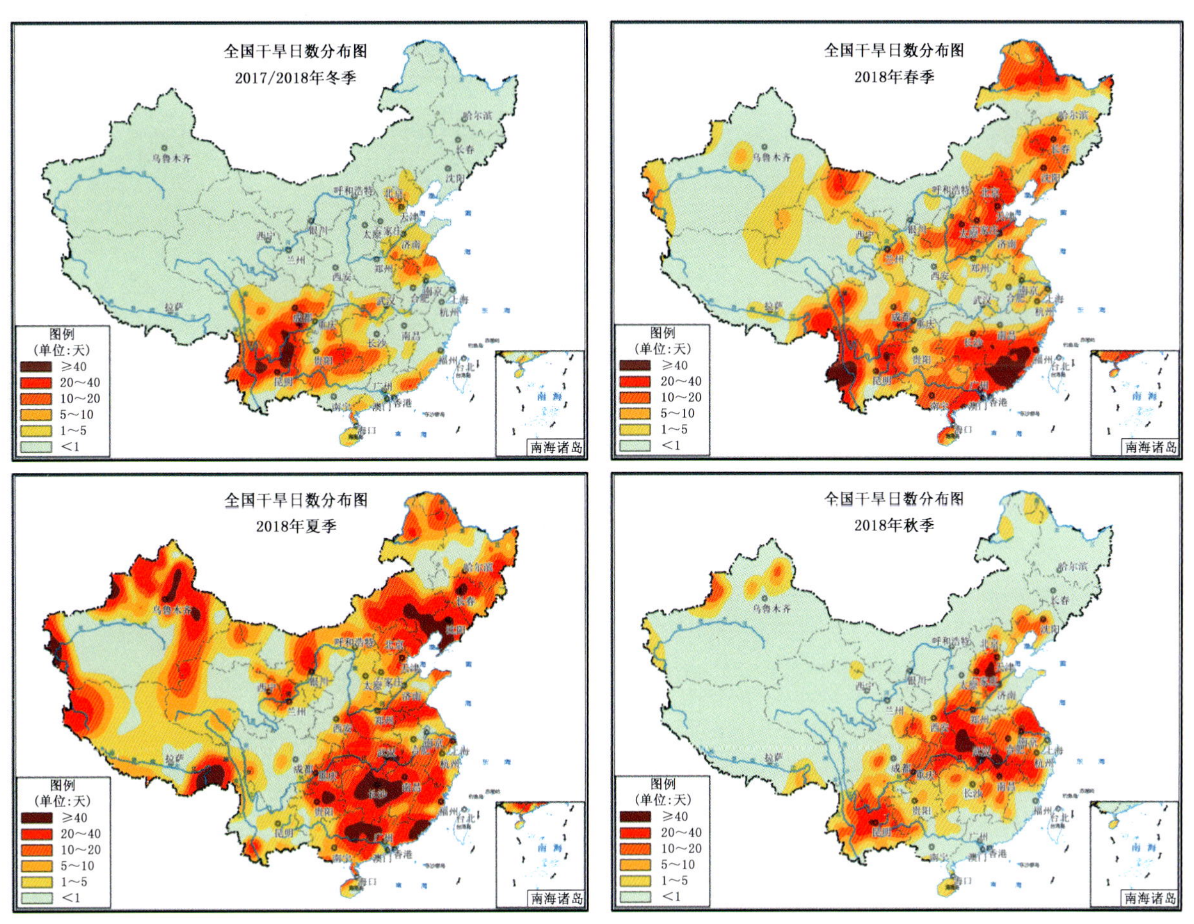

图 2.1.3　2018 年不同季节主要干旱区分布

Fig. 2.1.3　Sketch of major droughts over China in 2018

西南以及湖北、重庆、贵州、内蒙古、甘肃、新疆等省(区、市)发生不同程度气象干旱;秋季,江淮、江汉、江南、西南以及河北、山东、山西、陕西、辽宁等省(区)出现气象干旱(表 2.1.1)。2018 年干旱日数达 50 天的地区主要出现在华北东部、江汉大部、江南中部和南部、华南东部以及辽宁中部和西部、江苏北部、河南西部、贵州东部、云南大部等地(图 2.1.4)。

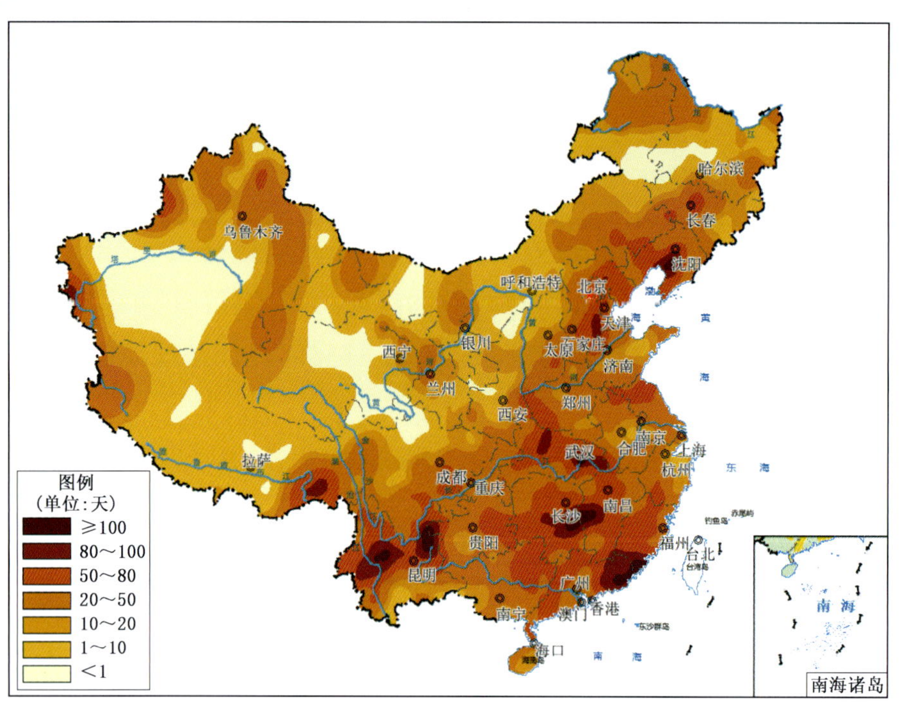

图 2.1.4　2018 年全国中旱以上干旱日数分布

Fig. 2.1.4　Distribution of median drought and more severe drought days of China in 2018 (unit: d)

表 2.1.1　2018 年我国主要干旱事件简表

Table 2.1.1　List of major drought events over China in 2018

时间	地区	程度	旱情概况
4 月中旬至 6 月下旬	内蒙古东部、东北中部和南部	东北大部及内蒙古东部降水量不足 200 毫米，降水量较常年同期偏少 2～5 成，局地偏少 5 成以上；上述地区气温普遍比常年同期偏高 1～2℃，其中内蒙古东部偏高 2～4℃。期间，黑龙江和吉林还出现高温天气，部分地区日最高气温超过 38℃	受干旱影响，旱区春耕春播进度比 2017 年偏慢，部分地区播种困难、出苗率偏低、长势偏弱，对当地玉米及牧草生长产生较重影响。另外，干燥高温天气也导致上述地区森林草原火险等级偏高
8 月中旬至 9 月中旬	江汉、江南、江淮	江汉、江南大部地区降水量比常年同期偏少 2～5 成，江汉中部偏少 5～8 成；同期，上述大部地区气温偏高 1～2℃，江汉中部和西部、江南中部和东部出现 10～15 天的高温天气，最高气温达 38～40℃	江汉、江南西部和北部出现阶段性伏旱，旱区一季稻和玉米抽穗开花、棉花开花受到不利影响
10 月上旬至 11 月上旬	黄淮、江淮、江汉	黄淮、江淮、江汉降水量偏少 5～8 成，黄淮中部和江淮北部偏少 8 成以上	旱区森林火险等级偏高；对秋种及已播作物苗期生长不利。河南山区的部分群众发生因旱临时性饮水困难，水库蓄水减少
2017 年 10 月 23 日至 2018 年 3 月 16 日	北京	北京连续 145 天无降水，突破历史纪录	北京发生秋冬春连旱，大部地区出现重度气象干旱

2.1.2 主要旱灾事例

1. 内蒙古东部、东北中部和南部出现春夏连旱

4月中旬至6月下旬，东北大部及内蒙古东部降水量不足200毫米，降水量较常年同期偏少2～5成，局地偏少5成以上；上述地区气温普遍比常年同期偏高1～2℃，其中内蒙古东部偏高2～4℃。期间，黑龙江和吉林还出现高温天气，部分地区日最高气温超过38℃。温高雨少致使内蒙古东部、东北中部和南部干旱露头并发展，内蒙古东部、黑龙江东部、吉林西部、辽宁大部存在中至重度气象干旱(图2.1.5)。

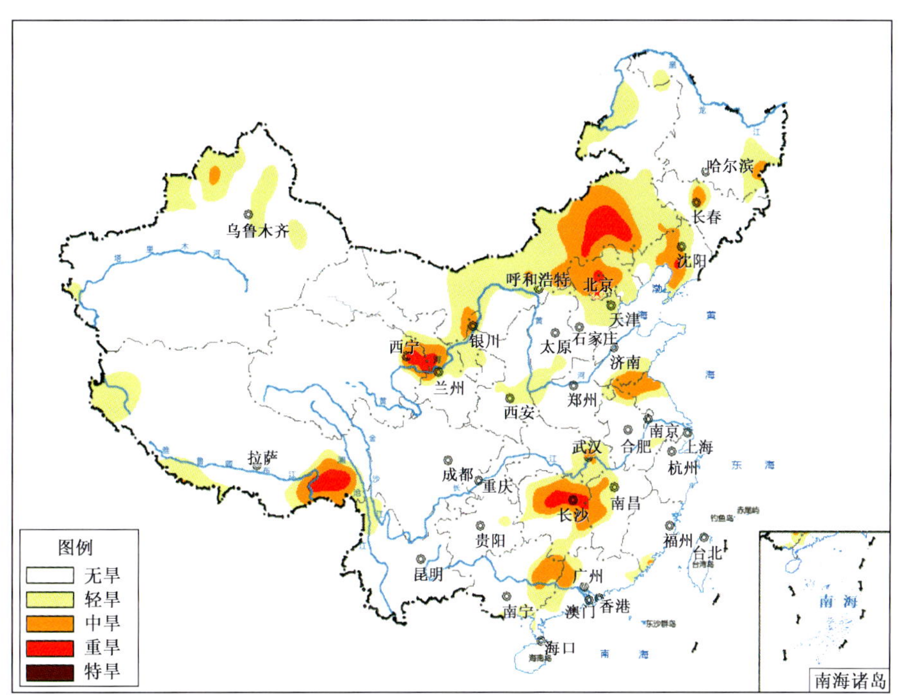

图2.1.5　2018年6月23日全国气象干旱综合监测图

Fig. 2.1.5　Drought Monitoring in China on June 23, 2018

受干旱影响，旱区春耕春播进度比2017年偏慢，部分地区播种困难、出苗率偏低、长势偏弱，对当地玉米及牧草生长产生较大影响。另外，干燥高温天气也导致上述地区森林草原火险等级偏高。据不完全统计，内蒙古自治区受灾草场面积达5.5亿亩①，占草原总面积的40%以上，其中未返青草场2.69亿亩，尤其是巴彦淖尔市的草场受灾严重，受灾面积占全市牧区草场总面积的70%以上；辽宁和吉林部分地区土壤持续缺墒，春耕春播受阻，已播田块出现缺苗断垄，出苗率低。截至6月30日，内蒙古自治区受灾人口79万余人，干旱面积近40万平方千米(阿拉善盟除外)，占总面积的46.5%，经济损失约7.9亿元，赤峰市、锡林郭勒盟等地灾情较重。

2. 江汉、江南、江淮等地出现阶段性干旱

8月中旬至9月中旬，江汉、江南大部地区降水量比常年同期偏少2～5成，江汉中部偏少5～8成；同期，上述大部地区气温偏高1～2℃，江汉中部和西部、江南中部和东部出现10～15天的高温天气，最高气温达38～40℃。高温少雨加上作物需水旺盛，土壤墒情迅速下降，致使江汉、江南西部和北部出现阶段性伏旱(图2.1.6)，旱区一季稻和玉米抽穗开花、棉花开花受到不利影响。

10月上旬至11月上旬，黄淮、江淮、江汉降水量偏少5～8成，黄淮中部和江淮北部偏少8成以

① 1亩$=\frac{1}{15}$公顷。

上，气象干旱持续发展，黄淮南部和西部、江淮大部、江汉及陕西东南部、重庆北部等地存在中到重度气象干旱（图 2.1.7），森林火险等级偏高。

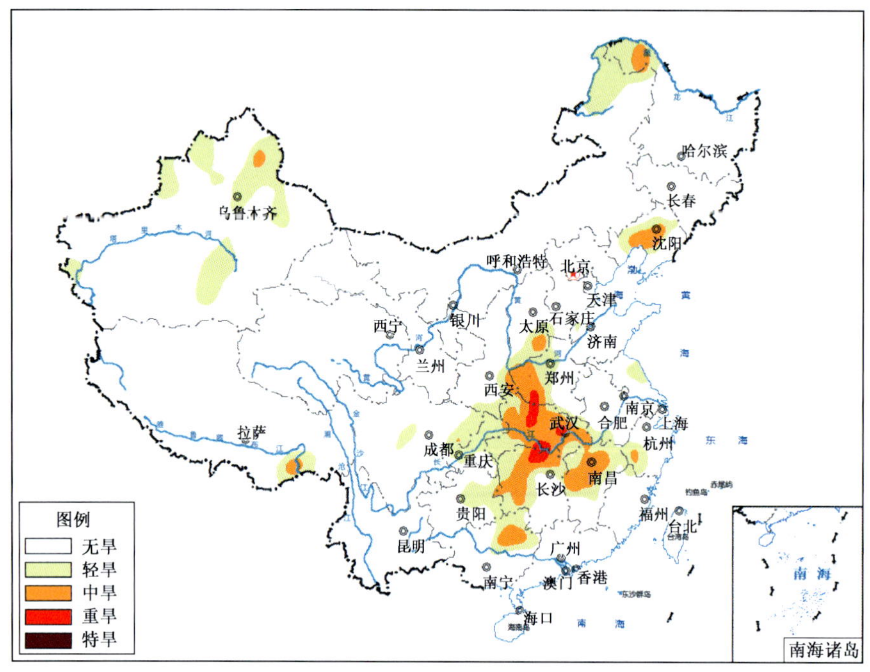

图 2.1.6　2018 年 8 月 28 日全国气象干旱综合监测图

Fig. 2.1.6　Drought Monitoring in China on August 28, 2018

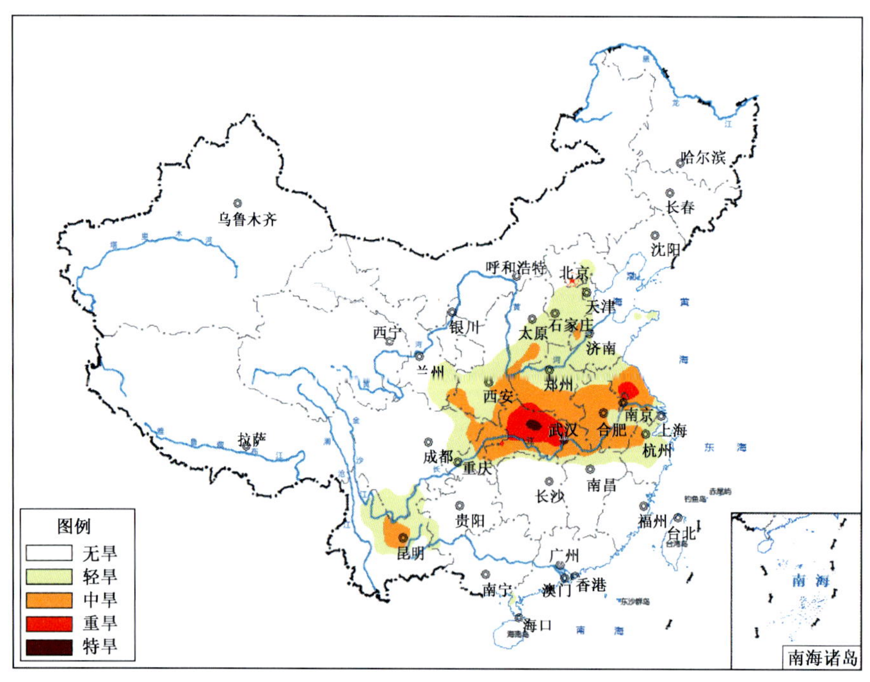

图 2.1.7　2018 年 11 月 1 日全国气象干旱综合监测图

Fig. 2.1.7　Drought Monitoring in China on November 1, 2018

10 月，河南省旱象初显，全省大部分地区出现农业轻度干旱，分散居住在山区的部分群众发生因旱临时性饮水困难，因旱饮水困难人口主要集中在登封市、南阳市西峡县。截至 11 月 1 日，河南省 22 座大型水库蓄水较 10 月 1 日少 2.44 亿立方米，108 座中型水库蓄水较 10 月 1 日少 0.56 亿立方米。河南省地下水蓄变量较上月同期减少 11.9 亿立方米。

截至 10 月中旬，安徽省旱情持续发展，对秋种及已播作物出苗有一定的不利影响；10 月下旬安徽省大部尤其是淮北和沿江地区旱情加重，对秋种及已播作物苗期生长不利。

3. 北京发生秋冬春连旱

2017 年 10 月 23 日至 2018 年 3 月 16 日，北京连续 145 天无降水，突破历史纪录(1970 年 10 月 25 日至 1971 年 2 月 15 日，连续 114 天无降水)。由于长时间无降水，北京大部地区出现重度气象干旱。3 月 17 日，北京地区自西向东出现明显雨雪天气，全市平均降水量 3.1 毫米，南郊观象台降水量 4.1 毫米，旱情得到缓解。

2.2 暴雨洪涝

2.2.1 基本概况

2018 年，全国平均降水量比常年偏多。降水冬季偏少，夏、秋季偏多，春季接近常年同期。2018 年夏季，全国共出现 21 次暴雨过程，没有发生大范围流域性暴雨洪涝灾害。初夏，南方连续强降水致多地内涝；夏季，北方多地发生暴雨洪涝；秋季多阴雨天气(图 2.2.1)。据统计，2018 年全国因暴雨洪涝及其引发的滑坡、泥石流灾害共造成 3526.2 万人次受灾，死亡(含失踪)380 人；农作物受灾面积 395 万公顷，绝收面积 65.2 万公顷；倒塌房屋 6.4 万间；直接经济损失 1060.5 亿元。

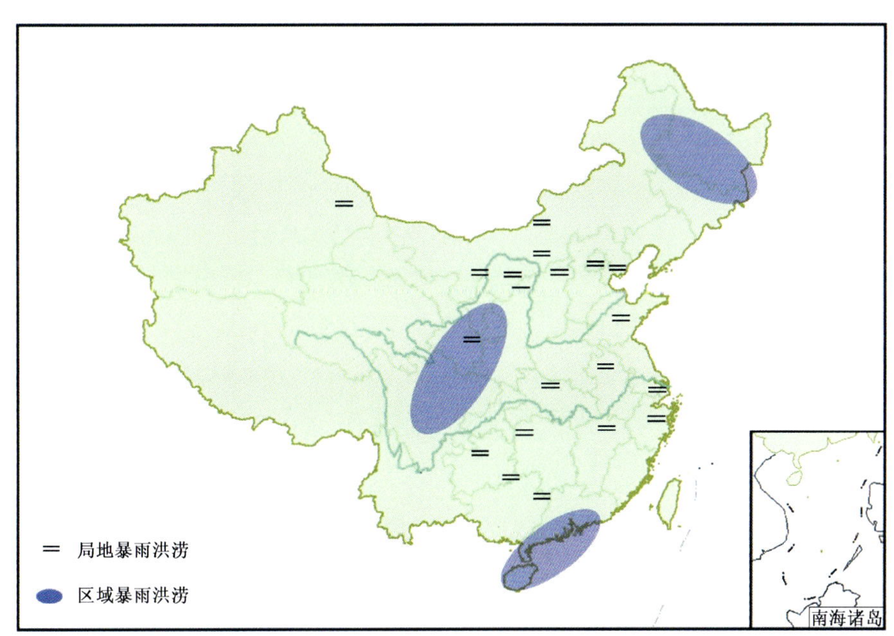

图 2.2.1　2018 年全国主要暴雨洪涝示意图

Fig. 2.2.1　Sketch map of major rainstorm induced floods over China in 2018

总体上看，2018 年全国暴雨洪涝造成的受灾面积、死亡或失踪人数为近 10 年最少值，直接经济损也较近 10 年平均值明显偏少。与 2017 年相比，死亡失踪人数、农作物受灾面积和直接经济损失均偏少。2018 年各类气象灾害中，暴雨洪涝灾害比较突出，造成的直接经济损失较重。2018 年受灾较重的省份有四川、甘肃、云南、内蒙古、广东、黑龙江等。

2.2.2 主要暴雨洪涝灾害事例

1. 初夏,连续强降水致多地内涝

6月24—28日,四川盆地西部、西北地区东南部至黄淮、江淮及云南、广西等地出现强降雨过程,四川盆地西部、甘肃东南部、山东大部、江苏东北部、安徽东北部及云南东南部、广西南部等地累计降雨量100～250毫米,四川雅安和乐山、山东泰安、江苏盐城、安徽蚌埠、云南红河、广西防城港和钦州等局地250～460毫米。强降雨天气引发广西、四川、云南、山东、河南部分地区出现洪涝灾害,造成81万人受灾,8人死亡,5人失踪;农作物受灾面积4.6万公顷;直接经济损失13.2亿元。

2. 7月上旬,长江中下游部分地区遭受暴雨洪涝

6月30日至7月8日,长江中下游地区出现连续的强降雨过程。7月4—7日,淮河以南大部分地区降水量普遍有25～100毫米,江西东部、安徽南部、江苏西南部、重庆东南部等地有100～250毫米,部分地区有大暴雨,江西局部特大暴雨。强降雨过程导致部分地区发生内涝、中小河流洪水、山洪、滑坡和泥石流等灾害。降雨中心出现在江西景德镇,7月5—8日连续降水量达332毫米,为历史同期第二高值,仅次于1993年的399毫米。受其影响,江西部分河流发生超警戒水位洪水,受灾较为严重。

江西 7月5—8日,江西省部分地区出现暴雨到大暴雨,局地特大暴雨,引发洪涝灾害,造成南昌、景德镇、九江等9市37个县(市、区)104.6万人受灾,1人溺水死亡,12.7万人紧急转移安置;1800余间房屋倒塌,3100余间不同程度损坏;农作物受灾面积8.5万公顷,绝收面积9600公顷;直接经济损失11.7亿元。

3. 7月8—11日,四川、甘肃等地遭受暴雨洪涝灾害

7月8—11日,主要降雨区位于四川及西北地区东部一带,降水量普遍有25～100毫米,四川盆地中部达100～250毫米,局部超过250毫米,四川广汉、彭州、青川日降水量突破建站以来历史极值。受上半月持续降雨影响,岷江、沱江、嘉陵江干流及部分支流发生较大洪水,四川、甘肃、陕西、重庆等地遭受洪涝及滑坡、泥石流地质灾害,四川、甘肃损失严重。

四川 德阳、绵阳、广元等11市(自治州)51个县(市、区)46.6万人受灾,3人死亡,4.5万人紧急转移安置;200余间房屋倒塌,6800余间不同程度损坏;直接经济损失6.4亿元。

甘肃 白银、天水、平凉等10市(自治州)44个县(区)108.1万人受灾,12人死亡,4人失踪,2.7万人紧急转移安置;1200余间房屋倒塌,7700余间不同程度损坏;直接经济损失14.6亿元。

4. 7月,华北、西北部分地区降水频繁

7月15—17日,华北地区降水量普遍有25～100毫米,部分地区超过100毫米。北京出现2018年入汛以来最强降雨过程,降水强度强、持续时间长,平均降雨量103.0毫米,全市有16个测站雨量超过200毫米,密云张家坟达386毫米,西白莲峪最大小时降水量达117.0毫米。强降水引发洪涝和山体滑坡等灾害,北京、河北、内蒙古等地遭受一定损失。

北京 7月16—18日,北京部分地区遭受洪涝灾害,共造成西城、丰台、海淀等10个区1.6万人受灾,6500余人紧急转移安置;600余间房屋不同程度损坏;农作物受灾面积近500公顷;直接经济损失2亿元。

新疆 7月31日凌晨至上午,新疆哈密地区山区局地出现大到暴雨,伊吾县淖毛湖乡降水量达105.4毫米,伊州区沁城乡115.5毫米,伊州区沁城乡小堡区域1小时最大降雨量达29.5毫米,强降水引发洪水,造成农田、公路、铁路、电力和通信设施受损。据统计,此次灾害造成32人死亡,多人失踪,345间房屋倒塌。

甘肃 6—8月黄河上游降水量280.8毫米,较常年(199.8毫米)偏多4成,为1961年以来同期第三多值。7月20日，兰州出现强降雨天气，受其影响，兰州市城区部分路段积水严重，暴雨引发的洪水沿马路顺势而下，多处低洼路段积水达到成年人腰部位置，多辆停靠在道路两侧的车辆被洪水冲走。据统计，7月18—21日的暴雨洪涝灾害，造成兰州、白银、定西等5市(自治州)17个县(市、区)受灾，受灾人口8万人，13人死亡，5人失踪，4200余人紧急转移安置；100余间房屋倒塌，1300余间不同程度损坏；农作物受灾面积3200公顷；直接经济损失5亿元。

5. 夏末，华南等地强降雨引发暴雨洪涝

8月26日至9月1日，广东中东部沿海地区、福建中部沿海地区和广西南部及东部局地累计降雨量300～500毫米，广东汕尾、揭阳、惠州、珠海等地600～900毫米，局部地区超过1000毫米。29日广东珠海、中山、江门、深圳、东莞、惠州、汕尾、揭阳等8市，30日广东揭阳、汕头、汕尾、惠州、河源5市出现特大暴雨，惠州惠东局地达727～1034毫米，突破广东日雨量历史纪录。此次强降水过程共造成200万人受灾，5人死亡，2人失踪；农作物受灾面积7.1万公顷；直接经济损失22亿元。

广东　8月28日至9月1日，深圳、珠海、汕头等14市27个县(市、区)遭受洪涝灾害。180万人受灾，2人死亡，2人失踪，9.8万人紧急转移安置；500余间房屋不同程度损坏；农作物受灾面积6.5万公顷；直接经济损失20.3亿元。

6. 8月底9月初，北方部分地区遭遇强降水，部分地区受灾

8月29日至9月3日，西北地区东部、华北西部、东北地区出现强降水天气过程，内蒙古中部、山西北部、陕西北部等地累计降雨量超过50毫米。

内蒙古　9月1—3日，内蒙古呼和浩特、乌海、鄂尔多斯等6市遭受洪涝灾害，8.9万人受灾，3人死亡；200余间房屋不同程度损坏；农作物受灾面积3万公顷；直接经济损失3.3亿元。

7. 秋季，多阴雨天气

秋季，西北地区南部、西南大部、江汉西部、江南大部、华南大部及黑龙江局部、吉林东部等地降水日数有30～50天，较常年同期偏多4～10天，部分地区偏多10天以上，秋雨明显(图2.2.2)。青海、四川、重庆、贵州、湖南、江西、浙江、福建、广东、广西10省(区、市)秋季平均降水日数38.2天，较

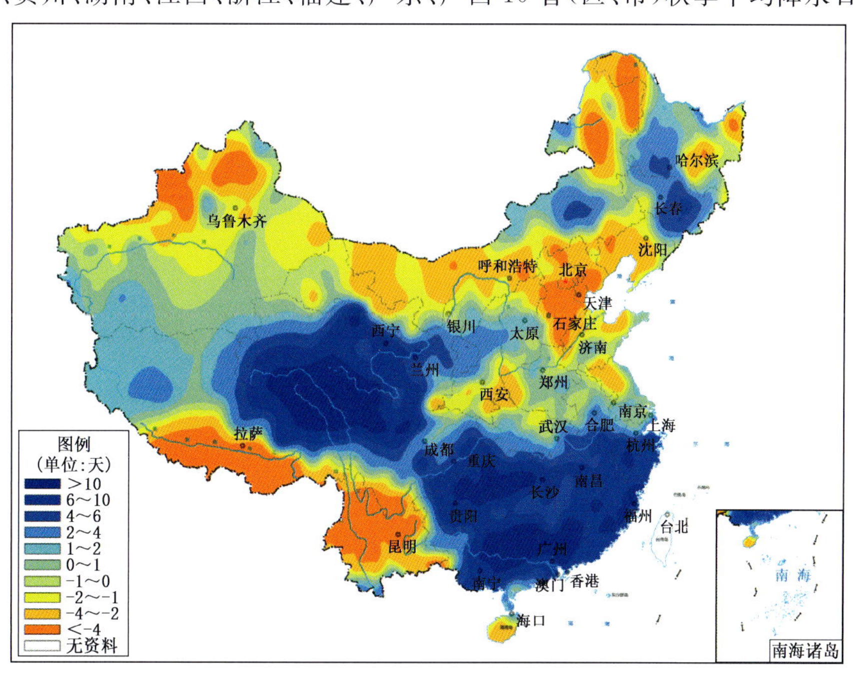

图2.2.2　2018年秋季全国降水日数距平分布

Fig. 2.2.2　Distribution of precipitation days anomaly over China during autumn, 2018 (unit: d)

常年同期(31.1 天)偏多 7 天,为 1982 年以来同期最多值。连阴雨天气对湖南、江西、四川、重庆、贵州等地水稻、玉米等农作物的灌浆成熟、收获晾晒和小麦、油菜的播种等造成一定影响。湖北、湖南、重庆、陕西、云南、山东部分地区遭受暴雨洪涝、泥石流等灾害,造成较重的人员伤亡和经济损失。

2.3 台风

2.3.1 基本概况

2018 年,西北太平洋和中国南海共有 29 个台风(中心附近最大风力≥8 级)生成,生成个数较常年(25.5 个)平均值偏多 3.5 个。1804 号"艾云尼"(Ewiniar)、1808 号"玛莉亚"(Maria)、1809 号"山神"(Son-tinh)、1810 号"安比"(Ampil)、1812 号"云雀"(Jongdari)、1814 号"摩羯"(Yagi)、1816 号"贝碧嘉"(Bebinca)、1818 号"温比亚"(Rumbia)、1822 号"山竹"(Mangkhut)和 1823 号"百里嘉"(Barijat)共 10 个台风先后在我国登陆(图 2.3.1)。2018 年台风生成个数较常年偏多;起编、停编时间均较常年偏早;登陆个数、登陆比例均较常年偏多;初、末台登陆时间均较常年偏早;登陆地点偏北、登陆强度偏弱。

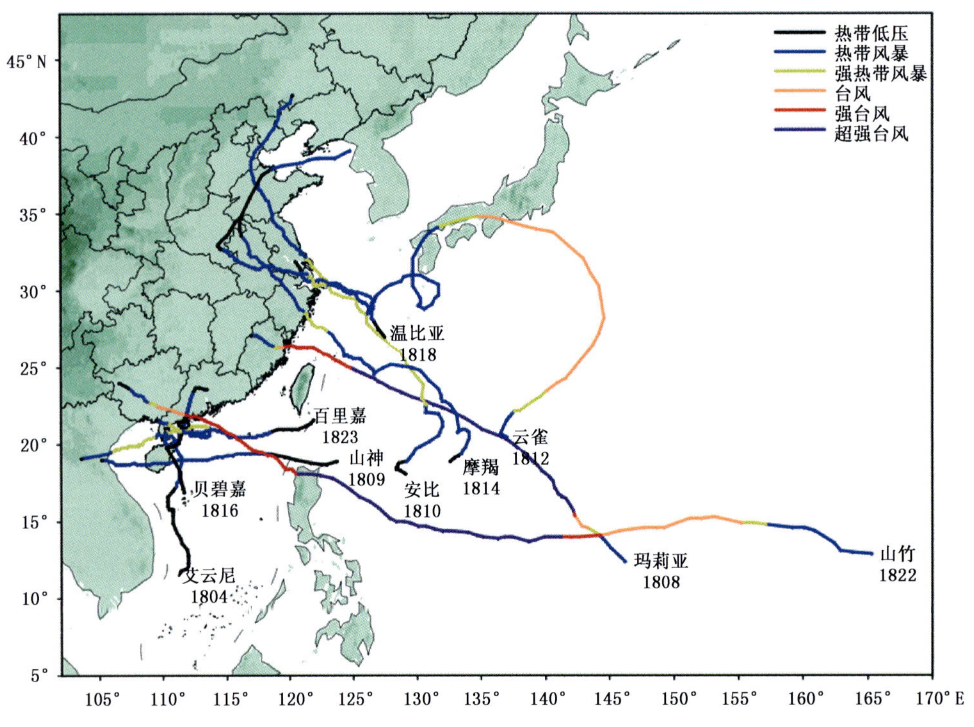

图 2.3.1 2018 年登陆中国台风路径(中央气象台提供)

Fig. 2.3.1 The tracks of tropical cyclones landed on China during 2018

(Provided by Central Meteorological Office of CMA)

2018 年,影响我国的台风带来了大量降水,对缓解南方部分地区的夏伏旱和高温天气,以及增加水库蓄水等十分有利,但由于登陆或影响时间集中,部分地区因降水强度大、风力强,造成了一定的人员伤亡和经济损失。据统计,全国共有 3260.6 万人次受灾,80 人死亡,3 人失踪,转移安置 366.6 万人;333.3 万公顷农作物受灾;倒塌房屋 2.4 万间;直接经济损失 697.3 亿元(表 2.3.1)。2018 年,台风造成的死亡失踪人数少于 1990—2017 年平均值,但直接经济损失偏大。影响较大的台风是 1818 号"温比亚"(Rumbia)。总体而言,2018 年台风造成的直接经济损失比近十年的平均值偏多。

表 2.3.1　2018 年我国台风主要灾情表

Table 2.3.1　List of tropical cyclones and associated disasters over China in 2018

国内编号及中英文名称	登陆时间（月.日）	登陆地点	最大风力（级）（风速，米/秒）	受灾地区	受灾人口（万人）	死亡人口（人）	失踪人口（人）	转移安置（万人）	倒塌房屋（万间）	受灾面积（万公顷）	直接经济损失（亿元）
1804 号 “艾云尼” （Ewiniar）	6.6 6.6 6.7	广东徐闻 海南海口 广东阳江	8(20) 8(18) 9(23)	广东	117.9	7	0	9.9	0.1	11.8	38.6
				江西	52.0	4	0	5.1	0.2	3.3	10.3
				湖南	15.9	2	0	0.3	0.0	0.9	1.1
				福建	3.2	0	0	0.2	0.0	0.2	1.2
				海南	5.8	0	0	1.9	0.0	1.5	0.7
1808 号 “玛莉亚” （Maria）	7.11	福建连江	13(38)	福建	83.8	0	0	20.9	0.0	3.4	31.2
				浙江	43.3	0	0	33.0	0.0	3.2	9.4
				湖南	9.5	0	0	0	0.0	1.2	0.6
				江西	5.7	1	0	0.3	0.0	0.5	0.4
1809 号 “山神” （Son-Tinh）	7.18	海南万宁	9(23)	云南	27.6	0	0	0	0.0	2.0	2.6
				海南	24.5	0	0	4.1	0.0	0.1	1.3
				广西	0.3	0	0	0	0.0	0.0	0
1810 号 “安比” （Ampil）	7.22	上海崇明	10(28)	山东	94.6	1	0	0	0.1	9.2	5.7
				河北	58.0	0	0	0.3	0.0	4.8	3.3
				辽宁	27.2	0	0	0	0.0	2.3	1.7
				浙江	6.8	0	0	5.0	0.0	0.1	2.3
				天津	10.7	0	0	0.1	0.0	1.4	0.9
				江苏	8.8	0	0	1.0	0.0	2.1	0.7
				上海	19.6	0	0	18.4	0.0	0.3	0.4
				内蒙古	4.6	0	0	0	0.0	0.9	0.5
				北京	2.0	0	0	1.8	0.0	0.0	0.4
				吉林	1.1	0	0	0	0.0	0.6	0.3
1812 号“云雀” （Jongdari）	8.3	浙江平湖 —上海金山	9(23)	浙江	18.4	0	0	1.0	0.0	1.3	4.0
				上海	14.8	0	0	14.7	0.0	0.2	0.2
1814 号“摩羯” （Yagi）	8.12	浙江温岭	10(28)	山东	73.1	0	0	0.1	0.0	8.5	14.3
				江苏	52.9	2	0	0.1	0.1	4.3	2.7
				安徽	11.1	1	0	0	0.0	2.2	0.9
				河北	58.8	0	0	0	0.0	9.0	4.3
				辽宁	6.9	0	0	0.3	0.0	1.0	2.0
				河南	8.6	0	0	0	0.0	0.8	0.9
				上海	1.0	0	0	0.4	0.0	0.1	0.1
				浙江	24.9	0	0	23.6	0.0	0.0	0
1816 号“贝碧嘉” （Bebinca）	8.15	广东雷州	9(23)	广东	41.0	4	2	13.2	0.1	9.7	19.4
				海南	17.2	0	0	9.1	0.0	1.5	3.8

续表

国内编号及中英文名称	登陆时间(月.日)	登陆地点	最大风力(级)(风速,米/秒)	受灾地区	受灾人口(万人)	死亡人口(人)	失踪人口(人)	转移安置(万人)	倒塌房屋(万间)	受灾面积(万公顷)	直接经济损失(亿元)
1818 号“温比亚”(Rumbia)	8.17	上海浦东	9(23)	山东	529.4	30	1	22.1	1.1	63.6	239.3
				安徽	312.2	12	0	11.3	0.2	38.8	55.1
				河南	649.9	3	0	1.3	0.0	59.2	28.3
				江苏	174.6	7	0	1.7	0.2	18.5	20.9
				辽宁	124.0	0	0	0.6	0.0	20.6	25.1
				上海	5.4	0	0	5.2	0.0	0.1	0.2
				河北	1.6	0	0	0	0.0	0.7	0.2
				浙江	3.3	0	0	3.2	0.0	0.0	0
1822 号“山竹”(Mangkhut)	9.16	广东台山	14(42)	广东	306.6	5	0	126.4	0.2	23.2	132.9
				广西	147.9	1	0	13.8	0.1	10.7	8.5
				海南	12.7	0	0	12.7	0.0	0.1	0.2
				湖南	2.8	0	0	0	0.0	0.1	0.5
				云南	0.5	0	0	0	0.0	0.1	0.2
				贵州	0.8	0	0	0	0.0	0.0	0
1823 号“百里嘉”(Barijat)	9.13	广东湛江	10(25)	广东	6.3	0	0	1.5	0.0	0.6	0.5
1819 号“苏力”(Soulik)				吉林	20.5	0	0	1.8	0.0	4.8	15.6
1820 号“西马仑”(Cimaron)				黑龙江	10.5	0	0	0.2	0.0	3.8	3.6
合 计					3260.6	80	3	366.6	2.4	333.3	697.3

2.3.2 主要台风灾害事例

1. 1804 号台风“艾云尼”(Ewiniar)

1804 号“艾云尼”于 6 月 5 日 08 时在中国南海中部海面上生成,6 日 06 时 25 分前后在广东徐闻沿海登陆,登陆时中心附近最大风力 8 级(20 米/秒),中心最低气压 992 百帕;13 时在海南省海口市再次登陆,登陆时中心附近最大风速减为 18 米/秒;7 日 20 时 30 分前后在广东省阳江第三次登陆,登陆时中心附近最大风速为 23 米/秒,中心最低气压降为 990 百帕。8 日 17 时“艾云尼”在广东肇庆市境内减弱为热带低压,中央气象台于 9 日 08 时对其停止编号。受台风“艾云尼”影响,5—8 日,海南、广东东部和沿海、福建中部、江西西南部等地累计降水量 100～250 毫米,局地超过 250 毫米。广东恩平、台山超过 400 毫米。广东恩平、江西井冈山、湖南耒阳突破当地 6 月日降水量极值。据民政部统计,“艾云尼”造成广东、江西、湖南、福建、海南等地 194.8 万人受灾,17.4 万人紧急转移安置,13 人死亡;房屋倒塌 2200 间;农作物受灾面积 17.7 万公顷;直接经济损失 51.9 亿元。

广东 “艾云尼”是 2018 年登陆广东的第一个台风,较常年平均初台日期(6 月 25 日)偏早 19 天,也是 1980 年以来登陆广东造成暴雨范围最广、雨量最大、持续时间最长的热带风暴。受“艾云尼”环流影响,6 月 5—9 日广东连续 5 天出现了大范围暴雨到大暴雨,部分市、县特大暴雨,粤西和珠三角，以及汕尾、清远等17个市出现了特大暴雨，江门新会崖门镇录得广东省最大累计雨量785毫米，汕尾捷胜镇录得最大1小时雨量123.7毫米，新兴县里洞镇录得最大日雨量484.3毫米。

台风"艾云尼"造成广东江门、肇庆、佛山、广州、东莞、深圳等多个城市发生内涝。6月8日下午，广州市全市11区40多个片区出现内涝积水；6—7日强降雨导致河源紫金县江、河水位暴涨，南岭镇和苏区镇部分地区还出现山体滑坡、农作物被淹现象，受灾较严重，村民出行和生产受阻；8日云浮新兴县中南部出现特大暴雨，导致该县出现房屋倒塌、山体滑坡等灾情，新兴县灾情较严重的河头、太平、里洞3个镇共造成5人死亡；8日凌晨广州南沙区横沥镇发生龙卷灾害，造成1死7伤。据民政部统计，"艾云尼"共造成广东117.9万人受灾，7人死亡，9.9万人紧急转移安置；1000间房屋倒塌；农作物受灾面积11.8万公顷；直接经济损失38.6亿元。

江西 受2018年第4号台风"艾云尼"和西风带低槽共同影响，6月5—9日江西境内出现大雨到暴雨，局部大暴雨，导致中南部局部地区出现严重的内涝与山洪地质灾害，中南部的部分高速公路、国省道因降雨引发的山体滑坡等原因中断，部分乡村桥梁以及交通道路被洪水淹没阻隔。6月5日08时至10日08时，江西省共有52个县(市、区)的1485个测站累计雨量介于100～250毫米，20个县(市、区)的59个测站超过250毫米，以井冈山市井冈冲水库354.5毫米为最大，万安县麻源村341.7毫米次之。

据统计，受台风"艾云尼"影响，江西南昌、赣州、吉安3市21个县(市、区)52万人受灾，4人因灾死亡，5.1万人紧急转移安置；2000余间房屋倒塌；农作物受灾面积3.3万公顷；直接经济损失10.3亿元。

湖南 受台风"艾云尼"外围云系带来的风雨影响，株洲、衡阳、郴州3市9个县(市)15.9万人受灾，2人死亡，3000余人紧急转移安置；农作物受灾面积9000公顷；直接经济损失1.1亿元。

福建 受台风"艾云尼"外围云系带来的风雨影响，三明、南平、龙岩等4市9个县(市、区)3.2万人受灾，2000余人紧急转移安置；农作物受灾面积2000公顷；直接经济损失1.2亿元。

海南 徘徊在雷州半岛与琼州海峡的"艾云尼"于6日14时50分前后在海口市的长流镇再次登陆，但台风带来的大风天气范围较小，仅在部分沿海陆地测到7～9级阵风；由于其移速缓慢和路径反复的特点间接导致持续性强降水，海南岛部分地区累计雨量超过400毫米，部分市、县日雨量突破当地历史同期最大值。受其影响，海口、儋州2市4个区和5个县(市)5.8万人受灾，近1.9万人紧急转移安置；农作物受灾面积1.5万公顷；直接经济损失7000余万元。

2. 1808号台风"玛莉亚"(Maria)

1808号台风"玛莉亚"(Maria)于7月4日20时在关岛以东洋面生成，于11日08时50分前后在福建省连江县黄岐半岛沿海登陆，登陆时中心附近最大风力13级(38米/秒)，中心最低气压965百帕。登陆后，于11日20时移入江西境内并减弱为热带低压，之后其强度持续减弱，中央气象台于23时对其停止编号。

受"玛莉亚"影响，台湾岛北部、福建东北部和浙江东南部出现大到暴雨，台湾岛北部大暴雨或特大暴雨(台北市局地达405毫米)；福建、浙江和台湾等沿海地区出现10～13级阵风，沿海岛屿14～16级，福建霞浦三沙最强达17级(59.3米/秒)，福鼎沙埕镇17级(58.8米/秒)。据统计，"玛莉亚"共造成福建、浙江、江西、湖南4省18市(自治州)104个县(市、区)142.3万人受灾，1人死亡(江西)，54.2万人紧急转移安置；500余间房屋倒塌；直接经济损失41.6亿元。

福建 台风"玛莉亚"强度强、移速快，为1949年以来7月首登福建最强的台风。受"玛莉亚"登陆影响，中北部沿海出现11～13级大风，阵风14～17级，7月10日20时至12日08时，最大风速以福鼎沙埕镇的47.9米/秒为最大，城区以罗源的33.9米/秒为最大；极大风速以霞浦三沙镇59.3米/秒为最大，城区以罗源的56.1米/秒为最大，罗源、宁德、连江、霞浦、闽侯、柘荣、古田、闽清、周宁共9个县(市)城区极大风速突破有气象记录以来7月极值,罗源和宁德城区破历史极值;与此同时,共有58个县(市、区)402个乡镇的过程累计降水量超过50毫米,29个县(市、区)78个乡镇降水量超过100毫米,以建宁濉溪镇285.9毫米为最大,22个县(市)城区降水量超过50毫米,福鼎、柘荣、建宁降水量超过100毫米,以福鼎140.9毫米最大。台风"玛莉亚"以大风影响为重,其风雨影响对福建中北部影响较重,但其带来的降水也使福建内陆及北部沿海县(市)的气象干旱得以解除或缓解。据统计,共造成福州、厦门、莆田等9市72个县(市、区)83.8万人受灾,20.9万人紧急转移安置;农作物受灾面积3.4万公顷;直接经济损失31.2亿元。

浙江 受台风"玛莉亚"影响,7月10日夜里开始浙江省沿海出现大风,11日凌晨到上午风力最强,东南沿海海面风力10～13级、沿海地区9～11级,局地14～17级,最大出现在苍南流岐岙村,为57.8米/秒(17级),下午开始风力有所减弱;温州、台州南部、丽水东部出现大到暴雨,局部大暴雨。截至16时,温州市面雨量101毫米、丽水市36毫米、台州市31毫米;有16个县(市、区)面雨量超过50毫米,较大的有瓯海区157毫米、永嘉114毫米、泰顺112毫米、文成104毫米;共有206个乡镇累计雨量超过50毫米,100个乡镇超过100毫米,较大的有温州泰顺九峰236毫米、泰顺松垟226毫米、文成光明村202毫米。据统计,共造成温州、台州2市16个县(市、区)43.3万人受灾,33万人紧急转移安置;农作物受灾面积3.2万公顷;直接经济损失9.4亿元。

湖南 7月11—12日,受台风"玛莉亚"外围云系影响,湖南大部分地区出现一次明显降雨过程,湘东和湘北的局部地区出现暴雨洪涝,对早稻、中稻及瓜果蔬菜等作物造成严重损失。据统计,共造成长沙、株洲、岳阳等4市8个县(市、区)9.5万人受灾,农作物受灾面积1.2万公顷,直接经济损失0.6亿元。

江西 7月11—12日,受台风"玛莉亚"减弱后的热带低压影响,抚州、吉安、萍乡、赣州等地出现大到暴雨,局部大暴雨。7月11日08时至13日08时,江西省平均雨量19.3毫米,设区市平均雨量萍乡市64.1毫米最大,吉安市32.8毫米次之,县(市、区)平均雨量萍乡市湘东区82.5毫米最大,芦溪县64.2毫米次之。区域站以萍乡湘东区腊市镇169.7毫米为最大,赣州瑞金市沙洲坝镇160.8毫米次之。此外,受台风影响,江西省有31个县(市、区)出现7级以上阵风,13个县(市、区)出现8级以上阵风,5个县(市、区)出现9级阵风,以庐山24.3米/秒为最强。

据统计,共造成萍乡、吉安、抚州3市8个县(区)5.7万人受灾,1人死亡,紧急转移安置0.3万人;农作物受灾面积0.5万公顷;直接经济损失0.4亿元。

3. 1809号台风"山神"(Son-Tinh)

1809号台风"山神"于7月16日14时在菲律宾东北部洋面生成,17日晨移入中国南海东北部海面,17日08时加强为2018年第9号台风(热带风暴级),随后继续向偏西方向快速移动,于18日04时50分前后在海南省万宁市万城镇沿海登陆,登陆时中心附近最大风力9级(23米/秒),中心最低气压984百帕。18日12时前后进入北部湾南部海面,19日02时前后在越南荣市沿海再次登陆,并于04时前后减弱为热带低压,中央气象台19日05时对其停止编号。

受"山神"影响,17—19日,海南岛东部和南部、广东中西部沿海、广西西南部等地出现50毫米以上降雨,海南岛南部100～200毫米,三亚点雨量257毫米、陵水218毫米;海南岛东部、广东中西部沿海、福建沿海地区出现7～9级阵风,沿海岛屿10～11级。据统计,共造成52.4万人受灾,4.1万人紧急转移安置;农作物受灾面积2.1万公顷;直接经济损失3.9亿元。

云南 受2018年第9号热带风暴"山神"外围气流影响,7月23日下午,云南省红河哈尼族彝族自治州河口瑶族自治县境内出现短时强降雨过程,并伴有大风,导致全县发生多起风雹灾害。据统计,共造成27.6万人受灾,农作物受灾面积2万公顷,直接经济损失2.6亿元。

海南 受"山神"影响,7月17日至18日白天,海南岛南部、东部和中部地区普降暴雨到大暴雨;北部和西部地区出现了中到大雨、局部暴雨。据统计,17 日 08 时至 18 日 20 时,海南岛共有 118 个乡镇(区)雨量超过 50 毫米,陵水、三亚、乐东、万宁、琼中、保亭、琼海、五指山和文昌共有 37 个乡镇(区)雨量超过 100 毫米,雨量超过 200 毫米的有三亚市崖州区(257.3 毫米)和陵水县本号镇(217.0 毫米)。另外,海南岛东部和北部沿海陆地普遍出现 7~9 级阵风,最大阵风为万宁山根镇 10 级(26.0 米/秒);海南岛东部近海测得最大阵风 11 级(29.2 米/秒)。据统计,共造成 24.5 万人受灾,4.1 万人紧急转移安置;农作物受灾面积 1000 公顷;直接经济损失 1.3 亿元。

广西 受台风"山神"环流影响,17—19 日,沿海地区出现了 5~6 级、阵风 7~9 级的大风,桂西南和沿海地区持续出现中到大雨,局部暴雨。强降雨、大风天气对当地早稻等夏收作物的成熟、收晒不利,易造成香蕉和甘蔗等高秆作物倒伏或折断,但降雨过程利于抑制当地干旱的发生、发展和增加当地水库蓄水。7 月 17 日中午至 18 日,北海至涠洲岛航线全线停航。

4. 1810 号台风"安比"(Ampil)

1810 号台风"安比"于 7 月 22 日 12 时 30 分在上海崇明东部登陆(强热带风暴级),登陆时中心附近最大风力 10 级(28 米/秒),中心最低气压 982 百帕。登陆后继续北上,强度逐渐减弱。7 月 25 日 02 时在内蒙古开鲁境内变性为温带气旋,中央气象台 02 时对其停止编号。"安比"为 1949 年以来直接登陆上海的第 3 个台风,具有陆地维持时间长、影响范围广的特点,"安比"陆地存活时间将近 62 小时,先后给浙江、上海、江苏、山东、河北、天津、北京、内蒙古、辽宁、吉林、黑龙江等 11 省(区、市)带来强降雨和大风天气。7 月 22—25 日,浙江东北部、上海、江苏东部、山东中东部、河北中部和东部、北京、天津、辽宁西部、内蒙古东部、吉林西部、黑龙中部等地出现大到暴雨、局部大暴雨或特大暴雨,山东、天津、河北东部等地降水量超过 100 毫米,河北秦皇岛祖山风景区最大,为 324 毫米。受台风"安比"影响,浙北沿海出现 10~13 级大风,10 级以上大风持续时间长达 18 小时,最大为嵊泗县嵊山镇 38.9 米/秒(13 级);江苏普遍出现 6 级以上大风,东部沿海最大风力达 8~10 级、局部 11~13 级,连云港高公岛 38.2 米/秒(13 级);山东沿海及东部部分地区出现 8~10 级阵风;河北省沿岸海域和沿海地区先后出现 7~8 级大风,阵风 9~10 级,秦皇岛昌黎十里铺乡葡萄沟最大风力达 25.2 米/秒(10 级)。

据统计,台风"安比"造成北京、天津、河北、辽宁、吉林、上海、江苏、浙江、山东等 10 省(市)233.4 万人受灾,1 人死亡,26.6 万人紧急转移安置;近千间房屋倒塌;农作物受灾面积 21.7 万公顷;直接经济损失 16.2 亿元。

山东 2018 年第 10 号台风"安比"于 23 日 12 时前后移入山东境内,17 时其中心位于山东省蒙阴县境内,外围最大风力有 8 级(20 米/秒),中心最低气压为 990 百帕。受台风"安比"影响,7 月 23—24 日山东省出现强降水天气过程,23 日,莒县(144.3 毫米)、五莲(141.2 毫米)等 8 站出现大暴雨,莒县、诸城(124.2 毫米)、青州(117.1 毫米)3 站达到极端降水事件标准,青州站日降水量为本站 7 月历史次多值;鲁西北的东部、鲁中的北部、鲁东南和山东半岛地区出现 8~10 级阵风,渤海、渤海海峡和黄海中部出现 7~8 级、阵风 9~10 级东南风。受台风"安比"带来的暴雨、大风天气影响,鲁中地区旱情解除,但由于降水分布不均,鲁东南、鲁中的东部和鲁西北的东部地区部分农田出现渍涝、作物倒伏,玉米、花生、棉花等作物不同程度受灾,日照市部分公路、桥梁等基础设施受损,市区部分路段积水严重;22 日,途经泰安的 37 趟列车停运。

据统计,共造成青岛、东营、潍坊等 6 市 22 个县(市、区)94.6 万人受灾,1 人死亡;近千间房屋倒塌;农作物受灾面积 9.2 万公顷;直接经济损失 5.7 亿元。

河北 2018 年第 10 号台风"安比"是 1949 年以来第一个保持热带风暴强度进入河北的台风。7 月 23—24 日,受台风"安比"影响,廊坊北部、唐山东北部、秦皇岛西北部、承德局部等地过程降水超过 100 毫米,三河站达 170.6 毫米,三河日最大降水量突破该站有气象记录以来历史最大值。强降水导致多地发生内涝，给交通和出行带来不便。受台风影响，沿岸海域和沿海地区先后出现7～8级大风，阵风9～10级，秦皇岛昌黎十里铺乡葡萄沟最大风力达10级(25.2米/秒)。

受台风“安比”影响，河北省多市出现较严重的城市内涝和农田渍涝，大面积玉米被淹、部分玉米出现倒伏，一些树木被刮倒，个别房屋、道路、桥梁受损。另外，交通、旅游等也受到一定影响，多架航班取消，多趟列车、高铁停运。据统计，共造成唐山、秦皇岛、承德等5市18个县(市、区)58万人受灾，3000人紧急转移安置；农作物受灾面积4.8万公顷；直接经济损失3.3亿元。

辽宁 2018年第10号台风“安比”于7月24日17时前后移入辽宁省凌源市境内，外围最大风力有8级(18米/秒)，中心最低气压为990百帕。据统计，共造成27.2万人受灾，农作物受灾面积2.3公顷，直接经济损失1.7亿元。

浙江 受2018年第10号台风“安比”影响，7月21日以后，宁波、舟山2市14个县(市、区)6.8万人受灾，5万人紧急转移安置；农作物受灾面积1000公顷；直接经济损失2.3亿元。

天津 受2018年第10号受台风“安比”影响，23日后半夜到24日下午，天津市普降大暴雨，7月24日市区降雨量为50年一遇，北辰30年一遇，东丽和西青为20年一遇；23日20时至25日08时，天津市平均降雨量130.8毫米，市区180.2毫米，各区平均雨量在66.8毫米(滨海新区)～180.2毫米(市区)之间。由于降雨持续时间长、雨量大，城市积水严重，因涉水改道的公交线路71条，停运线路42条；铁路部门对部分线路采取临时封线措施，部分列车晚点运行；机场部分航班出现不同程度延误。台风暴雨造成大面积农田出现短时田间沥涝，给各类大田作物、露地蔬菜和设施农业造成一定程度的不利影响。据统计，共造成10.7万人受灾，紧急转移安置0.1万人；农作物受灾面积1.4万公顷；直接经济损失0.9亿元。

江苏 2018年第10号台风“安比”于7月22日13时45分前后进入启东境内后向西北方向移动，经过如东、海安、东台、兴化、建湖、阜宁、涟水、灌南、灌云、沭阳、东海等县(市)，于23日11时40分离开江苏进入山东。受其影响，7月21日夜到23日白天，江苏省普遍出现降水及6级以上大风，东部沿海最大风力8～10级、局部11～13级，中东部地区出现大到暴雨、部分地区大暴雨。22—24日最大降水过程出现在吕泗(101.0毫米)，极大风速为29.9 m/s(西连岛)。

台风降水补充了土壤水分，缓解了淮北北部部分地区的旱情，但是大风导致作物倒伏、设施大棚受损、畜牧生产受灾，强降雨造成部分田块积水受涝，受灾严重的地区集中在南通、盐城、连云港等地。据统计，共造成南通、淮安、盐城等4市18个县(市、区)8.8万人受灾，近1万人紧急转移安置；农作物受灾2.1万公顷；直接经济损失近7000万元。

上海 台风“安比”于7月22日12时30分在上海崇明东部登陆(强热带风暴级)，登陆时中心附近最大风力10级(28米/秒)，中心最低气压982百帕，为1949年以来直接登陆上海的第3个台风。受其影响，7月22日凌晨到下午，上海市普遍出现7～8级大风，东滩公园测得风力最大为9级(23.5米/秒)，小洋山10级(28.0米/秒)，鸡骨礁12级(33.1米/秒)。上海北部和东部地区出现大雨到暴雨，局地大暴雨。22日00—16时累计雨量宝山最大，为79.2毫米，其次为浦东68.0毫米，崇明横沙新民最大小时降雨量达46.5毫米。台风“安比”对上海各行各业均有较大影响，据统计共造成黄浦、徐汇、长宁等16个区19.6万人受灾，18.4万人紧急转移安置；农作物受灾面积3100公顷；直接经济损失4000余万元。

内蒙古 7月24日17时台风“安比”中心由承德移出北上，25日02时在内蒙古开鲁境内变性为温带气旋，并对其停止编号。受残留气旋带来的风雨影响，据统计共造成4.6万人受灾，农作物受灾面积9000公顷，直接经济损失5000余万元。

北京 7月24日受台风“安比”影响，北京市出现强降水，18时降水基本结束，全市平均降水量为41.3毫米，东部地区平谷、上甸子、通州、朝阳、密云、顺义、观象台等7个国家级气象观测站降水量达到暴雨，平谷和上甸子为大暴雨。受其影响，共造成丰台、海淀、门头沟等11个区2万人受灾，1.8万人紧急转移安置；直接经济损失4000余万元。

吉林 受台风“安比”影响，25—26日吉林省平均降水量为19.7毫米，镇赉、白城市区、洮南、乾安和四平市区5个县市出现暴雨。台风带来的强降水天气，导致多个县、市受灾，部分道路损毁，个别桥涵水毁严重，村屯和城市低洼路面积水，路况较差，影响交通运输。据统计，共造成1.1万人受灾，农作物受灾面积0.6万公顷，直接经济损失0.3亿元。

5. 1812号台风“云雀”(Jongdari)

1812号台风“云雀”于7月25日05时在西北太平洋洋面生成，8月3日10时30分前后在浙江平湖至上海金山一带沿海登陆，登陆时中心附近最大风力达到9级(23米/秒)，中心最低气压为988百帕。“云雀”于当天17时在江苏省昆山市境内减弱为热带低压，中央气象台于23时对其停止编号。

受台风“云雀”影响，8月2日至3日上午，上海南部、浙江东北部出现大到暴雨，浙江嘉兴、杭州、绍兴、宁波出现大暴雨(100～190毫米)；江苏南部沿海、上海、浙江北部沿海阵风有7～9级，浙江舟山群岛10～11级，舟山嵊泗县花鸟岛达12级(36.9米/秒)。据统计，台风“云雀”造成上海、浙江33.2万人受灾，15.7万人紧急转移安置；农作物受灾面积1.5万公顷；直接经济损失4.2亿元。

浙江 受2018年第12号台风“云雀”影响，8月2—3日嘉兴、宁波、杭州、舟山以及绍兴东部、湖州东部等地普降暴雨，局部大暴雨。1日20时至3日17时嘉兴市面雨量160毫米、湖州市79毫米、宁波市61毫米；12个县(市、区)面雨量超过100毫米，最大海盐230毫米；163个乡镇(街道)雨量超过100毫米，25个超过200毫米，最大海盐秦山街道275毫米。2日夜到3日白天，浙北沿海、舟山群岛、杭州湾水面出现8～10级、局部11～12级大风，杭州湾两岸地区出现6～8级大风，最大嵊泗花鸟岛12级(36.9米/秒)。受台风“云雀”强降雨影响，嘉兴、海宁等城区街道发生城市内涝，河网超保证水位，嘉兴、湖州等地部分农田受淹。据统计，共造成18.4万人受灾，1万人紧急转移安置；农作物受灾面积1.3万公顷；直接经济损失4亿元。

上海 受台风“云雀”影响，上海市长宁区、崇明区、奉贤区和浦东新区等地紧急转移14.7万人。据统计，共造成14.8万人受灾，农作物受灾面积0.2万公顷，直接经济损失0.2亿元。

6. 1814号台风“摩羯”(Yagi)

1814号台风“摩羯”于8月8日14时在台湾省花莲市东偏南方向的西北太平洋洋面上生成，于12日23时35分前后在浙江温岭沿海登陆，登陆时中心附近最大风力10级(28米/秒，强热带风暴级)，中心最低气压980百帕。登陆后“摩羯”继续向西北方向移动，于13日夜间在山东境内减弱为热带低压，14日08时中央气象台对其停止编号。

受台风“摩羯”影响，8月12日，浙江中北部和东部、上海、江苏东南部和沿长江地区、安徽东南部出现暴雨，浙江杭州、绍兴、金华、台州、舟山群岛和上海浦东、江苏苏州、安徽宣城等地大暴雨(100～150毫米)，浙江台州仙居县降雨量达189毫米。据统计，共造成河北、上海、江苏、浙江、安徽、山东、河南、辽宁等8省237.3万人受灾，3人死亡，24.5万人紧急转移安置；房屋倒塌近1000余间；农作物受灾面积近26万公顷；直接经济损失25.2亿元。

山东 受台风“摩羯”影响，8月13—16日，山东省出现强降水过程，局部伴有雷暴大风和短时强降水，枣庄市台儿庄区出现雷电、强降雨、大风等强对流天气。涧头集镇谷庄村、张山子镇官村遭遇龙卷袭击，受灾严重。14日，宁津(225.6毫米)、德州(177.2毫米)等18站出现大暴雨，昌乐(173.7毫米)、陵城(171.0毫米)日降水量突破本站历史极值，宁津、寿光(150.0毫米)、东阿(148.3毫米)日降水量为本站历史次多值，德州、东营(131.3毫米)日降水量为本站历史第三多值，宁津、昌乐等10站日降水量达到极端降水事件标准。

"摩羯"台风带来的大暴雨天气造成鲁西北、鲁中和鲁东南部分地区农田出现渍涝、作物倒伏，夏玉米、大豆、棉花等作物不同程度受灾，鲁中地区部分日光温室和塑料大棚受灾严重。据统计，共造成 73.1 万人受灾，紧急转移安置 1000 余人；农作物受灾面积 8.5 万公顷，直接经济损失 14.3 亿元。

江苏 受台风"摩羯"的影响，8 月 12—14 日，江苏省出现大到暴雨、局部大暴雨和 6～9 级大风天气。江苏省常规站中有 2 站累计降水量超过 100 毫米，14 站累计降水量为 50～100 毫米，最大过程降水量出现在睢宁（154.5 毫米），极大风速为 22.4 m/s（西连岛），最大日降水量出现在 8 月 13 日张家港，达 76.4 毫米。13 日 02 时 30 分至 03 时，受到台风"摩羯"外围环流影响，扬州市仪征市月塘镇龙山村和新城镇三茂村出现龙卷和大风灾害。南京城区多处路边大树被大风刮断，对市民出行造成一定影响。南京禄口国际机场航班大面积延误，至 13 日 15 时许，进出港航班累计延误 90 架次，取消航班 41 架次，整个机场通行能力下降约 20%，旅客出行受到很大影响。受台风和天文大潮的共同影响，长江干流澄通段高潮位超警戒水位。

受台风"摩羯"影响，共造成 52.9 万人受灾，2 人死亡，1000 余人紧急转移安置；倒塌近 1000 余间；农作物受灾面积 4.3 万公顷；直接经济损失 2.7 亿元。

安徽 受台风"摩羯"外围云系影响，8 月 12—13 日，安徽省出现明显降水，强降水集中在沿淮淮北中东部、淮河以南东部和大别山区，699 个站超过 50 毫米，101 个站超过 100 毫米，最大灵璧张山口（水文站）256.5 毫米；小时降雨量超过 20 毫米的有 868 个站，最大五河刘集 93.6 毫米（13 日 16—17 时）。此外，宿州、蚌埠、滁州、马鞍山和宣城等地出现 7～10 级阵风，46 个乡镇阵风 9 级以上，8 个乡镇阵风 10 级以上，最大广德独山 30.8 米/秒（11 级）。据统计，共造成淮北、宿州 2 市 5 个县（区）11.1 万人受灾，1 人死亡；农作物受灾面积 2.2 万公顷；直接经济损失 9000 余万元。

河北 受台风"摩羯"减弱后的低压外围云系影响，8 月 13—15 日，多地出现降水，全省平均降水量 41.7 毫米。唐山西北部、秦皇岛中南部和沧州东部等地过程降水超过 100 毫米，沧州局部超过 250 毫米，国家级测站最大降水量为孟村站的 330.5 毫米。期间，27 个国家级测站降水达到暴雨以上等级，10 个站出现大暴雨，孟村达特大暴雨等级。14 日，孟村（273.3 毫米）和盐山（228.7 毫米）日最大降水量突破该站有气象记录以来历史最大值。据统计，共造成 58.8 万人受灾，农作物受灾面积 9 万公顷，直接经济损失 4.3 亿元。

辽宁 受台风"摩羯"和副热带高压后部切变线影响，8 月 14—15 日，大连、鞍山、丹东等 5 市 6 个县（市）发生洪涝灾害。据统计，共造成 6.9 万人受灾，3000 余人紧急转移安置；农作物受灾面积近 1 万公顷；直接经济损失 2 亿元。

河南 受台风"摩羯"低压云系影响，8 月 13 日，商丘市东部出现暴雨、局部大暴雨，最大降水量出现在永城刘河 145 毫米，1 小时最大降水量出现在永城双桥（58.7 毫米）。14 日，商丘市夏邑县和永城市部分地区出现暴雨、雷暴大风等强对流天气，永城市蒋口镇瞬时风速为 24.8 米/秒，最大降水量刘河 153.8 毫米，狂风暴雨造成农作物大面积倒伏，树木被折断，房屋、通信、电力等基础设施受损。据统计，共造成 8.6 万人受灾，农作物受灾面积近 8000 公顷，直接经济损失 0.9 亿元。

上海 受台风"摩羯"影响，共造成徐汇、静安、普陀等 12 个区转移、安置及撤离 1 万余人，农作物受灾面积 1000 公顷，直接经济损失 0.1 亿元。

浙江 受台风"摩羯"影响，共造成温州、台州 2 市 20 个县（市、区）24.9 万人受灾，23.6 万人紧急转移安置。

7. 1816 号台风"贝碧嘉"(Bebinca)

8 月 10 日，南海热带低压在海南省琼海市沿海登陆，随后移入广东附近海域，并于 12 日 14 时加强为 2018 第 16 号台风"贝碧嘉"（热带风暴级）。8 月 15 日 21 时 40 分前后在广东省雷州市沿海登陆，登陆时由强热带风暴级减弱为热带风暴级，中心附近最大风力9级(23米/秒)，中心最低气压985百帕。16日02时前后移入北部湾，于17日14时在老挝境内减弱为热带低压，中央气象台于当天下午5时对其停止编号。

据统计，台风“贝碧嘉”共造成广东、海南58.2万人受灾，4人死亡、2人失踪，紧急转移安置22.3万人；倒塌房屋千余间；农作物受灾面积11.2万公顷；直接经济损失23.2亿元。

广东 受台风“贝碧嘉”外围环流影响，10日至16日早晨，粤西和珠江三角洲市、县出现了暴雨到大暴雨，雷州半岛、阳江、江门和珠海局地出现了特大暴雨。珠海市金湾区三灶镇出现全省最大过程雨量(677.6毫米)，同时该站录得112.3毫米(11日16时)的最大1小时雨量及最大日雨量477.9毫米(11日)。另外，广东中西部沿海市、县和海面出现了6～10级、阵风11级的大风，茂名浮标站15日录得全省最大平均风26.1米/秒(10级)，雷州市附城镇15日录得最大阵风31.6米/秒(11级)。

8月13—16日，受台风“贝碧嘉”带来的强降雨影响，广东省部分地区遭受暴雨洪涝灾害，局部地区受灾较为严重，强降水导致部分地区农田被淹，水果出现裂果、落果现象；15日江湛铁路、琼州海峡跨海列车及益湛铁路信宜至茂名间列车全部停运，番禺和南沙的港澳高速客船、南沙虎门轮渡、珠江水上巴士和过江轮渡、珠江夜游船以及大部分乡镇渡口全部停航。据统计，共造成珠海、江门、湛江等6市区41万人受灾，4人死亡、2人失踪，紧急转移安置13.2万人；近千间房屋倒塌；农作物受灾面积9.7万公顷；直接经济损失19.4亿元。

海南 受台风“贝碧嘉”影响，8月8日20时至16日17时，海南岛共有122个乡镇(区)雨量超过300毫米，海口、临高、昌江、澄迈、儋州、白沙、东方、文昌和琼中9个市、县共有56个乡镇(区)雨量超过500毫米，海口、临高、昌江和澄迈4个市县共有6个乡镇(区)雨量超过700毫米，海口市市区雨量达936.8毫米，临高南宝镇达915.3毫米。另外，海南岛四周沿海陆地普遍出现7～9级阵风，最大阵风为海口市区9级(21.4米/秒)，海南岛北部近海测得最大阵风9级(23.9米/秒)。9—10日，海南岛普降暴雨，局地出现特大暴雨，琼中县湾岭镇降雨量达到446.7毫米。全省4座大型水库水位超汛限，纷纷开闸泄洪；南渡江上游福才站发生超5年一遇的洪水；海口市区14条道路积水严重，6条无法通行。据统计，共17.2万人受灾，9.1万人紧急转移安置；农作物受灾面积1.5万公顷；直接经济损失3.8亿元。

8. 1818号台风“温比亚”(Rumbia)

1818号台风“温比亚”于8月15日14时在东海东南部海面生成，17日04时05分在上海浦东新区南部沿海登陆，登陆时中心附近最大风力9级(23米/秒)，中心最低气压982百帕。13时30分离开江苏后，经安徽、河南进入山东，强度逐渐减弱，20日凌晨在山东北部变性为温带气旋，20日14时位于渤海海峡，后强度继续减弱，21日02时中央气象台对其停止编号。“温比亚”是2018年第3个登陆上海的台风，也是1949年以来直接登陆上海的第5个台风。

受台风“温比亚”影响，17—21日，江苏西部、安徽北部、河南东部、山东大部、辽宁东南部沿海等地累计降水量100～250毫米，河南商丘、宁陵、虞城，江苏丰县，山东鱼台、青州，安徽萧县、宿州等地降水量超过300毫米，安徽灵璧(424.4毫米)、淮北(419.8毫米)，河南夏邑(405.1毫米)超过400毫米。

受台风“温比亚”影响，上海出现7～9级大风，沿江沿海地区最大阵风11～12级；江苏省有250个乡镇(街道)出现9级以上大风，42个乡镇(街道)风力达10级以上，其中常熟苏通大桥南、连云港高公岛、如东洋口镇阳光岛、大丰港口以及县气象局出现12级大风；山东北部、辽东半岛及渤海海域出现8～9级阵风，渤海南部、渤海海峡10～11级。

台风“温比亚”为近海生成，高纬地区西折，登陆后继续向西北方移动，进入河南省后又转向东北向移动。台风"温比亚"影响范围广，自登陆先后给上海、江苏、浙江、安徽、山东、河南、河北、辽宁8省(市)45个市带来强降雨和大风天气。据统计，台风"温比亚"共造成1800.4万人受灾，52人死亡、1人失踪，45.4万人紧急转移安置；1.5万间房屋倒塌；农作物受灾面积201.5万公顷；直接经济损失369.1亿元。

山东 8月17—20日，受台风"温比亚"影响，山东省出现罕见的强降水天气过程，鱼台(314.3毫米)、广饶(296.0毫米)等12站3天连续降水量突破本站历史极值，19日青州(263.1毫米)、广饶(258.0毫米)、鱼台(253.6毫米)出现特大暴雨，广饶、嘉祥等9站日降水量突破本站历史极值；与此同时，山东省大部地区出现7～8级阵风，渤海、渤海海峡、黄海北部和中部出现7～8级、阵风9～10级大风。

受台风"温比亚"影响，10多个市(县)农作物和部分经济作物不同程度受灾，部分地区房屋倒损，道路、堤坝等基础设施损坏，给人们生产生活及出行交通带来严重影响。据统计，共造成529.4万人受灾，30人死亡、1人失踪，22.1万人紧急转移安置；1.1万间房屋倒塌；农作物受灾面积63.6万公顷；直接经济损失239.3亿元。

安徽 台风"温比亚"于8月17日13时20分由当涂进入安徽省境内，先后穿过马鞍山、合肥，并于18日03时从霍邱移出安徽省，台风中心位于安徽省时间长达14小时，对安徽省风雨影响时间超过80小时。16日14时至19日20时，安徽省有近11万平方千米(占省总面积的78.5%)的区域过程累计降水量超过50毫米，超过100毫米的区域有7.14万平方千米(51.2%)，超过250毫米的区域有0.65万平方千米(4.7%)；有63个乡镇超过300毫米，17个乡镇累计雨量超过400毫米，萧县永堌最大(479.4毫米)。17日全省有25个市县暴雨，13个市县大暴雨，最大九华山169.0毫米；18日有12个市县暴雨，17个市、县大暴雨，淮北(277.9毫米)、濉溪(269.2毫米)达特大暴雨；19日有1个市暴雨，4个市大暴雨，最大灵璧182.2毫米。淮北市、濉溪、宿州(232.6毫米，18日)、凤阳(200.1毫米，18日)突破本站日雨量历史极值，灵璧(220.9毫米，18日)逼近本站历史极值。有304个站小时降雨量超过40毫米，有166个站超过50毫米，萧县杨楼(水文站)(124.5毫米，19日01—02时)、萧县杨楼镇(123.5毫米，19日02—03时)、萧县刘套(110.8毫米，19日02—03时)、萧县庄里(水文站)(106.5毫米，18日16—17时)超过100毫米，上述4个区域站突破淮河以北国家站小时降雨量极值。全省有64个市、县极大风速在7级以上，41个在8级以上，马鞍山和天堂寨分别为10和12级。

台风"温比亚"带来的强风暴雨造成部分农作物倒伏，农田以及城乡居民房屋、工厂企业进水。据统计，共造成312.2万人受灾，12人死亡，11.3万人紧急转移安置；0.2万间房屋倒塌；农作物受灾面积38.8万公顷；直接经济损失55.1亿元。

河南 8月17—19日，受台风"温比亚"低压环流影响，河南省平均降水量89.2毫米，商丘大部、周口和开封局部地区超过250毫米，夏邑累计降水量达403.3毫米，强降水造成商丘、周口等地出现严重的城乡内涝，京九和陇海铁路商丘境内限速运行，部分城市电力短暂中断、列车晚点、航班延迟或取消。河南省有71个县(市、区)发生洪涝灾害，尤其是商丘市睢阳区、睢县、夏邑、柘城、永城等地田间积水较为严重。除暴雨影响，大部地区还伴有4～6级大风，强降水、大风叠加区域主要出现在许昌、漯河、开封、商丘、周口、驻马店等地，秋粮主产区出现较大面积的作物倒伏与水淹。据统计，共造成649.9万人受灾，3人死亡，1.3万人紧急转移安置；农作物受灾面积59.2万公顷；直接经济损失28.3亿元。

江苏 2018年第18号台风"温比亚"于8月17日06时40分进入江苏省吴江境内后，继续向西偏北方向移动，经过宜兴、溧阳、高淳等县(市)，于13时30分移出江苏省。16日08时至20日08时，江苏省大部分地区累计雨量在50毫米以上，淮北西北部、沿江苏南大部及江淮之间西部有623

个乡镇(街道)在 100 毫米以上,47 个乡镇(街道)超过 250 毫米,沛县 3 个乡镇超过 500 毫米(栖山镇 534.4 毫米、朱寨镇马元 523.7 毫米、张寨镇 508.6 毫米),丰县、沛县面雨量分别达 314 和 264 毫米。有 250 个乡镇(街道)出现 9 级以上大风,42 个乡镇(街道)风力超 10 级,另外,在 18 日 18 时 45 分前后,徐州铜山区刘集镇张集矿附近出现 EF1～EF2 级龙卷;19 时 46 分前后,丰县风城街道谢集村附近出现 EF1～EF2 级龙卷。受台风大风影响,南京、南通等市区多棵树木被连根拔起、多辆私家车被砸受损;住宅空调室外机脱落,苏通大桥五根斜拉锁阻尼器连接螺栓滑丝脱落。据统计,共造成 174.6 万人受灾,7 人死亡,1.7 万人紧急转移安置;0.2 万间房屋倒塌;农作物受灾面积 18.5 万公顷;直接经济损失 20.9 亿元。

辽宁 受台风"温比亚"减弱的低压影响,辽宁省出现大范围降水天气。据统计,共造成 124 万人受灾,0.6 万人紧急转移安置;农作物受灾面积 20.6 万公顷;直接经济损失 25.1 亿元。

上海 2018 年第 18 号台风"温比亚"的中心于 17 日 04 时 05 分前后在上海市浦东新区南部沿海登陆,登陆时中心附近最大风力 9 级(23 米/秒),受其影响,上海普遍出现 50 毫米以上降水及 7～9 级大风,沿江沿海地区最大阵风 11～12 级。据统计,共造成 5.4 万人受灾,5.2 万人紧急转移安置;农作物受灾面积 0.1 万公顷;直接经济损失 0.2 亿元。

河北 8 月 18—20 日,受台风"温比亚"减弱的低压影响,河北省出现大范围降水天气,全省平均降水量 21.7 毫米,唐山东南部、沧州中东部、石家庄局部、邢台西南部和邯郸西北部等地区的降水量在 50 毫米以上,最大降水量为永年站(83.8 毫米)。据统计,"温比亚"台风带来的暴雨和大风天气共造成河北省 1.6 万人受灾,农作物受灾面积 0.7 万公顷,直接经济损失 0.2 亿元。

浙江 受台风"温比亚"影响,16 日至 17 日上午浙北大部地区出现大雨到暴雨,局部大暴雨。15 日 20 时至 17 日 16 时,全省平均雨量 30 毫米,湖州 82 毫米、舟山 71 毫米、宁波 68 毫米、嘉兴 66 毫米、绍兴 53 毫米、杭州 42 毫米;降水量单站较大的为定海区马目社区(186 毫米)、北仑区大榭东(185 毫米)。浙北沿海海面、舟山群岛和杭州湾水面出现 9～11 级、局部 12～13 级大风,浙北沿海地区和内陆平原出现 6～8 级大风,最大为嵊泗徐公岛 40.6 米/秒(13 级)。受台风"温比亚"带来的暴雨天气影响,多地水稻、果园、蔬菜等农作物积水受淹,湖州安吉部分村庄桥梁、道路被淹。据统计,共造成 3.3 万人受灾,3.2 万人紧急转移安置。

9. 1822 号台风"山竹"(Mangkhut)

1822 号台风"山竹"于 9 月 7 日 20 时在西北太平洋洋面上生成,于 16 日 17 时前后在广东省台山市登陆,登陆时中心附近最大风力 14 级(42 米/秒),中心最低气压 960 百帕。16 日夜间 23 时前后移入广西境内,强度逐渐减弱,17 日 14 时减弱为热带低压,此后继续向西偏北方向移动,强度进一步减弱,中央气象台于 17 日 20 时停止对其编号。9 月 15—17 日,香港、澳门、广东、广西东部、海南等地普遍出现平均风 11～14 级、阵风 15～17 级的大风,最大风速达 62.8 米/秒(17 级以上)。期间,华南南部累计雨量 50～100 毫米,沿海地区 100～200 毫米,部分地区 200 毫米以上。台风"山竹"是 2018 年登陆影响我国的最强台风,也是当年生命史最长的台风。据统计,"山竹"共造成 471.3 万人受灾,6 人死亡,152.9 万人紧急转移安置;0.3 万间房屋倒塌;农作物受灾面积 34.2 万公顷;直接经济损失 142.3 亿元。

广东 2018 年第 22 号台风"山竹"于 9 月 16 日 17 时在广东江门台山海宴镇登陆,登陆时中心附近最大风力 14 级(45 米/秒),中心最低气压 955 百帕。台风"山竹"是 2018 年登陆广东最强的台风,也是 1949 年以来登陆珠三角的第二强台风(第一强为 2017 年"天鸽"),广东持续出现 10～13 级大风,珠三角沿海 12 级以上大风持续时间超过 16 小时,"山竹"成为名副其实的"风王"。15 日夜间至 17 日,广东自东向西持续出现了平均风 10～13 级、阵风 15～17 级的大风,香港、澳门、深圳、珠海普遍出现平均风 13～14 级、阵风 16～17 级的大风,惠州、江门、深圳、汕尾等多地出现 16～17 级的阵风。16—17日,"山竹"造成广东省国家气象站点最大风力超6级的站日数为88个,创下登陆广东台风陆面大风影响范围最广的纪录。珠三角沿海12级以上强风持续时间超过16小时。15日20时至17日20时,广东省(国家站和区域站)平均雨量达99.1毫米,有126个气象站录得250毫米以上的累计雨量,有1073个气象站点录得100~250毫米的降水。信宜大成镇录得全省最大累计雨量(468.4毫米)和最大日雨量(317.1毫米,17日),深圳南澳街道七星湾16日11时录得最大1小时雨量(92.1毫米)。阳春站录得393.1毫米的过程累计雨量和274.1毫米的日雨量(17日),均为广东省86个国家站点的最大值。

台风"山竹"巨大的威力给广东中西部各市带来了重创。强风造成广东省各地树木大量倒伏,户外广告牌、公共交通标识及部分基础设施及建筑物受损。16日,广东高铁全部停运,深圳地铁全线停运,深圳机场航班全部取消。广东省18个地级市辖区内高速公路及特大桥梁入口封闭。16—17日广州市普降暴雨至大暴雨,下午至夜间广州市珠江河段主要潮位站出现超百年一遇的高潮位,突破历史极值。"山竹"造成的降雨和大风影响范围广、强度大、持续时间长,其带来的强风、暴雨、风暴潮、巨浪给粤西、珠三角、粤东南沿海的工业、农业、养殖业、电力、交通、水利设施等各方面造成严重影响。据统计,共造成306.6万人受灾,5人死亡,126.4万人紧急转移安置;0.2万间房屋倒塌;农作物受灾面积23.2万公顷;直接经济损失132.9亿元。

广西 台风"山竹"于11日23时以台风级别(33米/秒)从玉林市北流南部进入广西,先后经过北流、陆川、玉林、博白、浦北、灵山、横县、南宁、隆安、平果、田东、百色等市、县,是2018年进入广西最强的台风。

受其影响,9月16日08时至19日08时,广西普降暴雨到大暴雨,局地特大暴雨,大部地区出现7~9级,局部11~13级的大风。台风"山竹"带来的强降雨过程对江河水库蓄水较为有利,但与此同时,南宁、玉林、梧州、贵港、钦州等市多地出现道路积水、树木倒伏等灾害,影响居民生活出行。9月16—17日南宁、北海进出港的多个航班被取消。铁路方面,16日南宁铁路局176列临时停运,17日有67列动车临时停运或临时变更区段运行。据统计,共造成147.9万人受灾,1人死亡,13.8万人紧急转移安置;0.1万间房屋倒塌;农作物受灾面积10.7万公顷;直接经济损失8.5亿元。

海南 受台风"山竹"影响,9月16日08时至17日08时,临高、澄迈、儋州、文昌、海口、乐东、万宁、保亭、五指山和三亚10个市、县共有47个乡镇雨量超过50毫米,临高、澄迈、儋州、文昌和海口5个市县共有16个乡镇雨量超过100毫米,临高和澄迈共有3个乡镇雨量超过200毫米。15日9时起琼州海峡停航,进出岛旅客列车同时停运;截至16日9时20分海口美兰国际机场取消航班共317架次,截至16日21时三亚凤凰国际机场取消航班126架次;16日18时后环岛高铁西段动车不再发车;文昌、万宁、澄迈、临高、陵水、保亭6个市、县17日停课1天,海口、儋州、乐东、洋浦4个市县17日上午停课;全省旅游景区16、17日关闭;海南省2处公路发生阻断。据统计,"山竹"共造成海南省12.7万人受灾,紧急转移安置12.7万人;农作物受灾面积0.1万公顷。

湖南 受台风暴雨天气影响,长沙蔬菜零售均价上行。据统计,共造成2.8万人受灾,农作物受灾面积0.1万公顷,直接经济损失0.5亿元。

云南 9月17—18日,受台风"山竹"登陆后减弱的低压影响,东部和南部地区出现小到中雨,局部大雨,滇西出现雷雨天气。据统计,共造成0.5万人受灾,农作物受灾面积0.1万公顷,直接经济损失0.2亿元。

贵州 9月17—18日,受台风"山竹"外围环流影响,部分地区出现持续强降雨。9月16—17日,受台风"山竹"影响,贵阳往返广州、深圳、珠海三地的南航航班取消了25班,2000余名旅客行程受阻。9月17日10列动车组和普铁停运或改变运行路径。9月18日,荔波小七孔景区持续降雨,多处景点、路段被淹,为保障游客游览安全,小七孔景区关闭,至21日才恢复开放。据统计,共造成

0.8 万人受灾。

10. 1823 号台风“百里嘉”(Barijat)

1823 号台风“百里嘉”于 9 月 11 日 08 时在南海东北部生成，13 日 08 时 30 分前后在广东省湛江市坡头区沿海登陆，登陆时中心附近最大风力 10 级(25 米/秒)，中心最低气压 990 百帕。13 日 14 时在广西北海市境内减弱为热带低压，之后持续向偏西方向移动，强度也持续减弱，中央气象台于当天 17 时停止对其编号。受其影响，广东中西部海面、南海北部出现了平均风 10 级～11 级、阵风 12 级的大风。据统计，共造成 6.3 万人受灾，1.5 万人紧急转移安置；农作物受灾面积 0.6 万公顷；直接经济损失 0.5 亿元。

广东 受台风“百里嘉”影响，12—13 日，粤西、粤东市县和梅州出现了中到大雨、局部暴雨，其余市县局地出现了阵雨局部大雨。强降水造成部分农田水浸，果树裂果、落果。据统计，共造成 6.3 万人受灾，1.5 万人紧急转移安置；农作物受灾面积 0.6 万公顷；直接经济损失 0.5 亿元。

11. 1819 号台风“苏力”(Soulik)、1820 号台风“西马仑”(Cimaron)

1819 号台风“苏力”于 8 月 23 日 20 时前后在韩国全罗南道西部登陆，登陆时中心附近最大风力 12 级(35 米/秒)，中心最低气压 970 百帕。1820 号“西马仑”于 8 月 23 日 20 时前后在日本四国岛东南部沿海登陆，登陆时中心附近最大风力 14 级(42 米/秒)，中心最低气压 955 百帕。据民政部统计，共造成吉林、黑龙江两省 31 万人受灾，紧急转移安置 2 万人；农作物受灾面积 8.6 万公顷；直接经济损失 19.2 亿元。

吉林 受台风影响，据统计，共造成吉林 20.5 万人受灾，1.8 万人紧急转移安置；农作物受灾面积 4.8 万公顷；直接经济损失 15.6 亿元。

黑龙江 受台风影响，据统计，共造成黑龙江 10.5 万人受灾，0.2 万人紧急转移安置；农作物受灾面积 3.8 万公顷；直接经济损失 3.6 亿元。

2.4 冰雹和龙卷

全国共有 30 个省(区、市)1384 个县(市)次出现冰雹或龙卷，降雹次数比 2001—2017 年平均值(1627 个县次)偏少。受冰雹、龙卷等强对流天气影响，全国累计 1493 万人次受灾，68 人死亡、1 人失踪；0.3 万间房屋倒塌，29.8 万间房屋不同程度损坏；农作物受灾面积 240.7 万公顷，绝收面积 19.7 万公顷；直接经济损失 168.3 亿元。与 2001—2017 年平均值相比，2018 年全国因冰雹和龙卷造成的受灾面积和经济损失均明显偏少，死亡人数偏少。云南、贵州、内蒙古、江西、新疆、河南、山东等省(区)灾情较为突出。

2.4.1 冰雹

1. 主要特点

(1)降雹次数偏少

2018 年，全国 30 个省(区、市)遭受冰雹袭击。据统计，共有 1384 个县(市)次出现冰雹，降雹次数比 2001—2017 年平均值(1627 个县次)偏少。

(2)初雹、终雹时间均偏晚

2018 年，全国最早一次冰雹天气出现在 2 月 20 日(江西省宜春市宜丰县)，初雹时间较常年(平均出现在 2 月上旬)偏晚；最晚一次冰雹天气出现在 12 月 11 日(云南省西双版纳傣族自治州景洪市)，终雹时间较常年(平均出现在 11 月中旬)也偏晚。

(3)降雹主要集中在春季和夏季

从降雹的季节分布来看，2018 年春季出现冰雹次数最多，共有 687 个县(市)次，占全年降雹总次数的 49.6%；夏季降雹次数次多，共有 623 个县次，占全年的 45.0%；秋季共有 64 个县次降雹，占全年的 4.6%；冬季只有 10 个县次降雹，仅占全年的 0.7%。

从各月降雹情况看，2018 年 6 月最多，共 263 个县(市)次降雹，占全年的 19.0%；5 月次多，244 县次降雹，占全年的 17.6%；3 月、7 月、4 月分居第三、第四、第五位，分别有 241、239、202 县次降雹，各占全年的 17.4%、17.3%、14.6%。

(4)西南、华北、西北等地降雹较多

2018 年，我国降雹较多的区域是西南、华北、西北等地。从各省分布来看，云南最多，降雹 211 县(市)次；贵州次多，降雹 157 县次；内蒙古居第三位，降雹 92 县次；新疆(87 县次)、山东(85 县次)、江西(80 县次)、河南(76 县次)、湖南(55 县次)、甘肃(53 县次)等省(区)降雹均超过 50 县次(图 2.4.1)，局部受灾较重。

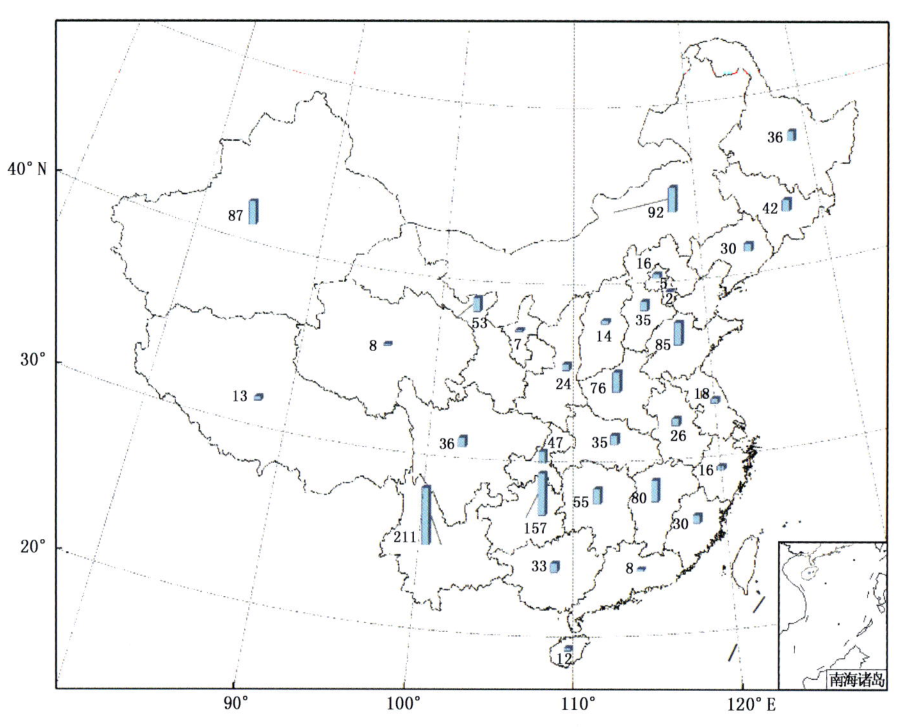

图 2.4.1　2018 年全国降雹县(市)次分布

Fig. 2.4.1　Distribution of hail events over China in 2018

2. 部分风雹灾害事例

(1)3 月 4—5 日，湖南省长沙、株洲、衡阳、郴州、永州 5 市 12 个县(市)遭受风雹灾害。株洲市炎陵县最大冰雹直径约 30 毫米；衡阳市常宁市冰雹直径 10 毫米左右；永州市江华县冰雹持续 2 分钟以上，最大的冰雹如鸡蛋大小。共计 8.4 万人受灾，600 余人紧急转移安置；200 余间房屋严重损坏；农作物受灾面积 3200 公顷，绝收面积 300 余公顷；直接经济损失 7200 余万元。

(2)3 月 4—5 日，江西省南昌、景德镇、萍乡、赣州、吉安、宜春、新余、九江、上饶 9 市 54 个县(市、区)遭受风雹灾害。庐山、湖口、进贤最大阵风 12 级以上；南城、大余、永丰、上犹、瑞金、丰城、高安、万载、余干等地出现冰雹。江西省共有 33.5 万人受灾，14 人死亡(其中，6 人因构筑物倒塌死亡，4 人溺水死亡，2 人因高空坠物死亡，2 人因雷击死亡)，3800 余人紧急转移安置；400 余间房屋倒塌，4.1 万间房屋不同程度损坏；农作物受灾面积 1.36 万公顷，绝收面积 400 余公顷；直接经济损失 5.2

亿元。

(3)3 月 4—5 日，福建省三明、南平、福州 3 市 8 个县(市)遭受风雹灾害。泰宁县最大冰雹直径约 20 毫米；福清市冰雹直径 10 毫米左右，持续约 2 分钟；闽侯县冰雹持续 10 分钟左右，最大冰雹如拇指大小。共计 4000 余人受灾，200 余人紧急转移安置；2100 余间房屋不同程度损坏；农作物受灾面积 300 余公顷；直接经济损失 9500 余万元。

(4)3 月 12—13 日，云南省昭通、普洱、西双版纳、德宏 4 市(自治州)7 个县(区)遭受风雹灾害。4.1 万人受灾；近 300 间房屋不同程度损坏；烟叶、茶叶、小麦、豌豆、蚕豆、小瓜等受灾面积 2100 公顷，绝收面积 200 余公顷；直接经济损失 1100 余万元。

(5)3 月 12—14 日，贵州省贵阳、六盘水、安顺、毕节、黔西南 5 市(自治州)17 个县(市、区)遭受风雹灾害。六盘水市水城县最大冰雹直径 30 毫米；贵阳市最大冰雹直径 16 毫米；黔西南布依族苗族自治州安龙县最大冰雹直径 10 毫米。共计 19.9 万人受灾；900 余间房屋不同程度损坏；农作物受灾面积 1.19 万公顷，绝收面积 3100 公顷；直接经济损失 1.2 亿元。

(6)3 月 15 日，江西省宜春、九江、南昌、赣州 4 市 14 个县(市)出现冰雹，冰雹直径以宜春市靖安县 30 毫米为最大；靖安、德安、庐山、湖口、彭泽、都昌等地出现 8～9 级大风；进贤等 57 县(市)出现雷电；婺源等 27 县(市)出现 67 站次 1 小时 30 毫米以上强降水。据统计，南昌、九江、宜春 3 市 4 个县(市)共 4800 余人受灾，1 人因雷击死亡；200 余间房屋不同程度损坏；农作物受灾面积近 200 公顷；直接经济损失近 800 万元。

(7)3 月 17—18 日，贵州省遵义、黔南、黔东南、贵阳 4 市(自治州)12 个县(市)遭受风雹灾害。黔南州罗甸县最大冰雹直径 20 毫米，最大密度每平方米 200 多粒，降雹持续近半个小时；贵阳市修文县最大冰雹直径 30 毫米。共计 1.8 万人受灾；100 多间房屋不同程度损坏；农作物受灾面积近 3400 公顷，成灾面积 1600 多公顷，绝收面积 100 多公顷；直接经济损失 8600 多万元。

(8)3 月 19—21 日，广西壮族自治区南宁、柳州、百色、河池 4 市 10 个县遭受风雹灾害，河池市巴马县最大冰雹直径达 35 毫米。据统计，百色市田阳、田林、田东、平果及柳州市柳城、南宁市隆安等 6 个县共有 5500 多人受灾，因灾死亡 1 人(柳城，雷击)；农作物受灾面积 1240 公顷，成灾面积 950 公顷，绝收面积 370 公顷；倒塌、损坏房屋 40 余间；直接经济损失 2946 万元。

(9)3 月 29—31 日，贵州省六盘水、安顺、毕节、黔西南 4 市(自治州)12 个县(市、区)出现雷雨、大风、冰雹等强对流天气。安顺市西秀区局地 12 小时降雨量达 97.1 毫米，普定县瞬时风力达 9 级以上；毕节市大方县冰雹持续时间 12 分钟，冰雹直径 5 毫米左右。共计 9.7 万人受灾；200 余间房屋不同程度损坏；农作物受灾面积 5400 公顷，绝收面积 900 余公顷；直接经济损失 1.9 亿元。

(10)4 月 2—3 日，贵州省毕节、黔南 2 市(自治州)8 个县(区)遭受冰雹、大风、短时强降水、雷电等强对流天气袭击。黔南布依族苗族自治州罗甸县最大冰雹直径 10 毫米，密度 50～80 粒/平方米，最大风力 10 级，2 小时最大降雨量达 48.0 毫米；惠水县 24 小时最大降水量 73 毫米。毕节市织金县县城降雹 8 分钟，冰雹直径约 6 毫米。共计 3.5 万人受灾；700 余间房屋不同程度损坏；早玉米、西红柿、茄子、黄瓜、苦瓜、辣椒、杨梅、蜂糖李、葡萄、梨子等农作物受灾面积 2100 公顷，绝收面积近 700 公顷；直接经济损失 3100 余万元。

(11)4 月 4—7 日，贵州省遵义、安顺、毕节、铜仁、黔西南等 6 市(自治州)15 个县(市、区)遭受风雹灾害。遵义市余庆县最大风速 17.1 米/秒，最大冰雹直径 10 毫米；安顺市镇宁布依族苗族自治县最大冰雹直径約 20 毫米；毕节市金沙县最大冰雹直径达 35 毫米，受灾较重的乡镇冰雹持续时间约 30 分钟。共计 21.3 万人受灾，近 200 人紧急转移安置；100 余间房屋倒塌，1.1 万间房屋不同程度损坏；农作物受灾面积 1.13 万公顷，绝收面积 3800 公顷；直接经济损失 2 亿元。

(12)4 月 4—5 日，四川省自贡、泸州、德阳、雅安、广元、内江等 9 市 17 个县(市、区)遭受风雹灾害。内江市东兴区12小时最大降水量72.8毫米，极大风速18.9米/秒，冰雹持续时间约5分钟，冰雹直径约10毫米。共计34.3万人受灾，800余人紧急转移安置；200余间房屋倒塌，9500余间房屋不同程度损坏；油菜、高粱、秧苗等农作物受灾面积2.28万公顷，绝收面积1000公顷；直接经济损失1亿元。

(13)4月12—14日，贵州省遵义、黔东南、铜仁3市(自治州)11个县(区)出现冰雹、大风、短时强降水等强对流天气。遵义市习水县日最大降雨量57.7毫米；余庆县最大风速20.2米/秒，冰雹持续时间8～9分钟，最大直径20毫米；桐梓县最大1小时降水量34.6毫米，最大冰雹直径20毫米，冰雹密度100～250粒/平方米。黔东南苗族侗族自治州剑河县最大日降水量67.8毫米，最大冰雹直径25毫米，极大风速16.3米/秒。共计2.9万人受灾，200余人紧急转移安置；1600余间房屋不同程度损坏；农作物受灾面积1200公顷，绝收面积400余公顷；直接经济损失2200余万元。

(14)4月17—18日，云南省普洱、丽江、曲靖、楚雄等市13个县(市)出现冰雹、雷电、短时强降水等强对流天气，冰雹持续时间一般5～10分钟，冰雹直径3～12毫米不等，楚雄彝族自治州楚雄市市区降雹21分钟，最大冰雹直径10毫米，为历史罕见。共计2.5万人受灾；农作物受灾面积2686公顷，成灾面积1248公顷，绝收面积179公顷；直接经济损失2952万元。

(15)4月18—20日，新疆兵团一师、三师、八师、十四师4个师20个团(场)及博尔塔拉蒙古自治州精河县等地遭受风雹灾害，阿克苏地区阿克苏市最大冰雹直径达25毫米，温宿县冰雹持续时间15分钟左右。共计2.3万人受灾，棉花、苹果、梨、杏、桃、核桃等受灾面积1.27万公顷，直接经济损失2900万元。

(16)4月29日至5月2日，贵州省贵阳、六盘水、遵义、安顺、毕节、铜仁、黔西南等9市(自治州)32个县(市、区)遭受风雹灾害。黔西南布依族苗族自治州贞丰县最大冰雹直径20毫米，最大风力8级以上，3小时最大降水量90余毫米；毕节市金沙县部分乡镇冰雹持续时间约20分钟，最大冰雹直径约10毫米，最大风力达11级；遵义市余庆县最大冰雹直径5毫米；安顺市关岭布依族苗族自治县瞬时最大风速达40.6米/秒(13级)，镇宁布依族苗族自治县最大冰雹直径约25毫米，降雹持续约10分钟；贵阳市清镇市最大冰雹直径10毫米。全省共计37万人受灾，700余人紧急转移安置；近6300间房屋不同程度损坏；农作物受灾面积3.11万公顷，绝收面积6300公顷；直接经济损失2.5亿元。

(17)5月15—16日，河南省濮阳、焦作、新乡、洛阳、三门峡、郑州、开封、商丘、周口、驻马店等市31个县(市、区)相继出现雷暴、大风、冰雹、短时强降水等强对流天气。洛阳市汝阳县最大冰雹直径约为20毫米，偃师市冰雹如玉米粒大小，最大瞬时风力12级；商丘市睢阳区、梁园区冰雹直径大约8毫米，极大风速18.9米/秒；新乡市延津县累计降水量110.8毫米，最大雨强40.3毫米/小时；驻马店市新蔡县24小时最大降水量达212.4毫米，正阳县最大降水量109毫米，瞬时最大风力10级左右。此次风雹灾害共造成62.4万人受灾，雷击死亡1人(商丘市睢阳区)；农作物受灾面积4.92万公顷；倒塌房屋14间；直接经济损失2.1亿元。

(18)5月15—16日，山东省聊城、潍坊、临沂、滨州、淄博5市14个县(市、区)遭受短时强降水和风雹灾害。潍坊市临朐县冰雹持续20分钟左右，最大冰雹直径15毫米左右；淄博市沂源县冰雹持续时间约2分钟，1小时最大降雨量38.8毫米；聊城市阳谷县极大风速28.4米/秒；临沂市蒙阴县瞬时最大风力7～8级，最大冰雹直径约42毫米。灾害导致部分农作物、蔬菜大棚、西瓜大棚被吹倒、砸坏，苹果、桃、山楂、板栗等果树以及玉米种等农作物受灾。共计16.3万人受灾；农作物受灾面积1.6万公顷，成灾面积8300多公顷，绝收面积近1800公顷；倒塌房屋10间，严重损坏房屋25间；直接经济损失7100多万元。

(19)5月16日，江苏省出现大范围雷雨大风、短时强降水及冰雹等强对流天气。沛县、睢宁、宿豫、大丰、东海等42个县(区、市)出现8级以上大风，宿豫区骆马湖最大风力达12级(35.5米/秒)、大丰四卯酉闸达11级(30.7米/秒)；盐城市亭湖区、大丰区、东台市，南通市如皋市、如东县，徐州市睢宁县等县(市、区)出现冰雹，如东县最大冰雹直径30毫米左右。受此次强对流天气影响，徐州、盐城、连云港、宿迁等地13.29万人受灾，因灾死亡2人，紧急转移安置146人；损坏房屋533间，倒塌房屋6间；树木倒折4882棵，损坏大棚47座；农田受灾面积1.63万公顷；直接经济损失2149万元，其中农业损失1016万元。

(20)5月16—17日，安徽省阜阳、亳州、淮南3市9个县(市、区)部分乡镇遭受强降水、雷雨大风、冰雹等强对流天气袭击。阜阳市颍东区最大1小时降水量70.2毫米，阜南县最大冰雹直径10毫米；淮南市凤台县冰雹直径8毫米。共计32.62万人受灾，死亡1人(阜阳市颍泉区树木倒砸房屋)；小麦等农作物受灾面积3.25万公顷，成灾面积2.02万公顷，绝收面积480多公顷；倒塌、损坏房屋50多间；直接经济损失超过1亿元。

(21)5月17—19日，贵州省六盘水、遵义、毕节等5市(自治州)16个县(区)遭受风雹灾害。8.1万人受灾，1人溺水死亡，100余人紧急转移安置；600余间房屋不同程度损坏；农作物受灾面积5400公顷，绝收面积200余公顷；直接经济损失5100万元。

(22)5月17—18日，重庆市万州、涪陵、北碚、开州、巫溪、南川、云阳等19个县(区)遭受风雹、暴雨灾害。涪陵区1小时最大降雨量达74.1毫米，测站最大风速19.2米/秒；南川区1小时最大降雨量62.8毫米；云阳县最大风速达28.4米/秒。共计43.1万人受灾，6人死亡(2人因高空跌落所致、1人溺水所致、1人因高空坠物所致、1人因构筑物倒塌所致、1人因树木倒压所致)，因灾伤病56人，1000余人紧急转移安置；400余间房屋倒塌，2.53万间房屋不同程度损坏；农作物受灾面积2.19万公顷，绝收面积2700公顷；直接经济损失3.5亿元。

(23)5月18—19日，湖南省株洲、衡阳、岳阳、娄底、益阳5市9个县(市、区)出现强降水并伴有雷电、大风等强对流天气。岳阳市汨罗市最大小时降雨量97.3毫米，最大风速28.7米/秒(11级)；娄底市涟源市测站极大风速为20.3米/秒，碗口粗的大树被拦腰折断，最大冰雹直径10毫米以上。共计9.9万人受灾，2人死亡(衡阳市衡南县雷击死亡1人，岳阳市汨罗市房屋倒塌死亡1人)，4300余人紧急转移安置；100余间房屋倒塌，1.3万间不同程度损坏；农作物受灾面积8400公顷，绝收面积近500公顷；直接经济损失2.3亿元。

(24)5月28日，吉林省白城、通化、白山、延边4市(自治州)5个县(市、区)遭受冰雹灾害，白城市洮南市最大冰雹直径40毫米，白山市江源区最大瞬时风速22.7米/秒。共计3450多人受灾；玉米、大豆、高粱、谷子、辣椒等农作物受灾面积1143公顷，成灾面积782公顷，绝收面积345公顷；损坏房屋364间；直接经济损失610余万元。

(25)5月28日，辽宁省辽阳、本溪、抚顺3市6个县(区)遭受冰雹袭击，辽阳观测站最大冰雹直径23毫米。共计4.6万人受灾；玉米、蔬菜、果树、中药材、马铃薯等受灾面积1.4万公顷，成灾面积4000多公顷，绝收面积400多公顷；直接经济损失超过1亿元。

(26)5月28日，山东省烟台市6个市(区)出现雷阵雨天气，局部伴有短时雷雨大风和冰雹，冰雹持续时间约10分钟，最大冰雹直径约50毫米(烟台经济技术开发区)。此次冰雹具有面积大、范围广、持续时间长等显著特点，农作物特别是正值采摘期的露天大樱桃和套袋期的苹果等损失比较严重。烟台市受灾人口8.65万人；农作物受灾面积1.38万公顷，成灾面积4390公顷，绝收面积554公顷；直接经济损失3.23亿元。

(27)6月6—7日，甘肃省定西、陇南、甘南3市(自治州)6个县(区)出现短时强降雨并伴有冰雹。定西市漳县冰雹持续时间20分钟左右，冰雹直径5毫米左右，过程最大降水量52.0毫米；甘南藏族自治州迭部县最大冰雹直径20毫米。共计9.7万人受灾，2人溺水死亡(陇南市礼县)；800余间房屋不同程度损坏；小麦、蚕豆、玉米、油菜、青稞、燕麦等受灾面积 3300 公顷，绝收 1600 公顷；直接经济损失 2 亿元。

(28)6 月 12—13 日，内蒙古自治区赤峰、兴安、锡林郭勒等 4 市(盟)9 个县(旗、市、区)出现雷电大风、冰雹、短时强降水等强对流天气。赤峰市敖汉旗最大冰雹直径 30 毫米，地面积雹最深处约 10 厘米；松山区风雹持续 20 分钟，最大冰雹直径 10 毫米。兴安盟扎赉特旗冰雹持续时间 10 分钟左右，冰雹直径 8～10 毫米。共计 1.4 万人受灾；玉米、谷子、高粱、小麦、胡萝卜等农作物受灾面积近 1 亿公顷，成灾面积 5300 多公顷；直接经济损失 2500 多万元。

(29)6 月 12—14 日，河北省石家庄、保定、衡水、邢台、张家口、承德、唐山等市 20 个县(市、区)出现冰雹、大风、短时强降水等强对流天气。承德市兴隆县风雹过程持续 30 多分钟，最大冰雹直径 30 毫米；邢台市南宫市冰雹直径约 5 毫米，持续时间约 10 分钟；衡水市冀州市最大冰雹直径 22 毫米。此次风雹天气发生在果树生长期，雹灾致使幼果脱落、砸裂，果品品质下降，造成水果减产甚至绝收。河北省共计 32.8 万人受灾；农作物受灾面积 1.52 万公顷，绝收面积 496 公顷；直接经济损失约 2.2 亿元。

(30)6 月 13 日，河南省平顶山、洛阳、南阳、许昌 4 市 6 个县(市)发生风雹灾害。平顶山市宝丰县最大冰雹直径约 15 毫米；洛阳市偃师市冰雹如玉米粒大小，灾害持续时间约 1 小时；南阳市方城县冰雹如黄豆大，瞬时极大风速达 31.2 米/秒，持续时间 2 个小时以上；许昌市禹州市瞬间极大风速达 38.1 米/秒(风力 13 级，破有气象记录以来历史极值)，最大冰雹直径约 20 毫米，持续时间 5～10 分钟。罕见大风造成林果业果实脱落，果树折断倒伏；供电、通信线路受损，部分地区供电通讯中断。灾害共造成 4500 多人受灾，果园、烟叶、蔬菜、玉米、花生、香菇等受灾面积 387 公顷，倒塌房屋 12 间，直接经济损失 761 万元。

(31)6 月 13—15 日，山东省聊城、德州、滨州、东营、淄博、潍坊、济南、青岛、临沂、日照、烟台等市共 36 个县(市、区)出现冰雹、雷雨大风和短时强降水等强对流天气。最大冰雹直径约 40～50 毫米；雷雨时阵风 8～10 级，青岛伏龙山站最大阵风 12 级(34.8 米/秒)，为有气象记录以来 6 月最大风速，青岛港五台集装箱桥吊被突发大风吹倒，淄博、滨州等地农作物受灾，树木折断，汽车被砸。山东省共计 23.7 万人受灾，小麦、西瓜、蔬菜、葡萄、果树、花生等受灾面积 3.67 万公顷，直接经济损失约 5.8 亿元。

(32)6 月 19—20 日，吉林省长春、吉林、四平、通化等 7 市 20 个县(市、区)遭受风雹灾害。白城市洮北区冰雹持续近半个小时，最大冰雹直径 20 毫米以上；大安市最大冰雹直径 15 毫米；通榆县冰雹历时 20 分钟，最大冰雹直径 10 毫米。吉林市蛟河市 1 小时降雨量超过 20 毫米，冰雹直径 3 毫米左右；磐石市最大冰雹直径 10 毫米。长春市农安县冰雹持续约 15 分钟，最大冰雹直径 15 毫米；双阳区冰雹直径 10 毫米左右。松原市乾安县最大冰雹直径约 15 毫米；扶余市风雹持续大约 20 分钟，冰雹直径约 6～7 毫米。共计 12.9 万人受灾；农作物受灾面积 6.68 万公顷，绝收面积 8000 公顷；直接经济损失 2.9 亿元。

(33)6 月 28 日，山东省聊城、泰安、临沂、威海、东营、烟台、滨州、青岛、莱芜、济宁、德州、济南等市 17 个县(市、区)出现雷雨大风、冰雹等强对流天气。临沂市平邑县、蒙山旅游区风雹持续时间约 20 分钟，最大冰雹直径 20 毫米；威海市乳山市降雹持续 6～10 分钟，最大冰雹直径 20 毫米；烟台市莱州市 1 小时最大降雨量达 46.9 毫米，极大风力达 11 级(29.9 米/秒)，海阳市最大冰雹直径 12 毫米；泰安市新泰市风雹持续半个多小时，最大冰雹直径 40 毫米左右。共计 25.5 万人受灾；黄烟、葡萄、桃、苹果、梨、玉米、花生、地瓜等受灾面积 1.2 万公顷，成灾面积 7700 多公顷，绝收面积 2300 多公顷；倒塌、损坏房屋 1360 间，刮倒、折断树木 4.4 万棵；直接经济损失 1.99 亿元。

(34)7 月 3—4 日，内蒙古自治区呼和浩特、赤峰、呼伦贝尔、巴彦淖尔、乌兰察布、锡林郭勒等 7

市(盟)10个县(旗)遭受风雹灾害。呼伦贝尔市鄂伦春自治旗最大冰雹直径达30毫米,最大降雨量88.6毫米;阿荣旗降雹持续20分钟左右,地面积雹厚度0.5厘米左右,最大冰雹直径约15毫米。赤峰市松山区风雹持续近30分钟,冰雹平均直径2毫米。共计1.1万人受灾,2人死亡(乌兰察布市四子王旗,大风刮断电线致2人触电身亡);葵花、玉米、大豆马铃薯、籽瓜、油菜籽、小麦、荞麦等农作物受灾面积1.07万公顷;直接经济损失1200余万元。

(35)7月8日,内蒙古自治区赤峰、呼和浩特、兴安3市(盟)6个县(旗、市)遭受冰雹、大风袭击。赤峰市宁城县冰雹持续19分钟,最大冰雹直径10毫米;喀喇沁旗冰雹持续20分钟左右,最大冰雹直径约40毫米。呼和浩特市土默特左旗冰雹持续10～40分钟不等,冰雹直径10～20毫米,最大直径达40毫米;兴安盟扎赉特旗冰雹直径8～10毫米,降雹持续5分钟左右。共计8.56万人受灾;玉米、谷子、高粱、绿豆、蔬菜、药材、烟叶等受灾面积2.54万公顷,成灾面积2.13万公顷,绝收面积7360余公顷;直接经济损失1.92亿元。

(36)7月13—14日,黑龙江省哈尔滨、鹤岗、双鸭山、伊春、佳木斯等8市24个县(市、区)遭受风雹、暴雨灾害。佳木斯市富锦市主要降雨过程1个小时左右,最大降雨量74.6毫米,降雹持续时间15分钟,最大冰雹直径15毫米,阵风7级以上。共计6.3万人受灾,100余人紧急转移安置;近400间房屋不同程度损坏;农作物受灾面积4.13万公顷,绝收面积4300公顷;直接经济损失1.3亿元。

(37)7月16—17日,河南省郑州、洛阳、焦作等4市14个县(市、区)出现雷暴大风、短时强降水、冰雹等强对流天气,洛阳市洛宁县站瞬时极大风速达到25.5米/秒(9级),神灵寨最大降水量41.1毫米。共计22.4万人受灾,200余间房屋不同程度损坏,农作物受灾面积1.46万公顷,直接经济损失6000余万元。

(38)7月22—23日,云南省昆明、曲靖、玉溪、楚雄、大理、昭通、红河、丽江8市(自治州)25个县(市、区)遭受风雹灾害。玉溪市红塔区最大冰雹直径5毫米,风雹持续约10分钟;澄江县降雹3分钟左右,最大冰雹直径8毫米;峨山彝族自治县降雹持续5～15分钟不等,最大冰雹直径约10毫米。共计5万人受灾;烤烟、玉米、水稻等农作物受灾面积3400公顷,绝收面积700余公顷;直接经济损失3500多万元。

(39)7月25—28日,河南省开封、洛阳、平顶山、三门峡、周口、信阳、南阳7市12个县(市、区)遭受暴雨、风雹灾害。南阳市基本站36小时降雨量209毫米,桐柏县部分村庄3小时降雨量达100毫米以上;洛阳市洛宁县局地极大风速达27.6米/秒。共计15.3万人受灾,2人死亡(1人溺水,1人因构筑物倒塌),200余人紧急转移安置;100余间房屋不同程度损坏;农作物受灾面积1.31万公顷,绝收面积100余公顷;直接经济损失近7200万元。

(40)7月26—27日,陕西省西安、渭南、安康、商洛4市9个县(区)遭受风雹灾害,渭南市临渭、蒲城等地瞬间最大风力8级左右,最大降雨量达50毫米以上,局部葡萄、大葱等农作物被冰雹打坏,损失严重。共计6.3万人受灾,1人死亡(构筑物倒塌所致),1200余人紧急转移安置;近200间房屋不同程度损坏;玉米、烟叶、西瓜、蔬菜等农作物受灾面积3900公顷,绝收面积1800公顷;直接经济损失3400余万元。

(41)7月30日,云南省昭通市昭阳区、曲靖市宣威市、昆明市禄劝彝族苗族自治县、普洱市墨江哈尼族自治县以及红河哈尼族彝族自治州开远市、弥勒市遭受暴雨、雷暴大风、冰雹袭击。共计超过5330人受灾,2人死亡(墨江县雷击所致);烤烟、玉米、大豆、白菜、辣椒、苹果等农作物受灾面积707公顷,成灾面积493公顷,绝收面积77公顷;直接经济损失1386万元。

(42)8月8—10日,云南省曲靖、玉溪、昭通、楚雄等5市(自治州)9个县(市、区)遭受风雹、暴雨灾害。玉溪市红塔区冰雹直径约3毫米,持续时间2分钟,峨山彝族自治县局地1小时降水量42.1

毫米。共计1.4万人受灾，3人死亡(2人因房屋倒塌所致，1人因雷击所致)；近100间房屋不同程度损坏；烤烟、玉米、蔬菜等农作物受灾面积1400公顷，绝收面积近100公顷；直接经济损失1400余万元。

(43)8月9日午后，内蒙古自治区赤峰市4个县(旗)出现短时强降水、冰雹、大风等强对流天气，敖汉旗、翁牛特旗冰雹持续17～20分钟，最大冰雹直径约15毫米。共计2.9万人受灾，玉米、大豆、麦子、荞麦、向日葵、甜菜、绿豆等农作物受灾面积近6300公顷，直接经济损失3400多万元。

(44)8月9—10日，湖北省恩施土家族苗族自治州7个县(市)出现短时强降水、雷电、冰雹、大风等强对流天气。建始县最大日雨量75.9毫米，极大风速21.5米/秒；咸丰县1小时最大雨量达52.0毫米。据恩施、利川、建始、巴东4县(市)统计，共有29个乡镇4.17万人受灾；玉米、烟叶、蔬菜等农作物受灾面积2478公顷，成灾面积2225公顷，绝收面积491公顷；倒塌农房3间，损坏农房120间；直接经济损失2573万元。

(45)8月11日，甘肃省酒泉、庆阳、平凉3市7个县(区)出现短时强降水、冰雹等强对流天气。庆阳市环县风雹持续时间半小时左右，最大降雨量达62.9毫米，最大冰雹直径10毫米。此次过程造成近9800人受灾，400余间房屋不同程度损坏，荞麦、玉米、豆类、油料等农作物受灾面积1600公顷，直接经济损失近2400万元。

(46)8月20日，内蒙古自治区赤峰市翁牛特旗、松山区及兴安盟科尔沁右翼中旗、呼伦贝尔市扎兰屯市出现短时强降水、大风、冰雹等强对流天气。松山区风雹天气持续约30分钟，最大雨强43.7毫米/小时，极大风速达25.8米/秒，冰雹平均直径2毫米；翁牛特旗最大冰雹直径10毫米。共计53万人受灾；玉米、大豆、向日葵、水稻、荞麦、绿豆、蔬菜、黄豆、葵花、豆角等农作物受灾面积3.12万公顷，绝收面积6000多公顷；直接经济损失1.08亿元。

(47)8月20—21日，云南省红河、玉溪、丽江、曲靖、昭通、大理6市(自治州)10个县(市)出现雷暴、大风、冰雹和短时强降水天气。总计超过1.34万人受灾，烤烟、玉米、水稻、蔬菜、甘蔗等农作物受灾面积8600多公顷，36只羊遭雷击死亡，直接经济损失6000多万元。

(48)8月26—27日，内蒙古自治区赤峰、乌兰察布、兴安盟等4市(盟)6个县(区、旗)遭受风雹、暴雨灾害。赤峰市松山区1小时最大降水量28.9毫米，风雹天气持续近30分钟；宁城县最大冰雹直径25毫米，最大地面积雹厚度达7.5厘米。共计4.5万人受灾，1人失踪；玉米、谷子、高粱、蔬菜、林果等受灾面积8900公顷，绝收面积500余公顷；直接经济损失4400余万元。

(49)8月29日，云南省玉溪、红河、普洱3市(自治州)6个县(区)出现雷暴、冰雹、阵性大风等强对流天气。玉溪市峨山彝族自治县风雹持续近30分钟；红塔区降雹约5分钟，最大冰雹直径3毫米；江川区冰雹直径约2毫米。共计超过300人受灾，1人遭雷击身亡(普洱市江城哈尼族彝族自治县)；损坏房屋19间；烤烟、辣椒、玉米、水稻等农作物受灾面积567公顷，成灾面积426公顷；直接经济损失208万元。

(50)8月30日，新疆维吾尔自治区阿克苏地区温宿县、阿瓦提县和阿拉尔市二团出现暴雨、雷暴、冰雹等强对流天气。温宿县冰雹暴雨天气长达1小时，最大降水量25.8毫米；阿拉尔市二团各连降雹持续时间5～20分钟不等。共计棉花、油菜、玉米、西瓜、白菜、果园等受灾面积6000多公顷，直接经济损失超过1亿元。

(51)9月11日，陕西省延安、榆林2市3个县(区)部分地区遭受风雹、暴雨灾害，延安市子长县冰雹持续20分钟。共计近7900人受灾；玉米、洋芋、谷子、糜子、豆类、桑叶、葡萄等农作物受灾面积1600公顷，绝收面积300余公顷；直接经济损失近1600万元。

(52)9月29—30日，辽宁省营口、葫芦岛2市4个县(市)部分地区遭受风雹灾害，营口市盖州市降雹时间持续10分钟左右，冰雹大小在黄豆粒和指甲之间，大风持续5分钟左右。此次冰雹过程造成部分果树减产，大田作物受损严重。共计4.4万人受灾，农作物受灾面积2600公顷，直接经济损失1.2亿元。

(53)9月30日，山东省烟台市蓬莱、龙口、招远等市部分乡镇出现雷雨大风、冰雹等强对流天气。雷雨时伴有7～8级雷暴大风，极大风力达10级(25.0米/秒)，最大冰雹直径20毫米。风雹发生时正值苹果摘袋的高峰期，对苹果产量产生不利影响。烟台市受灾人口6841人，农作物受灾(成灾)面积807公顷，农业直接经济损失1.12亿元。

(54)12月8—9日，云南省普洱市思茅区、宁洱哈尼族彝族自治县和临沧市凤庆县、西双版纳傣族自治州景洪市部分乡镇发生风雹灾害，最大雨强44.6毫米/小时，冰雹过程持续15分钟，最大冰雹直径达20毫米，地面最大积雹厚度超过5厘米。共计2000多人受灾；损坏民房100多间；核桃、茶叶、蔬菜、小麦、香蕉等农作物受灾面积490多公顷，成灾面积139公顷，绝收面积110公顷；直接经济损失600多万元。

2.4.2 龙卷

1. 主要特点

(1)发生次数明显偏少

2018年全国有10个省(区、市)22个县(市、区)发生了龙卷(表2.4.1)，龙卷出现次数较2001—2017平均次数(每年56个县次)明显偏少。

(2)主要发生在夏季

从2018年龙卷的季节分布来看，夏季最多，出现龙卷14县次，占全年总数的63.6%；春季出现4县次，占全年的18.2%；秋季出现3县次，占全年的13.6%；冬季出现1县次，占全年的4.5%。从月际分布来看，8月龙卷最多，发生12县次，占全年的54.5%；5月、6月、9月各发生2县次，各占全年的9.1%；3月、4月、10月、12月各发生1县次，各占全年的4.5%；其他月份未发生龙卷。

(3)广东、山东、江苏发生相对较多

从2018年龙卷发生的地区分布来看，广东最多，发生6县次，占全国龙卷总数的27.3%；山东次之，发生5县次，占全国龙卷总数的22.7%；江苏居第三位，发生4县次，占全国龙卷总数的18.2%；江西、广西、浙江、吉林、内蒙古、天津、云南各有1个县次，分别占全国龙卷总数的4.5%；全国其他地区未发生龙卷。

表2.4.1　2018年龙卷简表

Table 2.4.1　List of major tornado events over China in 2018

发生时间	发生地点
3月4—5日	江西省赣州市石城县
4月20日	广西柳州市柳北区
5月25日	浙江省嘉兴市秀城区
5月28日	吉林省松原市长岭县
6月8日	广东省广州市南沙区、佛山市南海区
8月8日	内蒙古鄂尔多斯市鄂托克前旗
8月13日	天津市静海区
8月13日	江苏省扬州市仪征市
8月14日	山东省烟台市莱州市、潍坊市昌邑市、东营市利津县、滨州市惠民县、枣庄市台儿庄区
8月18日	江苏省徐州市铜山区、丰县

续表

发生时间	发生地点
8 月 23 日	广东省茂名市高州市
8 月 31 日	广东省广州市番禺区
9 月 11 日	广东省东莞市
9 月 17 日	广东省佛山市三水区
10 月 10 日	江苏省南通市如皋市
12 月 8 日	云南省昆明市安宁市

2. 部分龙卷灾害事例

(1)4 月 20 日 19 时 10 分左右，广西壮族自治区柳州市柳北区沙塘镇君武路蓝带木业厂区、广西生态工程职业技术学院、广西科技师范学院一带出现龙卷，造成部分厂房倒塌，大树拔倒，屋顶、门窗、路灯、体育设施损坏，附近高压输电线因吹飞的屋顶铁皮引起短路，造成大面积停电。此次风灾造成直接经济损失 160 万元。

(2)5 月 25 日 20 时左右，位于浙江省嘉兴市秀城区新丰镇的三益家庭农场遭受龙卷袭击，同时伴有冰雹，最大冰雹有鸡蛋那么大。大风造成塑料大棚支架倾斜，特别是大棚之间高约 10 米的竖立支架倾斜严重，大棚部分地方被冰雹砸穿。

(3)5 月 28 日 12 时 30 分左右，吉林省松原市长岭县太平川镇出现龙卷，造成 4 人受伤，一些房屋损坏，电线杆、大树等被刮倒，部分地区供电中断。

(4)6 月 8 日 01 时 50 分前后，广东省广州市南沙区横沥镇发生龙卷，造成 1 死 8 伤。当日 14 时许，佛山市南海区大沥镇出现龙卷，损毁铁皮屋顶约 2000 平方米。

(5)8 月 8 日 17 时 50 分至 18 时 10 分，内蒙古自治区鄂尔多斯市鄂托克前旗上海庙镇八一村、水泉子村遭受大风、龙卷袭击。造成 77 户 241 人受灾；玉米、辣椒、西瓜等受灾(成灾)面积 239 公顷，绝收面积 20 公顷；直接经济损失 178 万元。

(6)8 月 13 日 17 时 30 分左右，天津市静海区出现龙卷。龙卷自东北向西南移动，移动路线为静海镇魏家庄村—北五里村—西五里村—梁头镇；路径长 5 千米左右，宽几米至百米以上；过程持续时间约 15 分钟。龙卷所到之处农作物倒伏，水泥钢筋电线杆折断，汽车被卷起。此次风灾造成房屋倒塌 4 间，损坏 179 间；安置转移 14 人，受伤 2 人；玉米、大豆、蔬菜、果树、棉花等受灾面积 855 公顷；直接经济损失 4731 万元，其中农业损失 1256 万元。

(7)8 月 13 日 02 时 30 分至 03 时，受台风“摩羯”影响，江苏省扬州市仪征市月塘镇龙山村和新城镇三茂村出现龙卷和大风灾害。受灾人口 48 人；倒塌房屋 1 间，16 户房屋受损严重，20 余个蔬菜大棚受损；240 多棵大树(最粗直径约 50 厘米)被拦腰折断或连根拔起，数根电线杆折断；直接经济损失 249 万元。

(8)8 月 14 日，受台风“摩羯”影响，山东省烟台市莱州市、潍坊市昌邑市、东营市利津县、滨州市惠民县、枣庄市台儿庄区等地相继出现龙卷，利津县盐窝镇滩东村龙卷持续时间大约 15 分钟。龙卷造成部分房屋、大棚、供电线路、农作物、树木受损。据反映，台儿庄区强雷电、强降雨、龙卷等造成 8.5 万人受灾，农作物受灾面积 8342 公顷，房屋受损 1235 间，直接经济损失 1599 万元。

(9)8 月 18 日 18 时 45 分左右，受“温比亚”台风影响，江苏省徐州市铜山区刘集镇张集矿附近出现龙卷，影响路径长约 1.3 千米，宽 40～50 米，持续 1～2 分钟。19 时 46 分左右，丰县凤城街道谢集村附近出现龙卷，影响路径长约 500 米，宽 30～40 米，持续 1 分钟，附近气象站测得最大风速

30.5 米/秒(11 级)。两次龙卷过程持续时间都只有一两分钟,但破坏力极强,局部地区受灾较重。

(10)8 月 23 日 15 时 5 分前后,广东省茂名市高州市谢鸡镇义山村委会、包茂高速谢鸡出口附近出现龙卷天气。目击群众描述,龙卷持续时长 5～10 分钟。现场调查,龙卷影响宽 30～50 米,长约 500 米。有房屋房顶被掀飞,广告牌、铁棚架被吹倒,数棵大树被吹倒或吹断。

(11)8 月 31 日 14 时 25 分左右,广东省广州市番禺区石楼镇岳溪村出现龙卷,持续时间 3～4 分钟,约 1000 平方米的星瓦铁皮屋顶被掀翻。

(12)12 月 8 日 04 时 40 分至 05 时,云南省昆明市安宁市八街街道磨南德村和桃园哨村发生大风灾害,局地有龙卷,造成部分房屋屋顶受损,少量围墙倒塌,桃园哨村部分树木被拦腰吹断,2 个村供电中断。

2.5 沙尘暴

2.5.1 基本概况

2018 年,我国共出现了 14 次沙尘天气过程(表 2.5.1),10 次出现在春季(3—5 月)。2018 年春季我国北方沙尘过程总次数接近 2000 年以来历史同期平均值(11.1 次);沙尘首发时间较常年略偏早,较 2017 年偏晚 14 天;沙尘日数较常年同期明显偏少,为 1961 年以来同期第四少值。

表 2.5.1 2018 年我国主要沙尘天气过程纪要表(中央气象台提供)

Table 2.5.1 List of major sand and dust storm events and associated disasters over China in 2018(provided by Central Meteorological Observatory)

序号	起止时间	过程类型	主要影响系统	影响范围
1	2 月 8—9 日	扬沙	地面冷锋 蒙古气旋	内蒙古中西部、甘肃、青海东北部、宁夏、陕西中北部、山西、河北中南部、河南北部等地出现浮尘或扬沙,甘肃张掖和内蒙古额济纳旗局地出现沙尘暴
2	3 月 14—16 日	扬沙	地面冷锋	新疆南疆盆地、内蒙古中西部、甘肃、青海东北部、宁夏、陕西中北部、山西、河北中南部、河南西部、湖北西部等地出现浮尘或扬沙
3	3 月 18—20 日	扬沙	地面冷锋	新疆南疆盆地、内蒙古中西部、甘肃、青海东北部、宁夏等地出现浮尘或扬沙
4	3 月 26—29 日	扬沙 沙尘暴	地面冷锋 蒙古气旋	新疆南疆盆地、甘肃河西、内蒙古中西部、宁夏北部、陕西北部、山西北部、河北中北部、北京、天津、东北地区、河南中北部先后出现扬沙或浮尘,内蒙古锡林郭勒盟局地出现沙尘暴
5	4 月 1—3 日	扬沙 沙尘暴	地面冷锋 蒙古气旋	新疆南疆盆地、甘肃河西、内蒙古中西部、宁夏、陕西北部、山西北部、河北西北部、辽宁西部、河南北部先后出现扬沙或浮尘,南疆盆地出现沙尘暴
6	4 月 4—6 日	扬沙 沙尘暴	地面冷锋 蒙古气旋	新疆南疆盆地、甘肃、内蒙古、宁夏、陕西北部、山西北部、河北北部先后出现扬沙或浮尘,其中南疆盆地、内蒙古、甘肃河西等地出现沙尘暴

续表

序号	起止时间	过程类型	主要影响系统	影响范围
7	4 月 9—10 日	扬沙	地面冷锋	内蒙古中西部、甘肃中部、宁夏、陕西北部、山西大部、河北南部、河南北部、山东西部等地出现扬沙或浮尘天气
8	4 月 13—14 日	扬沙	地面冷锋 蒙古气旋	内蒙古中部、山西北部、北京、天津、河北北部等地出现扬沙或浮尘天气，内蒙古中部局地出现沙尘暴
9	4 月 16—17 日	扬沙	地面冷锋 蒙古气旋	内蒙古东部、吉林西部、辽宁东部出现扬沙或浮尘天气
10	5 月 21—23 日	扬沙	地面冷锋 蒙古气旋	新疆南疆盆地、甘肃西部、内蒙古中西部、宁夏北部、陕西北部、河北北部、辽宁西部、河南西部等地出现扬沙或浮尘天气，内蒙古西部局地出现沙尘暴
11	5 月 25—26 日	扬沙	地面冷锋 蒙古气旋	新疆南疆盆地、内蒙古中西部、甘肃河西、宁夏北部、陕西中北部、山西、河北西北部、北京等地的部分地区有扬沙或浮尘天气
12	10 月 17—21 日	扬沙	地面冷锋 蒙古气旋	新疆南疆盆地、青海西北部、甘肃西部、内蒙古西部等地出现扬沙或浮尘天气，新疆南疆盆地出现沙尘暴
13	11 月 25—26 日	扬沙	地面冷锋 蒙古气旋	新疆北部、甘肃西部、内蒙古中西部、宁夏北部、陕西北部等地出现扬沙或浮尘天气，甘肃西部、内蒙古西部局地出现沙尘暴
14	12 月 1—3 日	扬沙	地面冷锋 蒙古气旋	新疆南疆盆地、甘肃、内蒙古、宁夏、陕西、山西、河南西部、河北、北京、天津、东部地区西部等地出现扬沙或浮尘天气，内蒙古局地出现沙尘暴

2.5.2 2018 年我国北方沙尘天气主要特征和过程

1. 春季沙尘过程数较 2000 年以来历史同期略偏少

2018 年春季(3—5 月)，我国共出现 10 次沙尘天气过程(7 次扬沙，3 次沙尘暴)，较常年同期(17 次)明显偏少，较 2000—2017 年同期平均(11.1 次)(表 2.5.2)偏少 1.1 次。沙尘暴过程有 3 次，较 2000—2017 年同期平均次数(6.1 次)偏少 3.1 次，较 2017 年同期偏多 2 次(图 2.5.1)。10 次沙尘天气过程中有 3 次出现在 3 月，5 次出现在 4 月，2 次出现在 5 月，具有“少－多－少”的特点(表 2.5.2)。

2. 沙尘首发时间较常年略偏早

2018 年我国首次沙尘天气过程发生时间为 2 月 8 日，较 2000—2017 年平均首发时间(2 月 14 日)偏早 6 天，较 2017 年(1 月 25 日)偏晚 14 天(表 2.5.3)。

3. 沙尘日数偏少，为 1961 年以来同期第四少值

2018 年春季，我国北方平均沙尘日数为 2.3 天，较常年(1981—2010 年)同期(5.1 天)偏少 2.8 天，比 2000—2017 年同期(3.4 天)偏少 1.1 天，为 1961 年以来历史同期第四少值(图 2.5.2)。平均沙尘暴日数为 0.2 天，分别比常年(1981—2010 年平均)同期(1.1 天)和 2000—2017 年同期(0.7)偏少 0.9 天和 0.5 天，为 1961 年以来历史同期第二少值（图 2.5.3）。

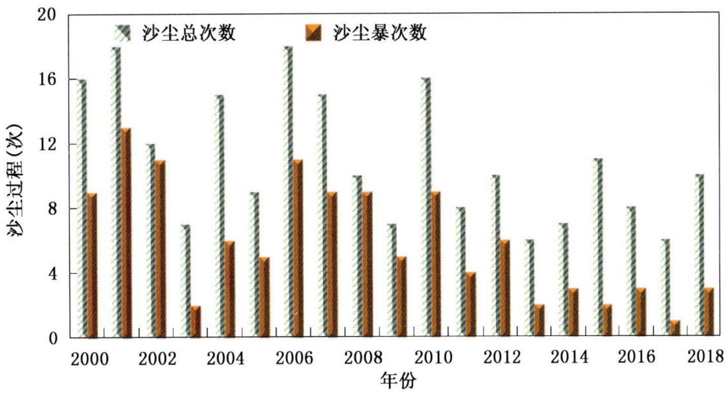

图 2.5.1 2000—2018 年春季中国沙尘天气过程次数及沙尘暴过程次数

Fig. 2.5.1 Number of sand and dust storm events over China in spring during 2000—2018

表 2.5.2 2000—2018 年春季（3—5 月）及各月我国沙尘天气过程统计

Table 2.5.2 Statistics of sand and dust storm events in spring (from March to May) during 2000—2018

时间	3 月	4 月	5 月	总计
2000 年	3	8	5	16
2001 年	7	8	3	18
2002 年	6	6	0	12
2003 年	0	4	3	7
2004 年	7	4	4	15
2005 年	1	6	2	9
2006 年	5	7	6	18
2007 年	4	5	6	15
2008 年	4	1	5	10
2009 年	3	3	1	7
2010 年	8	5	3	16
2011 年	3	4	1	8
2012 年	2	6	2	10
2013 年	3	2	1	6
2014 年	2	3	2	7
2015 年	5	3	3	11
2016 年	3	3	2	8
2017 年	2	2	2	6
2018 年	3	5	2	10
2000—2017 年总计	68	80	51	199
2000—2017 年平均	3.8	4.4	2.8	11.1

表 2.5.3 2000 年以来历年沙尘天气最早发生时间

Table 2.5.3 The earliest beginning date of sand and dust storms during 2000—2018

年份	最早发生时间	年份	最早发生时间
2000	1 月 1 日	2010	3 月 8 日
2001	1 月 1 日	2011	3 月 12 日
2002	3 月 1 日	2012	3 月 20 日
2003	1 月 20 日	2013	2 月 24 日
2004	2 月 3 日	2014	3 月 19 日
2005	2 月 21 日	2015	2 月 21 日
2006	2 月 20 日	2016	2 月 18 日
2007	1 月 26 日	2017	1 月 25 日
2008	2 月 11 日	2018	2 月 8 日
2009	2 月 19 日		

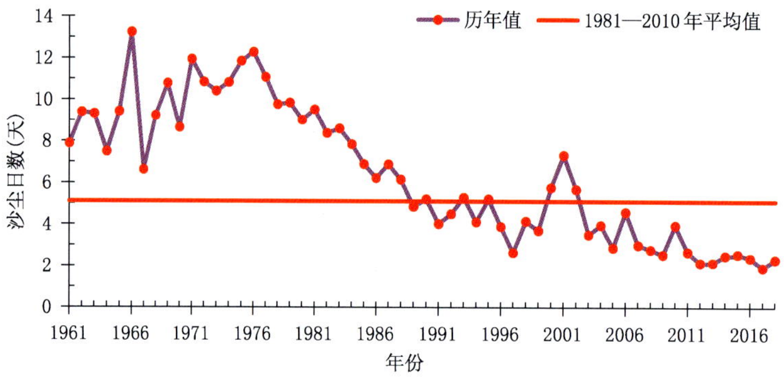

图 2.5.2 1961—2018 年春季中国北方沙尘(扬沙以上)日数

Fig. 2.5.2 Sand and dust (sand-blowing, sandstorm, strong sandstorm) days averaged over northern China in spring during 1961—2018(unit: d)

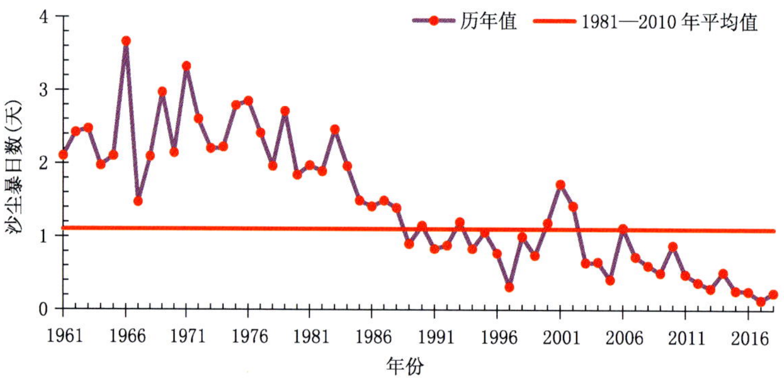

图 2.5.3 1961—2018 年春季中国北方沙尘暴日数

Fig. 2.5.3 Sandstorm days averaged over northern China in spring during 1961—2018(unit:d)

从地域分布来看，2018年春季沙尘天气范围主要集中于西北大部、内蒙古西部和中部以及吉林西部、辽宁北部等地，南疆盆地和内蒙古西部和中部等地部分地区沙尘日数在10天以上，部分地区在20天以上，局部超过30天；东北西部和中部及内蒙古东部、甘肃南部、青海北部、陕西北部、山西北部、河北北部等地沙尘日数为1～10天(图2.5.4)。与常年同期相比，北方大部地区接近常年同期，新疆东南部、甘肃东北部、内蒙古西部和中部部分地区沙尘日数较常年偏多5～10天；新疆西南部、西藏西北部、陕西西北部、内蒙古中部部分地区偏少5～10天(图2.5.5)。

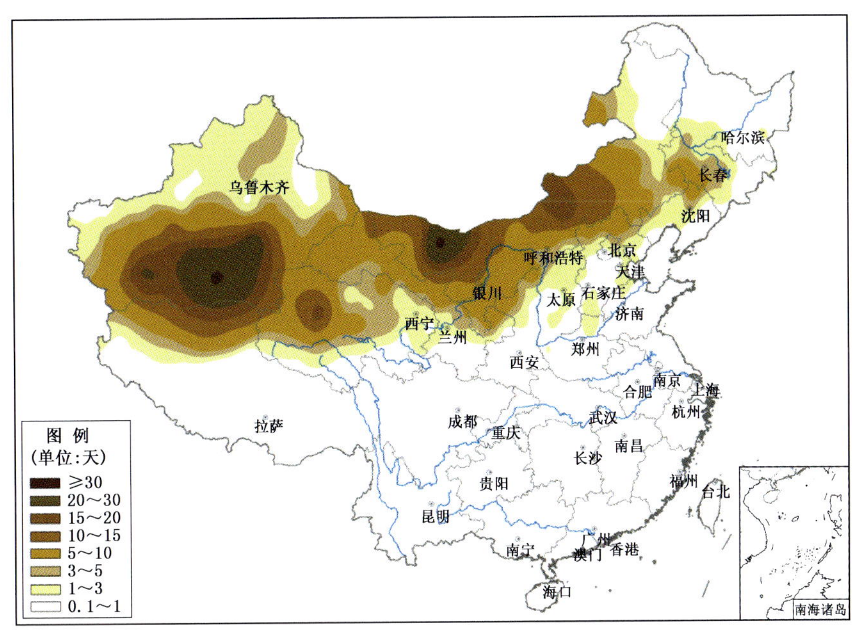

图2.5.4 2018年全国春季沙尘日数分布

Fig. 2.5.4 Distributions of sand and dust (sand-blowing, sandstorm, strong sandstorm) days over China in spring in 2018(unit:d)

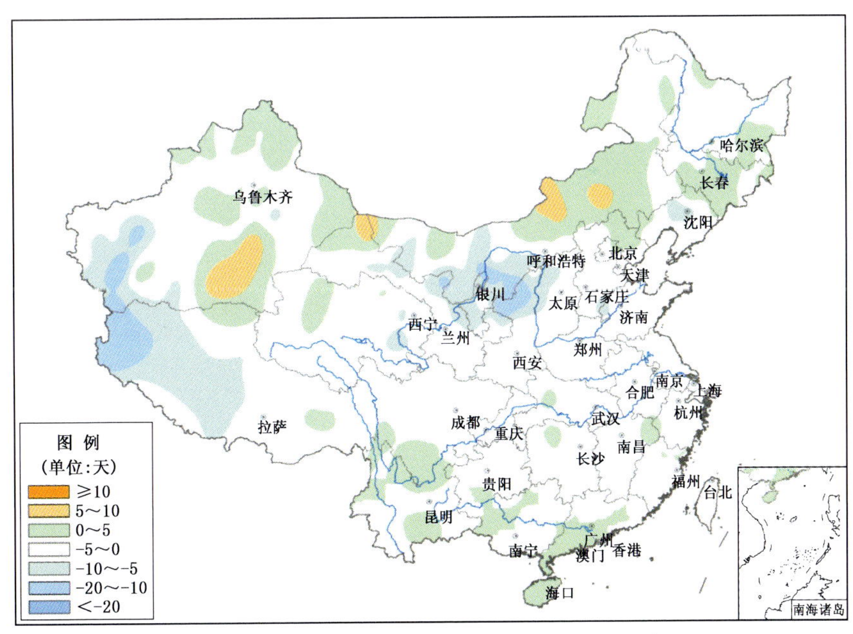

图2.5.5 2018年春季全国沙尘日数距平分布

Fig. 2.5.5 Distributions of anomaly of sand and dust (sand-blowing, sandstorm, strong sandstorm) days over China in spring in 2018(unit:d)

2.5.3 沙尘天气影响

2018 年沙尘天气的影响总体偏轻。3 月 26—29 日的沙尘暴天气过程是 2018 年沙尘范围最大的一次沙尘天气过程。

3 月 26—29 日，新疆南疆盆地、甘肃河西、内蒙古中西部、宁夏北部、陕西北部、山西北部、河北中北部、北京、天津、东北地区、河南中北部先后出现扬沙或浮尘，内蒙古锡林郭勒盟局地出现沙尘暴。沙尘天气给当地居民的生产生活、出行及道路交通安全造成了一定影响。

2.6 低温冷冻害和雪灾

2.6.1 基本概况

2018 年，全国低温冷冻害和雪灾共造成 2495.3 万人次受灾，23 人死亡；农作物受灾面积 341.3 万公顷，绝收面积 45.6 万公顷；直接经济损失 434 亿元。与 2013—2017 年平均值相比，死亡人数、受灾面积、经济损失均偏多。总体而言，2018 年属低温冷冻害及雪灾偏重年份。

2018 年，全国平均霜冻日数（日最低气温≤2℃）114.6 天，较常年偏少约 7.0 天，为 1961 年以来第七少值（图 2.6.1）；全国平均降雪日数为 12.8 天，比常年偏少 13.3 天，为 1961 年以来第三少值（图 2.6.2）

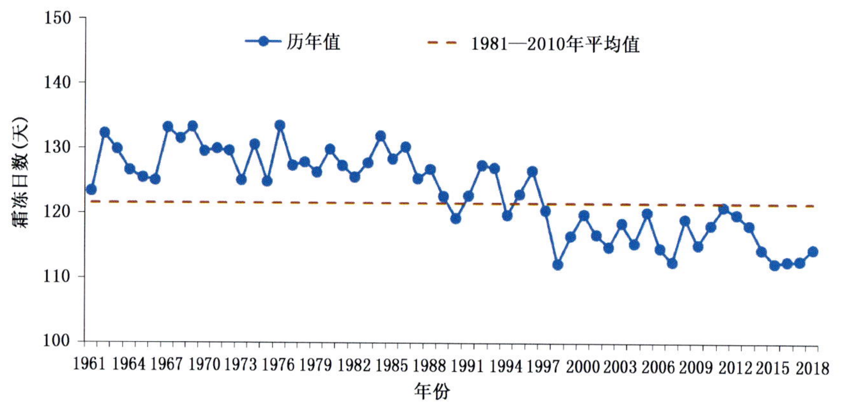

图 2.6.1　1961—2018 年全国平均霜冻日数

Fig. 2.6.1　Annual frost days over China during 1961－2018(unit:d)

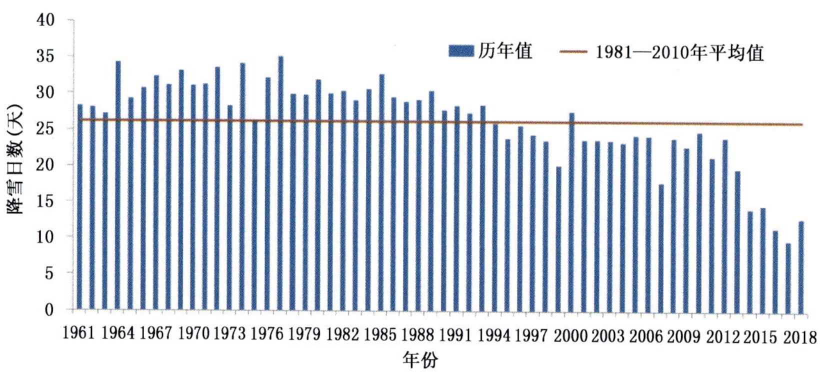

图 2.6.2　1961—2018 年全国平均年降雪日数

Fig. 2.6.2　Annual snowfall days over China during 1961－2018(unit:d)

2018 年我国主要低温冷冻害和雪灾事件有：1 月中东部地区出现 3 次大范围低温雨雪冰冻天气；2 月华南和西南等地遭受低温冰冻或雪灾；4 月西北、华北等地出现阶段性春寒，遭受严重低温冻害；10 月黑龙江遭受低温冻害，新疆出现暴雪；11 月我国北方受冷空气影响，新疆、青海、黑龙江等多地遭遇雪灾；12 月 2 次大范围低温雨雪天气过程影响河南、山东、安徽、江苏、浙江、贵州、湖北、湖南、江西、广东、广西、云南等地（表 2.6.1）。

表 2.6.1 2018 年全国主要低温冷冻害和雪灾事件

Table 2.6.1 List of major low-temperature, frost and snowstorm events over China in 2018

时间	影响地区	灾情概况
1 月	中东部地区遭遇 3 次大范围低温和雨雪天气	1 月中东部地区遭遇 3 次大范围低温和雨雪天气过程（3—4 日、5—7 日、24—28 日），其中 24—28 日过程范围最广、持续时间最长、影响最为严重，造成江苏、浙江、安徽、江西、河南、湖北、湖南、广东、四川、重庆、贵州、云南、陕西、山西 14 省（市）868.5 万人受灾，农作物受灾面积 90.0 万公顷，直接经济损失 134.0 亿元
2 月	华南和西南等地遭受低温冰冻或雪灾	2 月有 5 次冷空气过程（3—4 日、10—12 日、15—17 日、21—22 日、24—25 日）影响我国，其中 10—12 日冷空气过程影响范围广、强度大。2 月上旬全国大部气温明显偏低。福建、广东、云南、贵州、四川、广西、浙江、甘肃等地局部遭受低温冷冻或雪灾，91.4 万人次受灾，直接经济损失 6.3 亿元
4 月	西北、华北等地出现阶段性春寒，遭受严重低温冻害	4 月 3—7 日，受全国型寒潮过程的影响，西北东北部、华北、东北东部和南部、黄淮大部、江淮西部及内蒙古等地过程最大降温幅度在 14℃以上，部分地区超过 17℃，造成北京、河北、山西、陕西、甘肃、宁夏、安徽、山东等 8 省（区、市）遭受较为严重的低温冻害，共造成 1256 万人受灾；农作物受灾面积 134.9 万公顷，绝收面积 35.9 万公顷；直接经济损失超过 233.7 亿元。甘肃、山西受灾最为严重
10 月	黑龙江遭受低温冻害，新疆出现暴雪	10 月 7—8 日和 10—11 日 2 次冷空气过程影响我国，7—8 日，强冷空气过程影响东北、华北北部、内蒙古中南部及河套地区，过程累计降温 8～12℃。黑龙江部分地区遭受低温冷冻灾害，3.3 万人受灾，农作物受灾面积 1.6 万公顷，直接经济损失近 2500 万元。17—18 日，新疆乌鲁木齐为中心的天山山区及其两侧出现暴雪天气，积雪深度达 5～20 厘米，造成路电力故障、部分车辆受损和机场航班延误
11 月	我国北方受冷空气影响，新疆、青海、黑龙江等多地遭遇雪灾	11 月有 4 次冷空气过程（4—7 日、16—17 日、22—23 日、28—29 日），主要影响我国北方地区。东北、内蒙古中东部以及青海、西藏、新疆等地的部分地区过程最大降温幅度达 10～12℃，局部地区超过 12℃。新疆西北部、青海东部、甘肃南部、宁夏南部、陕西中西部、四川西北部、黑龙江大部、吉林东部等地出现大范围降雪。青海省直接经济损失超过 1130 余万元；青海、新疆等地多条高速公路封闭、客运车辆停运、机场航班延误

续表

时间	影响地区	灾情概况
12月	2次大范围低温雨雪天气过程影响河南、山东、安徽、江苏、浙江、贵州、湖北、湖南、江西、广东、广西、云南等地	12月5—11日降温幅度大、雨雪范围广、影响时间长、多地最低气温突破历史纪录。河南、山东、安徽、江苏、浙江等地出现中到大雪,局地暴雪,贵州和湖南西部局地出现2～4天冻雨。低温雨雪给交通运输、生产生活、设施农业等方面造成一定不利影响。 12月25日至2019年1月1日的过程影响范围大,低温极端性强,雨雪冰冻过程明显,其影响范围为2018年入冬以来最大,日最低气温0℃线南压至华南北部及云南北部一带,为入冬以来最南。低温冷冻和雪灾造成江西、湖北、湖南、贵州等7省(区)180.8万人受灾,农作物受灾面积13.6万公顷,直接经济损失12.4亿元

2.6.2 主要低温冷冻害和雪灾事件

1. 1月中东部地区遭遇3次大范围低温和雨雪天气

1月,全国平均累计降雪量12.2毫米,为2000年以来历史同期第二多值(仅次于2008年的15.2毫米)。1月3—4日、5—7日、24—28日中东部遭遇3次大范围低温雨雪天气,其中24—28日过程范围最广、持续时间最长、影响最为严重。

24—28日,内蒙古西部、陕西北部、山西北部、贵州东南部、广西西部等地降温幅度达12～14℃,局地超过14℃,黄淮西南部、江淮、江南北部累计降雪量有10～25毫米,湖南东北部、湖北中北部和东部、安徽中部和南部、江苏西南部、浙江北部等地超过25毫米。陕西中部、河南中南部、湖北中东部、安徽大部、江苏中南部、浙江北部积雪深度5～15厘米,局地达20～32厘米,造成江苏、浙江、安徽、江西、河南、湖北、湖南、广东、四川、重庆、贵州、云南、陕西、山西等14省(市)868.5万人受灾,农作物受灾面积90.0万公顷,直接经济损失134.0亿元。

安徽 1月安徽省平均雨雪量86毫米,较常年同期偏多8成,为2009年以来最多值。3—7日和23—28日出现2段大范围低温雨雪冰冻天气,具有雨雪范围广、降雪强度大、积雪深度深、过程气温低的特点,给农业生产、交通运输和人民生活等方面造成不利影响,全省受灾人口达154.8万人,农作物受灾面积7.1万公顷,直接经济损失15.6亿元。

河南 3—4日,河南自西向东出现明显降雪过程,除豫东北部分县(市)外其他地区出现大到暴雪,全省平均降雪量18毫米,多站日降雪量突破1月历史极值。中南部地区降雪时间较长,累计降雪量大,多地出现暴雪,固始、鸡公山、信阳、商城和桐柏降雪量超过50毫米,信阳、驻马店和周口南部积雪深度超过20厘米。多站日降雪量突破1月历史极值,18个站降水量为建站以来1月历史同期日降水量最多值,主要分布在豫西和豫南。

2. 华南和西南等地遭受低温冰冻或雪灾

2月5次冷空气过程影响我国(3—4日、10—12日、15—17日、21—22日、24—25日),其中10—12日冷空气过程影响范围广、强度大,中东部大部地区以及西北中东部等地降温幅度普遍在5～8℃,东北大部降温幅度达8～14℃,局部超过14℃。2月上旬,全国大部气温明显偏低,东北大部及内蒙古东部、贵州大部、云南东北部、四川中部、新疆西北部等地有降雪,部分地区降雪日数有3～5天。福建、广东、云南、贵州、四川、广西、浙江、甘肃等地局部遭受低温冷冻或雪灾,造成91.4万人次受灾,直接经济损失6.3亿元。

云南 1—6日,云南省出现持续性低温雨雪天气,造成昆曲、昆石、嵩昆等高速公路封闭,昆明、昭通、丽江等城市道路结冰引发严重交通拥堵和大量交通事故。6日,昆明机场200余架次进出港航班取消，60 余架次航班延误，6000 余名旅客滞留机场。

黑龙江、吉林、辽宁、河北 28 日，受持续强降雪影响，吉林省内所有高速公路关闭，河北、辽宁、黑龙江部分高速公路封闭。吉林长春机场关闭导致大面积航班延误和取消，13000 名旅客滞留机场。

3. 4 月西北、华北等地出现阶段性春寒，遭受严重低温冻害

4 月 3—7 日、13—16 日、22—24 日我国出现 3 次冷空气过程，其中 3—7 日过程影响范围最大、强度最强，为全国型寒潮过程，我国西北、华北等地出现阶段性春寒。受其影响，西北东北部、华北、东北东部和南部、黄淮大部、江淮西部及内蒙古等地过程最大降温幅度在 14℃以上，部分地区超过 17℃。降温幅度超过 14℃的区域达 253.5 万平方千米，超过 17℃的区域为 67.9 万平方千米。北方大部出现大风降温天气，正处于开花或坐果期的经济林果遭受中至重度冻害，甘肃东南部、山西中南部、河南北部等地部分发育期偏早、已进入拔节孕穗期的小麦幼穗或叶片受冻；陕南、江汉、江淮以及江南北部部分春茶遭受轻至中度冻害，部分茶农损失严重。北京、河北、山西、陕西、甘肃、宁夏、安徽、山东等 8 省（区、市）遭受较为严重的低温冻害，共计 1256 万人受灾；农作物受灾面积 134.9 万公顷，绝收面积 35.9 万公顷；直接经济损失达 233.7 亿元。甘肃、山西受灾最为严重。

山西 3—7 日的大范围雨雪、大风和强降温天气致使苹果、梨、枣、杏等达到冻害指标临界点，多地经济林果受冻严重，农作物受灾面积达 13.4 万公顷，直接经济损失 17.4 亿元，亦对设施农业和交通造成不利影响。

4. 10 月黑龙江遭受低温冻害，新疆出现暴雪

10 月 7—8 日和 10—11 日 2 次冷空气过程影响我国。7—8 日，强冷空气过程影响东北、华北北部、内蒙古中南部及河套地区，过程累计降温 8～12℃。黑龙江部分地区遭受低温冷冻灾害，绥化市海伦市、绥棱县 3.3 万人受灾，农作物受灾面积 1.6 万公顷，直接经济损失近 2500 万元。

10 月 17—18 日，新疆经历暴雪和寒潮天气，暴雪出现在以乌鲁木齐为中心的天山山区及其两侧，积雪深度达 5～20 厘米，造成乌鲁木齐多处树枝被雪压断，多处电力故障和部分车辆受损，机场多架航班延误。

5. 11 月我国北方受冷空影响，新疆、青海、黑龙江等多地遭遇雪灾

11 月共有 4 次冷空气过程（4—7 日、16—17 日、22—23 日和 28—29 日），主要影响我国北方地区。4—7 日，东北、内蒙古中东部以及青海、西藏、新疆等地的部分地区累计降温幅度达 10～12℃，局部地区超过 12℃。新疆西北部、青海东部、甘肃南部、宁夏南部、陕西中西部、四川西北部、黑龙江大部、吉林东部等地累计降雪量达到 10～25 毫米，局部地区超过 50 毫米，其中新疆塔城 77.3 毫米、黑龙江牡丹江达 74.0 毫米。降雪导致青海省直接经济损失超过 1130 余万元；青海、新疆等地多条高速公路封闭、客运车辆停运、机场航班延误。

6. 12 月我国出现 2 次大范围低温雨雪冰冻天气过程

12 月我国出现 2 次大范围低温雨雪天气过程（5—11 日、25—31 日）。5—11 日过程具有降温幅度大、雨雪范围广、影响时间长，多地最低气温突破历史纪录的特点。内蒙古东北部和黑龙江西北部的最低气温跌至－36℃，黑龙江漠河 5 日的日最低气温达－42.7℃，0℃线南压至长江以南。新疆、甘肃、北京等 15 个省（区、市）有 50 站次日最低气温突破 12 月同期历史极值。黄淮、江淮、江南北部先后出现降雨转雨夹雪和降雪，河南、山东、安徽、江苏、浙江等地出现中到大雪，局地暴雪，山东南部、河南东南部、安徽北部和南部、江苏北部、浙江北部等地积雪深度有 1～6 厘米，安徽黄山 13 厘米，浙江临安 11 厘米；贵州和湖南西部局地出现 2～4 天冻雨。低温雨雪天气给交通运输、生产生活、设施农业等方面造成一定不利影响，大风和积雪造成部分设施温棚损坏，南方低温使油菜晚弱苗遭受霜冻害，阴雨天气影响了柑橘等经济林果采收。受雨雪、路面结冰等影响，贵州、湖南、浙江、安徽、江苏、山东、河南等多省高速公路封闭，湖南、贵州发生多起交通事故。贵州有36个县出现电线结冰，天柱县最大积冰直径达88毫米。

12月25日至2019年1月1日的过程具有气温低、低温极端性强、持续时间长、雨雪冰冻过程明显的特点。我国中东部大部分地区的最大降温幅度超过8℃，内蒙古中东部、辽宁东北部、广东、广西、云南东部的部分地区超过12℃。内蒙古东北部和黑龙江的部分地区日最低气温跌至−30℃以下，黑龙江北极村12月25日的日最低气温达−40.0℃。河北、山西、内蒙古、贵州、湖南、西藏等地共60站发生极端低温事件，山西小店（−20.5℃）的日最低气温突破历史极值。江南西部和北部及四川东部、重庆西南部、贵州东部和南部、广西大部、云南东部等地累计降水量达10～25毫米，部分地区超过25毫米。29—30日，湖南中北部、湖北南部、江西北部和贵州东部等地出现暴雪，最大积雪深度达21厘米（湖南石门）。湖南、贵州、云南、广西等省（区）有160站发生冰冻。此次过程影响范围为2018年入冬以来最大，全国61%的区域受影响，0℃线南压至华南北部及云南北部一带，为入冬以来最南。低温雨雪冰冻过程给交通运输、生产生活、设施农业等方面造成一定不利影响。部分经济作物遭受霜冻害，积雪造成部分设施温室大棚损坏。湖南、湖北、江西、江苏、安徽、贵州等地多条高速公路、国省干线公路的部分路段封闭，引发交通事故、航班延误取消、列车晚点等。贵州、湖南等地输电线路、通信铁塔出现结冰，对电力、通信产生一定影响，北京电网最大负荷再创冬季新高。此次过程共造成江西、湖北、湖南、广东、广西、贵州、云南等7省（自治区）38市（自治州）151个县（市、区）180.8万人受灾，1.1万人紧急转移安置，5.1万人需紧急生活救助；100余间房屋倒塌，近1300间房屋不同程度损坏；农作物受灾面积13.6万公顷；直接经济损失12.4亿元。

2.7 雾和霾

2018年，我国雾主要分布在黄淮中部和南部、江淮、江南以及内蒙古东北部、福建北部、广东西部、四川东南部、重庆、贵州、云南南部、北疆等地；霾主要分布在北京、天津、河北、河南、山东等地，对交通和人体健康影响大。

2.7.1 基本概况

2018年，我国的雾主要出现在100°E以东地区，中东部地区、西南地区东部和南部及新疆北部雾日数一般有10～30天，黄淮南部、江淮、江南以及内蒙古东北部、福建北部、广东西部、四川东南部、重庆、贵州、云南南部、北疆等地在30天以上（图2.7.1）。

2018年，我国100°E以东地区平均雾日数21.6天，较常年同期偏少0.9天，接近常年同期（图2.7.2）。2018年雾多发月份为3月、11月和12月，分别占全年雾日数的10%、12%和10%（图2.7.3）。

2018年，我国霾主要出现在100°E以东地区，华北中部和南部、黄淮中部和西部、江淮以及湖南东部、江苏等地超过30天，北京、天津、河北、河南、山东等地的部分地区超过50天，局地超过70天（图2.7.4）。

2018年，我国100°E以东地区平均霾日数18.7天，较常年同期偏多9.2天（图2.7.5）。2018年霾多发月份为1月、2月和12月，分别占全年霾日数的20%、19%和16%（图2.7.6）。

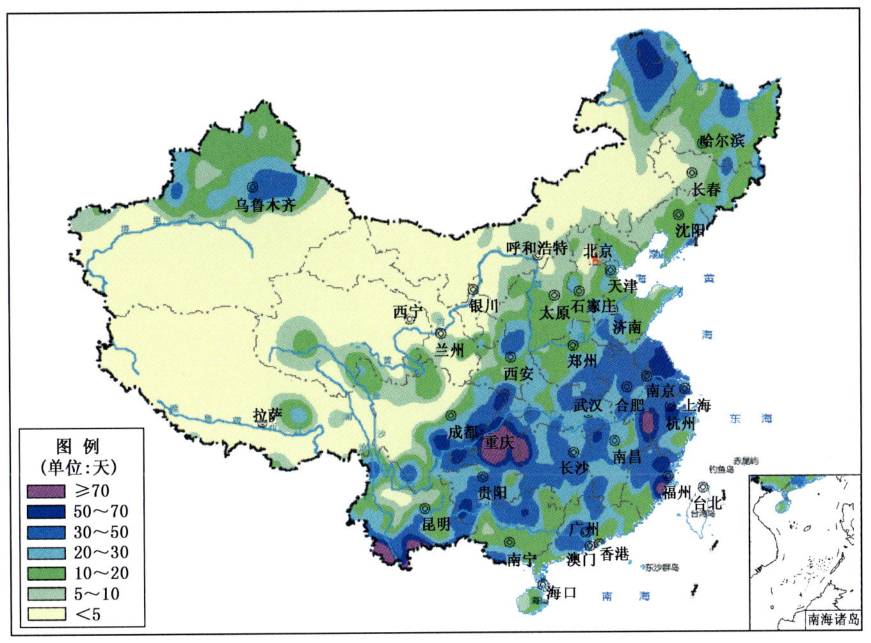

图 2.7.1　2018 年全国雾日数分布

Fig. 2.7.1　Distribution of annual fog days over China in 2018(unit:d)

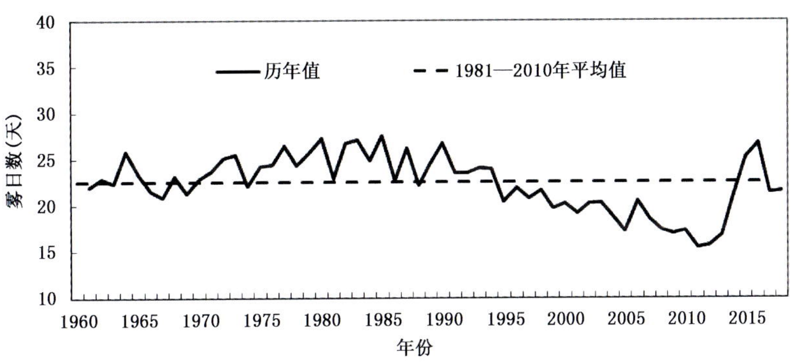

图 2.7.2　1961—2018 年中国 100°E 以东地区平均年雾日数

Fig. 2.7.2　Annual fog days over the area east of 100°E of China during 1961—2018 (unit: d)

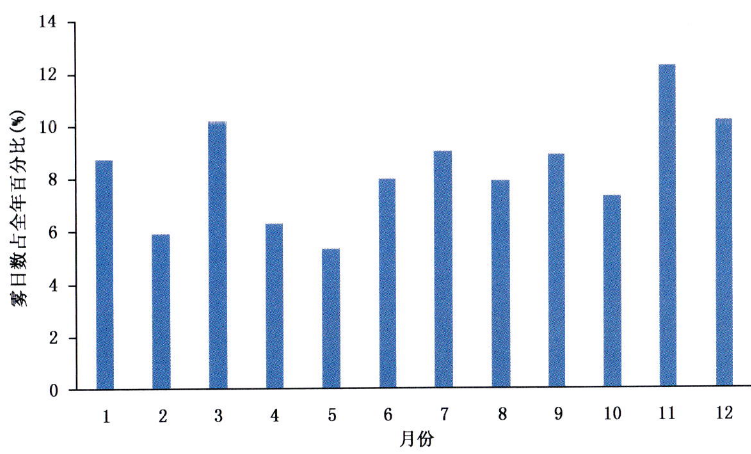

图 2.7.3　2018 年中国各月雾日数占全年的百分比

Fig. 2.7.3　Monthly percentage of fog days over the area east of 100°E of China in 2018 (unit:%)

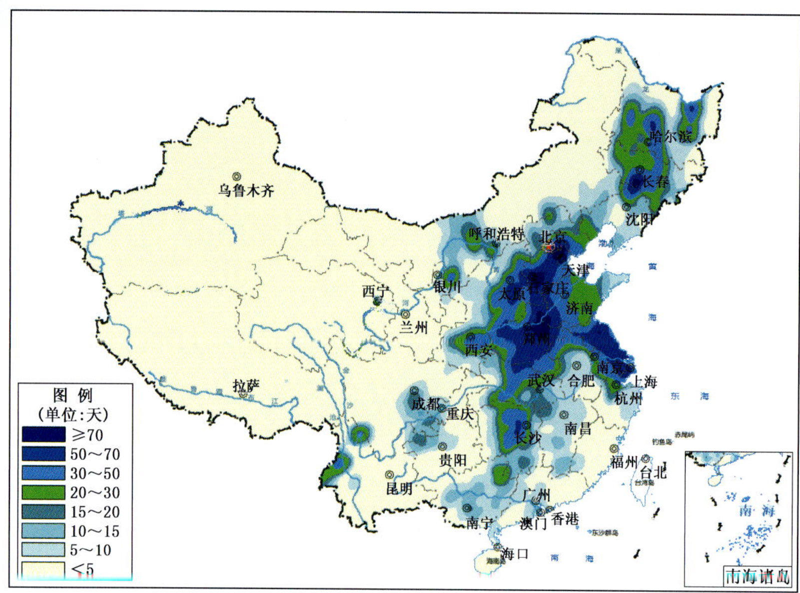

图 2.7.4 2018 年全国霾日数分布

Fig. 2.7.4 Distribution of annual haze days over China in 2018(unit:d)

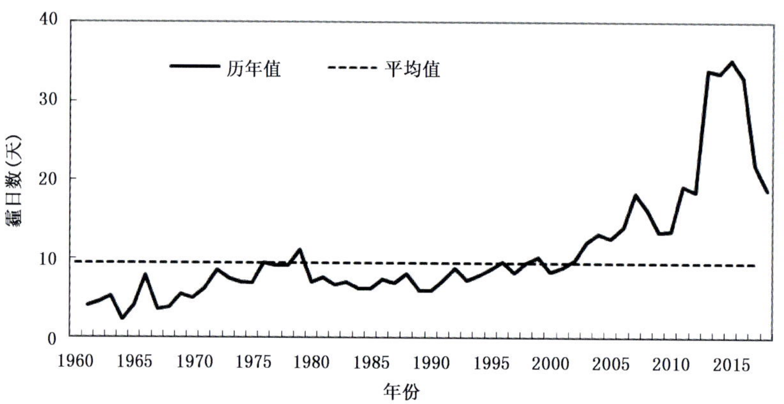

图 2.7.5 1961—2018 年中国 100°E 以东地区平均年霾日数

Fig. 2.7.5 Annual haze days over the area east of 100°E of China during 1961—2018 (unit: d)

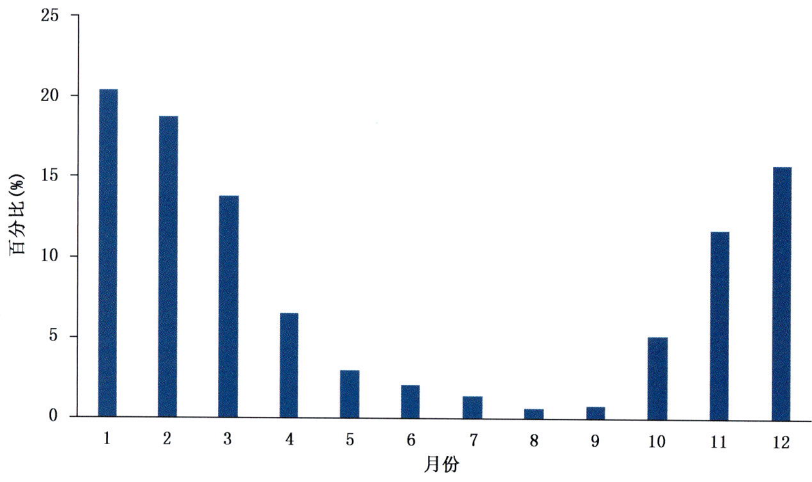

图 2.7.6 2018 年中国各月霾日数占全年的百分比

Fig. 2.7.6 Monthly percentage of haze days over the area east of 100°E of China in 2018 (unit:%)

2.7.2 主要雾、霾事例

1. 山东、河南、江苏、安徽、湖北等地雾天气影响交通

1月18日，山东西南部、河南中南部、江苏、安徽、湖北中部等地部分地区出现能见度不足1千米的雾，局地能见度不足200米，江苏、山东、河南等地多条高速公路因大雾局部封闭。

2. 2月，琼州海峡持续8天雾天气致轮渡停航

春节期间，琼州海峡出现了自1950年海南有气象记录以来前所未有的持续8天大雾天气，轮渡因能见度不足停航12次，累计时间长达68.5小时。由于正值春节假期结束游客返程高峰期，琼州海峡南岸大量旅客和车辆滞留，高峰滞留车辆达2万辆、车队最长有20千米，滞留旅客近10万人，海口市交通严重拥堵，马路变成停车场。15日，受雾天气影响，沈海高速苏通大桥段禁止车辆通行，南通全市高速公路(除宁通高速)和跨江大桥全部关闭。25日，乌鲁木齐机场受雾天气影响，80余架次航班不同程度延误和取消，6000余名旅客滞留机场；受此影响，新疆喀什、库尔勒和莎车等支线机场也出现不同程度的航班延误和旅客滞留。28日，受雾天气影响，辽宁、河北、江西、湖北、湖南、新疆境内部分高速公路封闭，大连机场进出港航班出现一定程度的延误和取消。

3. 10月，京津冀等地2次雾霾天气影响交通

10月12—15日和21—22日，京津冀等地出现2次雾霾天气。10月12日晚到15日，京津冀中南部及河南北部、山东等地出现轻至中度雾霾天气，受影响地区白天能见度2～6千米，夜间至早晨局地能见度低于1千米。10月21日早晨至22日，京津冀大部、黄淮中部出现轻到重度雾霾天气，22日早晨北京平原地区、河北保定一带出现重度霾天气，能见度3～7千米，最低能见度1～2千米，存在轻至中度污染，北京和河北中部等局地重度污染，$PM_{2.5}$浓度150～215微克/米^3。15日，四川成都多地遭遇雾天气，局地能见度较低，18个出港航班受到影响，约3600名出行旅客受阻。

4. 11月，华北和华东地区出现2018年最严重的大范围雾和霾天气

11月24日至12月3日，华北和华东地区出现大范围雾和霾天气，持续时间长达10天，此次过程影响范围大、持续时间长、污染重，是2018年以来影响最重的一次雾和霾天气过程。此次过程分为两个主要阶段，第一阶段为11月24—26日，主要发生都在京津冀及其周边地区，部分地区能见度不足50米；河北南部和北部、山东中西部、安徽和江苏北部地区共37个城市日均浓度达到重度及以上污染水平，保定$PM_{2.5}$日均浓度最高达到364微克/米^3；京津冀及周边地区45个城市小时浓度达到重度及以上污染水平，北京、天津、石家庄等21个城市小时浓度达到严重污染水平，保定26日16时$PM_{2.5}$小时浓度最高达476微克/米^3。第二阶段为11月30日至12月3日，雾霾天气主要出现在京津冀及周边、汾渭平原和长三角等地区，河北中南部、河南、山东中西部、安徽和江苏北部、湖南和湖北部分地区共62个城市日均浓度达到重度及以上污染水平；京津冀及周边地区41个城市$PM_{2.5}$日均浓度达到重度及以上污染水平，安阳市日均浓度达到严重污染。太原、临汾、菏泽等8个城市小时浓度达到严重污染水平，临汾1日00时$PM_{2.5}$小时浓度最高达337微克/米^3；受其影响，北京、天津、河北、山东、河南、江苏、湖北、安徽、湖南多地发布预警信息，多个机场航班大量延误和取消，多条高速公路关闭；呼吸道疾病患者增多。

4. 12月，四川、江西等地雾天气影响交通

12月14日，成都双流机场遭遇雾天气袭击，被迫关闭了4个多小时，造成101个进出港航班延误，8000多名出行旅客受阻。17—18日，江西出现雾，覆盖范围广、能见度低，分别有72个、58个县(市)出现雾天气，17日出现了2013年以来范围最广、强度最强的雾天气过程，有32个县(市、区)出现强浓雾(能见度低于200米)，11个县(市、区)能见度低于100米。南昌17日、18日最低能见度仅分别为85米和78米，上饶最低能见度仅有10米。此次雾天气影响时间长、消散慢，导致南昌昌北机场航班大面积延误，江西省内多条高速公路关闭。21 日上午，成都双流机场遭遇雾天气被迫关闭了 4 个多小时。23 日，四川多地出现雾天气，成都、川南一带高速公路临时管制。

2.8 雷电

2.8.1 基本概况

据不完全统计，2018 年全国共发生雷电灾害 606 起，其中造成火灾或爆炸 12 起，造成人身事故 57 起，导致 60 人身亡、39 人受伤。雷电灾害在全国造成大量电子设备、电力系统、建筑物受损，雷击造成建筑物损坏事件 58 起，办公和家用电子电器损坏事件 363 起，损坏电子电器设备 6881 件，造成直接经济损失约 2300 万元，间接经济损失约 1400 万元。一次造成百万元以上直接经济损失的雷电灾害 1 起。2018 年雷电造成的灾害事故主要集中在电力、石化和通信等行业以及学校，电力行业雷灾事故 61 起，通信行业 16 起，石化行业 13 起，学校 10 起。

从 2003—2018 年全国雷电灾害对比表（表 2.8.1）中可以看出，2018 年雷电灾害事故数、由雷灾造成的伤亡人数，以及导致的经济损失均延续了近年来的下降趋势。

表 2.8.1　2003—2018 年全国雷电灾害

Table 2.8.1　Lightning stroke disasters over China from 2003 to 2018

年份	雷灾事故数	受伤人数	死亡人数	雷击死亡率	直接经济损失（亿元）	间接经济损失（亿元）
2018	606	39	60	60.6%	0.23	0.14
2017	685	67	63	48.5%	0.26	0.12
2016	981	79	78	49.7%	0.37	0.23
2015	1346	68	106	60.9%	0.56	0.43
2014	2076	118	170	59%	0.72	0.44
2013	3380	177	178	50.1%	2.46	3.24
2012	4600	193	214	52.6%	1.44	1.20
2011	3993	241	253	51.2%	1.99	1.78
2010	7515	261	319	55%	1.82	3.58
2009	13481	310	371	54.5%	2.31	6.41
2008	8604	345	446	56.4%	2.24	6.21
2007	12967	718	827	53.5%	4.25	7.43
2006	19982	640	717	52.8%	3.84	0.96
2005	11026	690	646	48.4%	2.45	0.28
2004	8892	1059	770	42.1%	2.24	0.35
2003	7625	391	328	45.6%	1.76	0.34

2.8.2 雷电灾情空间分布

2018 年全国雷电灾情的空间分布如图 2.8.1 所示。从统计结果可以看出，我国沿海地区，尤其是南方沿海地区，仍是雷电灾害的多发区。2018 年全年雷灾事故数过百的 2 个省份分别为广东和浙江，均为南方沿海省份，年雷灾事故数分别达到 189 起和 161 起。在年雷灾事故数排名前 10 的省份中，沿海省份占70%，南方中部地区省份占20%。

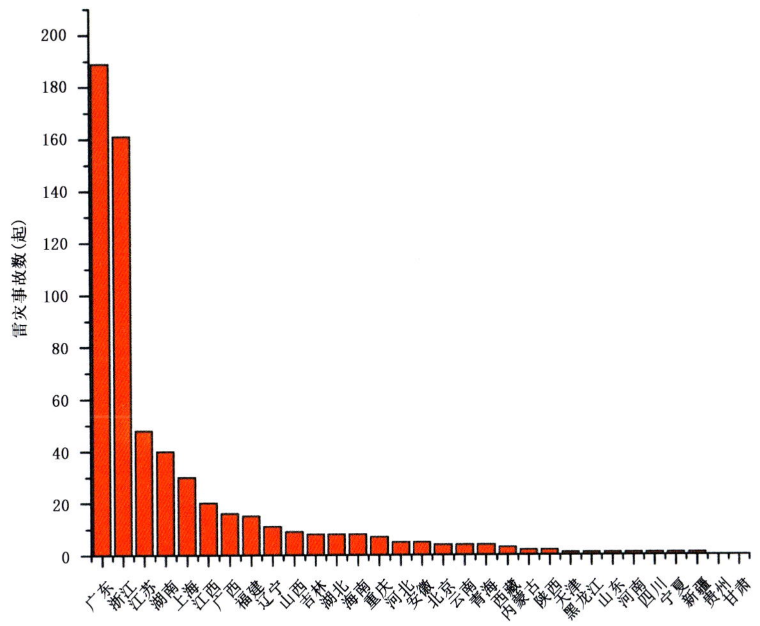

图 2.8.1　2018 年全国各省(区、市)雷灾事故分布

Fig. 2.8.1　Number of lightning damage events for all provinces (municipalities, autonomous regions) over China in 2018

从雷击导致的伤亡人数来看，全年雷击伤亡超过 8 人的省份有 5 个，分别是青海(26 人)、江西(17 人)、广西(14 人)、湖南(8 人)和广东(8 人)。雷击导致身亡人数最多的是江西(16 人)，广西、青海和广东的身亡人数也较多，分别为 9 人、7 人和 7 人(图 2.8.2)。从伤亡分布来看，西部地区、南方沿海地区和南方中部地区较为突出。

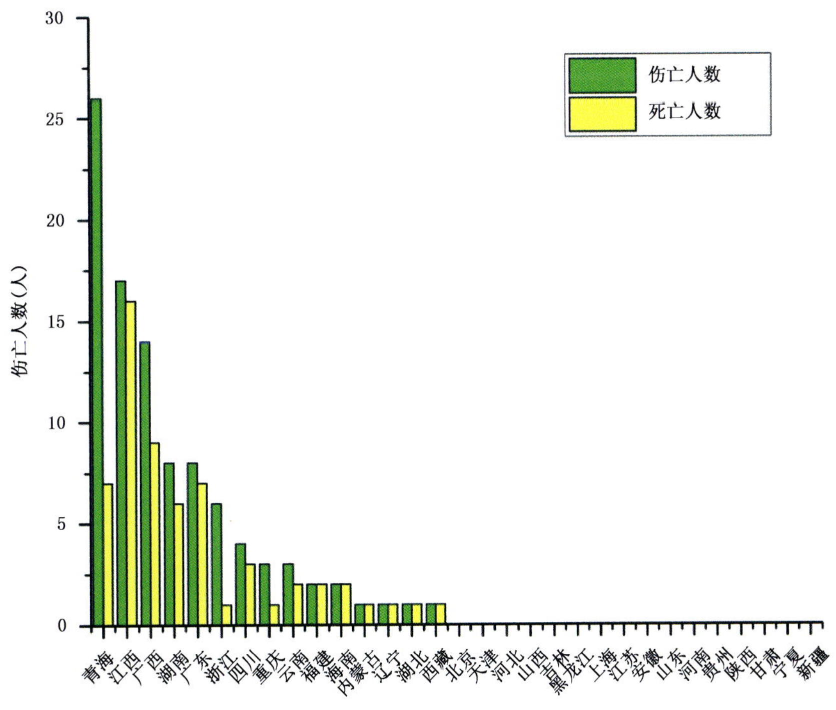

图 2.8.2　2018 年全国各省(区、市)雷击伤亡人数分布

Fig. 2.8.2　Number of lightning fatalities over China in 2018

考虑人口权重后，在雷灾事故率方面，浙江、广东和上海等沿海省份排名靠前；在雷击伤亡率方面，则是青海省、江西省和西藏自治区分列前三位。考虑人口权重后，西部地区省份的雷灾相关排名有显著的提升(表 2.8.2)。

表 2.8.2 2018 年全国各省(区、市)每百万人口雷击死亡率、受伤率、伤亡率和雷灾事故发生率及其排序

Table 2 Rate per million people of lightning fatalities, injuries, casualties and damage reports, and their ranks for all provinces over China in 2018

省份	人口数*(百万)	雷击死亡		雷击受伤		雷击伤亡		总雷灾事故	
		死亡率	排序	受伤率	排序	伤亡率	排序	事故率	排序
北京	13.82	0	16	0	10	0	16	0.29	13
天津	10.01	0	17	0	11	0	17	0.1	19
河北	67.44	0	18	0	12	0	18	0.07	23
山西	32.97	0	19	0	13	0	19	0.27	14
内蒙古	23.76	0.04	10	0	14	0.04	13	0.08	21
辽宁	42.38	0.02	13	0	15	0.02	14	0.26	15
吉林	27.28	0	20	0	16	0	20	0.29	12
黑龙江	36.89	0	21	0	17	0	21	0.03	26
上海	16.74	0	22	0	18	0	22	1.79	3
江苏	74.38	0	23	0	19	0	23	0.65	7
浙江	46.77	0.02	14	0.15	2	0.17	6	3.44	1
安徽	59.86	0	24	0	20	0	24	0.08	22
福建	34.71	0.06	8	0	21	0.06	11	0.43	10
江西	41.4	0.39	2	0.02	6	0.41	2	0.48	9
山东	90.79	0	25	0	22	0	25	0.01	28
河南	92.56	0	26	0	23	0	26	0.01	29
湖北	60.28	0.02	15	0	24	0.02	15	0.13	18
湖南	64.4	0.09	6	0.03	5	0.12	7	0.62	8
广东	86.42	0.08	7	0.01	9	0.09	9	2.19	2
广西	44.89	0.2	5	0.11	3	0.31	4	0.36	11
海南	7.87	0.25	4	0	25	0.25	5	1.02	5
重庆	30.9	0.03	12	0.06	4	0.1	8	0.23	16
四川	83.29	0.04	11	0.01	8	0.05	12	0.01	27
贵州	35.25	0	27	0	26	0	27	0	30
云南	42.88	0.05	9	0.02	7	0.07	10	0.09	20
西藏	2.62	0.38	3	0	27	0.38	3	1.15	4
陕西	36.05	0	28	0	28	0	28	0.06	24
甘肃	25.62	0	29	0	29	0	29	0	31
青海	5.18	1.35	1	3.67	1	5.02	1	0.77	6
宁夏	5.62	0	30	0	30	0	30	0.18	17
新疆	19.25	0	31	0	31	0	31	0.05	25
全国	1262.28	0.05		0.03		0.08		0.48	

* 人口数来自我国第五次全国人口普查。雷灾事故率指百万人口雷灾事故数。

2.8.3 雷电灾情时间分布

2018 年全国雷电灾情时间分布如图 2.8.3 所示。雷灾事故主要集中发生在 5—8 月。雷灾事故数在 8 月达到峰值，雷击受伤人数在 7 月达到峰值，身亡人数则在 5 月达到峰值，它们各占全年的比例分别约为 23.76%、51.28%和 28.33%。

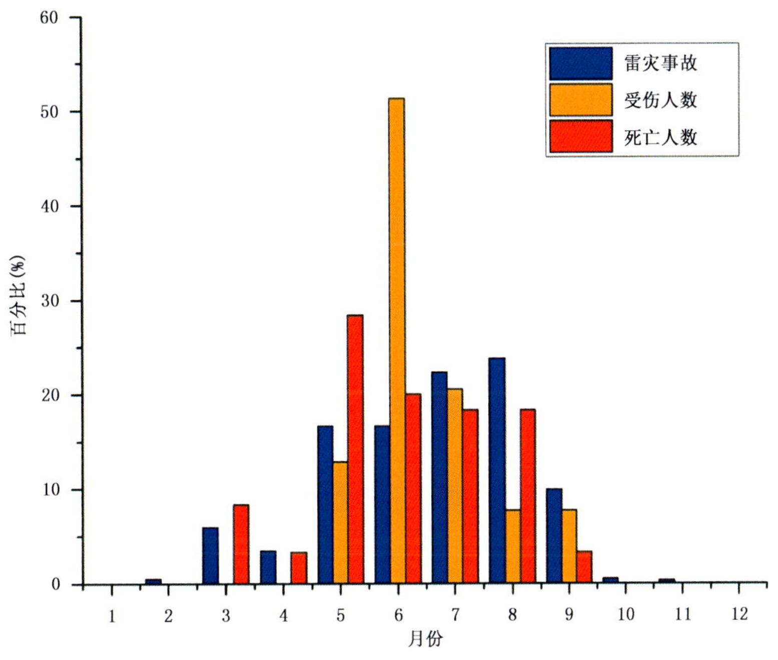

图 2.8.3 2018 年全国雷电灾害百分比月变化

Fig. 2.8.3 Monthly percentage of lightning damage over China in 2018(unit:%)

2.8.4 2018 年较大雷电灾害事件

(1)2018 年 5 月 18 日 18 时 10 分，浙江省嘉兴市桐乡市梧桐街道浙江合众新能源汽车有限公司遭雷击，击坏 20 台生产设备、60 台电脑。直接经济损失 100 万元。

(2)2018 年 5 月 30 日 15 时 38 分，广西壮族自治区百色市右江区大楞乡那生屯广西壮族自治区国有东门林场 3 人(黄某某，女，40 岁；邓某某，女，65 岁；李某某，女，40 岁) 在给杉木施肥时遭雷击身亡，另有 2 人受伤。

(3)2018 年 6 月 16 日 17 时 40 分，四川省甘孜州新龙县甲拉西乡曲格村 3 人(多某某，女，23 岁；四某某某，女，33 岁；下某某，女，40 岁)在虫草山上采挖虫草时遭雷击身亡，另有 1 人(仁某某某，女，40 岁)受伤。

(4)2018 年 7 月 21 日 16 时 29 分，浙江省温州市苍南县桥墩镇玉苍山景区 6 人在玉苍山铁索桥“听瀑亭”内躲雨时遭雷击受伤。

2.9 高温热浪

2018 年，我国共出现 5 次区域性高温天气过程。夏季，高温覆盖范围广，全国平均高温(日最高气温≥35℃)日数 10.2 天，比常年同期偏多 3.3 天，为 1961 年以来同期第三多值，仅次于 2017 年和 2013 年；日最低气温高；东北地区高温极端性强；中东部地区高温强度强、影响范围大、持续时间长。

持续高温天气导致辽宁、北京、河南、陕西、安徽和重庆居民出现中暑病例，辽宁、吉林、河南、湖北和重庆等地农作物生长受到影响，湖北、安徽和浙江用电负荷屡创新高。

2.9.1 高温概况

1. 河北、内蒙古和新疆等地高温强度强

2018 年，黑龙江西南部、吉林西部、辽宁西部部分地区、天津、河北东南部、山东西北部和西南部、河南东北部、安徽北部和西南部、江苏西北部、浙江大部、福建西北部、江西北部部分地区、湖南中部、湖北西部和东部、重庆大部、贵州北部、四川东部、南疆、甘肃部分地区、内蒙古西部和东南部等地极端最高气温有 38～40℃，河北南部部分地区、重庆局部、新疆东南部、内蒙古西部部分地区等极端最高气温达 40～42℃，新疆东部部分地区超过 42℃（图 2.9.1）。

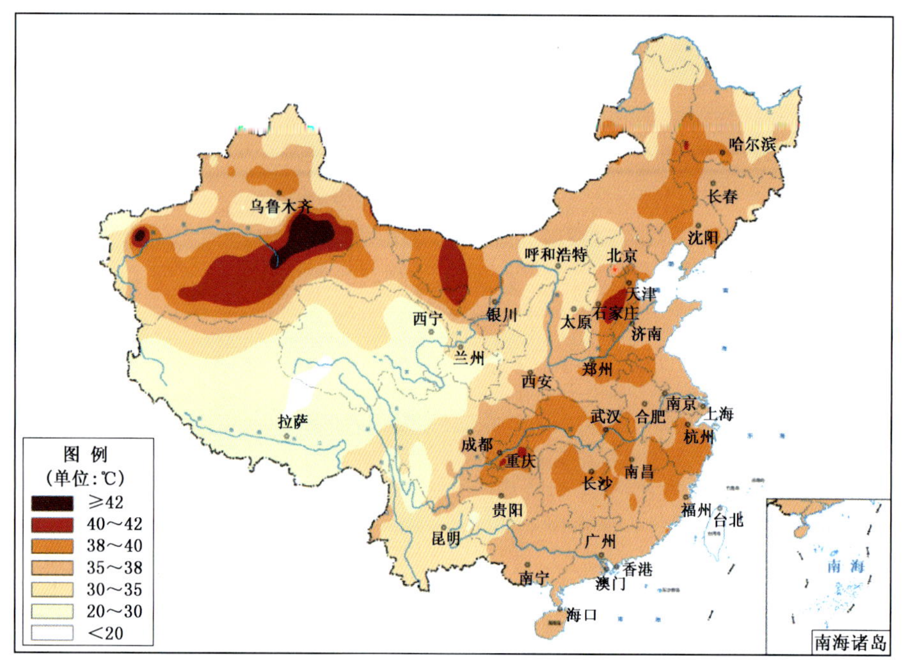

图 2.9.1 2018 年全国极端最高气温分布

Fig. 2.9.1 Distribution of extreme maximum temperatures over China in 2018 (unit:℃)

2018 年，全国共有 209 站的日最高气温达到极端事件标准，极端高温事件站次比为 0.18，较常年(0.12)偏高，较 2017 年明显偏低。年内，全国有 57 站的日最高温气温突破历史极值，主要分布在辽宁、吉林、内蒙古、河北、山西、江西、重庆等省(区、市)，河北元氏最高气温达 43.0℃(图 2.9.2)。年内，全国有 402 站连续高温日数达到极端事件标准，极端连续高温日数事件的站次比(0.31)较常年(0.13)偏高。

2. 高温日数为 1961 年以来第三多值

2018 年夏季，全国平均高温(日最高气温≥35℃)日数为 10.2 天，比常年同期偏多 3.3 天，为 1961 年以来同期第三多值，仅次于 2017 年和 2013 年(图 2.9.3)。华北东南部、黄淮中部、江淮中西部、江汉大部、江南大部、华南北部及贵州东北部、重庆、四川东部、陕西东南部、新疆东部和南部、内蒙古西部等地高温日数有 20～40 天，浙江、江西、湖南、重庆及新疆等地的部分地区超过 40 天(图 2.9.4)。全国高温日数普遍较常年同期偏多，黄淮中部、江汉大部及重庆大部等地偏多 15 天以上(图 2.9.5)。

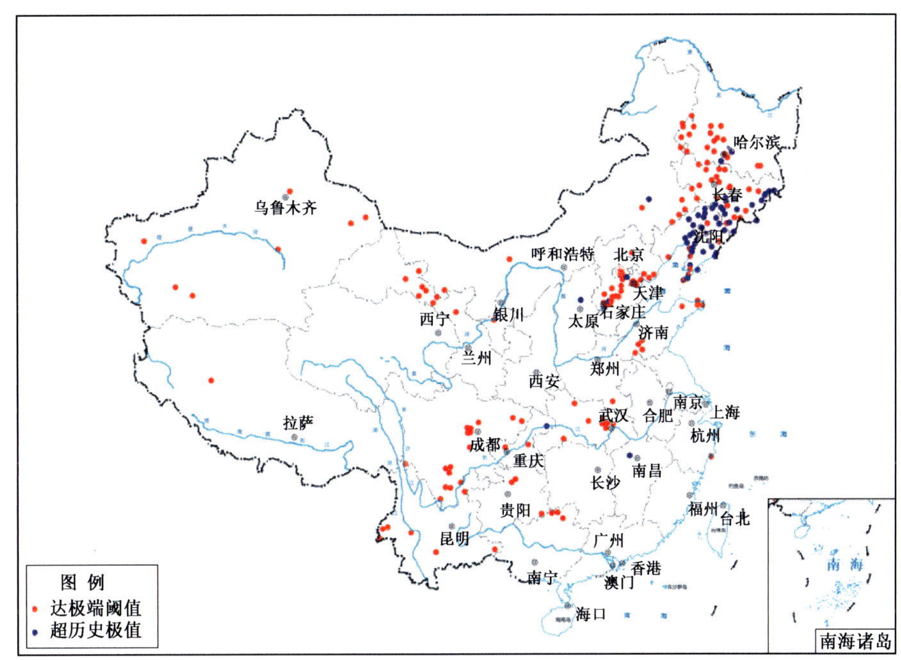

图 2.9.2 2018 年全国极端高温事件分布

Fig. 2.9.2 Distribution of extreme maximum temperatures events over China in 2018

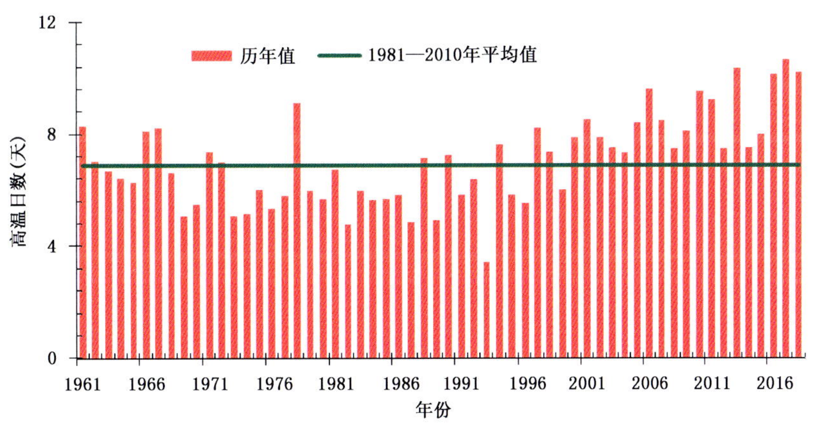

图 2.9.3 1961—2018 年全国平均夏季高温日数

Fig. 2.9.3 Mean hot days (daily maximum temperature≥35℃) in summer over China during 1961—2018 (unit:d)

3.日最低气温高

2018 年夏季，华北东南部、黄淮中部、江淮、江汉东部及上海、江西东北部、湖南东部、广东中部和西南部、海南、广西东南部、重庆西南部等地的日最低气温最大值超过 28℃，局部地区超过 30℃，陕西临潼和重庆合川分别达 32.1℃和 32℃。与常年同期相比，全国夏季日最低平均气温普遍偏高，长江以北的大部分地区偏高 1～2℃，部分地区偏高 2～4℃。

4.东北地区高温极端性强

7 月下旬至 8 月上旬，东北地区发生区域性极端高温事件。期间，东北地区日平均气温 25.1℃，较常年同期偏高 1.3℃，为 1961 年来同期最高值。辽宁和吉林有 47 站日最高气温突破历史极值，高温极端性强。

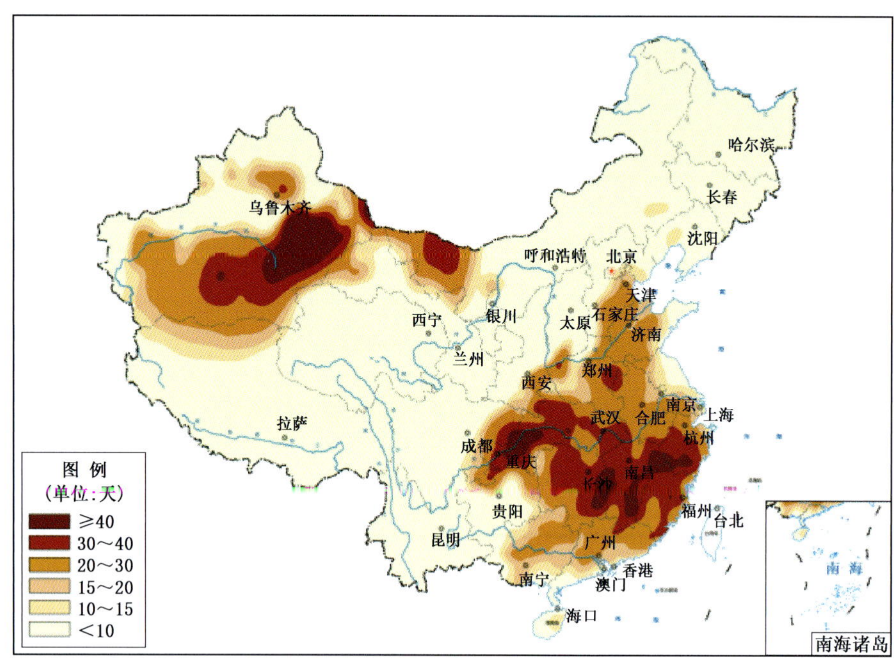

图 2.9.4　2018 年全国夏季高温日数分布

Fig. 2.9.4　Distribution of hot days (daily maximum temperature≥35℃) over China in summer 2018(unit:d)

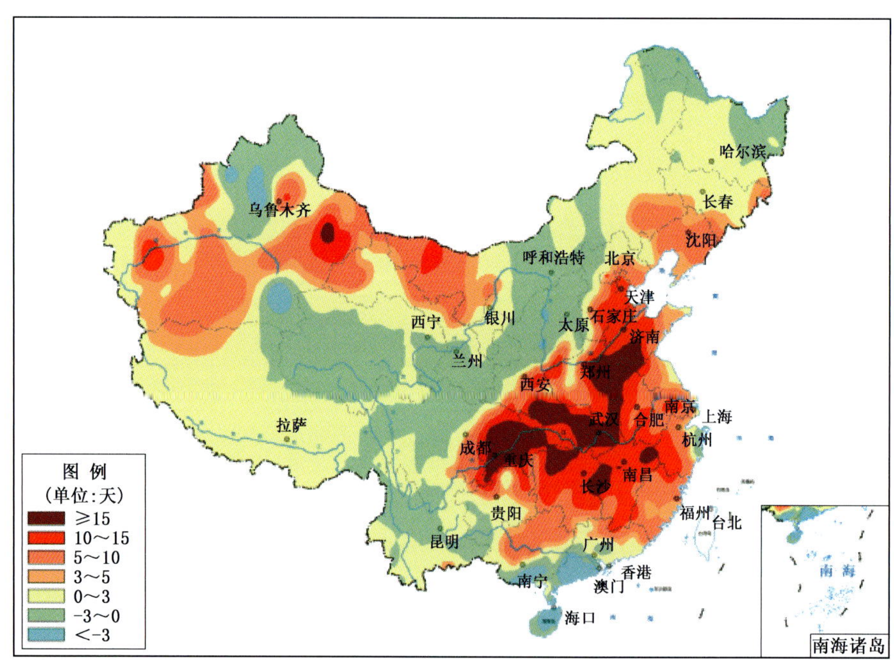

图 2.9.5　2018 年全国夏季高温日数距平分布

Fig. 2.9.5　Distribution of hot days (daily maximum temperature≥35℃) anomalies over China in summer 2018(unit:d)

5. 中东部地区高温强度强、影响范围大、持续时间长

7月9日至8月16日，黄淮大部、江淮、江汉、江南、华南北部等地发生区域性极端高温事件。湖南、湖北、江西、江苏、安徽、重庆、浙江、福建8省(市)的区域平均气温29.3℃，较常年同期偏高1.7℃，与1966年并列为1961年来第二高值，仅次于2013年；区域平均高温日数18.7天，较常年同期偏多近1倍，为1961年来第二多值，仅次于2013年。此次高温过程持续39天，有558县受影响；其中，7月20日高温影响范围最广，35℃以上高温面积达160.7万平方千米。

2.9.2 主要高温事件及影响

2018年，我国共出现5次较大范围的高温天气过程，具体为5月15—27日、6月25—30日、7月9日至8月16日、8月18—23日、8月25至9月6日。其中，7月9日至8月16日高温天气过程的强度强、持续时间长，影响最为严重，对全国多地的人体健康、作物生长和用电负荷产生了不利影响。

辽宁 从7月28日开始，辽宁沈阳连续6天出现高温天气，中暑患者持续增多，入伏以后平均每天接诊20～30人，7月29日接诊95例，7月30日突破了100例，创下历史新高。7月下旬，辽宁中北部高温少雨导致辽宁部分地区出现农业干旱，高温和干旱对大豆、玉米等旱地作物生长产生不利影响。

吉林 7月下旬，吉林东部等地高温少雨导致部分地区出现农业干旱，高温和干旱对大豆、玉米等旱地作物生长产生不利影响。

北京 从7月30日开始，北京多家医院中暑患者增多。7月31日至8月3日，北京友谊医院接收10例中暑患者，其中4例重症患者均为青壮年男性。

河南 7月16—19日，郑州120接诊晕倒病患15人，疑似高温中暑8人。7月下旬，河南省部分地区作物发育期平均提前3～6天，豫中局部夏玉米提前进入抽雄期，高温会缩短夏玉米雌穗分化时间，影响开花期花生的花粉活力，对夏玉米、花生等作物结实粒数产生不利影响。7月19日，河南电网用电负荷首次突破6000万千瓦"大关"，20日再创新高。

陕西 7月21日，西安市持续的40℃高温天气导致出现多起中暑人员死伤事件。7月23日，陕西电网最高负荷达到2385万千瓦，逼近历史最高。

湖北 7月下旬，高温干旱对湖北部分地区的中稻孕穗、再生稻灌浆、棉花花铃生长不利，还造成鱼塘水面蒸发加速，水质恶化。7月20日，湖北电网统调用电负荷和日用电量分别达到3557.9万千瓦和7.3393亿千瓦时，比2017年7月27日创下的最大值分别增长了5.11%和1.32%。

安徽 7月7—17日，合肥急救中心共接到中暑呼救56例；受持续高温天气影响，导致电网用电负荷和日用电量剧增，多地用电负荷创历史新高。安徽电网7月18日用电负荷达3854万千瓦，较2017年最大负荷增长33万千瓦，2018年首次创历史新高。

浙江 7月30日13时10分，浙江电网用电负荷达到7861万千瓦，超过7月26日创下的历史最高值(7828万千瓦)，7月以来全省用电负荷连续第三次刷新历史最高纪录。温州、台州、丽水三地用电负荷再创历史新高。

重庆 7月底8月初，持续高温天气使得重庆部分地区一季稻孕穗抽穗、晚稻移栽、棉花开花及蔬菜果树等作物的生长受到不利影响，造成晚稻生长缓慢，一季稻穗分化、花粉发育和受精不良。7月20日，重庆电网统调负荷达到1953万千瓦，刷新2017年1942万千瓦的最高纪录，创下历史新高。7月19日重庆1名工人出现中暑症状，体温高达42℃。

2.10 酸雨

2.10.1 基本概况

2018 年我国酸雨的主要特点如下：(1)酸雨区（降水 pH 值低于 5.60）范围较 2017 年继续减少，华北、华中、华东等地区酸雨区面积减少较明显；(2)酸雨频率较 2017 年进一步降低，江西、云南、贵州等地区降低较明显。

1.全国年平均降水 pH 值分布

2018 年，酸雨区范围主要覆盖江南、华南大部，江淮、江汉、西南部分地区及华北、东北地区的局部地区。浙江东部、福建西北部、江西北部、湖南中东部和广东北部等地年平均降水 pH 值低于 5.00，酸雨污染较明显（图 2.10.1）。

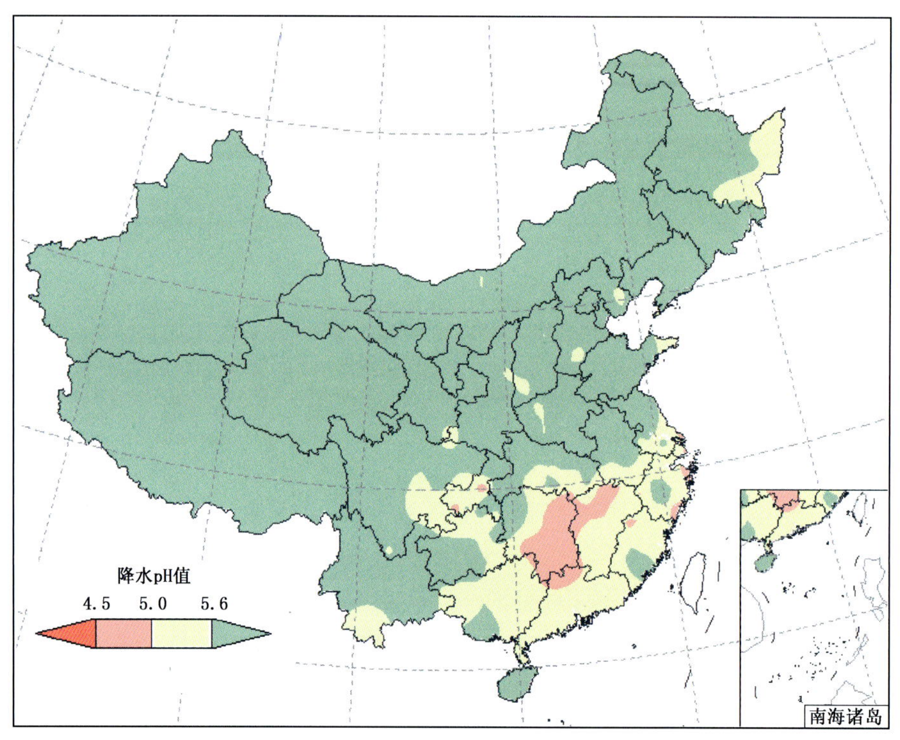

图 2.10.1　2018 年全国年平均降水 pH 值分布

Fig. 2.10.1　Distribution of annual average precipitation pH in 2018

对 2009 年以来有连续观测的 337 个酸雨站年平均降水 pH 值进行统计的结果（表 2.10.1 和图 2.10.2）显示，多年来全国降水 pH 值持续趋升。2018 年，酸雨（区）台站（年均降水 pH 值<5.60）数为 115 个，占全部酸雨观测站的 34.1%，较 2017 年（40.9%）减少 6.8%。其中，重酸雨（区）台站（年均降水 pH 值<4.50）数为 2 个，保持 2009 年以来的最低值；轻酸雨（区）台站（4.50≤年均降水 pH 值<5.00）数和较轻酸雨（区）台站（5.00≤年均降水 pH 值<5.60）数分别为 21 个和 92 个，较 2017 年有不同程度减少。

表 2.10.1 降水 pH 值等级的台站数统计表

Table 2.10.1 Statistics of station with different precipitation pH levels

年均降水 pH 值	pH<4.50	4.50≤pH<5.00	5.00≤pH<5.60	pH≥5.60
2009 年台站数(个)	86	93	73	85
2010 年台站数(个)	59	92	81	105
2011 年台站数(个)	51	84	93	109
2012 年台站数(个)	25	89	98	125
2013 年台站数(个)	16	82	100	139
2014 年台站数(个)	9	71	113	144
2015 年台站数(个)	3	54	112	168
2016 年台站数(个)	3	39	109	186
2017 年台站数(个)	3	30	105	199
2018 年台站数(个)	2	21	92	222

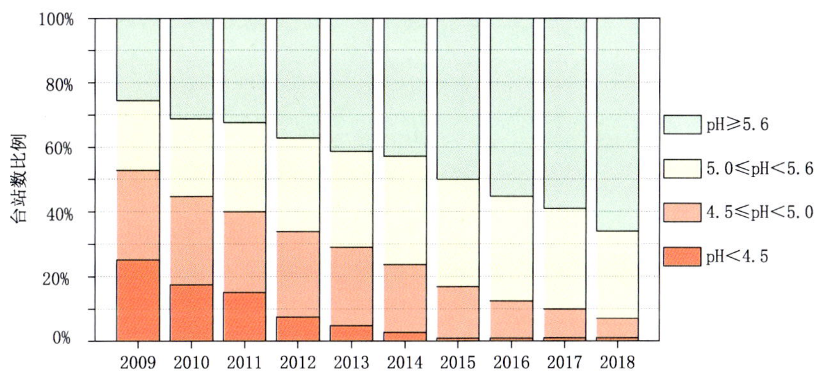

图 2.10.2 2018 年降水 pH 值等级的台站数统计

Fig. 2.10.2 Statistics of station with different precipitation pH levels in 2018

2. 全国酸雨频率分布

2018 年我国酸雨多发区(酸雨频率大于 20%)主要覆盖江汉、江淮、江南和华南地区的大部，以及西南、华北、东北、西北的部分地区。酸雨高发区(酸雨频率大于 80%)分布在湖南东部和南部以及重庆、四川的局部地区(图 2.10.3)。2018 年全国 376 个酸雨观测站中，101 个站全年无酸雨发生，275 个站的酸雨频率大于 0，104 个站观测到有强酸雨(日降水 pH 值<4.50)出现，占全部站点的 30.9%，较 2017 年(31.6%)有所减少。

对 2009 年以来有连续观测的 337 个酸雨站酸雨频率数据进行统计的结果(表 2.10.2 和图 2.10.4)显示，多年来我国酸雨频发、高发的台站数减少，酸雨少发、偶发的台站数增多，全国平均酸雨频率趋于减小。2018 年，337 个酸雨观测站中有 197 个站的酸雨频率低于 20%，约占全部站点数的 58.4%，该比为 2009 年以来的最高值；57 个站的酸雨频率高于 50%，约占全部站点数的 16.9%，亦为 2009 年以来的最低值。

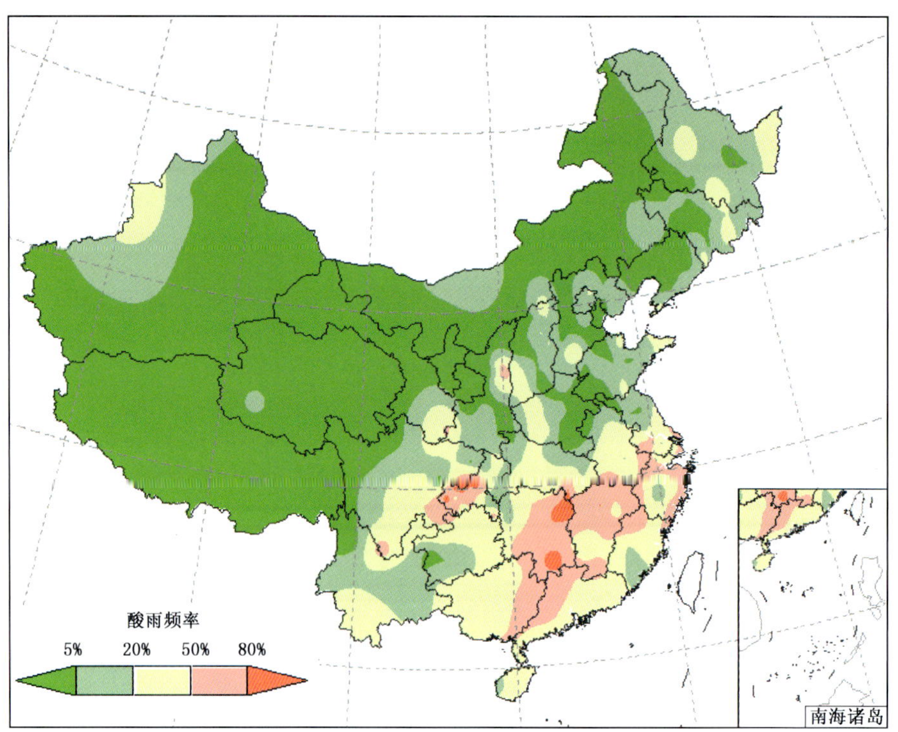

图 2.10.3　2018 年全国酸雨频率分布

Fig. 2.10.3　Distribution of acid rain frequency in 2018

表 2.10.2　酸雨频率等级的台站数统计

Table 2.10.2　Statistics of station with different acid rain frequency levels

酸雨频率等级 F(%)	酸雨偶发 F≤5	酸雨少发 5<F≤20	酸雨多发 20<F≤50	酸雨频发 50<F≤80	酸雨高发 F>80
2009 年台站数(个)	55	36	73	84	89
2010 年台站数(个)	69	39	82	84	63
2011 年台站数(个)	70	43	76	87	61
2012 年台站数(个)	78	47	78	75	59
2013 年台站数(个)	76	62	84	68	47
2014 年台站数(个)	87	58	83	64	45
2015 年台站数(个)	99	56	88	60	34
2016 年台站数(个)	102	59	89	54	33
2017 年台站数(个)	116	74	80	41	26
2018 年台站数(个)	132	65	83	35	22

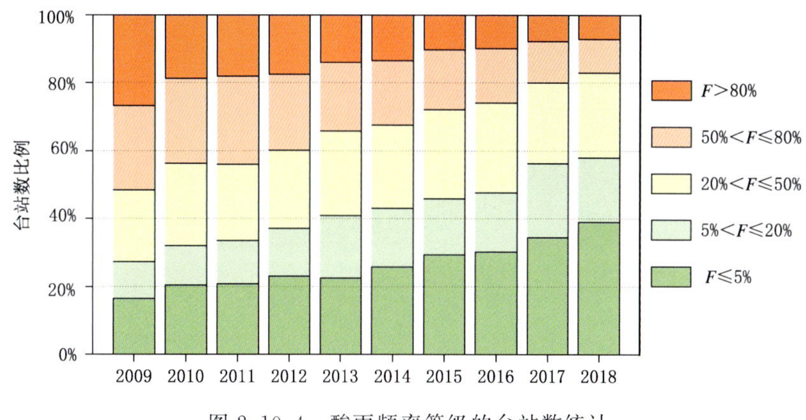

图 2.10.4 酸雨频率等级的台站数统计

Fig. 2.10.4 Statistics of station with different acid rain frequency levels

2.10.2 主要区域酸雨变化特征

1.华北区域酸雨特征

20 世纪 90 年代末至 2008 年的近 10 年间，华北地区降水酸度、酸雨频率和强酸雨频率等均呈现明显上升趋势，之后至 2018 年逐渐趋于波动下降。2018 年，华北地区降水 pH 值持续了近年来波动升高的趋势，年均降水 pH 值保持 1992 年以来的最高水平，酸雨和强酸雨频率为 1992 年以来的最低水平(图 2.10.5)。

图 2.10.5 1992—2018 年华北地区酸雨变化趋势

Fig. 2.10.5 Precipitation acidification trend in North China from 1992 to 2018

2.华东区域酸雨特征

20 世纪 90 年代末至 2009 年的 10 年间，华东地区降水酸度、酸雨频率和强酸雨频率等均呈现明显上升趋势，之后至 2018 年逐渐趋于下降。2018 年华东地区降水 pH 值较 2017 年有微弱上升，强酸雨频率较 2017 年略有下降(图 2.10.6)。

3.华中区域酸雨特征

20 世纪 90 年代末至 2007 年，华中地区降水酸度、酸雨频率和强酸雨频率等均呈现明显上升趋势，其间的 2006 年，该区域降水 pH 值低于 4.5，达到重酸雨区等级，之后至 2018 年该地区降水酸度、酸雨频率和强酸雨频率等均为波动下降趋势。2018 年，该地区降水 pH 值为 1992 年以来的最高值，强酸雨频率降至 1992 年以来的最低值(图 2.10.7)。

图 2.10.6 1992—2018 年华东地区酸雨变化趋势

Fig. 2.10.6 Precipitation acidification trend in East China from 1992 to 2018

图 2.10.7 1992—2018 年华中地区酸雨变化趋势

Fig. 2.10.7 Precipitation acidification trend in Central China from 1992 to 2018

4.华南区域酸雨特征

20 世纪 90 年代末至 2007 年，华南地区的降水酸度、酸雨频率和强酸雨频率等均呈现弱的上升趋势，其后至 2018 年该地区降水酸度、酸雨频率和强酸雨频率等均呈现整体下降趋势。2018 年该地区降水 pH 值为 1992 年以来的最高值，酸雨频率和强酸雨频率均降至 1992 年以来的最低值(图 2.10.8)。

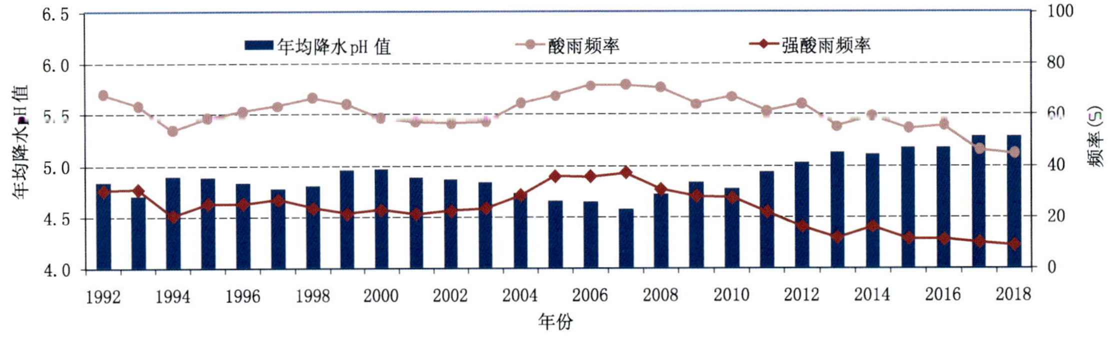

图 2.10.8 1992—2018 年华南地区酸雨变化趋势

Fig. 2.10.8 Precipitation acidification trend in South China from 1992 to 2018

5.西南区域酸雨特征

1992 年以来，除 2005—2009 年出现小幅回升外，西南地区的降水酸度、酸雨频率和强酸雨频率等均呈现波动下降趋势。2018 年，西南地区降水 pH 值较 2017 年有所上升，酸雨频率为近 4 年最低值，强酸雨频率为 1992 年以来最低值(图 2.10.9)。

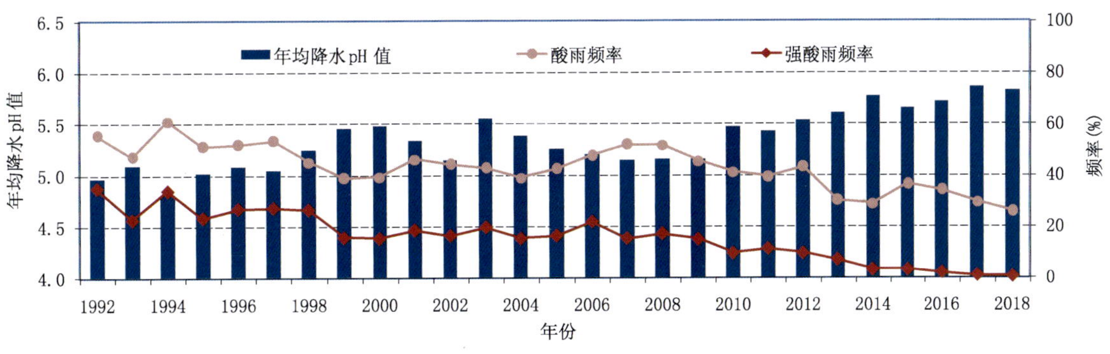

图 2.10.9 1992—2018 年西南地区酸雨变化趋势
Fig. 2.10.9 Precipitation acidification trend in Southwest China from 1992 to 2018

2.11 农业气象灾害

2.11.1 基本概况

2018 年全国农业气象灾害总体偏轻。全国农业干旱发生范围小、影响轻;仅在内蒙古东部、东北地区西部、华北黄淮出现阶段性干旱。强降雨过程多,极端性突出;北方局地涝灾严重,南方涝灾偏轻;汛期南方强降水日数、累计雨量少于 2017 年同期。夏季高温范围广、强度强;北方 5 省 7 月下旬至 8 月上旬最高气温、高温日数为 1981 年以来同期极值,高温热害影响重于南方。台风登陆多、生成时间集中、路径复杂多变,多个台风深入内陆北上造成洪涝灾害,为历史罕见。低温霜冻害偏重,影响农业和经济林果生长。风雹灾害点多面广,局地农业生产遭受损失。冬麦区干热风天数多于多年平均值,但影响不大。

2.11.2 主要农业气象灾害

1. 农业干旱

2018 年,全国农业干旱发生范围小、影响轻;以春旱和夏伏旱为主。内蒙古东部、东北地区西部 4 月至 5 月中旬降水量比常年同期偏少 3~8 成,温高雨少导致土壤失墒加剧,部分农区出现轻至中度农业干旱,春小麦、大豆等旱地作物春播推迟或延长,作物出苗率低、长势偏差、苗情不均衡,辽宁西部和吉林西部部分农田有毁种和撂荒现象。5 月下旬旱区大部出现中到大雨,旱情缓解,但黑龙江松嫩平原旱情持续至 6 月上旬,影响玉米、大豆幼苗生长速度。与 2017 年相比,2018 年的干旱影响范围偏小、持续时间偏短。

部分地区出现阶段性夏伏旱。6 月上中旬,河北中部、山西南部、山东南部、河南东部和南部、安徽北部等夏播区降水偏少,加之气温偏高,出现轻度旱情,导致部分地区需造墒播种夏玉米和大豆。7 月中旬至 8 月中旬,辽宁中北部和吉林局地、江淮西南部、江汉东部、江南大部和四川盆地东部受持续高温少雨影响,出现不同程度干旱。辽宁开原、康平等地旱情达到重度,对玉米、大豆等旱地作物产量形成造成不利影响(图 2.11.1);湖南中南部水库、塘坝等蓄水不足,对一季稻产量形成有一定不利影响;江西部分晚稻田因水源远、水源不足等原因出现田间开裂等缺水现象,秧苗移栽和返青分蘖受到影响;重庆局部地区高塝田、望天田缺水,中低海拔一季稻结实率与千粒重受到一定影响。总体来说,2018 年夏伏旱影响总体不及 2017 年,为近 5 年偏轻水平。

2. 暴雨洪涝

2018 年南方雨季晚、北方雨季早。华南前汛期开始偏晚 14 天,雨量偏少 44%;长江中下游入梅偏晚,出梅接近常年或偏早,雨量明显偏少;华北雨季较常年偏早 9 天,雨量偏多 22%;华西秋雨开

图 2.11.1 辽宁康平玉米受旱(左)和河北栾城玉米受旱(右)
Fig. 2.11.1 The maize threatened by drought in Kangping County, Liaoning Province (left) and Luancheng County, Hebei Province (right)

始时间接近常年,强度总体接近常年或偏弱。

汛期强降雨过程多,极端性突出;北方局地涝灾严重,南方涝灾偏轻。4—9 月南、北方共出现 35 次强降水过程,特别是西北地区东部、华北、黄淮等北方农区降水过程多、部分地区降水极端性强,西北地区东部、华北东部、黄淮东部和南部等地暴雨日数较常年同期偏多 1～7 天,导致低洼农田积水,棉花烂苗、落铃,不利于玉米、大豆等旱地作物生长;相对而言,南方农区汛期降水量较常年偏少 2～8 成,大到暴雨日数较常年同期偏少 2～7 天,但部分地区强降水过程仍较频繁,作物遭受渍涝灾害,多雨寡照导致玉米、水稻等作物结实率降低,水稻穗颈瘟、稻曲病、玉米纹枯病、马铃薯晚疫病等病虫害偏重发生。

3. 高温热害

2018 年夏季高温热害范围广、强度强,北方影响重于南方(图 2.11.2)。中东部地区出现大范围持续高温天气。7 月下旬至 8 月上旬,吉林、辽宁、山东、河北、河南等地高温日数普遍有 6～12 天,较常年同期偏多 5～9 天,高温日数和平均最高气温均达 1981 年以来历史同期最高值,高温持续时

图 2.11.2 山东滨州玉米倒伏(左)和棉田积水(右)(山东省气象局提供)
Fig. 2.11.2 The lodging of maize (left) and waterlogging of cotton (right) in Binzhou County, Shandong (By Shandong Meteorological Bureau)

间长、强度强，导致部分坡岗地、砂土地旱情严重，作物叶片萎蔫、枯黄，正值抽雄期的玉米花粉活力降低，果穗授粉、受精不良，结实率下降；安徽、江苏、湖北、湖南、江西5省高温日数普遍有10～16天，玉米和一季稻结实、晚稻移栽返青受到一定影响。

4. 台风

2018年登陆我国的台风有10个，较常年多3个。多次出现3个台风、4个台风，甚至5个台风共存的现象；台风登陆点偏北，登陆后北上台风多，影响范围广。8月共有8个台风生成、4个登陆我国，登陆台风较常年同期偏多2.2个。台风"安比""摩羯""温比亚"在一个月内相继在华东地区登陆并北上，给华东大部、华北东部、东北地区西部和南部等地带来大范围风雨影响，其中台风"温比亚"给黄淮、江淮等地带来强降雨，导致部分农田被淹，玉米、一季稻发生倒伏和机械损伤（图2.11.2），影响后期产量形成。

5. 低温霜冻害与雪灾

2018年低温霜冻害影响较上一年偏重，影响农业和经济林果生长。1月出现3次低温雨雪冰冻天气过程，影响范围广、区域高度重叠、降温幅度大，但强度和范围均不及2008年和2016年。1月2—4日雨雪范围广，降雪强度大，积雪深厚，陕西中北部、山西南部、河南、湖北中北部、安徽中北部、江苏中部等地先后出现大雪或暴雪、大暴雪；5—8日降雪强度虽不及第一次，但中东部地区的雨雪范围高度重叠；24—28日雨雪冰冻范围广、严寒程度重、持续时间长，河南、湖北、安徽、江苏、浙江北部等地降雪日数长达3～5天，大部地区出现大到暴雪。2月上旬，南方地区出现阶段低温天气，最低气温较常年同期偏低6～8℃。受多次低温雨雪冰冻天气影响，江西、湖南、湖北南部、四川等地部分已现蕾抽薹的油菜以及四川、贵州等地部分已拔节的冬小麦和湖北、安徽的晚弱苗遭受轻度、部分地区中度冻害。

4月3—7日全国大部出现寒潮过程，西北东北部、华北、黄淮大部过程最大降温幅度在14℃以上。西北地区东部、华北大部、黄淮北部部分地区有1～3天最低气温降至0℃以下，正处于开花或坐果期的苹果、猕猴桃、梨、杏等经济林果遭受中至重度冻害；甘肃东南部、山西中南部、河南北部等地部分发育期偏早、已进入拔节孕穗期的小麦幼穗或叶片受冻。陕南、江汉、江淮以及江南北部部分春茶遭受轻至中度冻害，部分茶农损失严重。

受冷空气影响，9月9—10日，内蒙古东北部、黑龙江东部和北部地区降温幅度普遍有4～6℃，局部地区达6～8℃；内蒙古东北部、黑龙江北部出现初霜冻，部分地区日最低气温低于0℃，玉米、大豆等作物遭受霜冻害。12月上旬贵州和湖南西部出现冻雨；26—31日湖北、四川、贵州以及江南、华南北部等地先后出现雨雪天气，最低气温0℃线压至华南北部，湖南中北部、湖北南部、江西北部和贵州东部出现暴雪，最大积雪深度10～20厘米。江汉、江淮、江南、西南地区东部在地作物遭受霜冻害，部分设施农业遭受雪灾，局地温棚出现垮塌（图2.11.3）。

6. 风雹

2018年我国大风、冰雹等强对流天气点多面广，春季最为严重，局地农业生产遭受损失。3月4—5日，浙江、江西、湖北、安徽、湖南、福建、广西部分地区遭受风雹灾害，农作物受灾面积2.3万公顷；3月15日，江西靖安、宜丰等地出现风雹，最大冰雹直径可达3厘米，导致蔬菜大棚、简易圈舍倒塌；3月17—20日，广西、贵州、云南等地部分地区遭受大风、冰雹、短时强降雨等袭击，云南红河州玉米、柑橘、蜜柚、香蕉、茶叶等作物受灾较重，广西柳州和百色等地火龙果、柑橘等亚热带水果受损、春播短暂受阻；5月15—16日河北和山东、17—22日河南等地的部分地区出现强降水和大风、冰雹等强对流天气，局地冬小麦倒伏，不利于后期产量形成。总体来看，内蒙古、河南、山东冰雹灾害出现频次多于2017年，吉林、辽宁、山西、陕西、青海、甘肃等地冰雹灾害出现频次少于2017年；南方冰雹出现频次明显多于2017年同期。

图 2.11.3　浙江柯岩大棚压毁(左)和湖南石门夏橙受灾(右)(浙江省和湖南省气象局提供)
Fig. 2.11.3　The destroyed greenhouse threatened by heavy snow in Keyan County, Zhejiang Province (Left) and frozen orange in Shimen County, Hunan Province (Right) (Provided by Zhejiang and Hunan Meteorological Service)

7. 干热风

2018 年小麦干热风发生天数较多,其中北京、天津、河北中南部及河南北部部分地区干热风强度较强,属于偏重年份。但前期麦田普遍灌溉麦黄水,且重度干热风天气主要发生在小麦灌浆后期,籽粒内干物质基本形成,对千粒重影响较小,未造成小麦严重减产。

2.12　森林草原火情

2.12.1　基本概况

2018 年总体来看,我国气候属正常年景。卫星遥感森林、草原火点较多的时间在 1—4 月和 10—11 月,火点主要分布在北方的黑龙江、内蒙古和吉林,南方的云南、广西、江西、广东、贵州、福建、湖南等省(区)(图 2.12.1、图 2.12.2),其中黑龙江、云南和广西等省(区)火点明显多于其他省份(表 2.12.1、表 2.12.2)。卫星遥感监测的森林火灾主要发生在内蒙古呼伦贝尔市、四川甘孜州、山东泰安等地。森林火点数量比 2017 年减少了约 18%,比近 16 年(2002—2017 年)平均值减少了约 68%;草原火点数量比 2017 年减少了约 16%,比近 16 年(2002—2016 年)平均值减少了约 48%。

表 2.12.1　2018 年气象卫星监测我国林区火点分省(区、市)统计

Table 2.12.1　Provincial statistics of forest fire numbers over China monitored by meteorological satellite in 2018

省(区、市)	1月	2月	3月	4月	5月	6月	7月	8月	9月	10月	11月	12月	总计
安徽	1	1	8	0	0	0	0	0	0	2	0	0	12
澳门	0	0	0	0	0	0	0	0	0	0	0	0	0
北京	0	0	0	0	0	0	0	0	0	0	0	0	0
福建	42	33	42	11	0	0	0	0	1	3	4	1	137
甘肃	0	1	0	0	0	0	0	0	0	0	0	0	1
广东	36	111	53	2	1	0	0	0	0	3	0	4	210
广西	27	93	66	16	0	5	2	0	4	15	53	10	291
贵州	3	91	54	2	0	0	0	0	1	0	3	0	154
海南	0	1	0	0	0	0	0	0	0	0	0	0	1

续表

省(区、市)	1月	2月	3月	4月	5月	6月	7月	8月	9月	10月	11月	12月	总计
河北	0	2	1	4	1	1	0	0	0	2	0	0	11
河南	0	2	2	1	0	0	0	0	0	0	0	0	5
黑龙江	0	0	67	61	5	2	0	0	4	33	115	18	305
湖北	0	10	9	0	0	0	0	0	0	23	1	0	43
湖南	27	87	18	0	0	0	0	0	1	5	7	0	145
吉林	0	0	17	5	0	0	1	1	0	0	2	6	32
江苏	0	1	0	0	0	0	0	0	0	0	0	0	1
江西	37	134	28	6	0	0	0	0	1	2	7	0	215
辽宁	1	6	1	6	2	0	0	1	2	2	6	1	28
内蒙古	0	2	24	47	3	8	1	3	9	23	5	0	125
宁夏	0	1	0	0	0	0	0	0	0	0	0	0	1
青海	0	0	0	0	0	0	0	0	0	0	0	0	0
山东	0	0	1	0	0	0	0	0	0	0	0	0	1
山西	0	1	4	4	0	0	0	0	0	7	2	1	19
陕西	0	0	2	1	0	0	0	0	0	0	0	0	3
上海	0	0	0	0	0	0	0	0	0	0	0	0	0
四川	14	38	2	0	0	0	0	0	0	0	0	2	56
台湾	0	0	0	0	0	0	0	0	0	0	0	0	0
天津	0	0	0	0	0	0	0	0	0	0	0	0	0
西藏	0	2	6	5	1	0	0	0	0	0	0	2	16
香港	0	0	1	3	0	0	0	0	0	0	0	0	4
新疆	0	0	0	0	0	0	0	0	0	0	0	0	0
云南	30	141	36	6	3	1	0	0	0	0	4	5	226
浙江	2	0	6	0	0	0	0	0	1	1	0	0	10
重庆	0	0	0	0	0	0	0	0	0	0	0	0	0

表 2.12.2　2018 年气象卫星监测我国草原火点分省(区、市)统计表

Table 2.12.2　Provincial statistics of grassland fire numbers over China monitored by meteorological satellite in 2018

省(区、市)	1月	2月	3月	4月	5月	6月	7月	8月	9月	10月	11月	12月	总计
安徽	0	0	0	0	0	0	0	0	0	0	0	0	0
澳门	0	0	0	0	0	0	0	0	0	0	0	0	0
北京	0	0	0	0	0	0	0	0	0	0	0	0	0
福建	9	8	18	2	0	0	0	0	1	2	0	1	41
甘肃	0	2	2	1	0	0	0	0	0	0	0	0	5
广东	2	7	3	0	0	0	0	0	0	0	0	1	13
广西	0	16	6	0	0	0	2	0	4	3	6	1	38
贵州	6	32	25	0	0	0	0	0	0	0	1	0	64
海南	0	0	0	0	0	0	0	0	0	0	0	0	0
河北	0	20	7	4	0	0	0	0	0	8	2	0	41
河南	0	5	0	2	0	0	0	0	0	0	0	0	7
黑龙江	0	1	53	43	11	1	0	0	6	9	54	1	179
湖北	0	2	4	0	0	0	0	0	0	0	1	0	7

续表

省(区、市)	1月	2月	3月	4月	5月	6月	7月	8月	9月	10月	11月	12月	总计
湖南	5	3	1	0	0	0	0	0	0	1	0	0	10
吉林	0	3	65	2	0	0	0	0	0	0	2	1	73
江苏	0	0	0	0	0	0	0	0	0	0	0	0	0
江西	3	12	3	0	0	0	0	0	1	0	0	0	19
辽宁	0	1	3	0	0	0	0	1	1	1	0	0	7
内蒙古	5	8	35	19	3	4	5	2	14	40	6	6	147
宁夏	0	0	0	0	0	0	0	0	0	1	1	0	2
青海	1	0	1	0	0	0	0	0	0	0	0	0	2
山东	3	3	2	3	0	0	0	0	0	1	0	0	12
山西	2	19	14	3	0	0	0	0	1	28	4	3	74
陕西	0	5	1	2	0	0	0	0	0	1	1	0	10
上海	0	0	0	0	0	0	0	0	0	0	0	0	0
四川	11	25	3	0	0	0	0	1	0	0	1	0	41
台湾	0	0	0	0	0	0	0	0	0	0	0	0	0
天津	0	0	0	0	0	0	0	0	0	1	0	0	1
西藏	0	0	0	0	0	0	0	0	0	0	0	1	1
香港	0	0	0	0	0	0	0	0	0	0	0	0	0
新疆	0	0	0	1	0	0	0	0	0	0	0	0	1
云南	37	81	17	7	1	0	0	0	0	0	0	2	145
浙江	0	0	0	0	0	0	0	0	0	1	0	0	1
重庆	0	0	0	0	0	0	0	0	0	0	0	0	0

注:火点即卫星监测到的一处火区,各火点范围根据火区大小而不同,即各火点所含像元数随火区大小而异。

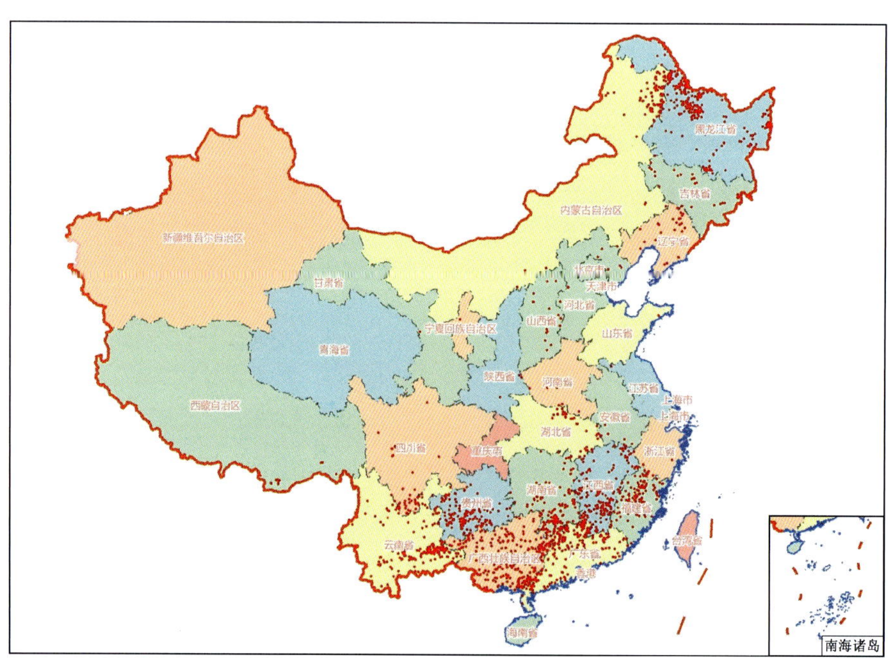

图 2.12.1　2018 年卫星遥感监测全国林地火点分布示意

Fig. 2.12.1　Sketch of forest fire spots monitored by meteorological satellite over China in 2018

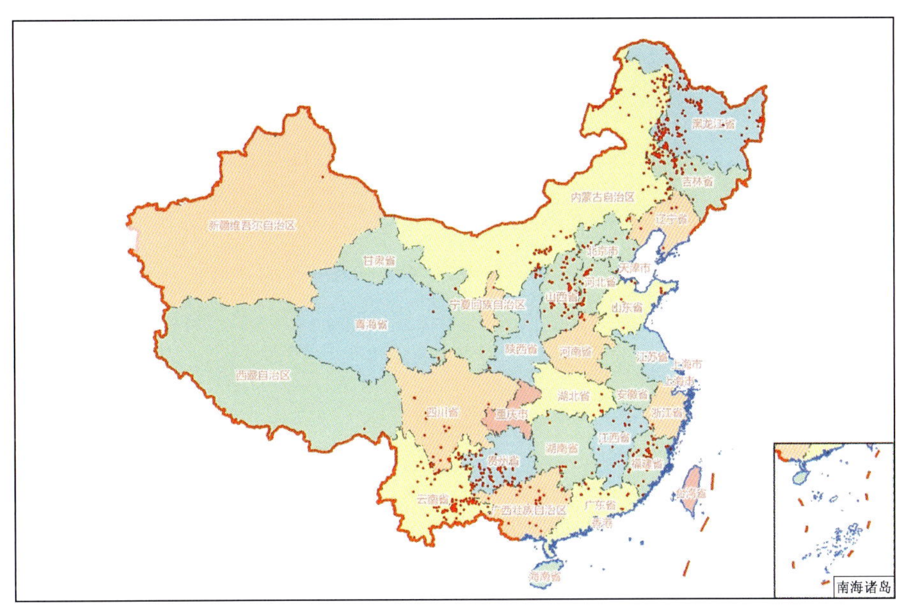

图 2.12.2　2018 年卫星遥感监测全国草场火点分布示意

Fig. 2.12.2　Sketch of grassland fire spots monitored by meteorological satellite over China in 2018

2.12.2　主要森林、草原火灾事件

6 月 1 日 19 时，内蒙古呼伦贝尔大兴安岭重点国有林管理局汗马自然保护区发生森林火灾，由于火场地处北部原始林区，地形复杂，山高坡陡，地表植被茂密，火势蔓延迅速，从地表火演变为急进地表火、树冠火，扑救较为困难。经 7670 人（林业扑火队 4690 人、森林警察 2980 人）的全力扑救，于 6 日 10 时全线合围，外线明火全部扑灭，整个火场全面得到控制。初判过火面积约 5100 公顷（内蒙古境内约 4500 公顷，黑龙江境内约 600 公顷）。起火原因为雷击引发。

2018 年未发生重大草原火灾事件。

2.13　病虫害

2.13.1　基本概况

2018 年全国农业病虫害中等发生，发生面积较 2017 年偏少，为 2004 年以来最轻年份。小麦、水稻病虫害发生面积较 2017 年和常年均偏少，玉米病虫害发生面积少于 2017 年但多于常年（图 2.13.1、图 2.13.2）。玉米和水稻虫害重于病害，小麦病害重于虫害。2017/2018 年冬季，全国平均气温接近常年同期，基本利于各种害虫、病菌安全越冬；春季冬麦区大部降水正常或偏多，导致小麦赤霉病在江汉、江淮、黄淮和华北南部麦区中等至偏重发生；夏季北方降水偏多，但伏夏出现阶段性高温，导致玉米病虫害发生表现出局地偏重、扩散危害偏轻的特点；南方受雨季开始晚、降水量偏少以及大范围持续高温天气的影响，稻飞虱、稻纵卷叶螟、水稻真菌病害发生程度轻于 2017 年和常年；受登陆台风偏多，给华东地区带来大量降水的影响，水稻白叶枯病等水稻细菌性病害发生重于 2017 年。

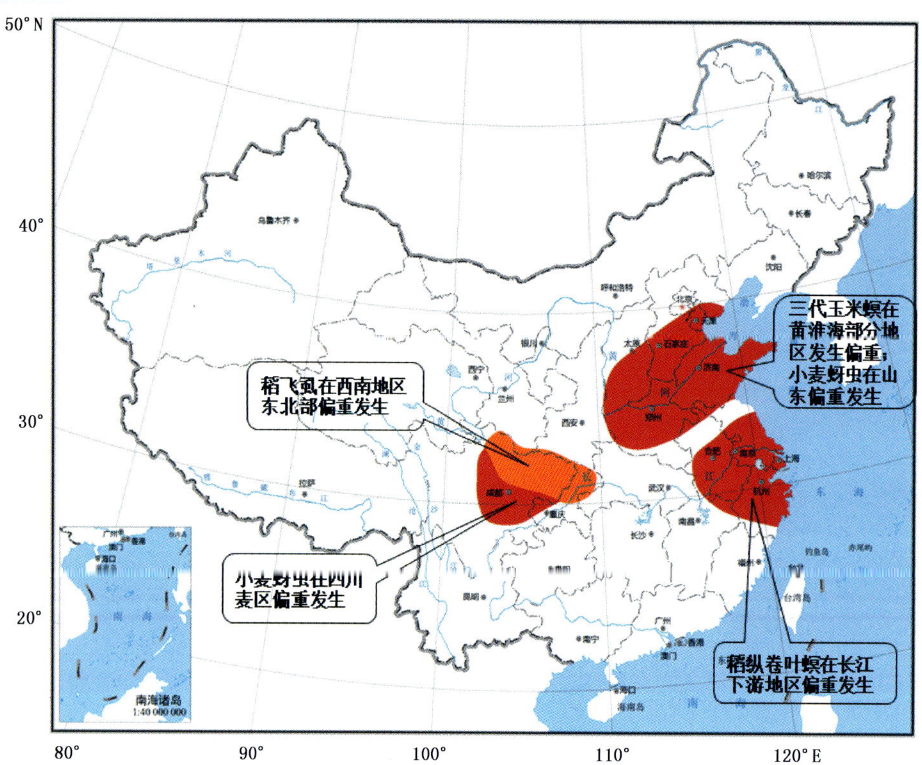

图 2.13.1　2018 年主要农业虫害分布区域

Fig. 2.13.1　Main agricultural insects and distribution regions in China in 2018

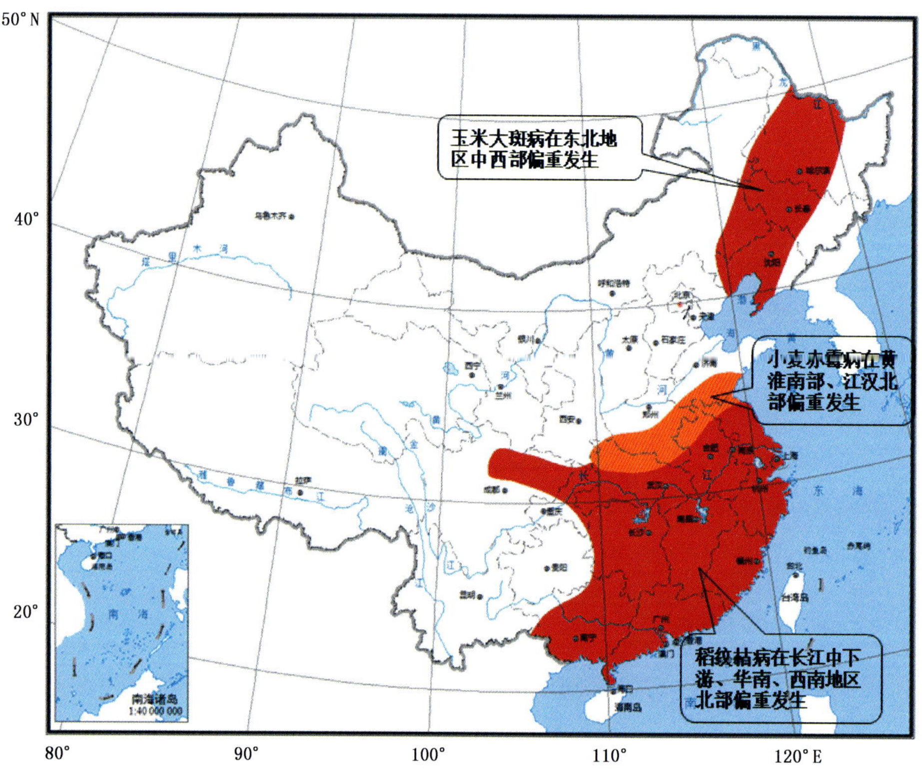

图 2.13.2　2018 年主要作物病害分布区域

Fig. 2.13.2　Main crop diseases and distribution regions in China in 2018

2.13.2 主要病虫害事例

1. 玉米病虫害重于常年、轻于 2017 年，二代黏虫、大斑病在东北局地发生偏重

2018 年玉米病虫害发生约 5872 万公顷次，较 2017 年减少约 11%，但发生重于常年同期；玉米虫害发生 4404 万公顷次，病害发生 1468 万公顷次，同比分别减少约 13%、7%。其中，玉米黏虫发生面积约 260 万公顷次，较 2017 年减少约 17%，造成实际损失同比减少约 35%；玉米大斑病发生约 352 万公顷次，较 2017 年增加约 5%；二点委夜蛾发生 49 万公顷，比 2017 年减少 19%；玉米红蜘蛛中等发生、发生面积 127 万公顷；玉米螟中等发生、轻于 2017 年；玉米锈病偏轻发生，发生约 183 万公顷次。

2018 年夏季，东北大部、华北东部、西北地区中部和东北部等地降水偏多 2 成至 1 倍，总体利于黏虫、玉米螟、大斑病等喜湿性玉米病虫害的发生发展，但 7 月下旬至 8 月上旬吉林、辽宁、山东、河北、河南 5 省平均最高气温、高温日数均为 1981 年来同期极值，阶段性高温低湿对病虫害的扩散蔓延有一定的抑制作用。玉米病虫害发生特点表现为局地偏重，但扩散危害偏轻，其中二代黏虫在东北地区、黄淮局部发生偏重；三代黏虫在黑龙江、辽宁、内蒙古、河北、陕西、山东和宁夏部分县（区）管理粗放、杂草多的玉米田块虫量高、危害重；三代玉米螟在天津、河北、山东、河南、山西等地局部发生为害较重；玉米大斑病在东北地区、华北局部偏重发生，玉米锈病仅在江苏和河南局部偏重发生。

2. 水稻病虫害总体中等发生、轻于 2017 年和常年，发生面积为 1995 年以来最少值

2018 年全国水稻病虫害发生约 7214 万公顷次，比 2017 年减少约 10%，为 1995 年以来发生面积最少、发生最轻的年份。虫害发生约 4887 万公顷次，病害发生 2328 万公顷次。稻飞虱、稻纵卷叶螟均为中等发生，稻飞虱发生 1698 万公顷次左右，较 2017 年减少约 14%；稻纵卷叶螟发生约 1204 万公顷次，比 2017 年减少约 13%，是 2002 年以来发生面积最少的年份。稻瘟病偏轻发生，发生面积约 495 万公顷；水稻纹枯病虽偏重发生，但发生面积比 2017 年减少 5%，为 1550 万公顷。黑条矮缩病、条纹叶枯病等水稻病毒病均偏轻发生，且均轻于 2017 年；水稻二化螟偏重发生，发生面积与 2017 年同期持平。

2018 年南方汛期强降水日数、累计雨量少于 2017 年同期，华南前汛期开始偏晚 14 天、雨量偏少 44%；江南、长江中下游地区和江淮入梅偏晚 7～11 天，梅雨量偏少 3～4 成。此外，2018 年夏季江南大部及四川东部等地高温日数较常年偏多 10 天以上，7 月下旬至 8 月上旬安徽、江苏、湖北、湖南、江西 5 省高温日数达 10～16 天。受雨季开始晚、降水量偏少以及大范围持续高温天气的影响，稻飞虱、稻纵卷叶螟的迁入和发生发展及水稻真菌病害的扩散为害受到不同程度的遏制。稻飞虱仅在西南地区东北部偏重发生，渝南和渝中局部大发生，在华南、江南、西南地区南部和西北部、江汉稻区中等发生，长江下游稻区偏轻发生；稻纵卷叶螟仅在长江下游稻区偏重发生，江苏沿太湖、沿江局部大发生，在华南东部、江南大部、西南地区北部和江汉稻区中等发生，西南地区南部稻区偏轻发生；稻瘟病在西南稻区中度发生，华南、江南、江汉、江淮稻区轻度发生，仅在湖南攸县、岳阳、平江局部偏重发生，个别田块绝收；水稻纹枯病在华南大部、江南、西南地区北部、江淮、江汉稻区偏重发生，仅在西南地区南部稻区轻度发生。受"安比""云雀""摩羯""温比亚"等台风 7—8 月登陆个数偏多且相继登陆华东地区并带来大量降水影响，水稻白叶枯病等水稻细菌性病害在华南、江南东部和江淮局部、江汉局部发生较重，安徽 2018 年水稻细菌性条斑病发生面积为 10 万公顷，是 2017 年的 5 倍，为近十年最重年份。

受冬季气温正常影响，水稻二化螟越冬基数稳定，2018 年发生程度呈继续回升态势，全国发生 1297 万公顷次，与 2017 年持平；在江南、西南地区北部和江汉稻区偏重发生，湘南衡阳、株洲和邵阳局部大发生，华南北部、江淮和东北地区南部稻区中度发生，华南南部、西南地区南部、东北地区北部稻区偏轻发生。此外，以稻飞虱为传毒介体的南方水稻黑条矮缩病、水稻条纹叶枯病等水稻病毒病总体也偏轻发生，发生面积 20 万公顷，比 2017 年减少 34%。南方水稻黑条矮缩病在西南、华南、江南、江汉、江淮稻区偏轻发生，粤西、桂南局部发生较重，个别田块大发生；华南南部和江南稻区发生面积多于 2017 年。水稻条纹叶枯病在长江中下游稻区轻度发生。

3. 小麦病虫害较 2017 年偏轻发生，但部分地区赤霉病、蚜虫偏重发生

2018 年小麦病虫害发生约 5280 万公顷次，比 2017 年减少约 10%，造成小麦实际损失 309 万吨，病害重于虫害。赤霉病为 2010 年以来第 4 重发年份，与 2015 年基本持平，发生面积约 594 万公顷，比 2017 年减少约 19%。小麦纹枯病发生 787 万公顷，同比减少约 8%，白粉病发生面积约 545 万公顷，同比减少约 10%，小麦蚜虫发生 1285 万公顷，同比减少约 16%。条锈病发生面积约 162 万公顷，同比减少约 70%，是 2001 年以来第 2 轻发年份。

2018 年春季华北南部、黄淮、江淮、江汉等地降水较常年多 3 成以上，4—5 月华北南部、黄淮等地降水较常年多 1～4 倍，利于小麦赤霉病发展蔓延，造成赤霉病发生范围广，在江汉、江淮、黄淮和华北南部麦区普遍发生，且发生区域明显北扩西移，北至河北、天津，西至山西、陕西均有不同程度发生，江汉平原北部和黄淮南部偏重发生，黄淮北部、华北南部、西北等地麦区中度发生。2018 年黄淮海麦区受降水偏多以及 4 月上旬强降温天气的影响，小麦蚜虫的发生发展受到一定程度的抑制，仅在河北南部局部大发生，山东偏重发生，黄淮海麦区平均虫量大多在 50 头以下，低于 2017 年同期。西南麦区仅四川小麦蚜虫偏重发生。

第3章 每月气象灾害事记

3.1 1月主要气候特点及气象灾害

3.1.1 主要气候特点

1月，全国平均气温－5.3℃，较常年同期偏低0.3℃；全国平均降水量19.6毫米，较常年同期(13.2毫米)偏多48.5%。月内，我国共出现4次冷空气过程，中东部地区遭受3次大范围雨雪天气。

月降水量与常年同期相比，西北西部及辽宁西部、内蒙古东部、河北东北部和南部、北京、山东大部、湖南南部、西藏大部、四川中西部等地偏少2～8成，部分地区偏少8成以上；全国其余大部地区接近常年或偏多，西北东部、华北西部、黄淮西部、江淮、江汉、江南北部、华南大部及内蒙古西部、甘肃西部、吉林西部、黑龙江西南部、重庆、贵州、云南等地偏多5成至2倍，部分地区偏多2倍以上(图3.1.1)。

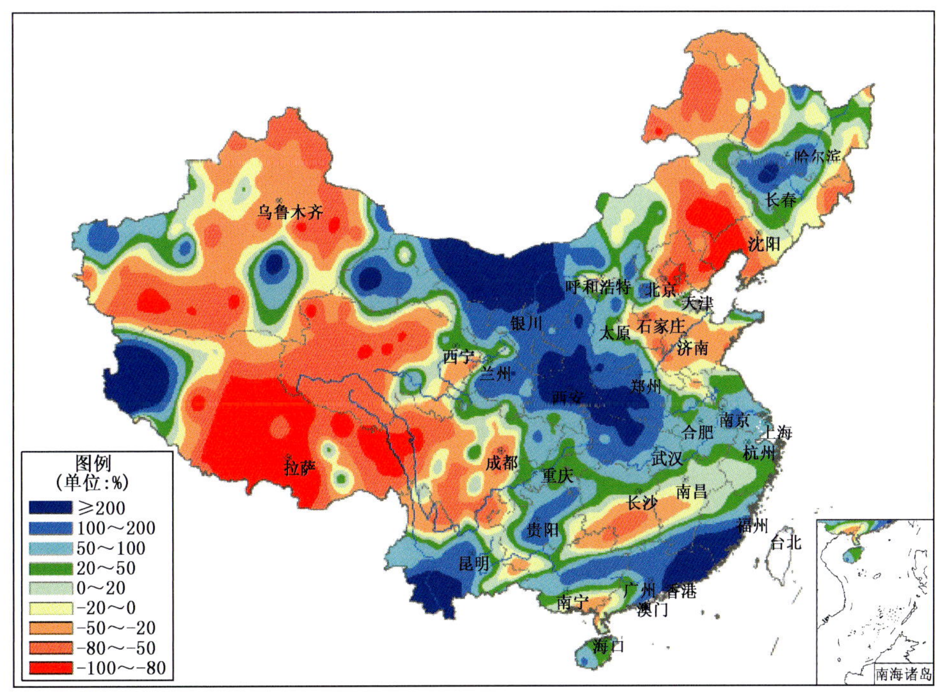

图3.1.1 2018年1月全国降水量距平百分率分布

Fig. 3.1.1 Distribution of precipitation anomaly percentage over China in January 2018 (unit: %)

月平均气温与常年同期相比，除青藏高原及广西西部等地偏高 1℃以上外，全国大部地区接近常年或偏低，黑龙江中南部、吉林中部、辽宁东部、内蒙古大部、新疆北部、甘肃中西部、陕西中部和南部、河南西部和南部、安徽中北部、湖北大部、湖南中北部等地偏低 1～4℃，新疆北部部分地区偏低 4℃以上(图 3.1.2)。

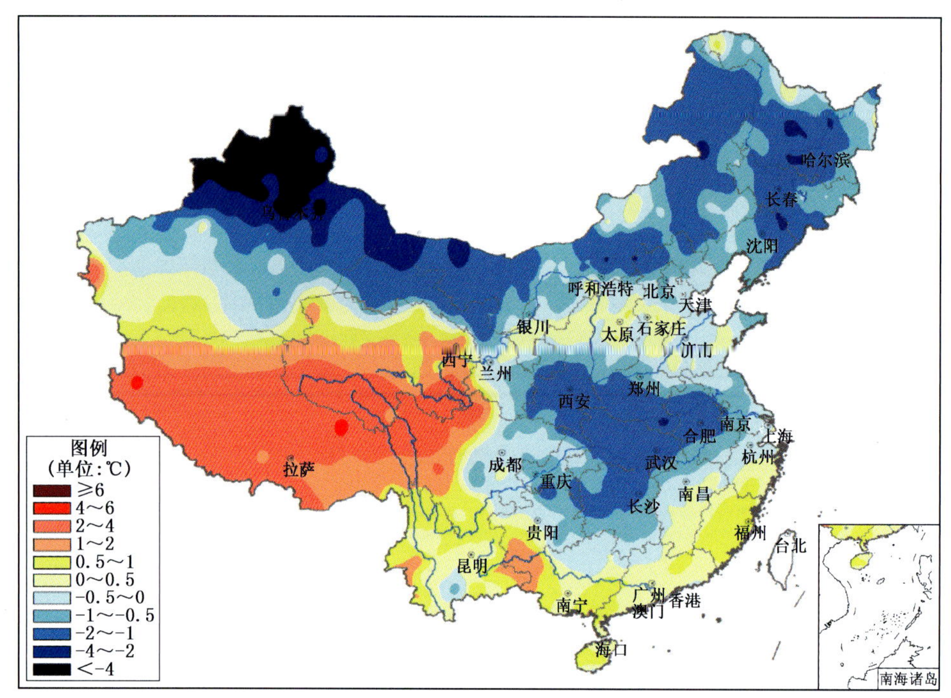

图 3.1.2　2018 年 1 月全国平均气温距平分布

Fig. 3.1.2　Distribution of mean temperature anomaly over China in January 2018(unit: ℃)

3.1.2　主要气象灾害事记

1 月共有 4 次冷空气过程(4—5 日、8—10 日、22—25 日、28—29 日)影响我国，除 4—5 日为一般冷空气过程外，其余 3 次均为强冷空气过程。1 月 22—25 日冷空气过程影响范围最广、强度最强，东北东部、华北大部以及内蒙古中西部、山东大部、新疆北部等地降温幅度 8～12℃，新疆西北部、内蒙古西部、山西北部等地降温幅度达 12～14℃，部分地区超过 14℃；最大降温幅度达 5℃以上和 10℃以上的覆盖面积分别为 592.5 万平方千米和 138.8 万平方千米。

1 月，我国中东部地区遭遇 3 次(3—4 日、5—7 日、24—28 日)大范围雨雪天气，其中 24—28 日雨雪天气是入冬以后范围最广、持续时间最长、影响最为严重的一次过程。1 月 24—28 日，黄淮西南部、江淮、江南北部累计降雪量有 10～25 毫米，湖南东北部、湖北中北部和东部、安徽中部和南部、江苏西南部、浙江北部等地超过 25 毫米；降雪和 10 毫米以上降雪覆盖面积分别为 576 万平方千米和 60.4 万平方千米。

据民政部门统计，1 月份 3 次低温雨雪过程共造成江苏、浙江、安徽、江西、河南、湖北、湖南、广东、四川、重庆、贵州、云南、陕西、山西 14 省(市)868.5 万人受灾，农作物受灾面积 90.0 万公顷，直接经济损失 134.0 亿元。

3.2 2月主要气候特点及气象灾害

3.2.1 主要气候特点

2月，全国平均气温－2.0℃，较常年同期偏低0.3℃；全国平均降水量8.1毫米，较常年同期(17.4毫米)偏少53%。月内，共有5次冷空气过程影响我国，局地遭受低温冷冻及雪灾；西南东部、华北东部等地气象干旱露头；琼州海峡遭遇罕见持续大雾天气；上旬北方部分地区遭遇沙尘天气。

月降水量与常年同期相比，除东北中部及内蒙古东北部、甘肃中西部、新疆东南部、西藏东部、四川西北部等地偏多2成至2倍外，全国大部地区偏少或接近常年，华北、黄淮、江南、华南、西南东部及内蒙古中部、陕西、新疆大部、西藏西部等地偏少2～8成，部分地区偏少8成以上(图3.2.1)。

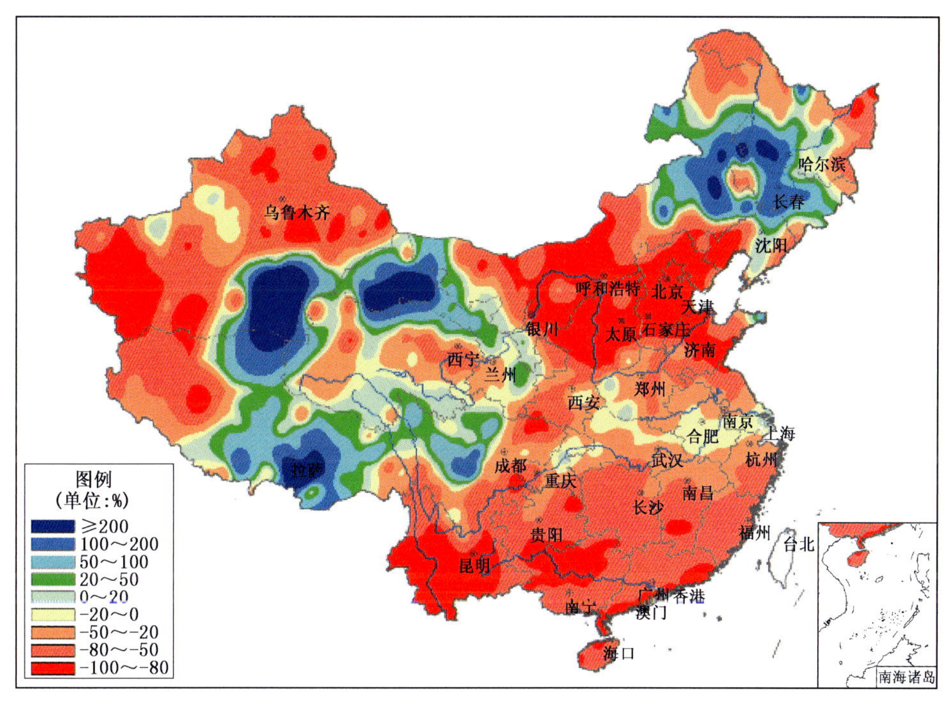

图3.2.1 2018年2月全国降水量距平百分率分布

Fig. 3.2.1 Distribution of precipitation anomaly percentage over China in February 2018 (unit: %)

月平均气温与常年同期相比，除青藏高原大部及湖南南部等地偏高1～4℃外，全国大部地区接近常年或偏低，华北北部及甘肃大部、内蒙古西部、新疆南部、云南东南部、海南等地偏低1～2℃，东北大部及内蒙古东部偏低2～4℃(图3.2.2)。

3.2.2 主要气象灾害事记

2月，共有5次冷空气过程(3—4日、10—12日、15—17日、21—22日、24—25日)影响我国。其中10—12日冷空气过程影响范围广、强度大，我国中东部大部以及西北中东部等地降温幅度普遍在5～8℃，东北大部降温幅度达8～14℃，局部超过14℃；最大降温幅度达5℃以上和10℃以上的覆盖面积分别为500.8万平方千米和43.9万平方千米。上旬，全国大部气温明显偏低，东北大部及内蒙古东部、贵州大部、云南东北部、四川中部、新疆西北部等地有降雪，部分地区降雪日数有3～5天。福建、广东、云南、贵州、四川、广西、浙江、甘肃等地局部遭受低温冷冻或雪灾，造成91.4万人受灾，直接经济损失6.3亿元。

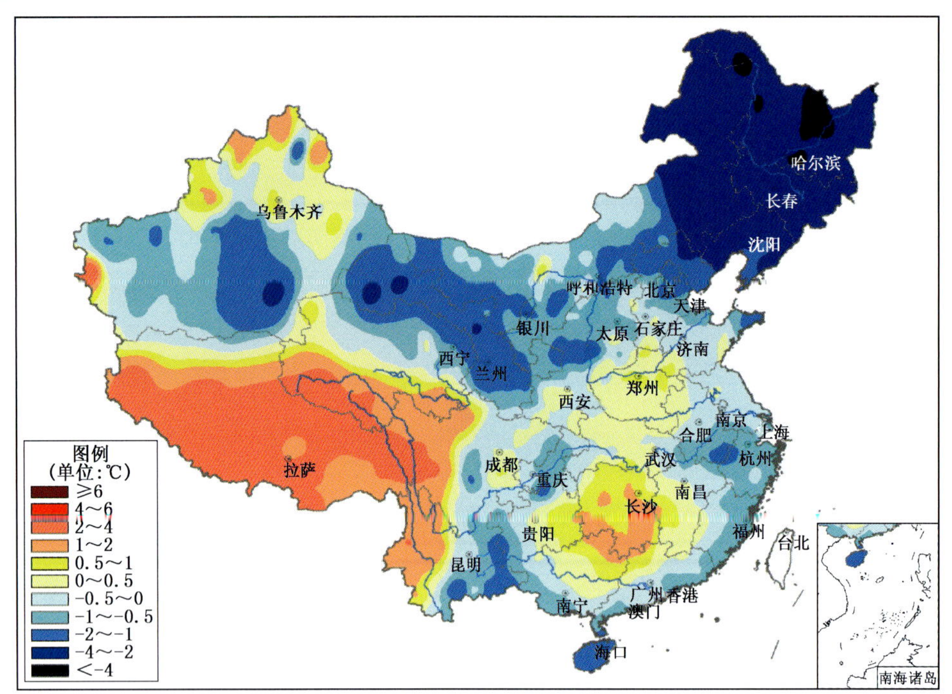

图 3.2.2　2018 年 2 月全国平均气温距平分布

Fig. 3.2.2　Distribution of mean temperature anomaly over China in February 2018(unit: ℃)

2 月,西南东部降水量一般不足 10 毫米,与常年同期相比,普遍偏少 2～8 成,云南中南部、广西北部及贵州南部偏少 8 成以上,部分地区出现土壤缺墒情况。东北南部、华北东部、黄淮中东部自入冬以来降水量普遍偏少 5～8 成,部分地区偏少 8 成以上。由于降水稀少,导致西南东部、华北东部、黄淮东部等地部分地区出现轻度气象干旱,广西北部、贵州东南部、四川东南部、云南东北部和西部等地有中旱。气象干旱导致部分林区火险气象等级偏高、水库蓄水减少。

2 月,南方大部及新疆北部出现大雾天气,新疆北部、重庆南部、海南北部及雷州半岛等地的局部雾日数达 5～10 天。2 月 15—28 日,琼州海峡遭遇长时间大雾天气,造成渡轮多次停航,导致琼州海峡南岸大量旅客和车辆滞留,海口市严重交通拥堵。

2 月 8—9 日,受地面冷锋、蒙古气旋天气系统的影响,北方地区出现 2018 年首次沙尘天气过程。内蒙古中西部、甘肃、青海东北部、宁夏、陕西中北部、山西、河北中南部、河南北部等地出现浮尘或扬沙,甘肃张掖和内蒙古额济纳旗局地出现沙尘暴。

3.3　3 月主要气候特点及气象灾害

3.3.1　主要气候特点

3 月,全国平均气温 7.0℃,较常年同期偏高 2.9℃;全国平均降水量 29.4 毫米,接近常年同期(29.5 毫米)。月内,我国东部地区出现 2 次强冷空气过程;北方地区出现 3 次沙尘天气过程;多省遭受风雹袭击,部分地区受灾较重。

月降水量与常年同期相比,华北、江南南部、华南东部及内蒙古中部和西部、宁夏、甘肃大部、青海西北部、新疆西南部、西藏西北部、云南西北部等地偏少 2～8 成,局部偏少 8 成以上;全国其余大部地区偏多或接近常年,黄淮大部、江淮大部、江汉、西南地区大部、东北东部及内蒙古东部部分地区、新疆北部和东部、青海中部、广西西北部等地偏多 2 成至 2 倍，局部地区偏多 2 倍以上（图 3.3.1）。

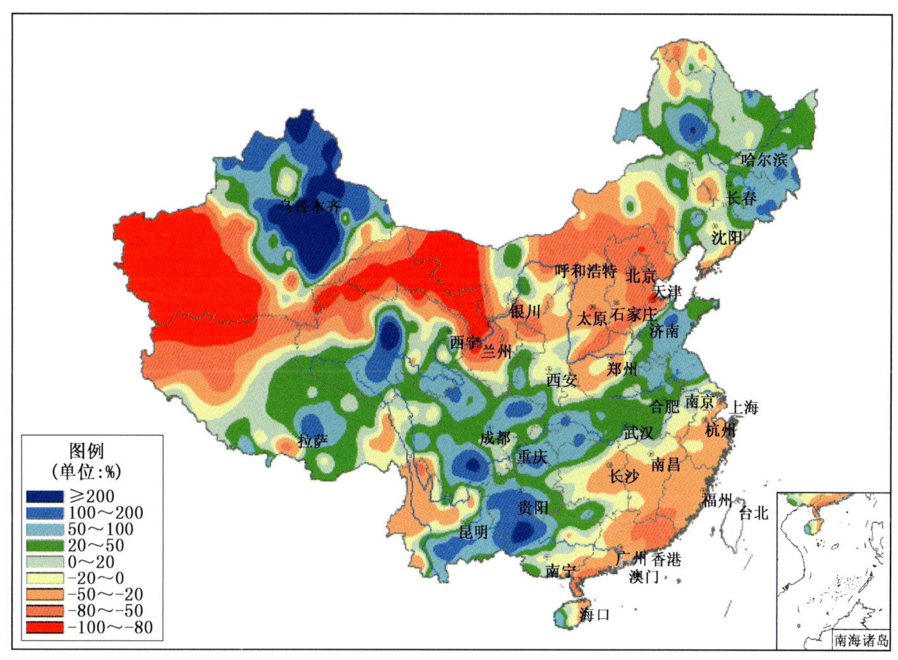

图 3.3.1　2018 年 3 月全国降水量距平百分率分布

Fig. 3.3.1　Distribution of precipitation anomaly percentage over China in March 2018 (unit: %)

月平均气温与常年同期相比，除黑龙江、西藏大部、四川西部、云南等地接近常年外，全国大部地区普遍偏高 1～4℃，新疆、甘肃、宁夏、内蒙古中部和西部、陕西北部、山西等地偏高 4～6℃，局部地区偏高 6℃以上（图 3.3.2）。

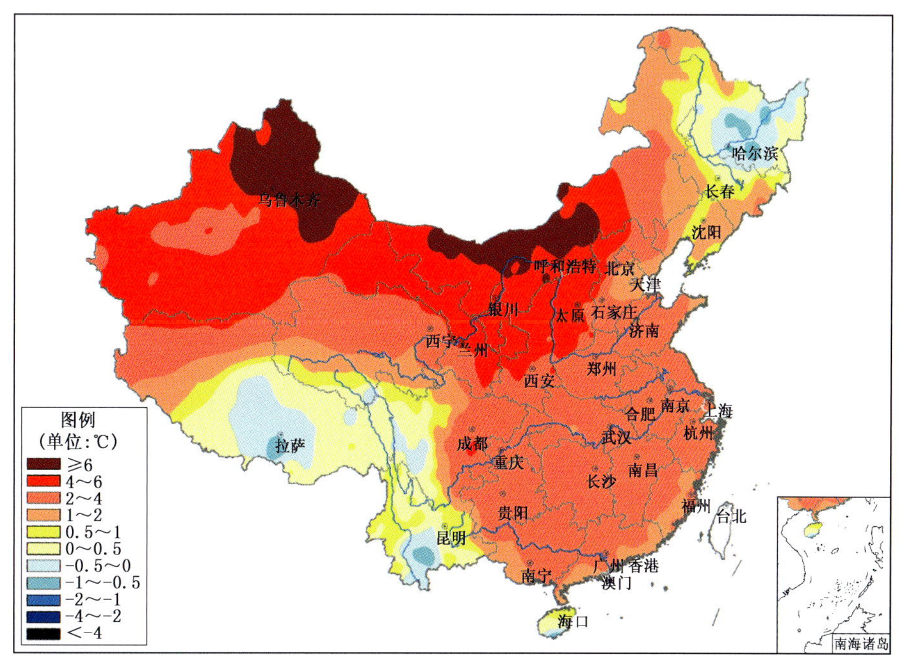

图 3.3.2　2018 年 3 月全国平均气温距平分布

Fig. 3.3.2　Distribution of mean temperature anomaly over China in March 2018 (unit: ℃)

3.3.2 主要气象灾害事记

3月，我国东部地区出现2次强冷空气过程。3月4—7日东部大部地区遭遇强冷空气过程，东北地区东南部、江南及华南大部、西南地区东部等地出现8℃以上降温，局部地区降温达12℃以上。3月15—17日，长江中下游及其以北大部地区遭遇强冷空气过程，江南北部、江汉、江淮、华北、东北东南部及陕西大部等地出现8℃以上降温，局部降温达12℃。

3月，北方出现3次沙尘天气过程，沙尘天气过程次数较2008—2017年同期平均值(3.8次)偏少。3月14—16日，新疆南疆盆地、内蒙古中西部、甘肃、青海东北部、宁夏、陕西中北部、山西、河北中南部、河南西部、湖北西部等地出现浮尘或扬沙。3月18—20日，新疆南疆盆地、内蒙古中西部、甘肃、青海东北部、宁夏等地出现浮尘或扬沙。3月26—29日，新疆南疆盆地、甘肃河西、内蒙古中西部、宁夏北部、陕西北部、山西北部、河北中北部、北京、天津、东北地区、河南中北部先后出现扬沙或浮尘，内蒙古锡林郭勒盟局地出现沙尘暴。

3月，江西、湖南、湖北、浙江、陕西、贵州、福建等省(区)局地遭受风雹灾害。3月4—5日，江西南昌、景德镇、萍乡等9市54个县(市、区)遭受风雹灾害，共造成33.5万人受灾，14人死亡；农作物受灾面积1.4万公顷；直接经济损失5.2亿元。

3.4 4月主要气候特点及气象灾害

3.4.1 主要气候特点

4月，全国平均气温12.4℃，较常年同期偏高1.4℃；全国平均降水量43.6毫米，较常年同期(44.7毫米)偏少2.5%。月内，西北、华北等地遭受严重低温冻害；长江中下游遭受暴雨洪涝；华北干旱缓解，华南等地干旱发展；多地遭受风雹袭击，部分地区受灾较重；北方出现5次沙尘天气过程。

月降水量与常年同期相比，西北东部、华北、黄淮及新疆北部、内蒙古中东部、青海大部、四川东部、重庆、西藏中部、湖北中部、黑龙江中部等地偏多2成至2倍，局地偏多2倍以上；江南南部、华南大部及黑龙江西北部、吉林西部、辽宁东部、新疆南部、内蒙古西部和东北部、甘肃西部、西藏西部、云南西部等地偏少2至8成，局部偏少8成以上；全国其余大部地区接近常年(图3.4.1)。

月平均气温与常年同期相比，除海南南部偏低1～2℃外，全国大部地区接近常年或偏高1～2℃，四川东部、重庆西部、贵州中部、湖南大部、上海、江苏大部、浙江大部、内蒙古中西部、宁夏大部、山西北部等地偏高2～4℃(图3.4.2)。

3.4.2 主要气象灾害事记

4月，我国分别于3—7日、13—16日、22—24日出现3次冷空气过程。其中3—7日的冷空气过程影响范围最大，强度最强，为一次全国性寒潮过程，西北东北部、华北、东北东部和南部、黄淮大部、江淮西部及内蒙古等地过程最大降温幅度在14℃以上，部分地区超过17℃。降温幅度超过14℃的面积达253.5万平方千米，超过17℃的面积为67.9万平方千米。此次寒潮天气过程造成北京、河北、山西、陕西、甘肃、宁夏、安徽、山东等8省(区、市)遭受较为严重的低温冻害，共计806万人受灾；农作物受灾面积85.1万公顷，绝收面积23.3万公顷；直接经济损失超过150亿元。甘肃、山西受灾最为严重。

4月，我国分别于13—14日、21—22日和23—24日出现3次暴雨天气过程。江南大部及湖北南部、重庆、福建北部、广西东部、广东西部、海南等地月降水量达100～200毫米，江西北部和浙江西南部的部分地区超过200毫米，湖北共有7个县(市)日降雨量突破当地有气象记录以来4月份历史极值。4月暴雨造成湖北、湖南、河南、重庆、甘肃5省(市)遭受暴雨洪涝灾害，共计64.7万人受灾，4人死亡；农作物受灾面积4.63万公顷，绝收面积4200公顷；直接经济损失6.1亿元。湖北受灾最

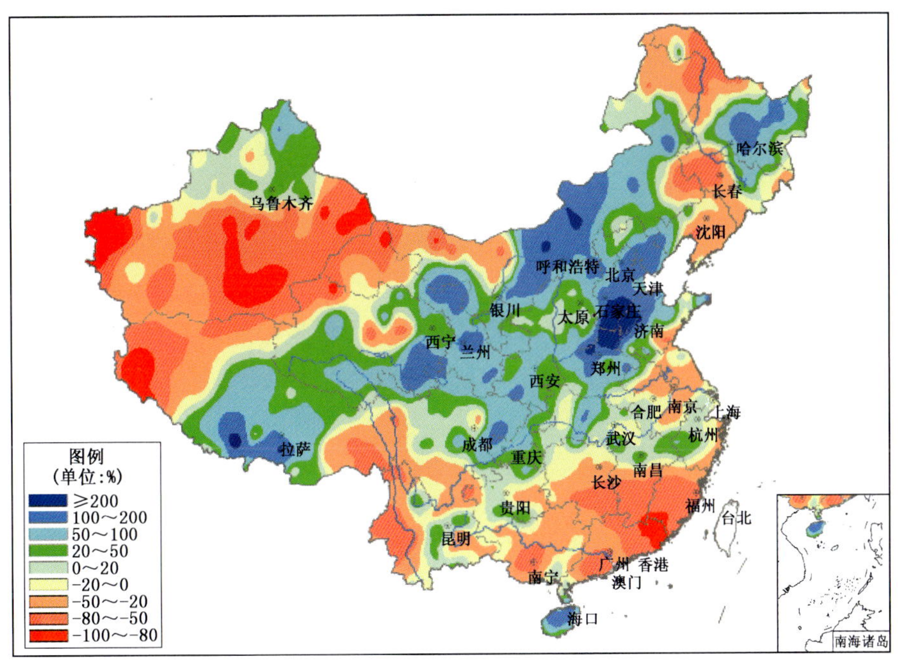

图 3.4.1　2018 年 4 月全国降水量距平百分率分布

Fig. 3.4.1　Distribution of precipitation anomaly percentage over China in April 2018 (unit: %)

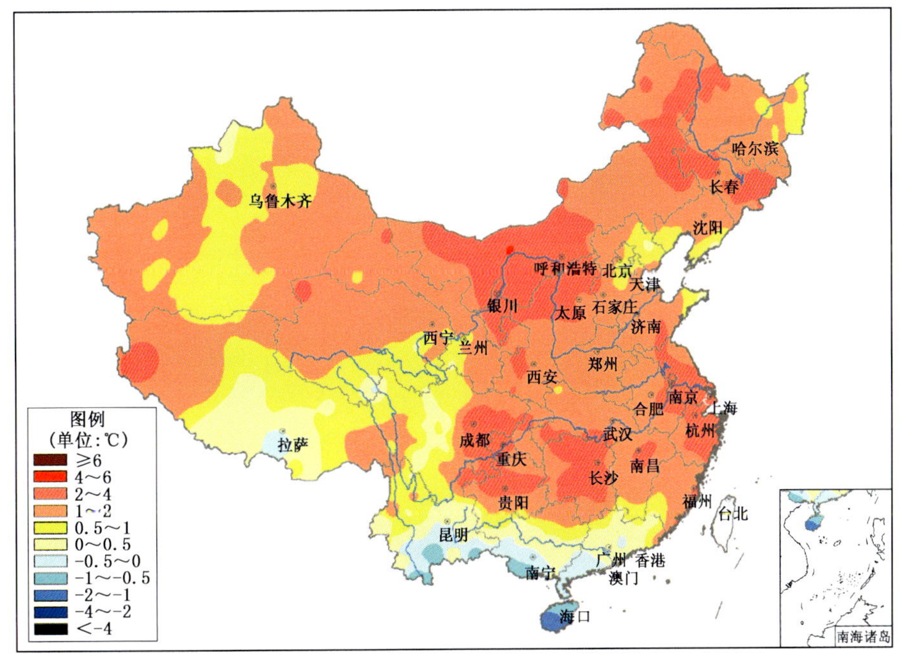

图 3.4.2　2018 年 4 月全国平均气温距平分布

Fig. 3.4.2　Distribution of mean temperature anomaly over China in April 2018 (unit: ℃)

为严重。

4 月，华北大部出现明显降水天气过程，前期存在的气象干旱基本得到缓解；但福建南部、广东东部、江西南部、湖南南部等地降水量基本在 50 毫米以下，较常年同期偏少 5～8 成，部分地区偏少 8 成以上，气象干旱持续或发展。4 月 30 日全国气象干旱监测显示，福建大部、广东东部、江西南部、湖南东南部等地存在中到重度气象干旱，局部地区达特旱。

4月，贵州、四川、云南、湖南、重庆、甘肃、黑龙江、河南、江西、山东、陕西、广西、新疆13省(区、市)遭受风雹袭击，贵州和四川受灾较重。4月4—7日，贵州遵义、安顺、毕节、黔东南州等6市(自治州)15个县(市、区)遭受风雹灾害，21.3万人受灾；农作物受灾面积1.13万公顷，绝收面积3800公顷；直接经济损失2亿元。

4月，我国北方地区分别于1—3日、4—6日、9—10日、13—14日和16—17日出现5次沙尘天气过程。沙尘天气过程次数较最近10年(2008—2017年)同期平均值(3.2次)偏多1.8次，较2017年同期偏多3次。4月1—3日，新疆南疆盆地、甘肃河西、内蒙古中西部、宁夏、陕西北部、山西北部、河北西北部、辽宁西部、河南北部先后出现扬沙或浮尘，南疆盆地出现沙尘暴；4月4—6日，新疆南疆盆地、甘肃、内蒙古、宁夏、陕西北部、山西北部、河北北部先后出现扬沙或浮尘，南疆盆地、内蒙古、甘肃河西等地出现沙尘暴。沙尘天气给当地居民的生活及出行造成一定影响。

3.5 5月主要气候特点及气象灾害

3.5.1 主要气候特点

5月，全国平均气温17.1℃，较常年同期偏高0.9℃；全国平均降水量73.1毫米，较常年同期(69.5毫米)偏多5.2%。月内，我国南方地区出现6次大范围强降雨天气过程，长江中下游及西南部分地区遭受暴雨洪涝；上中旬东北地区干旱发展，下旬有所缓和；多省遭受风雹袭击，局部地区受灾较重；北方出现2次沙尘天气过程，给当地居民的生活及出行造成一定影响。

月降水量与常年同期相比，华北西部和南部、黄淮大部、江淮、江汉、江南北部以及四川东部、云南北部、内蒙古西北部、青海东部、陕西北部等地偏多2成至2倍，局地偏多2倍以上；江南南部、华南大部及新疆南部、西藏大部、青海西部、甘肃西部、内蒙古中部、河北东部、辽宁西部、黑龙江南部等地偏少2~8成，局部偏少8成以上(图3.5.1)。

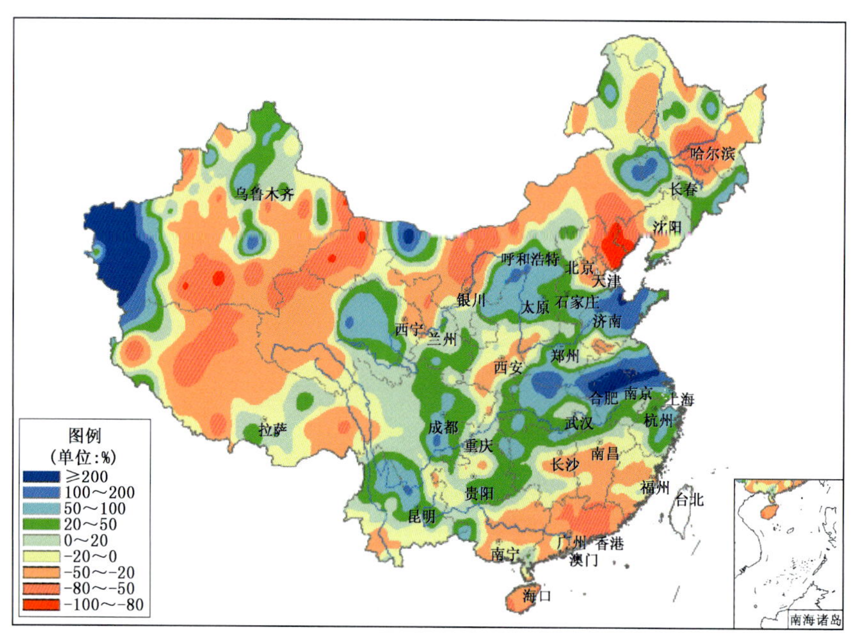

图3.5.1 2018年5月全国降水量距平百分率分布

Fig. 3.5.1 Distribution of precipitation anomaly percentage over China in May 2018 (unit: %)

月平均气温与常年同期相比，除新疆北部地区偏低1～4℃外，全国大部地区接近常年或偏高，东北大部、华北北部、黄淮中部、江南、华南及贵州、四川西北部、青海东部、甘肃中部、内蒙古大部、宁夏等地偏高1～4℃（图3.5.2）。

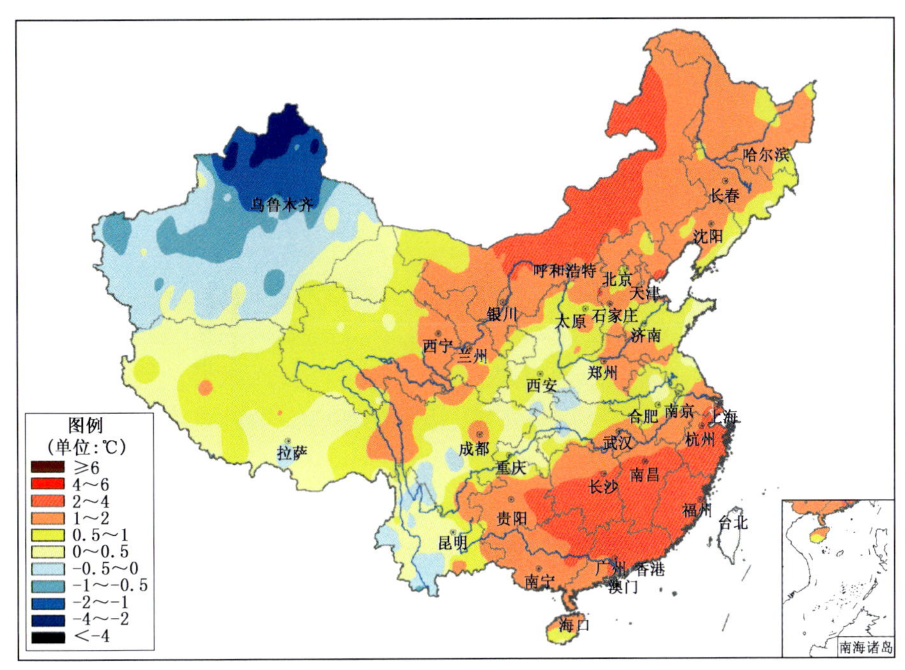

图3.5.2　2018年5月全国平均气温距平分布

Fig. 3.5.2　Distribution of mean temperature anomaly over China in May 2018(unit:℃)

3.5.2　主要气象灾害事记

5月，我国南方出现6次大范围强降雨天气过程，分别为5—7日、7—10日、17—20日、20—22日、24—26日和29—31日。5月17—20日，四川盆地至长江中下游一带出现强降雨天气过程，累计降水量普遍有25～50毫米，安徽南部、湖北中东部、湖南北部、江西北部、浙江南部等地有50～100毫米，局部地区超过100毫米，强降雨导致安徽、江西、福建、河南、湖北、湖南、重庆、四川、贵州9省（市）遭受洪涝及滑坡等次生灾害。据统计，5月份强降水及地质灾害造成全国12个省（区、市）462.1万人受灾，49人死亡；23.5万间房屋不同程度损坏；农作物受灾面积34.6万公顷；直接经济损失36.3亿元。

4月1日至5月21日，吉林中西部、辽宁大部降水量不足30毫米，较常年同期偏少2～8成，局部偏少8成以上。同时，东北地区平均气温普遍偏高1～2℃。受温高雨少影响，东北地区西南部气象干旱持续发展。辽宁和吉林部分地区土壤持续缺墒，春耕春播受阻，已播田块出现缺苗断垄，出苗率低。5月22—31日，旱区大部出现25～50毫米、部分地区达50毫米以上的降水，旱情得到缓和。

5月，重庆、贵州、新疆、湖南、云南、山东、河南、福建、甘肃、江西、安徽、广西、吉林、内蒙古、河北等省（区、市）局地遭受风雹袭击。重庆、贵州、新疆、湖南、云南等地受灾较重。4月29日至5月2日，贵州贵阳、六盘水、遵义等9市（自治州）32个县（市、区）遭受风雹袭击，导致37万人受灾，6300间房屋不同程度损坏，直接经济损失2.5亿元。5月17—18日，重庆万州、涪陵、北碚等19个县（区）遭受风雹袭击，导致6人死亡，2.6万间房屋不同程度损毁，直接经济损失3.5亿元。5月24—25日，新疆吐鲁番、阿克苏、喀什等4市（地区）16个县（市、区）遭受风雹袭击，导致23.3万人受灾，农作物受灾面积5.81万公顷，直接经济损失3.2亿元。

5月21—23日，新疆南疆盆地、甘肃西部、内蒙古中西部、宁夏北部、陕西北部、河北北部、辽宁西部、河南西部等地出现扬沙或浮尘天气，内蒙古西部局地出现沙尘暴。5月25—26日，新疆南疆盆地、内蒙古中西部、甘肃河西、宁夏北部、陕西中北部、山西、河北西北部、北京等地的部分地区有扬沙或浮尘天气。沙尘天气给当地居民的生活及出行造成一定影响。

3.6 6月主要气候特点及气象灾害

3.6.1 主要气候特点

6月，全国平均气温20.9℃，较常年同期偏高0.9℃，为1961年以来第二高值；全国平均降水量92.9毫米，较常年同期(99.3毫米)偏少6%。月内，我国南方及黄淮地区出现4次大范围强降雨天气过程，多地遭受暴雨洪涝、滑坡和泥石流灾害；台风生成和登陆个数均较常年偏多，初台“艾云尼”连续3次登陆我国，华南大部和江南南部遭受暴雨洪涝影响；内蒙古、辽宁、河北北部等地气象干旱持续发展，内蒙古牧区受灾严重；下旬京津冀地区出现极端高温；强对流天气影响范围广，个别地区灾害损失较重。

月降水量与常年同期相比，华北大部、黄淮南部、江淮大部、江汉大部、江南大部及内蒙古大部、新疆北部和东部、甘肃中部、宁夏、重庆、贵州东北部、广西东部、西藏东南部等地偏少2～8成，局地偏少8成以上；西北地区东南部大部及新疆部分地区、青海大部、黑龙江大部、吉林东南部、山东大部、河南中部、广东中南部、广西西南部、海南、四川中部、云南东南部等地偏多2成至1倍，局地偏多1倍以上(图3.6.1)。

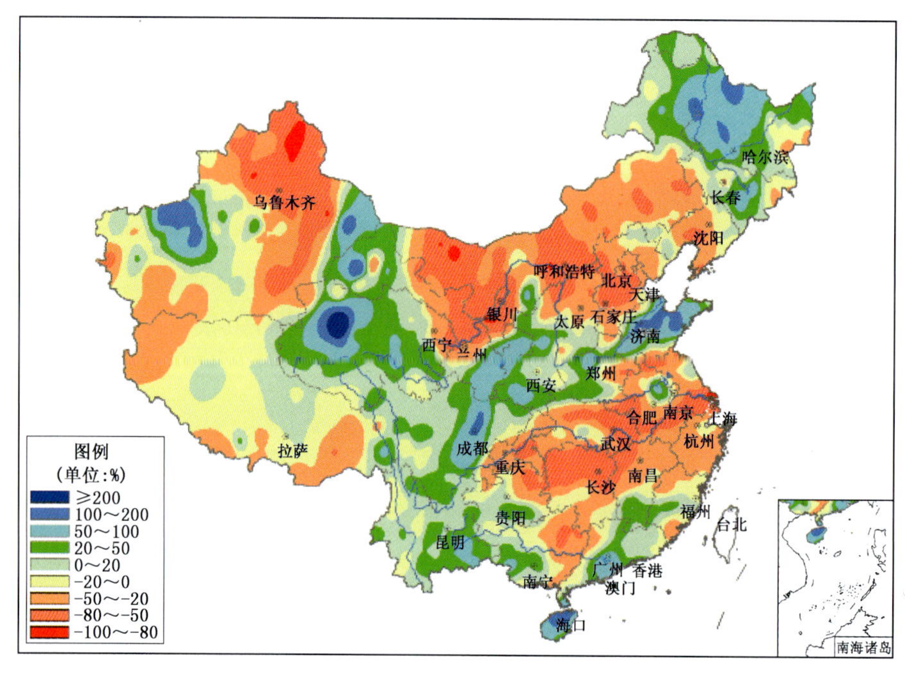

图3.6.1 2018年6月全国降水量距平百分率分布

Fig. 3.6.1 Distribution of precipitation anomaly percentage over China in June 2018 (unit: %)

月平均气温与常年同期相比，全国大部地区接近常年或偏高，西北中部和北部、华北大部、黄淮大部、江淮大部、江汉中部及湖南北部、西藏东南部和西部、内蒙古大部、辽宁西部、吉林西部等地偏高 1～2℃，部分地区偏高 2～4℃（图 3.6.2）。

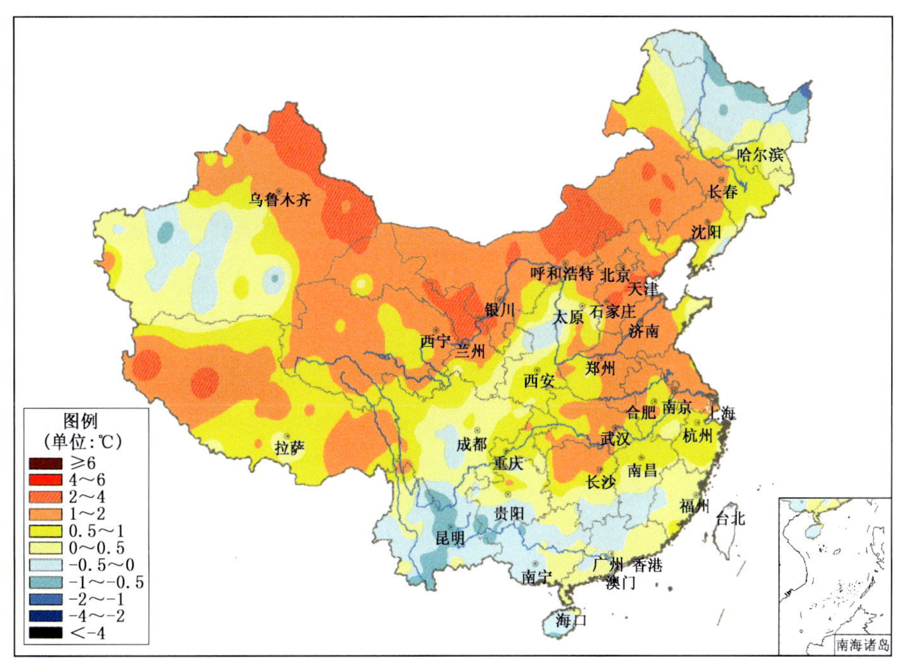

图 3.6.2　2018 年 6 月全国平均气温距平分布

Fig. 3.6.2　Distribution of mean temperature anomaly over China in June 2018(unit：℃)

3.6.2　主要气象灾害事记

6 月，南方地区出现 4 次大范围强降雨天气过程。6 月 5—9 日，受台风“艾云尼”影响，湖南南部、江西中南部、浙江南部、福建大部、广东、海南等地累计降水量超过 100 毫米，广东西南部、海南岛东北部部分地区达 250～450 毫米。6 月 17—20 日，西南地区东部至长江中下游和江南地区累计降水量超过 100 毫米，福建莆田局地达 330 毫米。6 月 24—28 日，四川盆地西部、甘肃东南部、山东大部、江苏东北部、安徽东北部及云南东南部、广西南部等地累计降水量 100～250 毫米，局地达 250～460 毫米。6 月 29 日至 7 月 1 日，湖南北部、湖北南部和东部、江西中北部、安徽南部、江苏中南部、浙江、福建东部和北部等地累计降水量 50～150 毫米，湖南怀化，湖北咸宁、黄石、仙桃，江西九江、上饶，安徽安庆，浙江杭州等局地达到 200～293 毫米。6 月中下旬的强降雨过程造成西南地区东部和南部、江汉、黄淮、江淮、江南、华南西部等地 17 省（区、市）发生内涝、中小河流洪水、山洪、滑坡和泥石流等灾害。据统计，6 月强降雨及次生地质灾害（不含台风强降雨）共造成 18 省（区、市）440.72 万人受灾，25 人死亡、9 人失踪；农作物受灾面积 38.72 万公顷；直接经济损失 48.4 亿元。

6 月，共有 4 个台风生成，较常年（1981—2010 年）同期（1.7 个）偏多 2.3 个；有 1 个台风登陆我国，也较常年同期（0.63 个）偏多。2018 年第 4 号台风“艾云尼”于 6 月 6 日 06 时 25 分前后登陆广东徐闻（8 级，20 米/秒），6 日 14 时 50 分前后再次登陆海南海口（8 级，18 米/秒），7 日 20 时 30 分前后在广东阳江沿海第三次登陆，成为 1949 年以来首个连续登陆我国 3 次的“初台”。“艾云尼”具有多次登陆、移速缓慢、影响时间长、累计雨量大、局地阵风风力大的特点。受台风“艾云尼”影响，6 月 5—9 日，华南大部地区出现大暴雨、局部特大暴雨，南海西北部海域、广东西南部沿海等地风力有 8～9级，阵风达 10～11 级。据统计，福建、江西、湖南、广东、海南 5 省 27 市 100 个县（市、区）受灾人数达 131.7 万人，直接经济损失 36.7 亿元。

6 月，内蒙古大部、辽宁大部、京津冀等地降水量不足 50 毫米，较常年同期偏少 2～8 成，局部偏少8成以上。同时，上述地区平均气温普遍偏高1～2℃，局部偏高2℃以上。受温高雨少影响，内蒙古大部、辽宁、河北北部等地气象干旱持续发展，中旬开始中旱以上面积逐步增大，6月23日达到最大，为42.1万平方千米。6月27日，内蒙古牧区干旱面积为3327万公顷，占牧区总面积的55.3%，其中重旱面积1080万公顷，旱情较重的旗县受灾牲畜达1137万头只，140万人受灾。辽宁中部和南部月内降水较常年偏少，出现阶段性干旱，导致部分地区播种困难、出苗率偏低、作物长势偏弱。

6月，新疆、西藏、青海、甘肃、宁夏、陕西、内蒙古、辽宁、吉林、黑龙江、北京、河北、山西、山东、河南、四川、重庆、云南、贵州、湖北、江苏、安徽等22省(区、市)局地遭受大风、冰雹、雷电等强对流天气影响。6月4—5日，山东部分地区遭受风雹灾害，造成淄博、烟台2市3个县(市、区)4.1万人受灾；农作物受灾面积9900公顷，绝收面积200余公顷；直接经济损失2.4亿元。6月6—7日，甘肃部分地区出现短时强降雨并伴有冰雹，造成定西、陇南、甘南3市(自治州)6个县(区)9.7万人受灾，2人溺水死亡；800余间房屋不同程度损坏；农作物受灾面积3300公顷，绝收面积1600公顷；直接经济损失2亿元。6月11—13日，华北、东北、黄淮部分地区发生的风雹洪涝灾害造成北京、河北、内蒙古、辽宁、吉林、黑龙江、山东7省(区、市)30市(盟)82个县(市、区、旗)86万人受灾，2人死亡、1人失踪；4100余间房屋不同程度损坏；农作物受灾面积10.58万公顷，绝收面积5500公顷；直接经济损失9.3亿元。

3.7 7月主要气候特点及气象灾害

3.7.1 主要气候特点

7月，全国平均气温22.9℃，较常年同期偏高1.1℃；全国平均降水量133.8毫米，较常年同期(120.6毫米)偏多10.9%。月内，强降水过程频繁，部分地区遭受暴雨洪涝灾害；台风活跃，生成、登陆个数多；高温日数多、范围广；强对流天气影响范围广。

月降水量与常年同期相比，总体呈现北多南少态势，东北北部、华北大部、西北东部、四川盆地西部、青藏高原大部及内蒙古、新疆西南部、海南、江西中部等地偏多2成至1倍，部分地区偏多1倍以上；东北中南部、黄淮大部、江淮西部、江汉西部和东部、云贵高原大部及重庆大部、湖南南部、广东东部、新疆中东部等地偏少2～5成，部分地区偏少5成以上(图3.7.1)。

全国大部地区月平均气温接近常年同期或偏高，东北大部、华北大部、黄淮、江淮、江汉、江南北部、西北地区中部及内蒙古大部、四川西北部、西藏东部、重庆、贵州等地偏高1～4℃(图3.7.2)。

3.7.2 主要气象灾害事记

7月，我国共出现9次区域性强降水过程。7月4—7日强降水过程造成江西部分河流发生超警洪水，受灾较为严重；7月8—11日强降水过程造成岷江、沱江、嘉陵江干流及部分支流发生较大洪水，四川、甘肃、陕西、重庆等地遭受洪涝及滑坡、泥石流地质灾害；7月15—17日强降水过程引发洪涝和山体滑坡等灾害，北京、河北、内蒙古等地遭受一定损失。

月内，南海及西北太平洋台风活跃，共有5个台风生成，其中有3个登陆我国，生成和登陆个数较常年同期分别偏多1.3个和1个。台风“玛莉亚”是1949年以来首登福建第四早的台风，其超强台风强度维持时间达107小时，登陆时达强台风等级，是7月登陆福建最强台风，给福建、浙江、江西等省的交通、电网、农渔业和旅游业等带来一定程度的不利影响。共造成福建、浙江、江西、湖南4省142.3万人受灾，1人死亡(江西)；直接经济损失41.6亿元。台风“安比”为1949年以来直接登陆上海的第3个台风，具有陆地维持时间长、影响范围广的特点，受台风“安比”及其残余环流的影响，上海、江苏、浙江等10省(区、市)233.4万人受灾，1人死亡；直接经济损失16.2亿元。

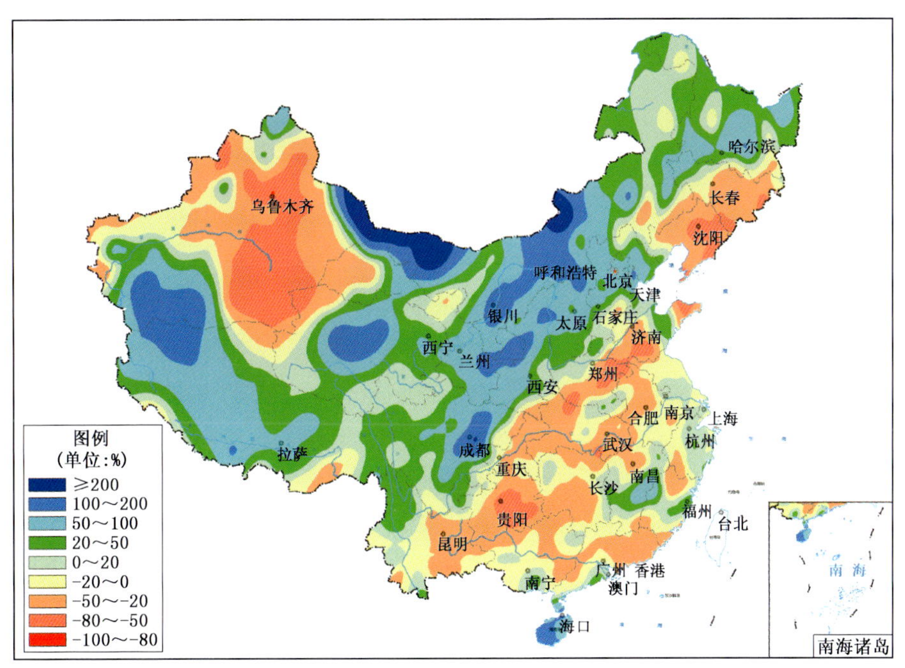

图 3.7.1　2018 年 7 月全国降水量距平百分率分布

Fig. 3.7.1　Distribution of precipitation anomaly percentage over China in July 2018 (unit: %)

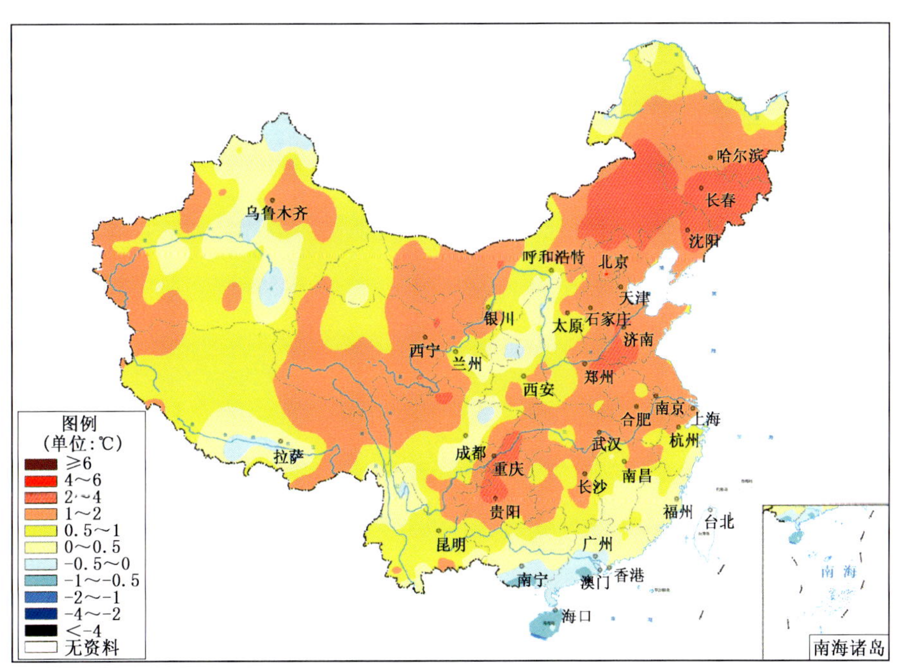

图 3.7.2　2018 年 7 月全国平均气温距平分布

Fig. 3.7.2　Distribution of mean temperature anomaly over China in July 2018(unit: ℃)

月内,全国平均高温日数达 6.1 天,比常年同期多 2.1 天,为 1961 年以来历史同期第四多值。我国中东部中下旬出现的大范围持续高温天气,具有高温强度强、范围广、持续时间长的特点。7 月 20 日高温影响范围最广,35℃以上高温面积达 159.8 万平方千米,38℃以上高温面积达 13.4 万平方千米。持续高温天气导致多地用电负荷创历史新高,并发生多起中暑、甚至死亡事件。

月内，全国有22个省(区、市)遭遇大风、冰雹、雷电等强对流天气。7月2—5日，湖北、重庆、贵州部分地区出现大到暴雨，并伴有雷电大风等强对流天气，引发洪涝、风雹灾害，造成上述3省(直辖市)4市(州)22个县(市、区)11.9万人受灾，1人死亡；直接经济损失近1.8亿元。

3.8 8月主要气候特点及气象灾害

3.8.1 主要气候特点

8月，全国平均气温21.9℃，较常年同期偏高1.1℃，为1961年以来历史同期第四高值；全国平均降水量127.7毫米，较常年同期(105.3毫米)偏多21.3%，为1961年以来历史同期第三多值。月内，强降水过程频繁，部分地区灾情严重；台风活跃，生成和登陆台风个数偏多；中东部地区出现大范围持续高温天气。

月降水量与常年同期相比，除大兴安岭地区北部及河南中西部、山西南部、陕西南部、湖北、湖南北部、江西北部、四川中部和东部、重庆北部等地偏少2～8成外，全国大部分地区接近常年或偏多，西北大部、东北东部、黄淮大部、江淮中部、江南东北部、华南大部及江西南部、湖南南部、贵州西北部、云南东南部、西藏中西部等地偏多2成至1倍，部分地区偏多1倍以上(图3.8.1)。

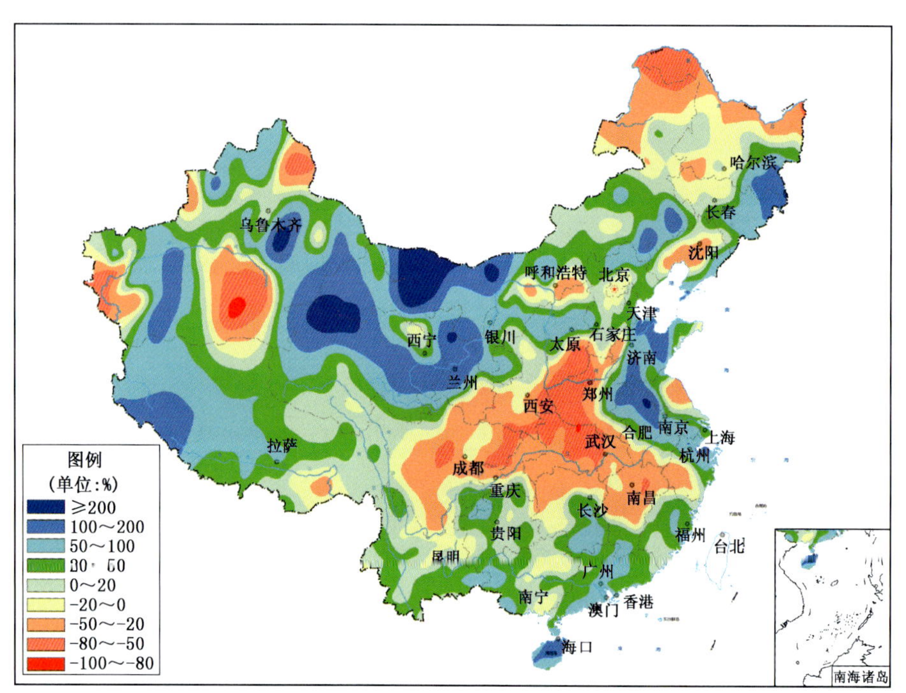

图3.8.1　2018年8月全国降水量距平百分率分布

Fig. 3.8.1　Distribution of precipitation anomaly percentage over China in August 2018 (unit: %)

月平均气温与常年同期相比，全国大部地区接近常年或偏高，西北大部、华北、黄淮、江淮、江汉、江南北部及西藏东北部、四川、重庆、内蒙古大部、辽宁南部等地普遍偏高1～2℃，部分地区偏高2℃以上(图3.8.2)。

3.8.2 主要气象灾害事记

8月，我国共出现12次强降水过程，其中2—4日、9—16日、12—15日、16—21日及23—26日的5次强降水过程分别受台风"云雀""贝碧嘉""摩羯""温亚比"和台湾热带低压影响造成的。

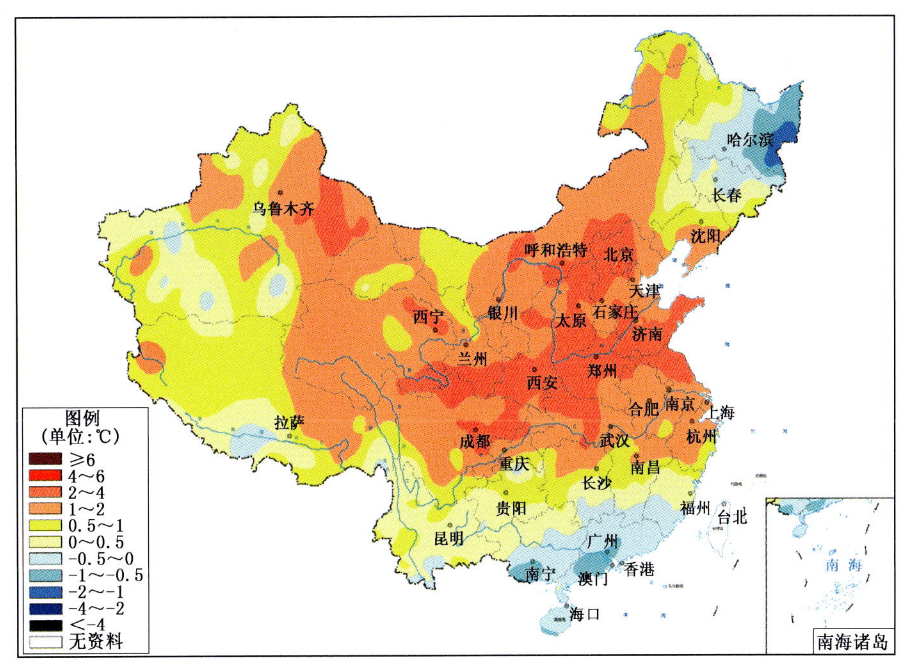

图 3.8.2 2018 年 8 月全国平均气温距平分布

Fig. 3.8.2 Distribution of mean temperature anomaly over China in August 2018 (unit: ℃)

月内,共有 9 个台风生成,比常年同期(5.8 个)偏多 3.2 个;4 个登陆我国,较常年同期(1.9 个)偏多 2.1 个。1812 号台风"云雀"和 1818 号台风"温比亚"8 月 3 日、17 日先后登陆上海,2018 年 7—8 月已经有 3 个直接登陆上海的台风,是自 1949 年有记录以来少有现象。台风"温比亚"虽然登陆强度不强(9 级,23 米/秒),但风雨影响范围广、强度大,造成河北、辽宁、上海、江苏、浙江、安徽、山东、河南 8 省(市)1800.4 万人受灾,直接经济损失 369.1 亿元。

月内,江南、江汉、四川盆地及新疆中东部部分地区均出现了日最高气温≥35℃的高温天气。与常年同期相比,四川盆地及陕西东南部、湖北、河南东北部、山东西南部、浙江南部、福建东北部等地高温日数普遍偏多 5~10 天,局部地区偏多 10 天以上,重庆奉节(42.2℃)、开县(42.0℃)、巫溪(41.5℃)、丰都(40.3℃)等地极端最高气温超过 40℃。我国中东部大范围的高温天气使得多地电网持续高负荷运行,同时对人体健康产生一定影响,造成医院热射病、热伤风和肠胃炎患者急剧增加。持续高温还导致大连海参大面积死亡,养殖户损失惨重。长江中下游地区持续高温天气,不利作物生长发育。

3.9 9 月主要气候特点及气象灾害

3.9.1 主要气候特点

9 月,全国平均气温 16.7℃,接近常年同期(16.6℃);全国平均降水量 74.2 毫米,较常年同期(65.3 毫米)偏多 14%。月内,台风"山竹"以强台风级别登陆广东,造成严重影响;华南等地出现强降水,局地灾情重;黑龙江遭受低温冷冻灾害;河北、甘肃、陕西等地遭受风雹袭击。

月降水量与常年同期相比,东北中北部、内蒙古大部、华南中西部以及贵州大部、湖南北部、福建中部和东部、青海中南部、四川西北部、甘肃中部、新疆东北部等地偏多 2 成至 1 倍,部分地区偏多

1 倍以上；华北东部、黄淮东北部、江汉东北部、江淮大部以及西藏南部、新疆大部、云南西部、海南等地偏少 2～8 成，新疆南部偏少 8 成以上（图 3.9.1）。

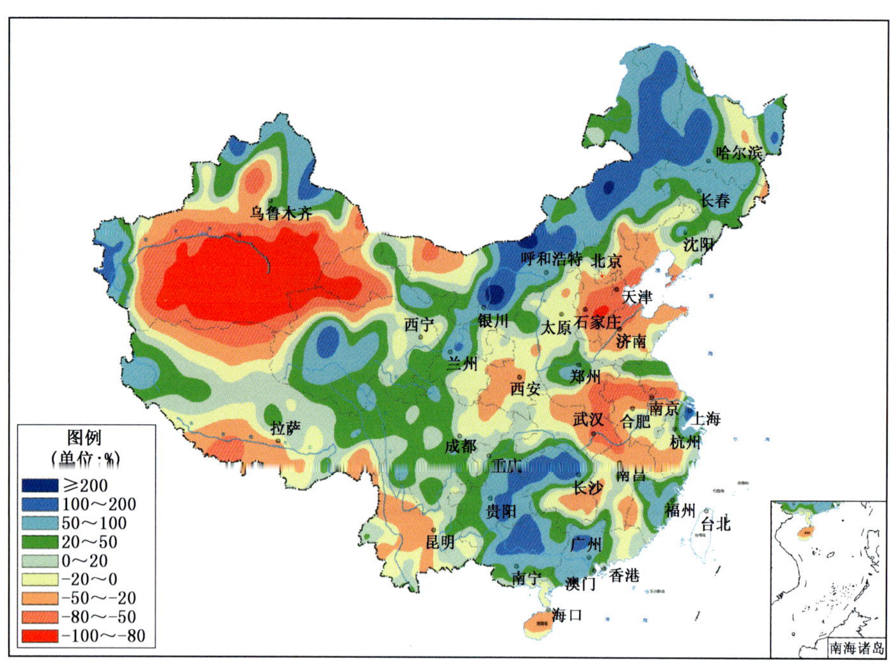

图 3.9.1　2018 年 9 月全国降水量距平百分率分布

Fig. 3.9.1　Distribution of precipitation anomaly percentage over China in September 2018 (unit: %)

月平均气温与常年同期相比，江南中东部以及四川西部、青海南部、西藏东部和中部、黑龙江西北部等地偏高 1～2℃；华北北部和西部以及内蒙古中部和西部、新疆北部和东部、陕西北部等地偏低 1～2℃；全国其余大部地区接近常年（图 3.9.2）。

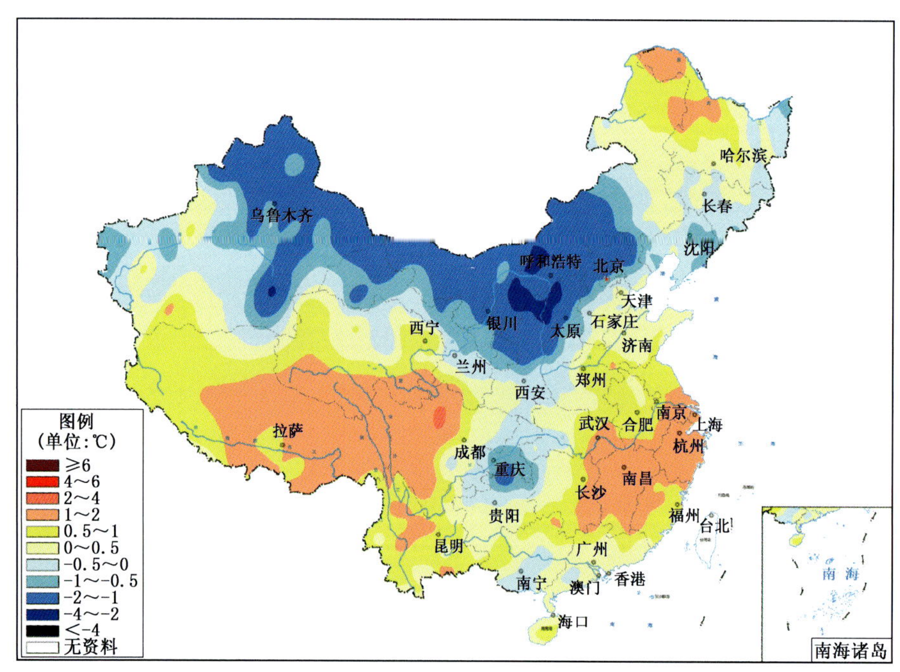

图 3.9.2　2018 年 9 月全国平均气温距平分布

Fig. 3.9.2　Distribution of mean temperature anomaly over China in September 2018 (unit: ℃)

3.9.2 主要气象灾害事记

9月，在西北太平洋和南海共有4个台风生成，其中2个登陆我国，台风生成个数较常年同期略偏少，登陆个数接近常年同期。第22号台风"山竹"于9月16日17时在广东省台山市以强台风等级登陆，登陆时中心附近最大风力14级(45米/秒)，中心最低气压955百帕，是2018年影响我国的最强和生命史最长的台风。台风"山竹"使广东、广西、海南、湖南、贵州、云南6省(区)471.3万人受灾，6人死亡；直接经济损失142.3亿元。第23号台风"百里嘉"(强热带风暴级)于9月13日08时30分在广东省湛江市坡头区沿海登陆，登陆时中心附近最大风力10级(25米/秒)。台风"百里嘉"造成广东省6.3万人受灾，直接经济损失5000万元。

8月26日至9月1日，江南中南部和华南大部出现强降水天气过程，广东大部、福建东部和南部、广西东部和南部累计降雨量普遍超过100毫米，广东沿海地区超过200毫米。洪涝灾害造成广东省深圳、珠海、汕头等14市35个县(市、区)193.3万人受灾，2人死亡、2人失踪；直接经济损失43.4亿元。

9月9—10日，受冷空气影响，黑龙江东部和北部地区降温幅度普遍有4～8℃，黑龙江北部部分地区最低气温低于0℃。伊春、黑河、大兴安岭3市遭受低温冷冻灾害，大豆、玉米等农作物受灾面积达18.9万公顷。

9月6—8日，河北省石家庄、邢台、保定等3市遭遇风雹灾害，共计16.5万人受灾，直接经济损失3400余万元。9月20日，甘肃省兰州市榆中县出现强降雨、大风、冰雹等强对流天气，造成3.7万人受灾，直接经济损失近8400万元。

3.10 10月主要气候特点及气象灾害

3.10.1 主要气候特点

10月，全国平均气温9.9℃，较常年同期偏低0.4℃；全国平均降水量28.1毫米，较常年同期(35.8毫米)偏少21.6%。月内，北方部分地区气象干旱发展；江南、华南出现连阴雨天气；黑龙江部分地区遭低温冷冻灾害。

月降水量与常年同期相比，江南南部、华南大部及云南南部、四川中部、新疆中部、内蒙古中部部分地区、辽宁北部、吉林东部、黑龙江西北部等地偏多2成至1倍，局部偏多1倍以上；西北大部、华北、黄淮、江淮、江汉、江南北部以及内蒙古大部、西藏大部、云南北部、四川南部、贵州南部、重庆、海南等地普遍偏少2～8成，部分地区偏少8成以上；全国其余大部地区接近常年(图3.10.1)。

月平均气温与常年同期相比，除黑龙江、吉林西北部、内蒙古东北部偏高1～4℃外，全国大部地区接近常年或偏低，华南大部、西南大部、华北北部及内蒙古中南部、青海中南部等地偏低1～2℃(图3.10.2)。

3.10.2 主要气象灾害事记

10月，华北中南部、黄淮大部、江淮、江汉等地降水量偏少5成以上，气象干旱持续发展。到10月31日，黄淮南部和西部、江淮北部和西部、江汉及陕西东南部和西南部、重庆北部等地存在中到重度气象干旱。全国中度以上气象干旱面积达50.3万平方千米，其中重旱8.2万平方千米。

月内，江南西南部、华南西部和中北部降水日数普遍有12～16天。与常年同期相比，华南中部及江西东南部降水日数偏多2～4天，气温偏低1～2℃。持续低温阴雨寡照天气给晚稻灌浆成熟和收晒、油菜培育壮苗等带来不利影响。

10月7—8日，强冷空气影响东北、华北北部、内蒙古中南部及河套地区，大部地区过程累计降

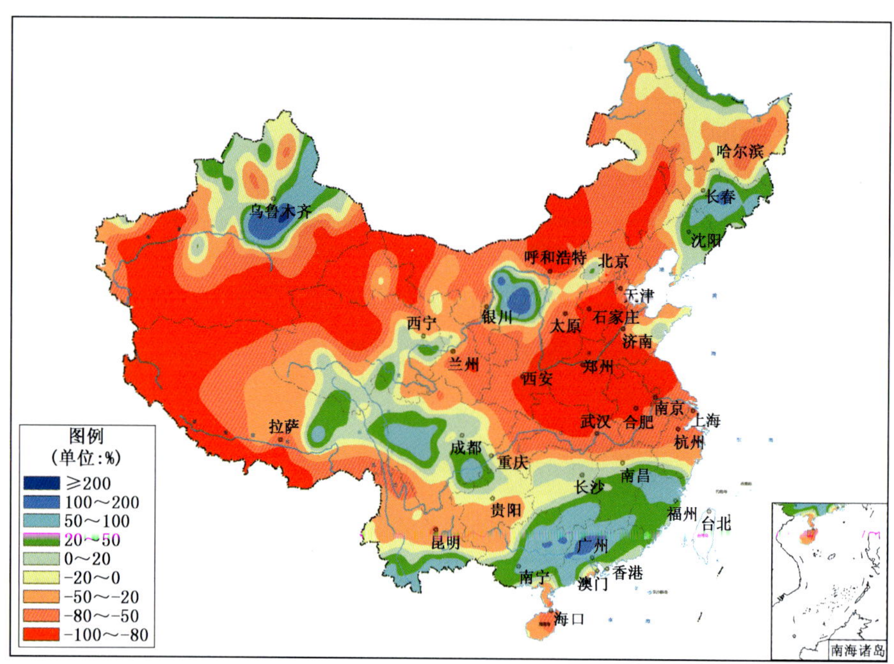

图 3.10.1　2018 年 10 月全国降水量距平百分率分布

Fig. 3.10.1　Distribution of precipitation anomaly percentage over China in October 2018 (unit: %)

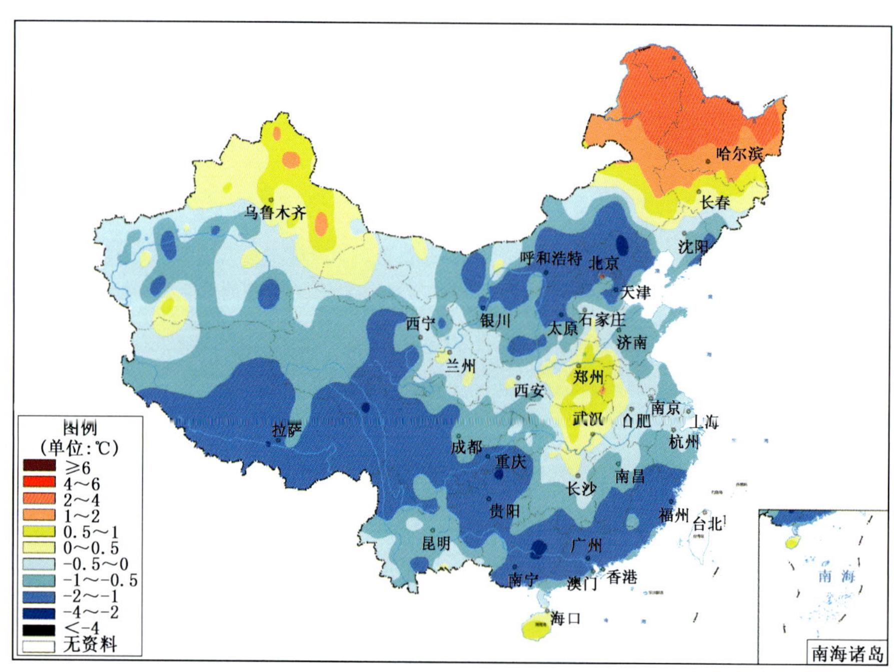

图 3.10.2　2018 年 10 月全国平均气温距平分布

Fig. 3.10.2　Distribution of mean temperature anomaly over China in October 2018 (unit: ℃)

温 8～12℃。8 日，黑龙江省部分地区遭受低温冷冻灾害，绥化市海伦市、绥棱县 3.3 万人受灾，农作物受灾面积 1.6 万公顷，直接经济损失近 2500 万元。

3.11 11 月主要气候特点及气象灾害

3.11.1 主要气候特点

11 月，全国平均气温 3.1℃，较常年同期偏高 0.2℃；全国平均降水量 24.9 毫米，较常年同期(18.8 毫米)偏多 32.7%。月内，4 次冷空气过程影响我国；中东部多地遭遇大雾天气，交通受到较大影响；华北、黄淮发生 2 次霾过程；北方地区发生 1 次沙尘过程。

月降水量与常年同期相比，华北大部、东北西部及内蒙古东部和西部、西藏中南部、四川南部、云南、贵州西部、广西西部等地普遍偏少 2～8 成，部分地区偏少 8 成以上；东北东部、西北大部、黄淮西部和南部、江淮、江汉、江南大部、华南东部及海南西部、西藏东部和西北部、四川北部、重庆北部、贵州东部等地偏多 2 成至 1 倍，江南南部、青藏高原东部和北部以及新疆南部、甘肃中部和东部、宁夏南部、内蒙古中部部分地区、黑龙江东部等地偏多 1 倍以上；全国其余大部地区接近常年(图 3.11.1)。

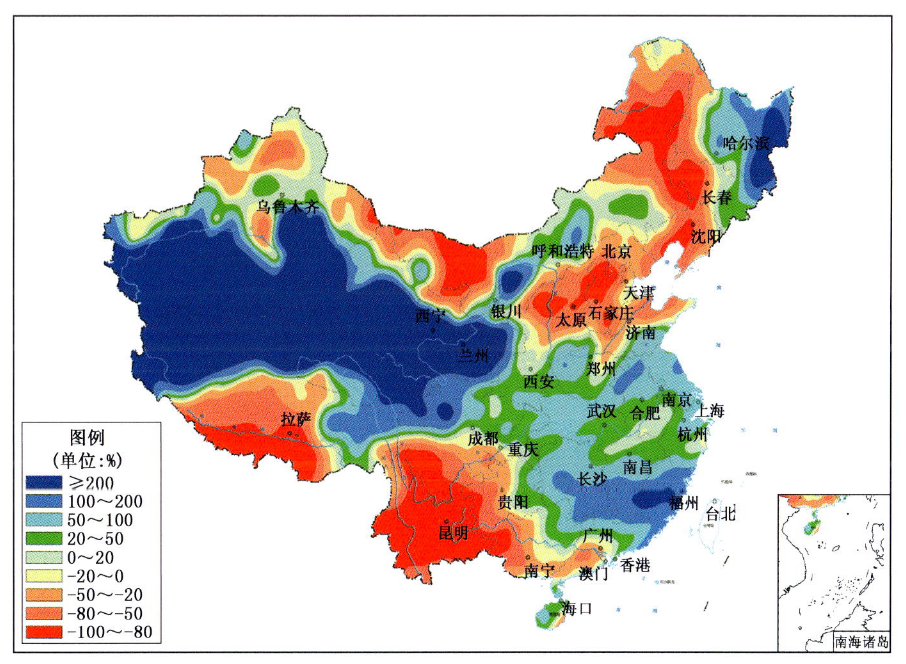

图 3.11.1 2018 年 11 月全国降水量距平百分率分布

Fig. 3.11.1 Distribution of precipitation anomaly percentage over China in November 2018 (unit: %)

月平均气温与常年同期相比，除四川盆地及新疆北部等地偏低 1～4℃外，全国大部分地区接近常年或偏高，东北大部、华北东南部、黄淮中东部、江淮东部、江南东部、华南东部和南部及内蒙古中东部、西藏大部、青海西南部等地偏高 1～4℃(图 3.11.2)。

3.11.2 主要气象灾害事记

11 月，共有 4 次冷空气过程影响我国。其中 11 月 4—7 日过程累计降温幅度达到 8 ℃以上的范围最大，东北、内蒙古中东部以及青海、西藏、新疆等地的部分地区累计降温幅度达 10～12℃，局部地区超过 12℃。受冷空气过程影响，新疆西北部、青海东部、甘肃南部、宁夏南部、陕西中西部、四川西北部、黑龙江大部、吉林东部等地累计降雪量达到 10～25 毫米，局部地区超过 50 毫米，其中新疆塔城 77.3 毫米、黑龙江牡丹江达 74.0 毫米。降雪导致青海、新疆等地多条高速公路封闭、客运车

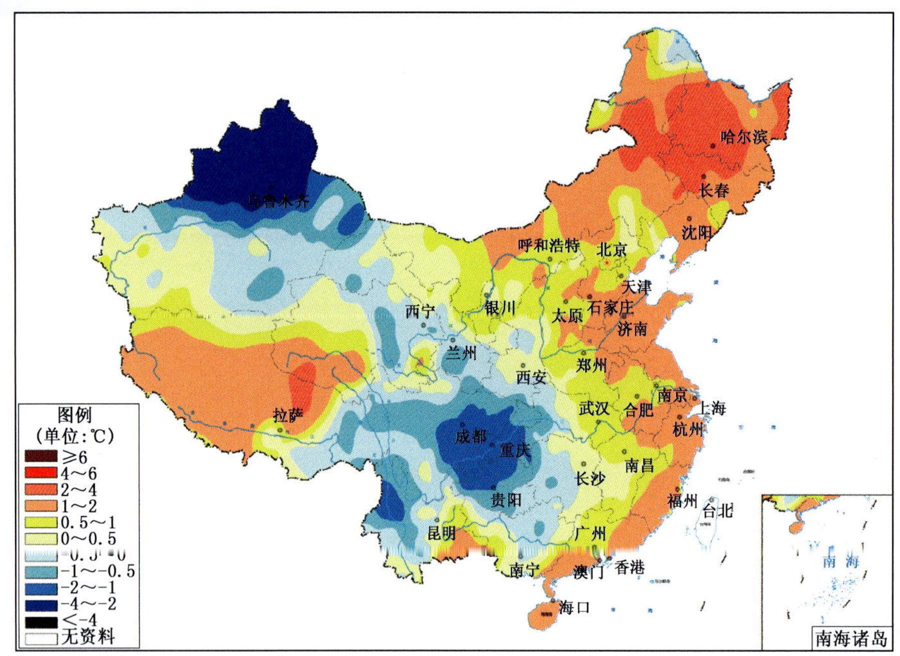

图 3.11.2 2018 年 11 月全国平均气温距平分布

Fig. 3.11.2 Distribution of mean temperature anomaly over China in November 2018 (unit: ℃)

辆停运、机场航班延误;青海省直接经济损失超过 1130 余万元。

11 月 18—19 日,河南、山东、江苏、安徽等地出现较大范围大雾天气,部分地区、部分时段出现强浓雾或特强浓雾。大雾导致 19 日大广高速公路、京台高速公路共发生 7 起严重交通事故,9 人死亡,1 人重伤。11 月 22 日至 12 月 3 日,江淮、黄淮、四川盆地等地出现大雾天气,造成安徽、江苏、河北、重庆等多地高速公路管制、航班延误。

月内,华北、黄淮等地共发生霾天气过程 2 次,分别出现在 11 月 12—15 日和 11 月 24 日至 12 月 3 日。11 月 24 日至 12 月 3 日,霾主要影响京津冀及山东大部、河南大部、安徽北部、山西中南部、陕西关中、辽宁中西部等地。此次过程持续时间长,与大雾和沙尘天气产生叠加效应。

11 月 25—26 日,受冷空气影响,北方地区出现 1 次沙尘天气过程,青海东北部、甘肃中西部、宁夏、陕西中北部、山西中北部、内蒙古中部、河北北部、北京等地出现扬沙或浮尘天气,甘肃西部、内蒙古西部局地发生沙尘暴。

3.12 12 月主要气候特点及气象灾害

3.12.1 主要气候特点

12 月,全国平均气温－3.8℃,较常年同期偏低 0.6℃;全国平均降水量 18.7 毫米,较常年同期(10.8 毫米)偏多 73%。月内,全国出现 2 次大范围低温雨雪天气;中东部地区遭遇大范围霾天气;西藏、云南出现较强雨雪天气。

月降水量与常年同期相比,东北大部、华北大部及内蒙古大部、陕西中北部、河南西部、青海中西部、新疆西南部、西藏西部、广东东部等地偏少 2～8 成,部分地区偏少 8 成以上;黄淮、江淮、江汉、江南、华南西部、西南大部及青海东南部、新疆东南部、甘肃西部和中部、内蒙古西部、辽宁南部等地偏多 2 成至 2 倍,江淮东部、江南东北部及云南南部、四川中西部、西藏南部、甘肃中部等地偏多 2 倍以上；全国其余大部地区接近常年(图 3.12.1)。

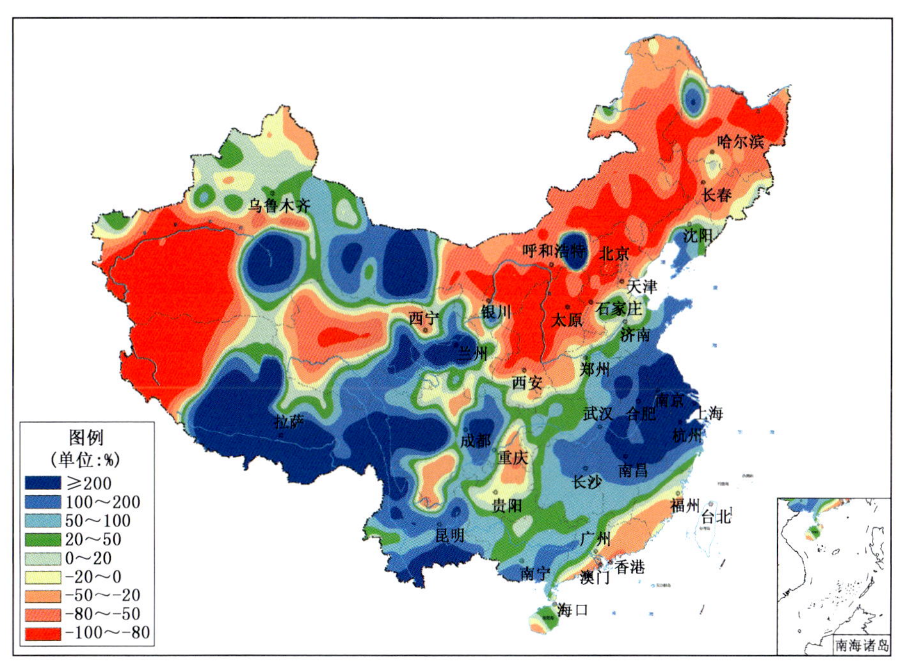

图 3.12.1　2018 年 12 月全国降水量距平百分率分布

Fig. 3.12.1　Distribution of precipitation anomaly percentage over China in December 2018 (unit: %)

月平均气温与常年同期相比，西北地区北部、华北大部及内蒙古中西部、西藏南部、贵州东部、湖南中西部等地偏低 1～4℃，局地偏低 4℃以上；东北北部及福建东部、海南、云南、四川南部、青海东南部等地偏高 1～4℃；全国其余大部地区接近常年(图 3.12.2)。

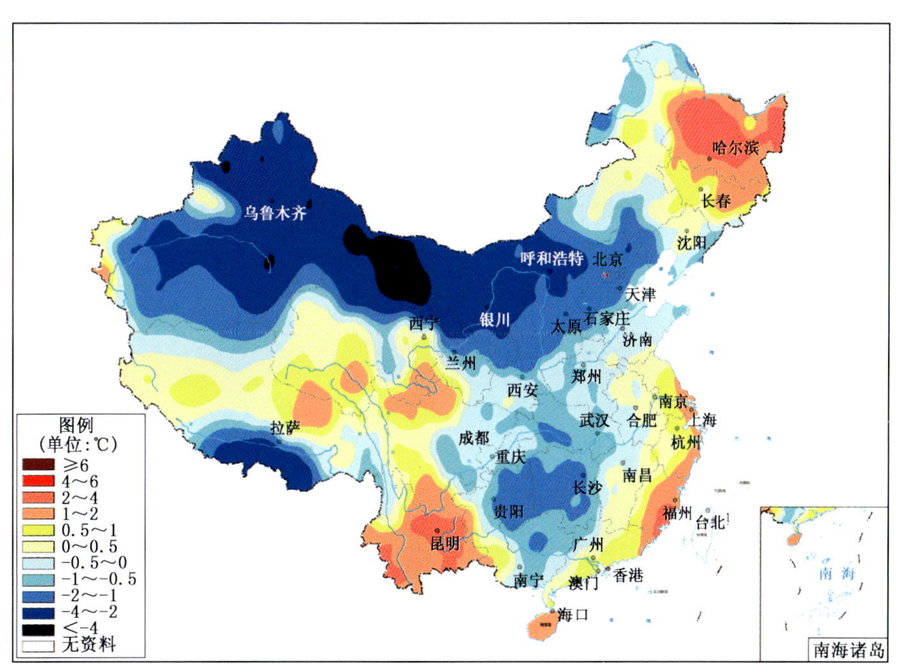

图 3.12.2　2018 年 12 月全国平均气温距平分布

Fig. 3.12.2　Distribution of mean temperature anomaly over China in December 2018(unit: ℃)

3.12.2 主要气象灾害事记

12月，共有2次大范围低温雨雪天气过程。12月5—11日的全国大范围低温雨雪天气，具有降温幅度大、雨雪范围广、影响时间长、多地最低气温突破历史纪录的特点。内蒙古东北部和黑龙江西北部的最低气温跌至－36℃以下，其中黑龙江漠河5日最低气温达－42.7℃，0℃线南压至长江以南。黄淮、江淮、江南北部先后出现降雨转雨夹雪和降雪，河南、山东、安徽、江苏、浙江等地出现中到大雪，局地暴雪；贵州和湖南西部局地出现2～4天冻雨。此次过程大风和积雪造成部分设施温室大棚损坏，南方低温使油菜晚弱苗遭受霜冻害，阴雨天气影响了柑橘等经济林果采收。受雨雪、路面结冰等影响，贵州、湖南、浙江、安徽、江苏、山东、河南等多省高速公路封闭，湖南、贵州发生多起交通事故。此外，贵州有36个县出现电线结冰，天柱县最大积冰直径达88毫米。2018年12月25日至2019年1月1日的全国大范围低温雨雪天气，具有气温低、低温极端性强、持续时间长、雨雪冰冻过程明显的特点，0℃线南压至华南北部及云南北部一带，为入冬以来最南。江南西部和北部及四川东部、重庆西南部、贵州东部和南部、广西大部、云南东部等地累计降水量达10～25毫米，部分地区超过25毫米。降雪最强时段出现在30日夜间至30日白天，湖南中北部、湖北南部、江西北部和贵州东部等地出现暴雪；同时，湖南、贵州、云南、广西等省（区）有160站发生冰冻。此次低温雨雪冰冻过程对交通运输、生产生活、设施农业等多方面造成一定不利影响。此次过程共造成江西、湖北、湖南、广东、广西、贵州、云南等7省（自治区）38市（自治州）151个县（市、区）180.8万人受灾，直接经济损失12.4亿元。

12月，中东部地区共发生霾天气过程2次。其中，11月30日至12月3日过程的影响范围大、污染程度重。河北中南部、河南、山东中西部、安徽和江苏北部、湖南和湖北部分地区共62个城市$PM_{2.5}$日均浓度达到重度及以上污染水平。霾天气导致多个机场航班延误和取消，多条高速公路关闭，呼吸道疾病患者增多。

12月17—19日，青藏高原东部自西向东出现一次较强雨雪天气过程。西藏东部、四川西北部等地出现小到中雪，西藏东部部分地区出现大雪，西藏察隅、隆子等地出现暴雪；云南西部出现中到大雨，局地暴雨。西藏山南部分地区遭受雪灾，造成近300人受灾，直接经济损失52万元。

第4章 分省气象灾害概述

4.1 北京市主要气象灾害概述

4.1.1 主要气候特点及重大气候事件

2018年北京市平均气温为12.0℃,比常年偏高0.5℃(图4.1.1);平均年降水量为575.6毫米,比常年(540.7毫米)偏多6.4%(图4.1.2)。年内,冬季(2017/2018年)、秋季气温接近常年,春季、夏季气温偏高;冬季和秋季降水偏少,春季降水接近常年,夏季降水偏多。受副热带高压外围暖湿气流与高空槽的共同影响,2018年7月16日至18日08时,北京市出现强降水,全市平均降水量为106.6毫米,石景山累计降水量最大,达到176.6毫米,海淀、怀柔和密云也超过了150毫米,密云有3个自动气象观测站(非国家级观测站)雨量超过了300毫米,最大小时降雨量达到了117.0毫米,超过2012年"7·21暴雨",仅次于2011年"6·23暴雨"。

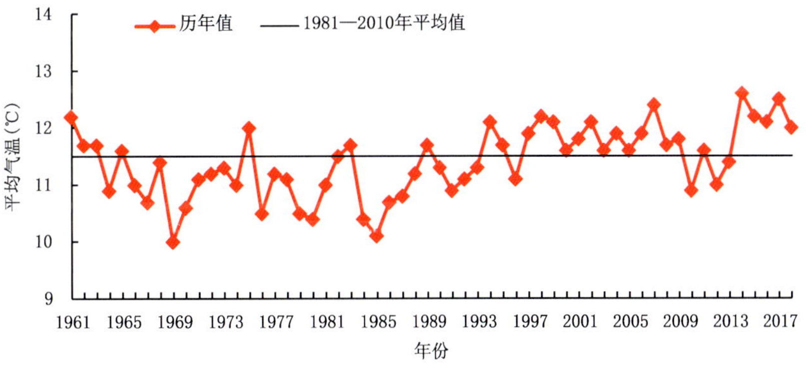

图4.1.1 1961—2018年北京市平均气温

Fig. 4.1.1 Annual mean temperature in Beijing during 1961—2018(unit:℃)

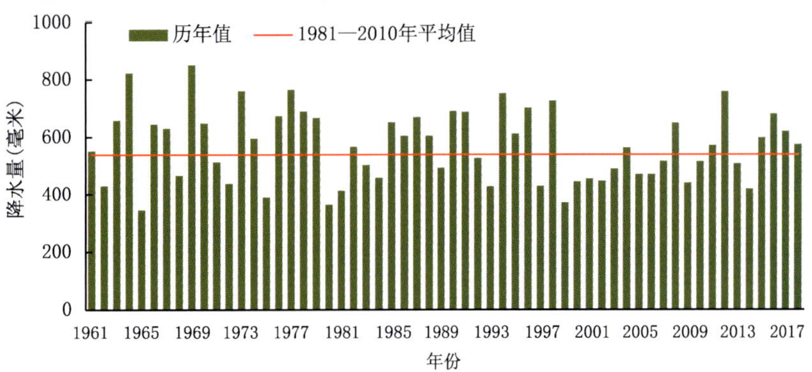

图4.1.2 1961—2018年北京市年降水量

Fig. 4.1.2 Annual precipitation in Beijing during 1961—2018(unit:mm)

2018 年北京市出现多次暴雨洪涝以及大风、冰雹等局地强对流天气，造成一定程度的损失。据不完全统计，2018 年北京因气象灾害导致受灾人口 15.7 万人次，农作物受灾面积 0.47 万公顷，直接经济损失达 18.8 亿元。总的来看，属气象灾害略重年景。

4.1.2 主要气象灾害及影响

1. 暴雨洪涝

2018 年北京市暴雨洪涝造成农作物受灾面积 0.3 万公顷，受灾人口 11.2 万人次，直接经济损失 18.0 亿元。

2018 年 7 月 16—25 日，密云区连续遭遇 3 次强降雨过程，全区平均降雨量累计为 335.7 毫米，西白莲峪达到 674.5 毫米。共造成农作物受灾面积 1505 公顷；果树林木受灾面积 109 万株；房屋倒塌 149 间、损坏 2484 间；14 条县级以上公路、120 条乡村公路、230 条街坊路不同程度损毁，电力线路损毁 49.5 千米；直接经济损失达 15 亿元。

2018 年 7 月 15 日夜间至 17 日夜间，受西风槽和副热带高压外围暖湿气流的共同影响，怀柔区出现大到暴雨、局地大暴雨，造成道路、桥梁、水利基础设施损毁等，直接经济损失 2.7 亿元。

2. 强对流

2018 年北京市冰雹、大风、雷电等强对流天气共造成农作物受灾面积 0.2 万公顷，受灾人口 1.9 万人次，直接经济损失 0.3 亿元。

2018 年 6 月 13 日，受高空冷涡影响，平谷区、密云区出现冰雹，并伴有短时强降水，造成平谷区镇罗营镇、密云区大城子镇等地果树、大田作物等受灾，太师屯镇多个村护村坝受损，设施大棚塌方等，直接经济损失 1600 万元。

2018 年 7 月 5 日午后，平谷区出现强对流天气，大部分地区出现 6 级以上大风，极大风速出现在挂甲峪，达到 29.4 米/秒(11 级)，局地伴有短时暴雨、小冰雹。此次强对流天气过程造成 988 棵树木折断或倒伏，16 间房屋受损，玉米等农作物受灾，直接经济损失 1241 万元。

4.2 天津市主要气象灾害概述

4.2.1 主要气候特点及重大气候事件

2018 年，天津市年平均气温 13.4℃，较常年偏高 0.8℃(图 4.2.1)；平均年降水量 581.8 毫米，较常年偏多 43.7 毫米(图 4.2.2)；年总日照时数 2562 小时，较常年偏多 63 小时。从季节上看，全市春季、夏季平均气温较常年显著偏高，秋季接近常年略偏高，冬季接近常年略偏低；冬季、秋季降水量均较常年偏少 5 成以上，春季降水量接近常年略偏少，夏季降水量偏多近 3 成；各季日照时数均较常年偏多。

2018 年，天津市主要出现了暴雨、高温、龙卷、大雪、干旱、低温以及雾和霾等灾害性天气气候事件。冬季的强降雪造成道路湿滑结冰，导致道路拥堵、交通事故增加；冬春连旱造成春播地出现轻度至中度干旱；春季低温雨雪过程对农业生产影响较大；夏季强台风暴雨、高温及龙卷，给生产和生活均造成了不同程度的影响；秋冬季大雾频发对交通和人体健康影响较大。

总体上，2018 年气象灾害对天津市农业、交通、人体健康等诸多方面均造成不同程度的影响，直接经济损失约 1.0 亿元，其中农业损失所占比重最大。全年气象条件对农业生产影响利弊参半，为平产年景。

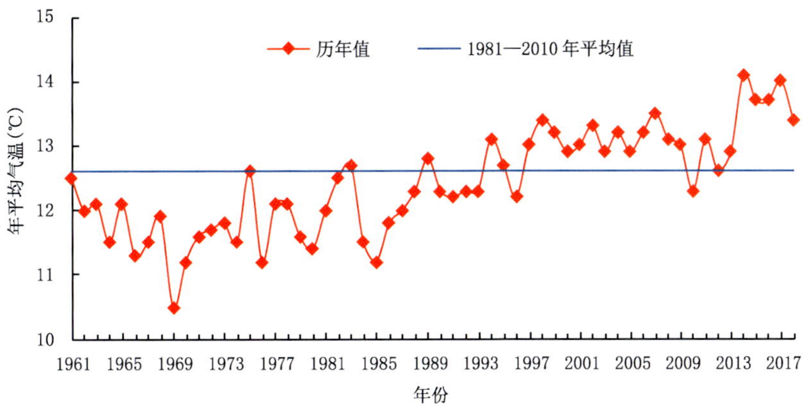

图 4.2.1 1961—2018 年天津市年平均气温

Fig. 4.2.1 Annual mean temperature in Tianjin during 1961—2018(unit:℃)

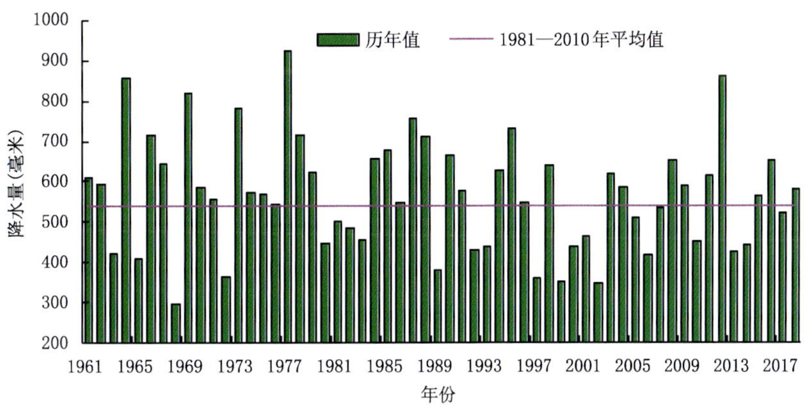

图 4.2.2 1961—2018 年天津市平均年降水量

Fig. 4.2.2 Annual precipitation in Tianjin during 1961—2018(unit:mm)

4.2.2 主要气象灾害及影响

1. 暴雨

受强台风“安比”影响,7 月 23 日 20 时至 25 日 08 时天津市出现暴雨天气过程,全市平均降雨量 130.8 毫米,市区 24 日降雨量达到 50 年一遇。全市 69.8%的台站出现大暴雨,最大降水量 240.8 毫米(武清河北屯),最大小时降水量 56.1 毫米(24 日 02—03 时,宝坻高家庄)。强降雨造成局地积水严重,农作物受灾,经济损失达 230 余万元(图 4.2.3)。受台风“摩羯”影响,8 月 13—14 日天津市出现强降雨天气,全市平均降水量 44.2 毫米,最大降水量为 201.4 毫米(宁河区丰台镇)。

2. 高温

2018 年天津市高温(最高气温≥35℃)出现时间较早,市区、静海、西青、北辰和津南高温初日均为 5 月 14 日,居 1961 年以来前三位。全市高温日数 21 天,较常年多 15 天,与 1972 年、2000 年、2017 年并列为历史第一高值。受高温天气影响,天津市水电负荷均创历史新高。

3. 龙卷

2018 年 8 月 13 日 17 时 30 分前后,静海出现龙卷,龙卷自东北向西南移动,路径长度 5 千米左右,宽度几米至百米以上,致灾过程持续时间约 15 分钟。龙卷破坏力极强,导致大量农作物倒伏,水泥钢筋电线杆折断,汽车被卷起,经济损失 4731 万元。

图 4.2.3 2018 年 7 月 23—25 日天津市强降水造成南开区广开四马路(左)和朱瑞里(右)暴雨受灾情况(天津市气象局提供)

Fig. 4.2.3 Buildings were flooded in Nankai District by strong rainfall in Tianjin during 23—25 July 2018 (from Tianjin Meteorological Service)

4. 大雪

2018 年 1 月 21—22 日，天津市北部出现小雪，其余地区中到大雪，最大降雪量 9.2 毫米(塘沽)，最大积雪深度 9.0 厘米(大港)。降雪主要集中在 21 日夜间至 22 日凌晨，造成 22 日早高峰道路拥堵严重，机场航班延误或取消及部分高速公路封闭。

5. 干旱

2017/2018 年冬季天津市平均降水量较常年同期偏少 5 成以上，蓟州和宝坻偏少 9 成，春播地普遍出现轻度干旱，静海、津南等区出现中度干旱。春季平均降水量较常年偏少，5 月下旬至 6 月上旬降水稀少且气温迅速攀升，主要麦区发生 4～5 天轻至重度干热风危害。

6. 低温

2018 年天津市低于－10℃低温日数 23 天。受持续冷空气和融雪效应的共同影响，1 月 24 日北辰最低气温降至－19.8℃。4 月 3—7 日全市出现强降温雨雪过程，全市各区 48 小时平均气温降幅≥12℃，且最低气温低于 2℃，出现强寒潮天气过程。低温寒潮导致冬小麦发生晚霜冻灾害，推迟了小麦发育期进程。

7. 雾和霾

2018 年 9—12 月，天津市 13 个国家气象站共出现雾 115 站次、霾 153 站次。其中，11 月 14 日、18 日、26 日和 27 日天津市出现能见度不足 100 米的浓雾天气，13—15 日和 25—27 日出现 2 次重污染天气过程。雾、霾的交替出现对交通运输和人体健康造成较大影响。

4.3 河北省主要气象灾害概述

4.3.1 主要气候特点及重大气候事件

2018 年河北省年平均气温为 12.6℃，较常年偏高 0.8℃(图 4.3.1)。春季、夏季气温显著偏高，夏季为历史同期最高；冬季、秋季接近常年。平均年降水量 509.2 毫米，较常年偏多 1.2%(图 4.3.2)。春季降水显著偏多，夏季接近常年，冬季、秋季偏少。

2018 年河北省主要遭受了寒潮、风雹、台风、暴雨洪涝、高温等灾害性天气，气象灾害共造成

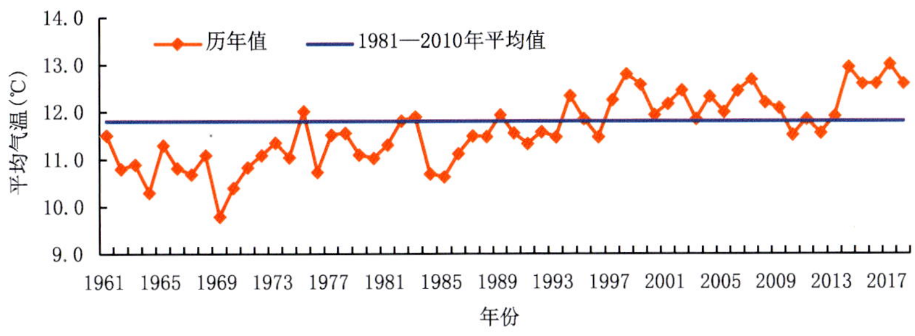

图 4.3.1 1961—2018 年河北省年平均气温

Fig. 4.3.1 Annual mean temperature in Hebei during 1961—2018(unit: ℃)

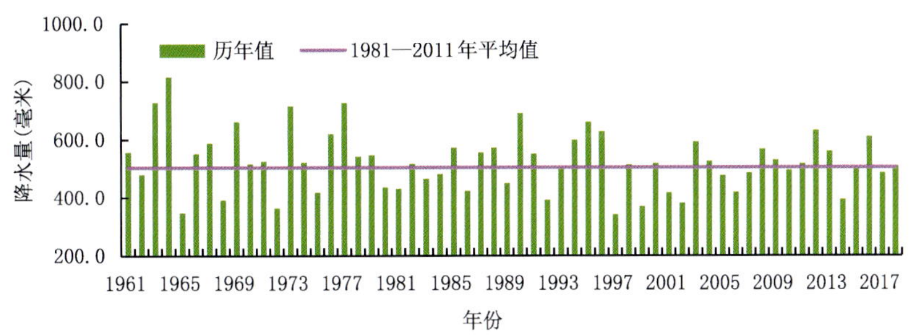

图 4.3.2 1961—2018 年河北省平均年降水量

Fig. 4.3.2 Annual precipitation in Hebei during 1961—2018(unit: mm)

503.9 万人次受灾，4 人死亡；农作物受灾面积 55.7 万公顷，绝收面积 8.0 万公顷；直接经济损失 41.3 亿元。2018 年属轻灾年份。

4.3.2 主要气象灾害及影响

1. 寒潮

2018 年，河北平均寒潮日数 7.3 天，较常年偏多 32.8%，平均特强寒潮日数 3.1 天，较常年偏多 1.2 倍。寒潮造成的低温冷冻灾害为近 5 年最重，造成 12.1 万公顷农作物受灾，直接经济损失 13.9 亿元。4 月 3—5 日，受强冷空气影响，全省 137 个县(市、区)出现寒潮，36 个县(市、区)出现特强寒潮，北部大部分地区和西部部分地区最低气温下降到 0℃以下，使处于开花期的果树受灾严重(图 4.3.3，图 4.3.4)。据统计，此次寒潮天气造成果树等农作物受灾面积 11.6 万公顷，绝收面积 3.7 万公顷；直接经济损失 13.7 亿元，占全年因低温冷冻灾害造成的损失的 98.6%。

2. 局地强对流

2018 年河北共出现 7 次影响范围较大的强对流天气，造成 2 人死亡，直接经济损失 13.2 亿元，为近 10 年来最低值。6 月 11—14 日河北有 96 个县(市、区)出现 8 级以上大风，22 个县(市、区)出现冰雹。据统计，此次风雹天气造成农作物受灾面积 3.5 万公顷，绝收面积 0.4 万公顷；直接经济损失约 8.3 亿元。

3. 台风

2018 年，影响河北省的台风较常年明显偏多，“安比”“摩羯”和“温比亚”3 个台风分别于 7 月 23—24 日、8 月 13—15 日和 8 月 18—20 日先后影响河北，共造成直接经济损失 7.8 亿元。“安比”和“摩羯”影响较大。

图 4.3.3　2018 年 4 月 3—6 日河北省北部地区杏花遭遇冻害(河北省气象局提供)

Fig. 4.3.4　Apricot flowers suffered freeze injury from April 3 to April 6, 2018 in the north of HeBei Province (By Hebei Meteorological Service)

图 4.3.4　2018 年 4 月 9 日河北省北部地区受冻后的杏花已枯萎(河北省气象局提供)

Fig. 4.3.4　Apricot flowers withered because of freeze injury on April 9, 2018 in the north of HeBei Province (By Hebei Meteorological Service)

2018 年第 10 号台风"安比"是 1949 年以来首个以热带风暴级别进入河北陆地的台风,于 7 月 23 日 20 时至 24 日 20 时影响河北中北部偏东地区,29 个县(市、区)过程降水量超过 100 毫米,26 个县(市、区)出现 8 级以上大风,多处河道水位升高明显,部分农作物、乡间道路、桥梁、房屋受损,直接经济损失 3.3 亿元。

2018 年第 14 号台风"摩羯"外围云系于 8 月 13 日 20 时至 15 日 20 时影响河北东部地区,28 个县(市、区)过程降水量超过 100 毫米,21 个县(市、区)出现 8 级以上大风,造成较严重的农田渍涝和城市内涝,部分农作物出现倒伏,树木被折断,乡间道路被冲毁,直接经济损失 4.3 亿元。

4. 暴雨洪涝

2018 年,河北省平均暴雨日数较常年偏多 3 成,但承灾能力相对较弱的西部太行山区和燕山中北部地区出现大暴雨的日数相对较少,造成的直接经济损失为近 10 年第二低值。暴雨洪涝共造成 2 人死亡,直接经济损失 5.2 亿元。其中,8 月 6—8 日的强降水使保定市满城县局地出现洪水,致 2 人溺亡。

5. 高温

2018 年,河北省平均高温日数 20.9 天,较常年偏多 90.0%,为 1971 年以来第四多值。7 月 15 日至 8 月 8 日,受副热带高压影响,河北省出现罕见的大范围、持续性高温闷热天气,多数站点日最高气温超过 33℃,日最小相对湿度高于 50%。据农业部门消息,持续性高温高湿天气使邢台、邯郸部分玉米结实不良。

4.4 山西省主要气象灾害概述

4.4.1 主要气候特点及重大气候事件

2018 年,山西省年平均气温为 10.7℃,较常年(9.8℃)偏高 0.9℃,为近 10 年来第三高值(图 4.4.1)。山西省平均年降水量为 487.0 毫米,较常年(468.3 毫米)偏多 4.0%(图 4.4.2)。四季气温冷暖起伏大,冬季、秋季接近常年,春季、夏季气温均为历史最高;四季降水分布不均,冬季、秋季偏少,尤其秋季为近 10 年最少值,春季、夏季偏多,春季降水为近 20 年来第二多值。年内,山西省降水偏多，但时空分布不均，中南部夏秋干旱严重，汛期强降水及强对流天气时有出现，局部地区遭受暴雨洪涝等灾害；气温总体偏高，但起伏较大，春季发生严重冻害。气象灾害共造成农作物受灾面积 83.1 万公顷，绝收面积 18.6 万公顷；受灾人口 619.1 万人次，死亡 11 人；直接经济损失 109.2 亿元。

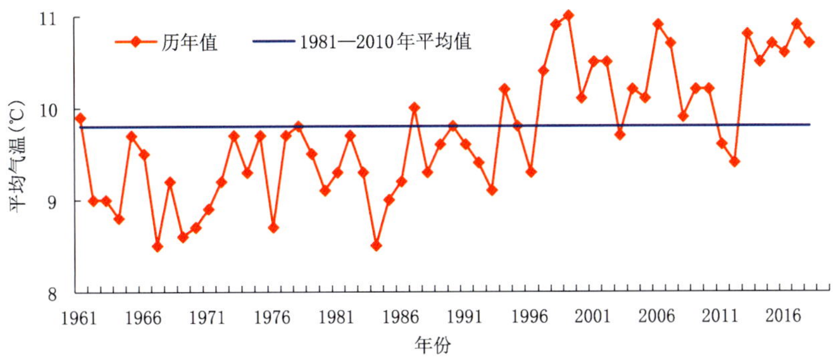

图 4.4.1　1961—2018 年山西省年平均气温

Fig. 4.4.1　Annual mean temperature in Shanxi during 1961—2018(unit:℃)

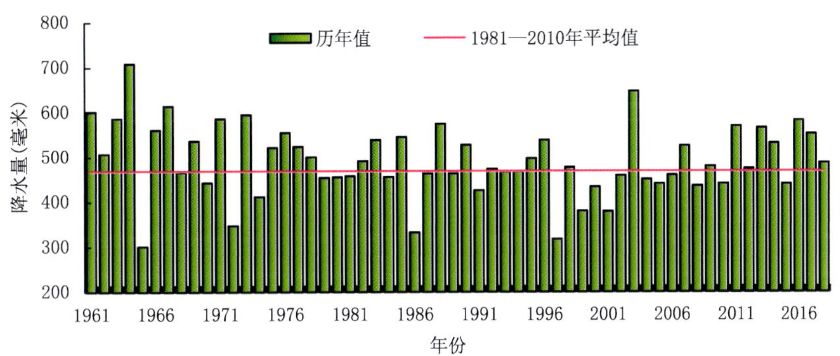

图 4.4.2　1961—2018 年山西省平均年降水量

Fig. 4.4.2　Annual precipitation in Shanxi during 1961—2018(unit:mm)

4.4.2　主要气象灾害及影响

1. 低温冷冻灾害

2018 年，山西省因低温冷冻灾害造成 349.9 万人次受灾；农作物受灾面积 51.7 万公顷，绝收面积 15.4 万公顷；直接经济损失 90.7 亿元，占气象灾害总损失的 83%。

3 月气温异常偏高，造成山西省苹果、梨、杏、葡萄、樱桃、核桃等花期普遍提前一周以上，山西各类果树正值开花期，部分地区已经进入盛花期至幼果期。4 月 3—7 日，山西省出现大范围雨雪和强降温天气，最低气温介于−12.5～2.9℃之间，大部分地区在 0℃以下，山西中北部大部分地区小于−3℃，西北部降至−6℃以下。受前期气温持续异常偏高导致物候期提前和气温骤降的综合影响，山西省经济林果遭受严重冻害并大面积绝收，主要包括杏、梨、葡萄、樱桃、核桃、桃、苹果等(图 4.4.3)。

2. 暴雨洪涝

2018 年，暴雨洪涝灾害共造成农作物受灾 14.1 万公顷，绝收面积 2.1 万公顷；受灾人口 117.4 万人，死亡 10 人；损坏房屋 0.2 万间；直接经济损失 10.9 亿元。

2018 年暴雨天气主要集中在 7—8 月，7 月暴雨 41 站次，8 月 15 站次。最强降水天气过程出现在 7 月 11 日，山西省共有 34 站降大雨，16 站降暴雨，日最大降水量 109.5 毫米(高平，7 月 14 日)。

图 4.4.3 2018 年 4 月 7 日繁峙杏树遭受严重冻害(山西省气候中心提供)
Fig. 4.4.3 Low-temperature and frost disasters in Fanshi on April 7, 2018
(By Shanxi Climate Center)

3. 干旱

2018 年,因干旱灾害造成山西省 127.9 万人受灾;农作物受灾面积 15 万公顷,绝收面积 0.9 万公顷;直接经济损失 5.9 亿元。

山西省 2018 年 7 月下旬至 9 月上旬降水持续偏少,加之气温偏高,从 8 月上旬开始,南部地区旱象显现,随后干旱不断发展,至 9 月上旬,南部大部发生中度以上等级干旱。受春、夏两季气温偏高影响,作物生长发育加快,发育期不同程度提前,成熟期偏早。干旱对农作物产量造成不利影响,旱地作物受影响比较明显,南部部分夏玉米受旱较重,受旱较重田块出现青枯,局部地块绝收(图 4.4.4)。

图 4.4.4 2018 年 9 月 7 日山西省晋城玉米受旱严重(山西省气候中心提供)
Fig. 4.4.4 The drought affected corn farmland in Jincheng on September 7, 2018
(By Shanxi Climate Center)

4.5 内蒙古自治区主要气象灾害概述

4.5.1 主要气候特点及重大气候事件

2018 年，内蒙古年平均气温 5.8℃，较常年偏高 0.7℃（图 4.5.1）；平均年降水量 378.1 毫米，较常年偏多 18.7%（图 4.5.2）。冬季，气温偏低、降水偏少；春季，气温为历史最高值，多地日最高气温突破历史极值，降水偏多，初春多地出现极端降雪事件；夏季，气温为历史第二高值，降水偏多，东部及中西部偏北地区发生春夏连旱，农牧业遭受损失，多地发生暴雨、洪涝等灾害；秋季，气温东高西低，降水大部偏少，多地出现暴雨洪涝、风雹、霜冻灾害。

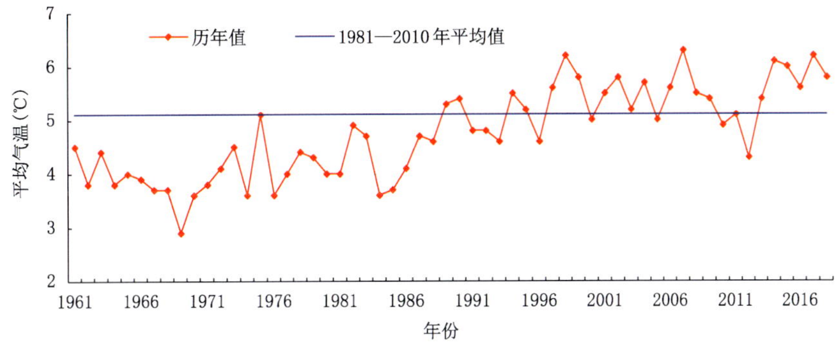

图 4.5.1 1961—2018 年内蒙古年平均气温

Fig. 4.5.1 Annual mean temperature in Inner Mongolia during 1961—2018(unit:℃)

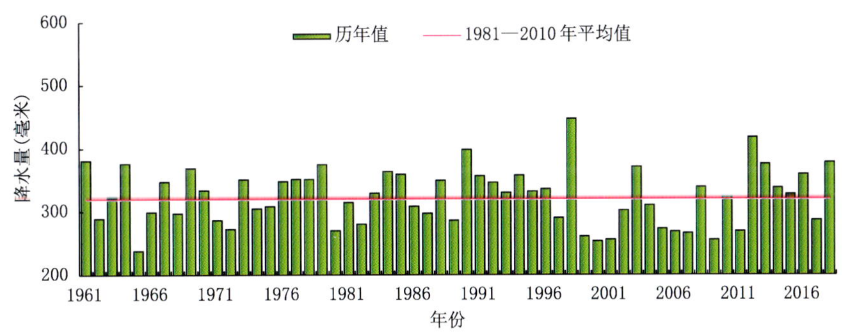

图 4.5.2 1961—2018 年内蒙古平均年降水量

Fig. 4.5.2 Annual precipitation in Inner Mongolia during 1961—2018(unit:mm)

2018 年，全区不同程度遭受了干旱、暴雨洪涝、高温、雪灾、大风冰雹、霜冻、低温冻害等多种气象灾害。共造成 484.2 万人受灾，26 人死亡（含失踪）；直接经济损失 144.5 亿元，以暴雨洪涝灾害直接经济损失最为严重，高达 85 亿元。

4.5.2 主要气象灾害及影响

1. 干旱

2018 年春、夏季气温异常偏高，内蒙古东部及中西部偏北地区受干旱影响明显，多地出现春夏连旱，巴彦淖尔市、锡林郭勒盟、赤峰市、通辽市、兴安盟、呼伦贝尔市等地干旱较重。赤峰市受干旱影响最为严重，入春至 9 月中旬，赤峰市大部地区气温偏高、干旱少雨，多地出现不同程度旱灾，造成 45.9 万人受灾，农作物受灾面积 27.4 万公顷，直接经济损失达 9.4 亿元。干旱对牧草生长、人畜饮水和旱作农区的作物生长等产生较为严重的影响。2018 年，旱灾共造成通辽市、赤峰市、锡林郭勒盟、乌兰察布市、包头市、鄂尔多斯市、巴彦淖尔市、阿拉善盟等 8 个盟（市）28 个县（市、区、旗）250.1 万人受灾，35.1 万人饮水困难；农作物受灾面积 142.7 万公顷，绝收面积 38.9 万公顷；直接经济损失 48.9 亿元。

2. 高温

2018 年春季和夏季内蒙古大部地区气温偏高，平均气温分别为 1961 年以来同期最高值和次高值。3 月 25—27 日，通辽市科左中旗等 10 站日最高气温超过 3 月历史极值，赤峰市岗子、通辽市科左中旗连续 2 天突破极值，3 月 27 日兴安盟胡尔勒、赤峰市克什克腾旗日最高气温达到 3 月历史极值。8 月上旬全区大部地区气温均偏高 1～5.3℃（多伦县），赤峰市西南部、锡林郭勒盟南部、乌兰察布市东南部偏高 4℃以上，有 7 个国家级气象站出现极端高温事件，赤峰市巴林左旗 8 月 3 日最高气温达到历史极值。

3. 暴雨洪涝

夏季，内蒙古全区共 36 站次出现极端降水事件，阿拉善盟乌斯太等 8 站日降水量超过历史极值，呼伦贝尔市小二沟等 28 站日降水量超过极端降水阈值，大部地区出现不同程度的暴雨洪涝灾害，以呼伦贝尔市、赤峰市、通辽市、包头市、鄂尔多斯市、巴彦淖尔市较为严重（图 4.5.3）。2018 年，暴雨洪涝灾害共造成全区 154.3 万人受灾，因灾死亡 22 人；农作物受灾面积 66.4 万公顷；直接经济损失 85 亿元。

图 4.5.3　2018 年 7 月包头市公路因洪水受损（左）、赤峰市部分农田发生渍涝（右）（包头市、赤峰市气象局提供）
Fig. 4.5.3　The highway damaged by floods in Baotou and waterlogging in some farmland in Chifeng city in July 2018 (By Baotou Meteorological Service and Chifeng Meteorological Service)

4. 局地强对流

2018 年 5—9 月，内蒙古多地发生局地强对流天气，呼伦贝尔市、兴安盟、通辽市、赤峰市、锡林郭勒盟、乌兰察布市、呼和浩特市、鄂尔多斯市、巴彦淖尔市等地遭受大风、冰雹等灾害（图 4.5.4）。2018 年，局地强对流灾害共造成 51.5 万人受灾，4 人死亡；农作物受灾面积 20.5 万公顷；直接经济损失 7.6 亿元。

5. 低温冻害

2018 年，内蒙古多地遭受低温冻害。受较强冷空气影响，5 月 23 日兴安盟突泉县部分乡镇遭受霜冻灾害，造成农作物受灾面积 9200 公顷，2.7 万人受灾，直接经济损失 324.3 万元。9 月 8—10 日，受寒潮降温天气影响，呼伦贝尔市多地出现霜冻灾害，莫力达瓦旗、阿荣旗、鄂伦春旗、扎兰屯市受灾严重，共计 20.9 万人受灾，农作物受灾面积 25.3 万公顷，直接经济损失 1.9 亿元。

图 4.5.4　2018 年 5 月 22 日兴安盟扎赉特旗遭受雹灾(兴安盟气象局提供)
Fig. 4.5.4　The hail disaster in Jalaid Banner, Xing'an League on May 22, 2018
(By Xing'an League Meteorological Service)

6. 台风

受西风槽、副热带高压及台风“安比”北上变性的共同影响，7 月 24—26 日内蒙古中东部有一次明显降水过程，并伴有短时强降水、雷电大风、冰雹等强对流天气，赤峰市南部、通辽市西南部和北部、兴安盟东南部等地降水量超过 100 毫米。此次灾害共造成 4.6 万人受灾，农作物受灾面积 0.9 万公顷，直接经济损失 0.5 亿元。

4.6　辽宁省主要气象灾害概述

4.6.1　主要气候特点及重大气候事件

2018 年，辽宁省年平均气温为 9.2℃，比常年(8.8℃)偏高 0.4℃(图 4.6.1)；平均年降水量为 557.5 毫米，比常年(648.2 毫米)偏少 1 成(图 4.6.2)，年日照时数为 2515 小时，比常年(2543 小时)偏少 28 小时。与常年同期相比，冬季平均气温偏低，春季、夏季偏高，秋季接近常年同期。冬季降水比常年同期明显偏少，春季、夏季降水比常年偏少，秋季接近常年。

2018 年，辽宁省主要气象灾害有干旱、暴雨、热带气旋和局地强对流，其中春夏连旱及热带气旋引起的强降水造成的灾害损失最为严重。灾害共造成农作物受灾面积 146.7 万公顷，绝收面积 27.8 万公顷；受灾人口 680.3 万人；直接经济损失 90.2 亿元。

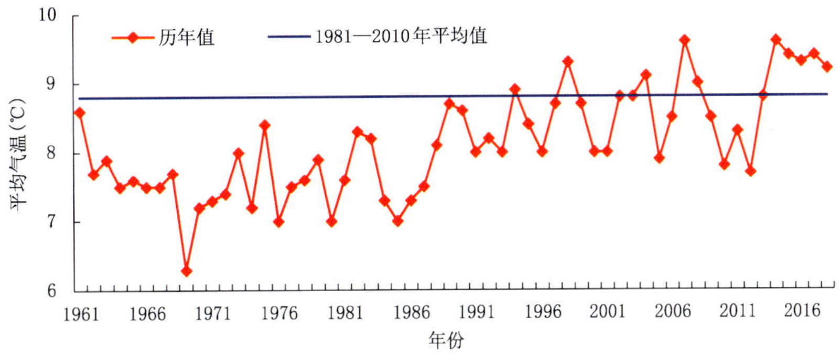

图 4.6.1　1961—2018 年辽宁省年平均气温
Fig. 4.6.1　Annual mean temperature in Liaoning during 1961—2018(unit: ℃)

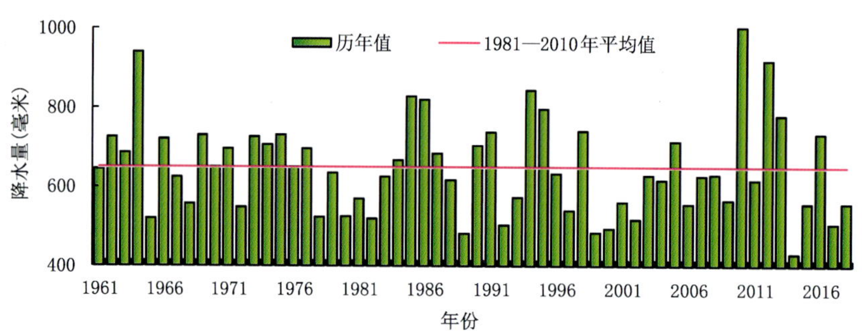

图 4.6.2 1961—2018 年辽宁省平均年降水量

Fig. 4.6.2 Annual precipitation in Liaoning during 1961—2018(unit: mm)

4.6.2 主要气象灾害及影响

1. 干旱

2018 年，辽宁省出现春夏连旱，造成农作物受灾面积 116.8 万公顷，绝收面积 23.9 万公顷；受灾人口 481.7 万人，饮水困难 1.9 万人；直接经济损失 55.8 亿元。

5 月上中旬辽宁省降水 19.3 毫米，较常年同期偏少近 5 成，除大连和丹东以外其他地区普遍偏少 8 成以上，气象干旱迅速发展，中部、北部和西部部分地区出现重度气象干旱。5 月 22—23 日和 26—30 日 2 次降水过程之后，气象干旱明显缓解。7 月上旬至 8 月上旬，辽宁省平均降水量 127.2 毫米，比常年同期(244.4 毫米)偏少 5 成，为 2015 年以来同期最少值，受持续少雨影响，辽宁省除朝阳和葫芦岛地区外，大部分地区发生了 2001 年以来干旱程度最重、影响范围最大、持续时间最长的夏旱，全省共有 40 个站出现重度以上气象干旱，沈阳、大连、鞍山、本溪、丹东、锦州和铁岭地区共计 22 个站为特旱，大连地区旱情最为严重(图 4.6.3)。

图 4.6.3 8 月沈阳市法库县大田作物旱情（法库县气象局）

Fig. 4.6.3 Drought situation of field crops in Faku in August 2018 (By Faku Meteorological Office)

2. 暴雨洪涝

2018 年，辽宁省共出现 3 次区域性暴雨过程，分别为 6 月 12—14 日、7 月 13—15 日、8 月 6—8 日。受暴雨洪涝影响，共造成全省农作物受灾面积 0.4 万公顷，绝收面积 200 公顷；受灾人口 3.0 万人；直接经济损失 0.2 亿元。

7 月 13—15 日，沈阳南部、大连西北部、鞍山西部、抚顺、本溪西北部、丹东东部、营口、辽阳、铁岭南部、盘锦地区出现大雨到暴雨。雨量分布不均，大连、铁岭 2 个乡镇出现大暴雨，造成农作物受灾和不同程度的经济损失。

3. 台风

2018年,辽宁省遭受3次台风影响,分别为7月24—26日1810号台风“安比”、8月11—15日1814号台风“摩羯”、8月19—20日1818号台风“温比亚”,共造成全省农作物受灾面积23.9万公顷,绝收面积3.5万公顷;受灾人口158.1万人,紧急转移安置人口0.9万人;倒损房屋400间;直接经济损失28.8亿元。台风影响个数较常年同期偏多,灾害损失较常年偏重。

8月11—15日,受台风“摩羯”外围云系影响,沈阳、大连、鞍山、抚顺、锦州、辽阳、铁岭、朝阳、葫芦岛地区出现强降水天气。过程平均降水量70.6毫米,葫芦岛绥中县小庄子镇最大降水量达378.7毫米,丹东凤城市红旗镇1小时最大降水量88.1毫米。

4. 局地强对流

2018年5—10月,辽宁省共发生大风灾害3次、冰雹灾害13次、雷电灾害1次,造成受灾人口37.5万人;农作物受灾面积5.7万公顷,绝收面积0.4万公顷;直接经济损失5.4亿元。

6月27日沈阳市辽中区、辽阳市和铁岭市铁岭县出现冰雹灾害,造成果树、农作物受灾和设施农业大棚受损(图4.6.4)。

8月8日,受副热带高压后部切变线影响,大连长海县出现强对流天气,伴有短时强降水、雷雨大风天气,日极大风速21.5米/秒。

图4.6.4 6月铁岭遭受雹灾(铁岭市气象局提供)

Fig. 4.6.4 Hail disaster in Tieling in June 2018(By Tieling Meteorological Service)

4.7 吉林省主要气象灾害概述

4.7.1 主要气候特点及重大气候事件

2018年吉林省年平均气温5.9℃,比常年偏高0.5℃(图4.7.1);平均年降水量690.7毫米,比常年多13%(图4.7.2)。春季气温明显偏高,4月16—30日出现持续高温,平均气温较常年同期偏高4.6℃,居新中国成立以来高温的第1位;降水偏多,透雨晚,春播期降水明显偏少,导致中西部大部土壤明显缺墒,出现春旱。夏季气温明显偏高,降水稍多。7月11日至8月4日出现持续高温,全省平均气温较常年同期偏高3.6℃,居新中国成立以来高温的第1位,中东部17县市突破历史高温极值。7月17日至8月11日降水较常年偏少59%,居新中国成立以来少雨第1位,中南部部分地区出现不同程度的伏旱,7月下旬开始受“安比”“摩羯”“温比亚”“苏力”和“西马仑”5个台风直接或间接影响，暴雨过程频繁，东部7条江河发生超警戒水位洪水，导致通化、白山等地出现局部洪涝灾害。秋季气温接近常年，降水稍多。9月下旬到10月上旬降水较常年同期偏多165%，居新中国成立以来多雨的第2位，由于降水多，湿度大，对秋收带来不利影响。

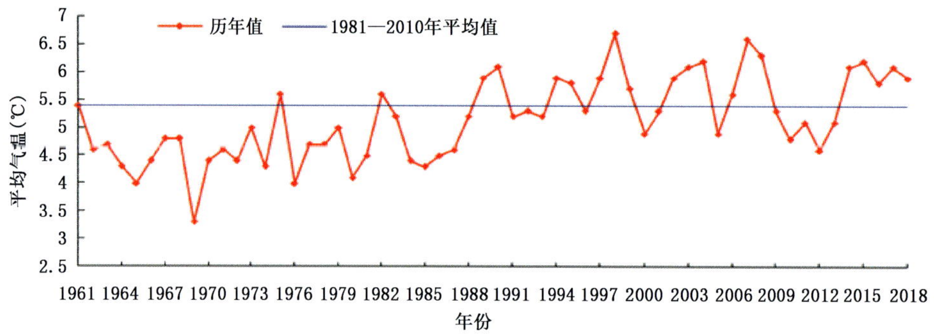

图4.7.1 1961—2018年吉林省年平均气温

Fig. 4.7.1 Annual mean temperature in Jilin during 1961—2018(Unit:℃)

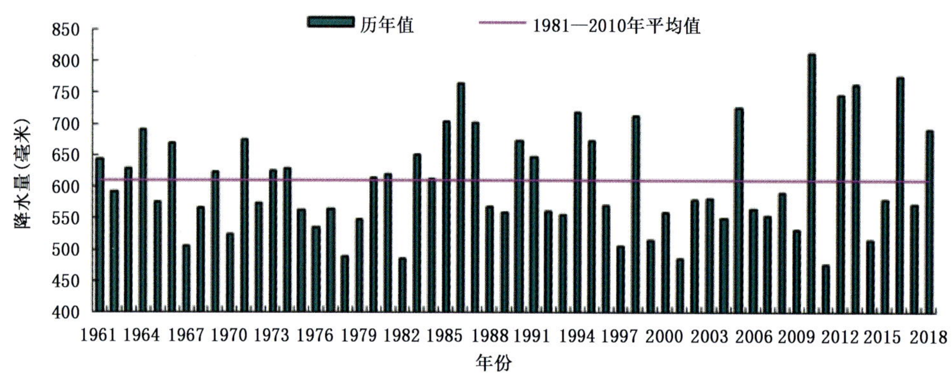

图4.7.2 1961—2018年吉林省平均年降水量

Fig. 4.7.2 Annual precipitation in Jilin during 1961—2018(unit:mm)

2018年吉林省受气象灾害影响共造成受灾人口381.8万人；农作物受灾面积132.0万公顷，绝收面积13.2万公顷；直接经济损失84.2亿元。2018年为气象灾害偏轻年。

4.7.2 主要气象灾害及影响

1. 干旱

2018年春季和夏季吉林省出现了不同程度的干旱。4月16—30日出现持续高温，平均气温较常年同期偏高4.6℃，居新中国成立以来高温的第1位，透雨晚，春播期降水明显偏少，松原、长春、四平、辽源、吉林降水量不足10毫米，突破历史同期少雨极值，导致中西部大部土壤明显缺墒，出现春旱，造成部分地区无法正常播种，或播种后出苗率低，补种、毁种比例较高。7月11日至8月4日出现持续高温，全省平均气温较常年同期偏高3.6℃，居新中国成立以来高温的第1位，中东部17县市突破历史高温极值，7月17日至8月11日降水较常年同期偏少59%，居新中国成立以来少雨第1位，温高雨少，导致中南部部分地区出现不同程度的伏旱。受春、夏两季干旱影响，中西部及辽源、通化和延边等地区出现旱情，受灾人口316.5万人；农作物受灾面积108.6万公顷，绝收面积10.4万公顷；直接经济损失58.8亿元。

7月13—31日，东辽县连续19天高温少雨，平均气温27.3℃，最高气温达37.2℃，累计降水量仅为6.7毫米，比常年少98.6毫米，全县13个乡镇233个行政村遭受伏旱灾害，玉米、大豆等农作物不同程度受灾，作物叶面打绺枯萎，叶片干枯死亡，果粒干瘪，部分岗地、坡地、山地农作物叶面点火可燃。灾害共造成农作物受灾面积6.9万公顷，成灾面积4.9万公顷，绝收面积2.2万公顷；受灾人口22万人；直接经济损失约6亿元。

2. 台风

2018年7—8月，先后有“安比”“摩羯”“温比亚”“苏力”和“西马仑”5个台风直接或间接影响吉林省，累计出现暴雨44站次，居新中国成立以来同期暴雨站次的第3位。由于台风影响，吉林省出现大范围暴雨、大暴雨，先后有7条江河发生超警戒水位洪水。导致中东部15县市出现洪涝灾害，受灾人口21.6万人，紧急转移安置1.8万人；农作物受灾面积5.4万公顷，绝收面积为0.9万公顷；直接经济损失为15.9亿元。

8月23日凌晨，敦化市受台风“苏力”“西马仑”外围水汽和高空低涡共同影响普降暴雨。23—24日，过程降水量超过100毫米的有35站，50～99.9毫米的有7站，全市过程平均降水量为121.1毫米。最大降水量出现在雁鸣湖镇小东沟村，为181.5毫米。16个乡镇的274个村和市内2个街道的4个社区，出现洪涝灾害。灾害造成部分桥涵、农田道路等基础设施被冲毁、农作物大面积受淹和浸泡后倒伏(图4.7.3)，木耳、人参、烟叶等经济作物出现不同程度损失，农业损失比较严重。灾害造成受灾人口5.8万人，安置转移人口1921人；损坏房屋36间；农作物受灾面积2.9万公顷，成灾面积1.8万公顷，绝收面积0.54万公顷；损毁河堤长度45035米，损毁沟渠长度117200米，损毁桥梁112座，供水管网损毁1300米，桥梁涵洞损坏1147座；直接经济损失2.5亿元，其中农业损失1.6亿元。

图4.7.3 台风“苏力”造成敦化市农田被淹(敦化市气象局提供)

Fig. 4.7.3 Farmland flooded in Dunhua City caused by heavy rainfall of "Soulik" typhoon (By Dunhua Meteorological Service)

3. 暴雨洪涝

2018年因暴雨洪涝灾害影响，吉林省有7县市(次)受灾，受灾人口6.2万人；农作物受灾面积1.7万公顷，绝收面积0.1万公顷；直接经济损失1.0亿元。

6月6—8日，梅河口市受低空槽强对流天气影响发生风雹和强降雨过程，最大降雨量67毫米，6月9日、10日又出现连续降雨，最大降水量57.9毫米。暴风雨引发的风灾及洪涝灾害导致牛心顶、海龙镇、双兴镇、小杨乡、吉乐乡、黑山头6个乡镇30个村，2096公顷农作物受灾，148公顷水田成灾，44公顷被泥石流覆盖。灾害造成1.5万人受灾，直接经济损失613万元，其中农业损失496万元，水渠、小塘坝、桥涵等设施损失117万元。

4. 局地强对流

2018年5—8月吉林省部分地方遭受雷雨大风、冰雹、龙卷等局地强对流天气，共有6县市(次)出现大风，长岭县出现龙卷，29县市(次)出现冰雹，8县市(次)遭受雷击，总受灾人口37.5万人，受伤4人；损坏房屋0.3万间；农作物受灾面积16.3万公顷，绝收面积1.7万公顷；直接经济损失8.5亿元，其中雷电灾害造成直接经济损失11.4万元。

6月20日01—02时，乾安县6个乡镇的40个村遭受了不同程度的风雹灾害，瞬时风力达7级，冰雹持续时间15分钟，最大冰雹直径约1.5厘米(图4.7.4)。灾害造成玉米、小麦、谷子等粮食作物，葵花、西瓜等经济作物不同程度受灾，受灾人口2.9万人；农作物受灾面积2.3万公顷，成灾面积1.1万公顷，绝收面积285公顷；直接经济损失1.3亿元。

图4.7.4　2018年6月20日吉林省乾安县受冰雹灾害(乾安县气象局提供)
Fig. 4.7.4　Hail disaster in Qian'an City of Jilin on June 20, 2018
(By Qian'an Meteorological Office)

4.8 黑龙江省主要气象灾害概述

4.8.1 主要气候特点及重大气候事件

2018年，黑龙江省年平均气温为3.5℃，比常年偏高0.5℃(图4.8.1)；平均年降水量为662.7毫米，比常年偏多26%(图4.8.2)。年内秋季平均气温特高，春季偏高，夏季略高，冬季特低；降水夏季、秋季特多，冬季、春季正常。黑龙江省2018年7月平均气温较历史同期偏高1.5℃，为1961年以来历史第 2 高位；夏季降水特多，为 1961 年以来历史第 2 高位；秋季气温特高，为 1961 年以来历史第 3 位。

2018 年黑龙江省主要气象灾害有台风、暴雨洪涝、局地强对流、干旱、低温冷冻害等。全年因气象灾害共造成 362.3 万人受灾，死亡 4 人；农作物受灾面积 415.5 万公顷，绝收面积 27.6 万公顷；直接经济损失 87.5 亿元。总体评价，2018 年属气象灾害较轻年份。

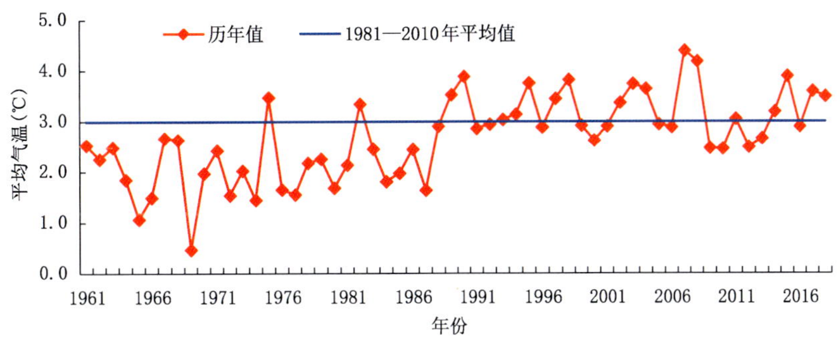

图 4.8.1　1961—2018 年黑龙江省年平均气温

Fig. 4.8.1　Annual mean temperature in Heilongjiang during 1961—2018(unit:℃)

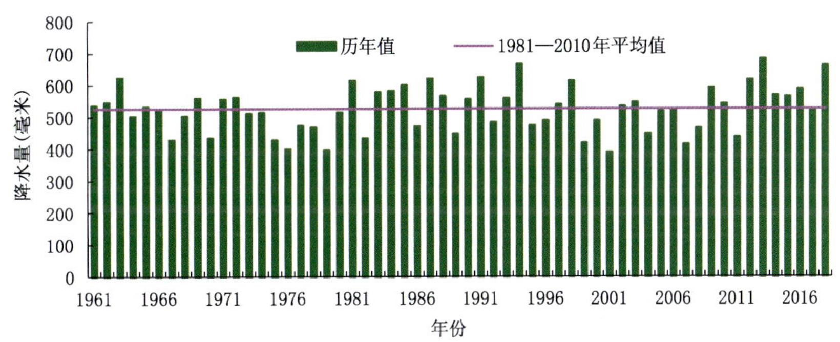

图 4.8.2　1961—2018 年黑龙江省平均年降水量

Fig. 4.8.2　Annual precipitation in Heilongjiang during 1961—2018(unit:mm)

4.8.2　主要气象灾害及影响

1. 台风

2018 年对黑龙江省造成影响的台风(变性气旋)有 5 个，其中影响最大的是“安比”和“苏力”，共有 4 市 16 县(市、区)发生台风灾害，受灾人口 10.5 万人；农作物受灾面积 3.8 万公顷，绝收面积 0.9 万公顷；直接经济损失达 3.6 亿元。

8 月 23—26 日，受台风“苏力”外围云系影响，南部地区出现持续强降水天气。25 日开始，哈尔滨市尚志市遭受暴雨袭击，降雨持续 20 多个小时，累计降水量 92.4 毫米，瞬时最大风力达到 6 级，致使 15 个乡镇的农作物(玉米、水稻、黄豆等)不同程度受灾，造成 3.3 万人受灾，农作物受灾面积 0.9 万公顷，直接经济损失 0.9 亿元。

2. 暴雨洪涝

2018 年，黑龙江省发生 6 次区域性暴雨过程，共有 13 个市(地)90 个县(市、区)发生洪涝灾害，受灾人口 192.4 万人，死亡 2 人；农作物受灾面积 105.2 万公顷，绝收面积 21.8 万公顷；直接经济损失 64.4 亿元。

暴雨主要集中在7月中下旬及8月上下旬。7月23—26日，伊春市发生强降雨，同时黑河、哈尔滨部分江河水位偏高，江河出漕，致使15个县(市、区)发生洪涝灾害，共造成7.2万人受灾，紧急转移安置2.3万人；农作物受灾面积4.6万公顷，绝收面积2.1万公顷；直接经济损失15.8亿元。

3. 局地强对流

2018年黑龙江省12个市(地)42个县(市、区)发生局地强对流天气(图4.8.3)，受灾人口64.7万人，死亡2人；农作物受灾面积38.5万公顷，绝收面积1.8万公顷；直接经济损失8.3亿元。

7月14日，受强对流天气影响，大庆市肇源县遭受风雹袭击，瞬时最大风力达10级，降雹过程持续2分钟，最大冰雹直径1厘米，造成21个育秧大棚不同程度受损，高压电塔3处损坏，500棵大树被大风折断，直接经济损失290万元。

图4.8.3　2018年6月6日，尚志市一面坡镇遭受冰雹的大豆(黑龙江省气候中心提供)

Fig. 4.8.3　Soybean by hail hazard in Yimianpo Town on June 6, 2018 (By Heilongjiang Climate Center)

4. 干旱

黑龙江省2018年因干旱共造成73.4万人受灾；农作物受灾面积229.4万公顷，绝收面积1.5万公顷；直接经济损失6.5亿元。

干旱主要发生在春季至6月中旬初。5月，由于气温偏高，降水持续偏少，且分布极不均匀，西南部出现旱象，5月28日，甘南、庆安、明水、望奎、兰西、肇源、双城7个测墒点耕层土壤重旱，至6月3日黑龙江省大部地区发生干旱，11个县市发生重旱，部分耕地出现缺苗断垄现象。6月1日，哈尔滨市双城区发生旱灾，受灾人口33.1万人，农作物受灾面积12.6万公顷，直接经济损失3.3亿元。

5. 低温冷冻害和雪灾

2018年黑龙江省受低温冷冻害和雪灾影响，共造成21.3万人受灾；农作物受灾面积38.6万公顷，绝收面积1.6万公顷；直接经济损失达4.7亿元。

9月9日，黑河市出现大范围降温天气，初霜冻偏早，致使大豆、玉米等农作物叶面萎蔫脱落，茎部和籽粒变色，产量和质量受到严重影响，此次低温冻害造成8.1万人受灾，农作物受灾面积18.8万公顷，直接经济损失2.2亿元。

4.9 上海市主要气象灾害概述

4.9.1 主要气候特点及重大气候事件

2018 年上海市年平均气温为 17.5℃，比常年偏高 1.2℃，是 1961 年以来第 3 个最暖年，与 2016 年和 2017 年持平，已连续第 19 年高于常年平均值(图 4.9.1)；上海市中心城区气温最高，年平均气温 18.2℃，比常年偏高 1.3℃，是 1873 年以来的第 3 个高值年，与 2017 年持平，郊区为 16.5～17.9℃，崇明最低。冬季气温正常，春季气温异常偏高，夏季气温偏高，秋季气温略高。上海市平均年降水量 1308.4 毫米，比常年偏多 10.7%(图 4.9.2)，各站年降水量为 1192.2(嘉定)～1539.3(南汇)毫米，偏多 0.2%～27.4%。冬季降水略多，春季降水正常，夏季降水略少，秋季降水略多。

2018 年上海市主要气象灾害有台风、暴雨、雷雨大风、雷电、低温冷冻害和雪灾、寒潮大风。全年因气象灾害造成 40.8 万人受灾，紧急转移安置 38.7 万人；农作物受灾面积 0.7 万公顷；直接经济损失 0.9 亿元。总体评价，2018 年属气象灾害偏轻年份。

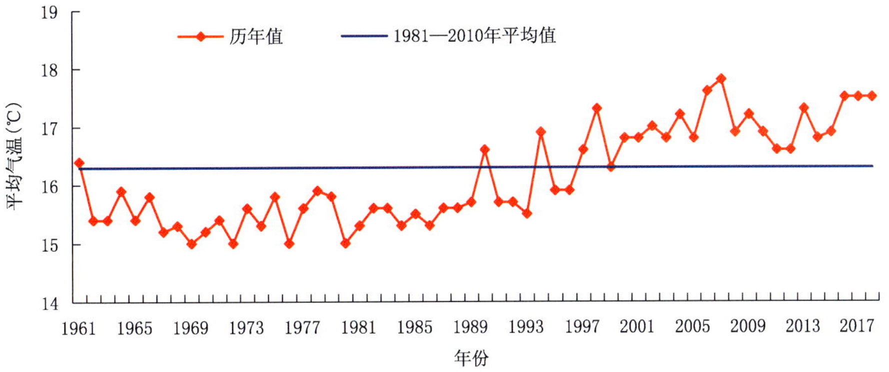

图 4.9.1 1961—2018 年上海市年平均气温

Fig. 4.9.1 Annual mean temperature in Shanghai during 1961—2018 (unit: ℃)

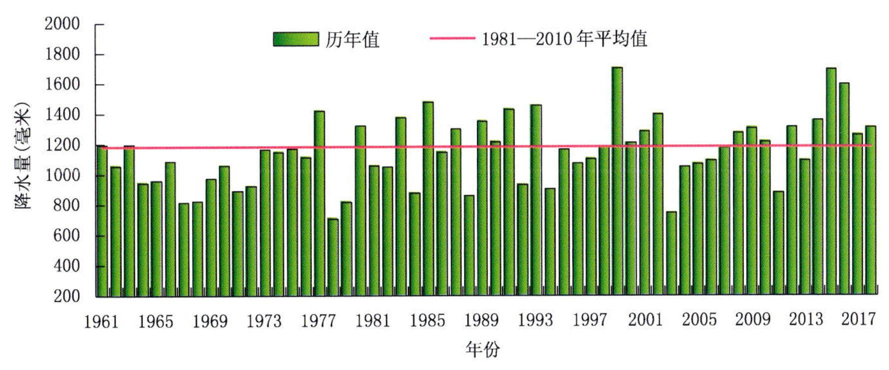

图 4.9.2 1961—2018 年上海市平均年降水量

Fig. 4.9.2 Annual precipitation in Shanghai during 1961—2018 (unit: mm)

4.9.2 主要气象灾害及影响

1. 暴雨洪涝

2018 年上海市平均暴雨日数(11 站平均)为 4 天，比常年多 1 天。暴雨主要出现在 5—9 月，以局地强降水为主，暴雨造成 70 条以上马路、80 多处房屋、10 多个小区积水，40 多辆车抛锚。

2. 台风

2018 年共有 6 个台风相继影响上海地区。7 月 22 日台风“安比”、8 月 3 日台风“云雀”、8 月 17 日台风“温比亚”登陆上海，8 月 12—13 日台风“摩羯”影响上海，上海成为首个 30 天内有 3 个台风登陆并有 1 个台风影响的城市。这 4 个台风引起的风雨对上海影响较大，造成 40.8 万人受灾，紧急转移安置 38.7 万人；农作物受灾面积 0.7 万公顷；直接经济损失 0.9 亿元。大风刮坏 27 个红绿灯，刮倒树木、广告牌、指示牌等，致使 252 辆车被砸，影响 204 条道路交通，还发生多起电线杆刮倒和电线刮断压断事件，导致多个小区停电(图 4.9.3)；暴雨造成 50 多条道路和 10 个以上小区房屋积水，10 余辆车抛锚；上海两大机场延误取消航班 2300 多架次。

7 月 11 日台风“玛莉亚”和 10 月 5 日台风“康妮”以大风影响为主，刮倒树木、木板和玻璃等杂物，砸坏 89 台车辆，影响 34 条道路交通，吹坏 12 个红绿灯和 7 个雨棚。

图 4.9.3 2018 年 8 月 16—17 日台风“温比亚”造成上海宝山区马路积水(左)和崇明区树木倒伏(右)
(上海市宝山区气象局、崇明区气象局提供)

Fig. 4.9.3 Water logged in Baoshan (left) and flattened trees in Chongming (right) of Shanghai by typhoon “Rumbia” during August 16－17, 2018
(By Baoshan Meteorological Office and Chongming Meteorological Office)

3. 局地强对流

受雷暴云团影响，2018 年汛期上海市发生致灾雷雨大风 13 起，发生 10 起树木被大风吹倒事件，分别砸坏 4 辆轿车，影响 10 条道路通行；大风吹断了 2 处电线，吹倒 10 多根电线杆和 1 个监控，7 辆轿车分别被掉落的钢板、石膏板、铁皮等砸坏。

2018 年汛期上海市发生雷击致灾事件 15 起。雷电致使 1 幢民居着火，打坏 2 个屋顶、2 个变压器和 4 个交通信号灯，打碎 1 户民居玻璃，打断 4 处以上电线，引起 90 户以上居民和一个村断电。

4. 低温冷冻害和雪灾

受北方强冷空气影响，2018 年 1 月 24—28 日上海地区出现大范围雨雪冰冻天气。道路结冰造成 120 余起汽车追尾、相撞或侧翻事故；积雪压垮雨棚、压断树枝砸坏 30 余辆汽车；大雪导致车祸和骨折跌伤急诊病人明显增多，25 日夜间上海市第六人民医院骨科诊治 200 余人，呈明显增多态势；受大面积冰冻雨雪天气影响，25 日上海站停运 70 余趟列车，长途客运取消或延误 400 余班次，两大机场取消 140 多个航班。

5. 寒潮大风

2018年2月、3月和12月受冷空气影响，上海共出现3次寒潮大风。大风吹倒12棵树，吹断4条电线，吹倒3根电线杆、17个信号灯杆、3个道路指示牌，影响7条道路通行，共有48辆车分别被风刮倒的树木、雨棚、围栏、广告牌等砸坏。

4.10 江苏省主要气象灾害概述

4.10.1 主要气候特点及重大气候事件

2018年，江苏省年平均气温16.4℃，较常年偏高1.1℃(图4.10.1)，达到历史第三高值，冬季正常，春季、夏季气温显著偏高，秋季及12月气温偏高。平均年降水量为1155.2毫米，较常年偏多1.3成(图4.10.2)，春季及12月明显偏多，夏季偏少，冬季、秋季正常。

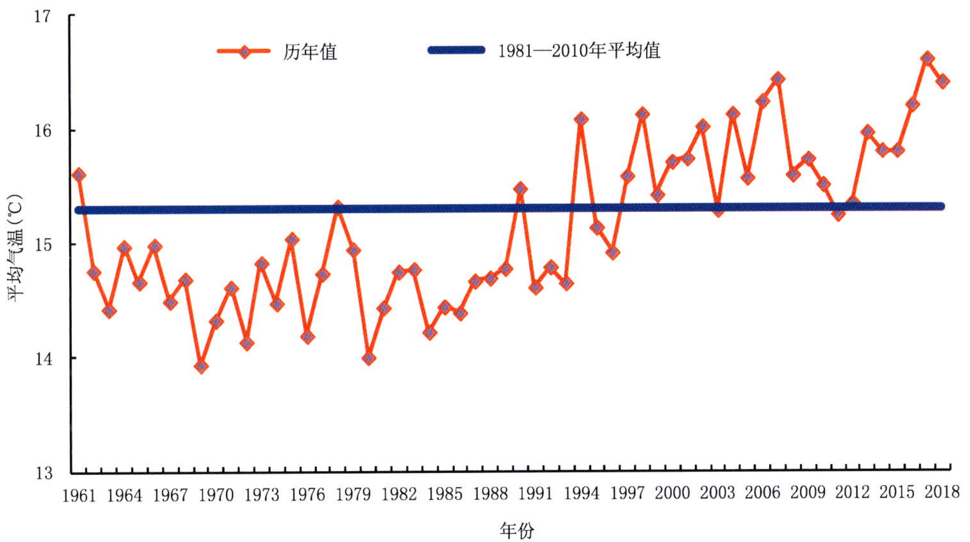

图4.10.1 1961—2018年江苏省年平均气温

Fig. 4.10.1 Annual mean temperature in Jiangsu during 1961—2018(unit:℃)

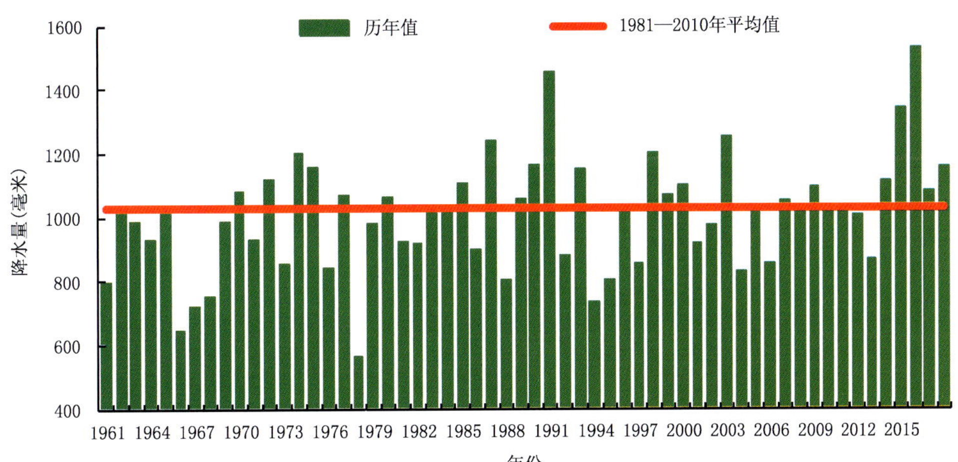

图4.10.2 1961—2018年江苏省平均年降水量

Fig. 4.10.2 Annual precipitation in Jiangsu during 1961—2018(unit:mm)

2018年主要气象灾害有寒潮、暴雪、大风、暴雨洪涝、台风、高温、雾霾、秋冬季连阴雨等，发生频次较2017年有所增加。江苏省共有348.3万人次不同程度受灾，因灾受伤620人、死亡17人；农作物受灾面积约38万公顷，绝收面积3.5万公顷；直接经济损失约41.3亿元。从灾情分析来看，因暴雨洪涝、台风、强对流、暴雪等造成的人民生命财产、农业经济损失和直接经济损失严重。2018年江苏省主要农作物、海盐、旅游及交通行业气候年景较好，水资源及河蟹养殖生产等行业气候年景正常，水环境气候年景则较差。

4.10.2 主要气象灾害及影响

1. 强对流天气

2018年江苏省因强对流天气共造成71.5万人受灾，受伤11人、死亡7人；房屋损坏0.6万间、倒塌230间；农作物受灾面积约9.9万公顷，绝收面积0.3万公顷；直接经济损失约4.7亿元。

5月16日徐州睢宁县出现雷雨大风、冰雹和短时强降水灾害天气过程，极大风达10级，日最大雨量56.9毫米。官山、邱集等18个镇(街道)遭受灾害。风雹导致8555棵树木倒伏，严重损毁房屋间202间；农作物受灾面积14394公顷；受灾人口123864人，死亡2人；31条供电线路和20千米通信光缆受损；直接经济损失1344万元。

5月16日10时50分至15时20分，受西风槽东移影响，连云港东海县出现雷雨大风并伴有强雷电极端天气。东海11时56分极大风速23.8米/秒、安峰镇21.5米/秒，均达到9级，青湖、石梁河、薛团、驼峰风力达8级。南辰自动站过程最大雨量37.1毫米。本次雷雨大风过程，对东海县部分乡镇种植大棚造成较大程度的损坏。灾情主要发生在石梁河、平明镇、石湖乡、白塔埠镇、曲阳乡、洪庄镇、黄川等乡镇。灾害类型主要有麦田倒伏、蔬菜大棚倒塌、果园落果、损坏房屋等。东海县受灾人口207651人，农作物受灾面积8495.66公顷，损坏房屋间407间，直接经济损失3481.2万元。

2. 暴雨洪涝

2018年江苏省因暴雨洪涝影响共造成9.5万人受灾，紧急转移安置6947人；农作物受灾面积0.9万公顷，绝收面积0.1万公顷，损坏大棚860座；直接经济损失2.9亿元。

受江淮气旋东移影响，7月5—6日江苏省出现梅雨期内首场大暴雨，累计降水大值区位于沿淮一带及沿江西部，有9站累计降水量在52～96.7毫米之间，22站超过100毫米，仪征站达230.7毫米。5日有10站达到大暴雨级别，15站达暴雨级别；6日有2站达到大暴雨级别，7站达暴雨级别。共有9个站日降水量进入了7月历史同期前十位，洪泽(170.7毫米)创历史同期新高，灌南、泗阳和滨海站为历史同期第三高值。此次过程强度为7月上旬历史同期罕见。

7月5—6日暴雨过程，泗洪县受灾人口35681人；农作物受灾面积25431.8公顷，大棚损坏194.79万平方米；倒塌房屋4间，损坏房屋32间；直接经济损失共计8908.8万元。

盐城响水县受灾人口2550人；农作物受灾面积1370公顷，成灾面积400公顷，绝收面积200公顷；直接经济损失890万元。滨海县部分乡镇农田受淹，有房屋倒塌；受灾总人数19996人，损坏房屋21间，农业受灾面3325公顷，直接经济损失达20万元。

沭阳县钱集镇、塘沟镇、胡集镇、周集乡、张圩乡、北丁集乡等乡镇共计受灾农业大棚860个，农作物受灾面积300余公顷，直接经济损失约963万元。

宿迁市受灾人口28725人；农作物受灾面积8875.63公顷，成灾面积1601.33公顷；损坏房屋47间；直接经济损失3786.95万元。

仪征市受灾人口1587人，紧急转移安置203人；房屋渍水被淹972间；农作物受灾面积约2746.76公顷；经济损失1424.13万元。

3. 台风

2018 年江苏省受台风影响，共造成 236.3 万人受灾，紧急转移安置 2.8 万人，受伤 31 人、死亡 9 人；农作物受灾面积 25.0 万公顷，绝收面积 3.0 万公顷，设施大棚受损 9295 座，直接经济损失约 24.3 亿元。

2018 年夏秋季共有 8 个台风影响江苏，较往年偏多。特别是自 7 月 22 日受台风“安比”影响以来，至 8 月 19 日“温比亚”影响结束，一个月内江苏省遭受了 4 个台风的直接影响，分别为第 10 号台风“安比”、12 号台风“云雀”、14 号台风“摩羯”及 18 号台风“温比亚”，台风中心移动经过江苏省境内或擦边而过，这种短时间内连续 4 个台风直接影响江苏省的情况在历史记录中尚属首次。

2018 年第 10 号台风“安比”，7 月 22 日 13 时 45 分前后进入江苏省启东境内后向西北方向移动，23 日 11 时 40 分移出江苏省进入山东。受其影响，7 月 21 日夜到 23 日白天，江苏省普遍出现降水及 6 级以上大风，东部沿海最大风力达 8～10 级、局部 11～13 级，中东部地区出现大到暴雨、部分地区大暴雨。22—24 日累计雨量，江苏省常规站中共有 1 站累计降水量超 100 毫米，17 站累计降水量 50～100 毫米，最大降水过程出现在吕泗(101.0 毫米)，极大风速 29.9 米/秒(西连岛)。盐城市受灾人口 94138 人，紧急安置转移 5789 人，损坏房屋 710 间，农作物受灾面积 24915.3 公顷，直接经济损失 8395.2 万元。其中，大丰区受灾人口 29136 人，紧急安置转移 1395 人；损坏房屋 34 间；农作物受灾面积 6442 公顷，成灾面积 1967 公顷，绝收面积 559 公顷；直接经济损失 2278.2 万元。射阳县受灾人口 18285 人，损坏房屋 26 间，农作物受灾面积 6014 公顷，林木损失 11400 颗，直接经济损失 1990.6 万元。

2018 年第 18 号台风“温比亚”，8 月 17 日 06 时 40 分进入江苏省吴江境内后，继续向西偏北方向移动，经过宜兴、溧阳、高淳等县(市)，于 13 时 30 分移出江苏省。台风“温比亚”对江苏省影响时间长、范围广、风雨强。受其影响，8 月 16 日夜—19 日，江苏省陆续出现强风雨天气，大部分地区出现暴雨到大暴雨、局部特大暴雨，最大风力陆上普遍达 7～9 级、部分地区 10～11 级，沿海海面大部 10～12 级。经统计，16 日 08 时至 20 日 08 时累计雨量丰县、沛县分别达 314 毫米和 264 毫米。受台风“温比亚”影响，徐州丰县 18 日夜间普降大暴雨，受灾人口 72.67 万人，紧急转移安置 2893 人，因灾死亡 2 人；农作物受灾面积 6 万公顷，成灾面积 3 公顷，绝收面积 1 万公顷。居民住房损坏 1096 间，倒塌房屋 411 间；电线杆损坏 850 根，桥梁损坏 104 座，小型闸站损坏 266 座，道路损毁 8500 余米；直接经济损失 55592.2 万元，其中农作物直接损失 42095 万元，工业损失 2625 万元，家庭财产损失 383.2 万元，基础设施损失 10349 万元。宿迁泗洪县受灾人口 2787 人，损坏房屋 195 间，农作物受灾面积 6315.3 公顷，大棚损坏 1274468 平方米，直接经济损失约 6241.6 万元。

4. 雪灾

2018 年江苏省因雪灾影响共造成 23 万人受灾，受伤 571 人、死亡 1 人，紧急转移安置 0.1 万人；农作物受灾面积 1.7 万公顷，绝收面积 200 公顷，损坏大棚 7486 座；直接经济损失 9.2 亿元。

受北方强冷空气影响，在 2018 年 1 月 3—5 日出现区域性暴雪之后，1 月 24—28 日再次出现 2009 年来最强区域性暴雪过程，46 站最大积雪深度达到暴雪，10 站积雪超过 20 厘米，最大值出现在宜兴(1 月 27 日积雪深度达 29 厘米)，37 个站点积雪深度刷新了 2009 年以来本站记录。这次连续低温雨雪天气过程的持续时间、灾情损失、影响程度等均为 2009 年以来最强，灾情主要集中在淮河以南地区，对交通运输、设施农业和人民生活等造成了巨大影响。

4.11 浙江省主要气象灾害概述

4.11.1 主要气候特点及重大气候事件

2018 年浙江省平均气温 18.2℃，比常年偏高 1.0℃（图 4.11.1）。平均年降水量 1571.3 毫米，比常年偏多 1 成（图 4.11.2）。

浙江省 1 月出现大范围冰冻雨雪天气；3 月遭遇近 13 年来最强强对流天气；5 月出现同期历史罕见的高温过程；6 月强降水引发城市内涝；年内共有 6 个台风影响浙江省，为 14 年来最多；11 月 25 日至 12 月 2 日，浙中北部连续 8 天出现大范围大雾，影响交通出行。全年浙江省累计受灾人口 139.9 万人，因灾死亡 2 人；农作物受灾面积 16.9 万公顷，绝收面积 0.2 万公顷；房屋倒塌 145 间；直接经济损失 36.8 亿元。

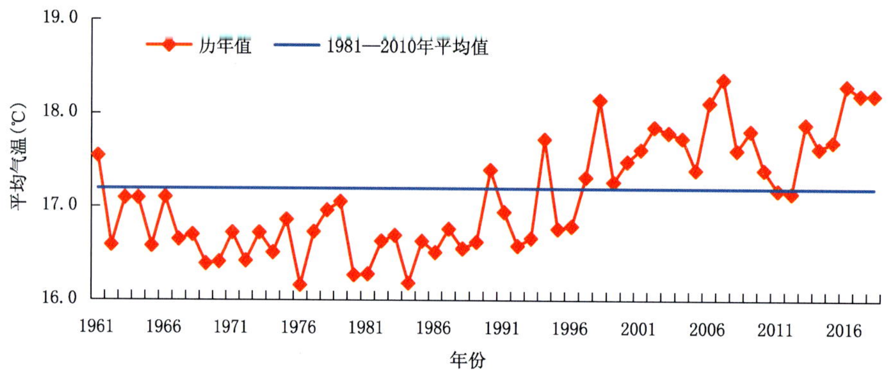

图 4.11.1 1961—2018 年浙江省年平均气温

Fig. 4.11.1 Annual mean temperature in Zhejiang during 1961—2018(unit: ℃)

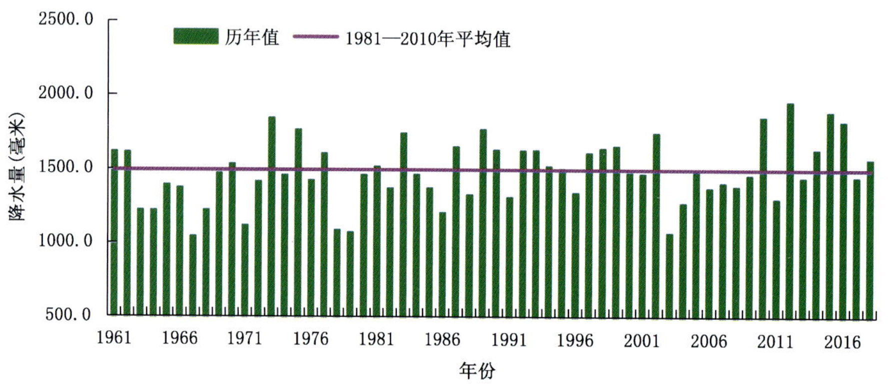

图 4.11.2 1961—2018 年浙江省平均年降水量

Fig. 4.11.2 Annual precipitation in Zhejiang during 1961—2018(unit: mm)

4.11.2 主要气象灾害及影响

1. 台风

2018 年对浙江省造成影响的台风有 6 个，为近 14 年来最多。台风"云雀""温比亚"先后进入杭州湾，历史罕见。台风"摩羯"于 8 月 12 日在浙江省台州市温岭沿海登陆，影响较大。受热带气旋影响，浙江省受灾人口 96.7 万人；农作物受灾面积 4.6 万公顷，绝收面积 1500 公顷；直接经济损失

15.7 亿元，其中农业损失 8.4 亿元。

受台风“玛莉亚”影响，7 月 10 日傍晚开始浙江沿海出现大风暴雨天气，苍南、平阳出现 16 级大风，共有 92 个乡镇累计雨量超过 50 毫米。浙江省受灾人口 43.3 万人；农作物受灾面积 3.2 万公顷，绝收面积 158 公顷；直接经济损失 9.4 亿元。

受台风“摩羯”影响，8 月 12—13 日大部地区出现大到暴雨，暴雨覆盖面积约 4 万平方千米，有 115 个乡镇累计雨量超过 100 毫米，嵊泗嵊山高达 192 毫米，浙江沿海出现 9～11 级、局部 12～13 级大风，温岭石塘镇三蒜岛 13 级(37.5 米/秒)。浙江省受灾人口 24.9 万人，2.1 万艘渔船、4525 艘非渔船回港避风或处于安全水域。

2. 低温冷冻害和雪灾

2018 年浙江省因低温冰冻害和雪灾造成 37.8 万人受灾；农作物受灾面积 11.9 万公顷，绝收面积 200 公顷；直接经济损失 18.5 亿元。

1 月 23—29 日，浙江省出现一次大范围雨雪和严重低温冰冻天气过程。有 31 个县(市、区)出现积雪，主要分布在浙北，最大积雪深度为 22 厘米(长兴)，最低气温达−12.3℃(临安)。受其影响，浙江省 21 条高速公路实施限行，108 条农村公路封道；5907 个班次的客运大巴取消，43 趟列车停运；萧山机场 308 架次航班取消，农作物受灾面积 11.6 万公顷，直接经济损失 17.3 亿元。

3. 局地强对流

3 月 4 日傍晚，受对流云团影响，浙江省自西向东出现大范围雷雨大风、局地短时强降雨等恶劣天气，共有 134 个乡镇出现 10 级以上雷雨大风。丽水、嘉兴和衢州受灾严重，直接经济损失 9165 万元以上，受灾人口 1.8 万人以上。

5 月 19 日 15 时 10 分，浙江省丽水市青田县东源镇平溪村佳源电力建设公司遭雷击，造成 1 人身亡。

4.12 安徽省主要气象灾害概述

4.12.1 主要气候特点及重大气候事件

2018 年，安徽省年平均气温 16.6℃，较常年偏高 0.7℃(图 4.12.1)，冬季平均气温偏低，夏季、秋季偏高，春季异常偏高 1.8℃，创历史同期新高；平均年降水量 1316 毫米，较常年略偏多(图 4.12.2)，冬季、春季降水偏多，夏季、秋季偏少；入梅和出梅基本正常，梅雨期接近常年，梅雨量偏少，梅雨强度偏弱。

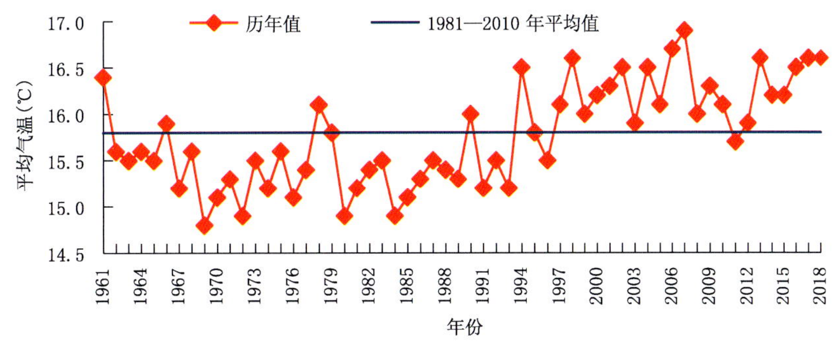

图 4.12.1 1961—2018 年安徽省年平均气温

Fig. 4.12.1 Annual mean temperature in Anhui during 1961−2018(unit: ℃)

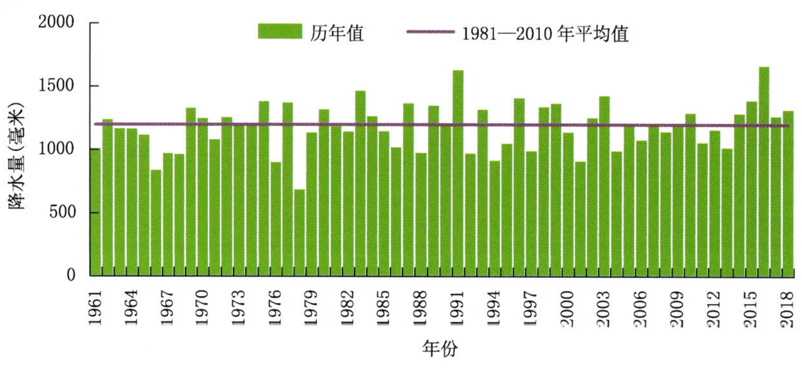

图 4.12.2 1961—2018 年安徽省平均年降水量
Fig. 4.12.2 Annual precipitation in Anhui during 1961—2018(unit: mm)

2018 年,安徽省因低温雨雪冰冻、热带气旋、暴雨洪涝、连阴雨、强对流等气象灾害造成受灾人口 728.3 万人,死亡 35 人;农作物受灾面积 86.3 万公顷,绝收面积 11.2 万公顷;直接经济损失 138.2 亿元。气象灾害损失接近多年平均值(1996—2017 年平均),未出现严重旱涝,但低温雨雪冰冻及台风灾害影响重,利用气候年景等级评估,2018 年安徽省为正常气候年景。

4.12.2 主要气象灾害及影响

1. 低温雨雪冰冻

2018 年,年初和年末安徽出现大范围低温雨雪冰冻天气,造成 251.3 万人受灾,19 人死亡;农作物受灾面积 26.7 万公顷,绝收面积 1.1 万公顷;直接经济损失 69.7 亿元。与多年平均值相比,受灾程度总体较重,主要受灾地区为六安、安庆、滁州和阜阳。

年初遭遇 2008 年以来最强低温雨雪冰冻灾害,1 月 3—7 日集中在沿淮、江淮之间北部及东部,1 月 23 日至 2 月 6 日集中在江淮之间中部及沿江江南东部(图 4.12.3),最大积雪深度普遍超过 10 厘米,20 厘米以上市县(45 个)为 1961 年以来第二多值,仅少于 2008 年;18 个市县超过 30 厘米,明光、定远、金寨达 40 厘米,合肥以北 15 个市县为本站历史第一位;江北大部极端气温低于−10℃,11 个市县创 1991 年以来最低值,大别山区和皖南山区出现冻雨。低温雨雪冰冻导致交通受阻,设施大棚倒塌,并造成人员伤亡,为全国受灾程度最重的省份。

2. 台风

2018 年,1808 号、1810 号、1812 号、1814 号及 1818 号等 5 个台风先后影响安徽省,造成 323.3 万人受灾;农作物受灾面积 41.0 万公顷,绝收面积 7.7 万公顷;直接经济损失 56.0 亿元,较多年平均损失偏重。主要受灾地区为宿州、淮北和蚌埠。

台风"温比亚"过境安徽,造成罕见风雨影响,与 2012 年 11 号台风"海葵"总体相当,为近 6 年来影响安徽最强的台风。其于 8 月 15 日生成,17 日 13 时进入安徽,18 日 03 时移出,台风中心位于安徽时间长达 14 小时,风雨影响时间超过 80 小时(图 4.12.4);过程累计雨量超过 100 毫米的面积为 7.14 万平方千米(占全省面积的 51%),17 个乡镇累计雨量超过 400 毫米,最大萧县永堌 479.4 毫米;8 月 18—19 日累计 73 个市县暴雨和大暴雨,淮北市(277.9 毫米)、濉溪(269.2 毫米)达特大暴雨,淮北市、濉溪、宿州、凤阳突破本站日雨量历史极值,13 个市县破 8 月纪录;江北阵风普遍为 7～9 级,19 个乡镇 10 级以上,最大为巢湖航标站的 12 级(33.2 米/秒)。

3. 暴雨洪涝

2018 年,安徽省暴雨过程多集中在春夏季,造成 110.7 万人受灾,死亡 1 人;农作物受灾面积 14.9 万公顷,绝收面积 2.2 万公顷;直接经济损失 10.9 亿元,较多年平均值偏少 8 成。蚌埠、滁州

图 4.12.3　2018 年 1 月 27 日黄山光明顶气象站天气雷达避雷针因覆冰断裂(黄山气象管理处提供)
Fig. 4.12.3　Guangmingding Meteorological Station weather radar lightning rod was broken because of covered ice on January 27, 2018 (By Huangshan Meteorological Management Office)

图 4.12.4　2018 年 8 月 17—18 日台风“温比亚”造成灵璧县玉米大面积倒伏(安徽省灵璧县气象局提供)
Fig. 4.12.4　The typhoon “Wambia” caused a large area of flattened corn in Lingbi County, Anhui Province during August 17 to 18, 2018 (By Lingbi Meteorological Office)

和宿州受灾相对较重。

梅雨期降水过程以 7 月 4—8 日最强，1124 个乡镇累计雨量超过 100 毫米，29 个乡镇超过 200 毫米，最大泗县三界水文站，达 343.5 毫米；42 个市县出现暴雨及大暴雨，其中 7 月 5 日降水强度大，22 个市县为暴雨，涡阳、天柱山、五河及界首为大暴雨；石台和东至小时雨量突破本站纪录，潜山茶庄 160.6 毫米（7 月 4 日 22 时），打破安徽省小时雨量历史纪录。

4. 连阴雨

2018 年春季安徽出现 3 段连阴雨天气过程，以 5 月 16—27 日强度最强。5 月 16—27 日，安徽省维持阴雨天气，63 个市县达连阴雨标准，江北 24 个市县达到中等及以上强度，阜阳、长丰、金寨和霍山达最强等级；全省累计雨量（122 毫米）较常年同期偏多 1.9 倍，为 1961 年以来第二多值，仅次于 1991 年；39 个市县出现暴雨及大暴雨，长丰、蚌埠、明光、淮南、金寨日雨量打破本站历史 5 月纪录。

4.13 福建省主要气象灾害概述

4.13.1 主要气候特点及重大气候事件

2018 年，福建省年平均气温 20.3℃，较常年偏高 0.8℃，与 2016 年并列为 1961 年以来历史第三高值（图 4.13.1）；平均年降水量 1558.1 毫米，较常年偏少 6%（图 4.13.2）；日照正常。前冬雨雪交替，1 月上旬暴雨致中南部多个县（市）日降水量破历史同期极值，2 月上旬出现持续低温，光泽、福州、罗源等 10 县（市）最低气温跌破历史 2 月纪录；5 月出现少有的大范围高温天气，高温初日（5 月 16 日）为历史第二早，全省近三分之二县（市）城区最高气温突破当地历史同期极值；降水局地性、极端性强；5 月 7 日厦门突发局地特大暴雨，最大 3 小时和 1 小时降水量远远超出有气象观测记录以来历史极值，造成厦门思明区严重积涝；登陆台风“玛莉亚”影响大，霞浦、闽侯、连江等 9 城区极大风速打破当地 7 月纪录；春夏季发生近 15 年来最强气象干旱，全省超过三分之二县（市）出现气象特旱；秋季出现罕见阴雨寡照天气，尤其 11 月，全省普遍雨日多、日照少。

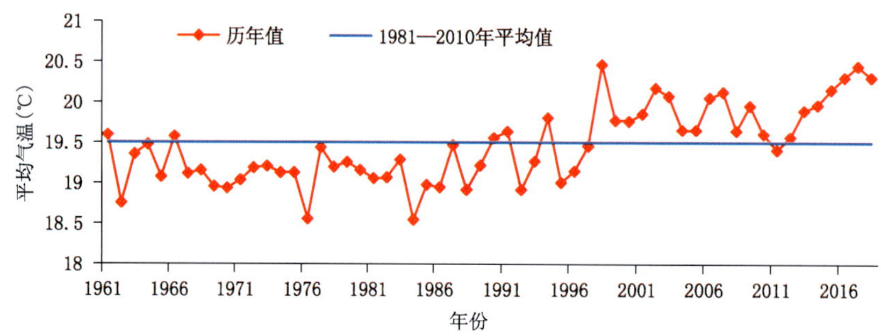

图 4.13.1 1961—2018 年福建省年平均气温

Fig. 4.13.1 Annual mean temperature in Fujian Province during 1961－2018(unit:℃)

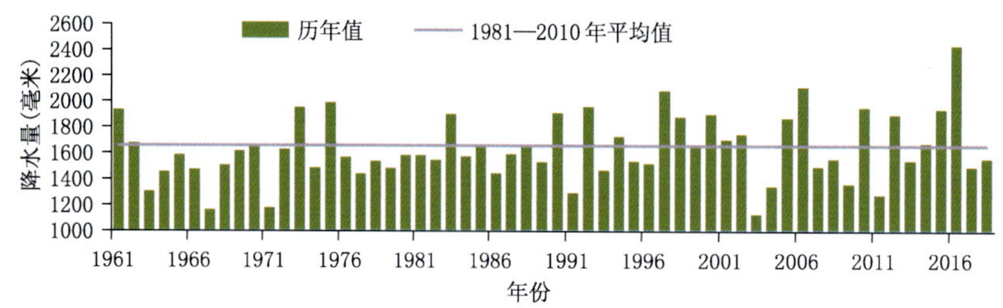

图 4.13.2 1961—2018 年福建省平均年降水量

Fig. 4.13.2 Annual precipitation in Fujian Province during 1961－2018(unit: mm)

2018 年，福建省气候总体平稳，年景较好。主要气象灾害有台风、暴雨、高温和气象干旱，以台风、暴雨洪涝造成的损失为重，其中登陆台风“玛莉亚”影响大，直接经济损失占全年气象灾害总损失的 81.9%。由于台风登陆个数少、整体影响偏轻，雨季降水强度偏弱，气象灾害造成的经济损失(38.1 亿元)在近 8 年中属较轻，但略重于 2017 年。

4.13.2 主要气象灾害及影响

1. 台风

2018 年，共有 8 个热带气旋影响福建，台风造成福建省 87 万人受灾，紧急转移安置 21.1 万人；直接经济损失为 32.4 亿元，占全年气象灾害总损失的 85.0%。受登陆台风“玛莉亚”(强台风级)影响，中北部沿海大风 11～13 级、阵风 14～17 级(图 4.13.3)，最大风速以福鼎沙埕镇的 47.9 米/秒为最大，城区以罗源的 33.9 米/秒为最大；极大风速以霞浦三沙镇 59.3 米/秒为最大，城区以罗源的 56.1 米/秒为最大，罗源、宁德、连江等 9 县城区极大风速突破有气象记录以来 7 月极值，罗源和宁德城区破历史极值；“玛莉亚”带来的强降水集中在中北部，以福鼎市 140.9 毫米最大。“玛莉亚”以大风影响为重，据福建省民政部门统计，福建省 83.8 万人受灾，紧急转移安置 20.9 万人；直接经济总损失 31.2 亿元，占全年气象灾害总损失的 81.9%(图 4.13.3)。

图 4.13.3　2018 年 7 月 11 日连江沿海风暴潮(左)和海上漂浮的遭破坏船只(右)(连江县气象局提供)
Fig. 4.13.3　Storm surge along the coast of Lianjiang (left) and damaged ships floating on the sea (right) On July 11, 2018 (By Lianjiang Meteorological Office)

2. 暴雨洪涝(滑坡、泥石流)

福建省 2018 年内共出现 19 次暴雨过程，84%的暴雨过程偏弱，主要集中在春夏两季，雨季降水总体偏弱，台风影响的较大暴雨过程少，汛期平稳，全年持续性强降水过程(2 场)偏少(常年 4 场)，暴雨洪涝灾害总体偏轻。但由于降水的分散性、短时性和极端性强，部分区域受灾较重。5 月上旬厦门出现罕见局地短时强降水，最大 3 小时雨量达 274.0 毫米(为历史极值的 2.4 倍)，最大 1 小时雨量达 107.5 毫米(为历史极值的 1.2 倍)，刷新厦门有气象观测记录以来历史极值，导致厦门城区严重积涝；9 月 3 次暴雨过程，持续时间短、范围小，落区未重叠，但极端性强，致局部涝灾严重。暴雨洪涝灾害共导致福建省 8.3 万人受灾，因地质灾害死亡 2 人；农作物受灾面积 0.8 万公顷；直接经济损失 2.2 亿元，占全年气象灾害总损失的 5.8%。

3. 低温冷冻害和雪灾

2018 年冬季共发生了 2 次持续性低温过程。1 月 28 日至 2 月 8 日持续性低温过程，有 10 个县(市)日最低气温破当地 2 月历史同期纪录，三明、南平出现积雪，降雪最南端到达泉州市。4 月 6—9 日冷空气过程强度强，出现晚霜冻害。低温冷冻灾害和雪灾共造成 4.8 万人受灾，紧急转移安置 542 人；农作物受灾面积 1.1 万公顷；直接经济损失 1.3 亿元，占全年气象灾害总损失的 3.4%。

4. 干旱

2018 年，气象干旱以春夏连旱为重，干旱过程开始于 3 月下旬，结束于 8 月下旬，为 1961 年以来历史第五长干旱过程。过程综合强度指数位列历史第三强，有 61 个县(市)达到气象重旱以上，49 个县(市)达气象特旱。严重旱段在春季，主要旱区在南部沿海和内陆地区，导致水库水位下降和农田受旱，粮食作物受灾程度较重。旱灾导致福建省 14.2 万人受灾，农作物受灾面积 2.4 万公顷，直接经济损失 1.1 亿元，占全年气象灾害总损失的 2.9%。

5. 高温

2018 年共出现 11 次高温过程，与 2013 年、1991 年和 1971 年并列历史第三多值。高温出现早，天数多，高温初日(5 月 16 日)为历史第二早，5 月福建省近三分之二县(市)城区最高气温突破当地历史同期极值；年平均气温≥35℃高温日数 35.0 天，较常年同期偏多 13.6 天，位居历史第三位。过程持续时间超 5 天的高温过程有 2 次，皆为 8 天。

6. 局地强对流

2017 年共出现 8 次强对流天气过程，主要集中在春季，3 月 4—5 日、5 月 1—2 日、5 月 18—24 日、5 月 27—31 日和 7 月 31 日至 8 月 1 日过程伴随降雹，其中 3 月 4—5 日和 5 月 18—24 日范围广、强度强，最大冰雹直径达 10～20 毫米，3 月 4 日武夷山极大风速 26.1 米/秒，超历史极值。强对流导致泉州市、三明市、莆田市、南平市、宁德市 0.8 万人受灾，死亡 3 人；直接经济损失 1.1 亿元，占全年气象灾害总损失的 2.9%。

4.14 江西省主要气象灾害概述

4.14.1 主要气候特点及重大气候事件

2018 年，江西省平均气温 18.9 ℃，较常年偏高 0.9 ℃(图 4.14.1)，和 2013 年、2016 年并列历史第二高位(仅次于 2007 年的 19.0℃)，有 13 个县(市、区)创历史新高；平均年降水量 1720.3 毫米，接近常年(图 4.14.2)，修水县年降水量创历史新高。年内，气温偏高但起伏大，5 月和春季气温创新高，高温日数多、出现时间早，清明后赣北出现低温晚霜冻；降水时空分布不均，2—9 月降水持续偏少，多地出现春夏连旱，秋冬季降水明显偏多，出现阶段性阴雨寡照天气；春夏季强对流天气频发，3 月初江西省遭遇罕见雷暴大风天气；台风影响时间偏早致灾重；年初年末出现雨雪冰冻和大雪。

年内，江西省主要的气象灾害有暴雨洪涝、干旱、风雹、雷电、台风、冰冻、雪灾和大雾等，干旱灾害经济损失最大，占全年气象灾害损失的 31.3%，其次是暴雨洪涝，占总灾损 31.0%。全年因气象灾害或由气象灾害引发的次生灾害，导致江西省 621.1 万人(次)受灾，因灾死亡 36 人(其中，雷击死亡 17 人)，紧急转移安置 21.3 万人(次)；农作物受灾面积 53.1 万公顷，绝收面积 6.0 万公顷；直接经济损失 58.8 亿元。2018 年江西省气候灾害年景为一般。

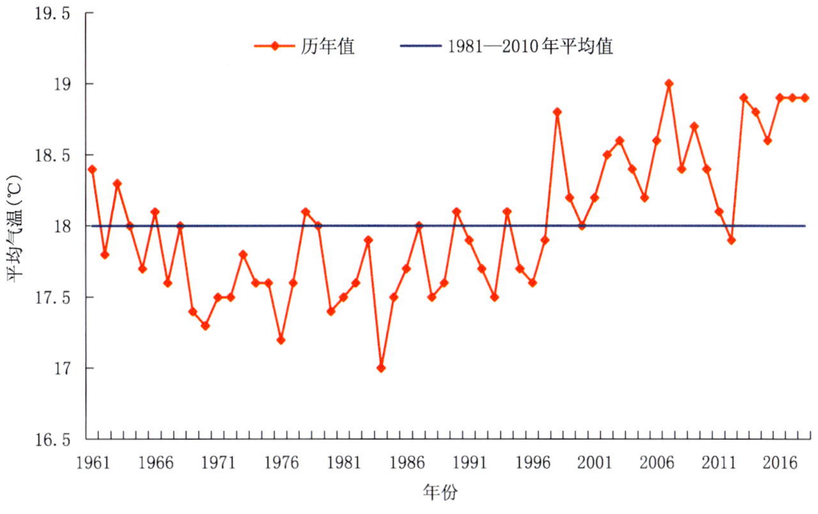

图 4.14.1　1961—2018 年江西省年平均气温

Fig. 4.14.1　Annual mean temperature in Jiangxi during 1961—2018(unit:℃)

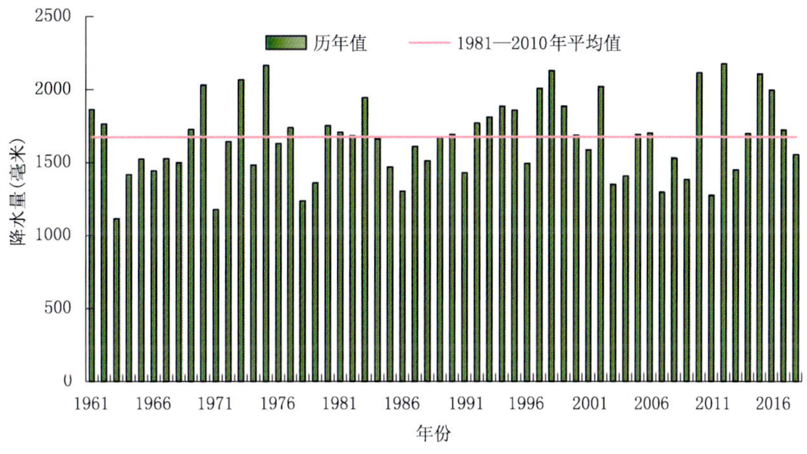

图 4.14.2　1961—2018 年江西省平均年降水量

Fig. 4.14.2　Annual precipitation in Jiangxi during 1961—2018 (unit:mm)

4.14.2　主要气象灾害及影响

1. 干旱

2018 年 2—9 月江西省平均降水量偏少 2 成，各地出现了阶段性的气象干旱，中度以上气象干旱主要出现在 4 月上旬至 10 月上旬，重度以上气象干旱主要出现在 4 月中旬至 6 月上旬。据统计，全年因旱导致江西省近 308.6 万人受灾；农作物受灾面积 31.0 万公顷，绝收面积 3.0 万公顷；直接经济损失 18.4 亿元，其中农业经济损失 17.5 亿元(图 4.14.3)。

2. 暴雨洪涝

2018 年内致灾的暴雨过程主要出现在 6 月上旬、6 月下旬、7 月上中旬。7 月 5 日晚上到 7 日早晨江西省自北向南出现暴雨到大暴雨天气，局地特大暴雨。7 月 6 日景德镇日雨量达 319.1 毫米(仅次于 2012 年 8 月 10 日 364.6 毫米)、抚州日雨量为 223.7 毫米(仅次于 1973 年 6 月 22 日 227.4 毫米)，均为 1959 年以来本地日雨量第二高位。强降雨导致景德镇、抚州 2 市发生严重内涝

图 4.14.3　2018 年 8 月 6 日，上栗县星亮水库干涸（江西省气候中心提供）
Fig. 4.14.3　The dried up Xingliang Reservoir in Shangli County on August 6, 2018(By Jiangxi Climate Center)

（图 4.14.4），局部水深及腰，江西省防汛抗旱指挥部连续 3 天下发紧急转移人口的通知。据统计，因灾导致 12.7 万人紧急转移安置，6.3 万人需紧急生活救助；近 2200 间房屋倒塌或严重损坏；农作物受灾面积 8.5 万公顷；直接经济损失 11.7 亿元。

图 4.14.4　2018 年 7 月 6 日，景德镇市区内涝（景德镇市气象局提供）
Fig. 4.14.4　Waterlogging in Jingdezhen On July 6, 2018(by Jingdezhen Meteorological Service)

2018 年洪涝灾害(含山体崩塌、滑坡、泥石流)共造成江西省 151.8 万人受灾,3 人死亡,紧急转移安置 15.3 万人;农作物受灾面积 13 万公顷,绝收面积 1.58 万公顷;倒塌房屋 2001 间;直接经济损失 18.2 亿元。

3. 台风

2018 年,先后有"艾云尼""玛利亚""温比亚"和"山竹"4 个台风影响江西省。据统计,年内台风灾害导致江西省 57.7 万人受灾,5 人死亡,5.4 万人紧急转移安置;1719 间房屋倒塌;农作物受灾面积 3.7 万公顷;直接经济损失 10.7 亿元。

4. 局地强对流

全年因风雹灾害造成江西省 48.2 万人受灾,28 人死亡、53 人受伤,4611 余人紧急转移安置,1045 人需紧急生活救助;6.3 万余间房屋不同程度损坏;农作物受灾面积 1.9 万公顷,绝收面积 900 余公顷;直接经济损失 7.2 亿元。

全年因雷电灾害造成 17 人死亡。主要发生在 3—5 月和 8 月。

5. 低温雨雪冰冻

年内主要出现 2 次低温雨雪冰冻过程,分别出现在 1 月下旬至 2 月上旬和 12 月底。据统计,年内因低温雨雪冰冻灾害导致江西省 54.8 万人受灾;19 间房屋倒塌;农作物受灾面积 3.5 万公顷;直接经济损失 4.3 亿元。

4.15 山东省主要气象灾害概述

4.15.1 主要气候特点及重大气候事件

2018 年,山东省年平均气温为 14.2℃,较常年偏高 0.9℃(图 4.15.1);平均年降水量 790.1 毫米,较常年偏多 22.5%(图 4.15.2)。春季、夏季气温偏高,降水偏多,秋季、冬季降水偏少。4 月出现霜冻灾害,果树受冻;6 月多地出现强对流,风灾、雹灾较重;7 月下旬至 8 月中旬,台风"安比""摩羯""温比亚"相继穿过山东;8 月多地出现龙卷;初秋鲁南出现强降水,城市内涝,农田被淹。2018 年主要气象灾害有台风、风雹、洪涝、低温冷冻、干旱等,共造成 889.3 万人受灾,39 人死亡、1 人失踪;农作物受灾面积 98.4 万公顷,绝收面积 9.7 万公顷;直接经济损失 289.6 亿元。总体来看,2018 年山东省气象灾情偏重,主要是台风灾害损失较重。

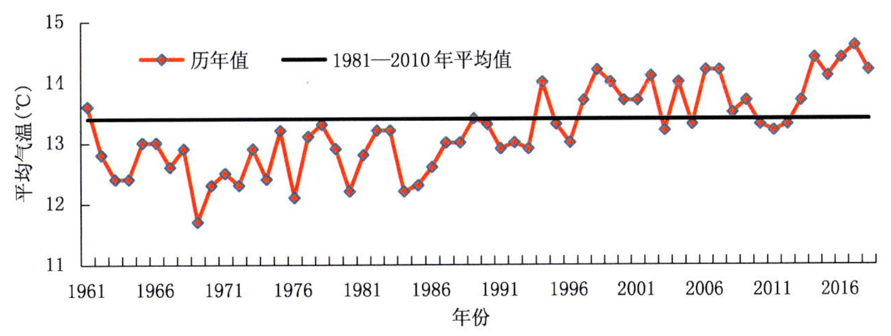

图 4.15.1 1961—2018 年山东省年平均气温

Fig. 4.15.1 Annual mean temperature in Shandong during 1961—2018(unit: ℃)

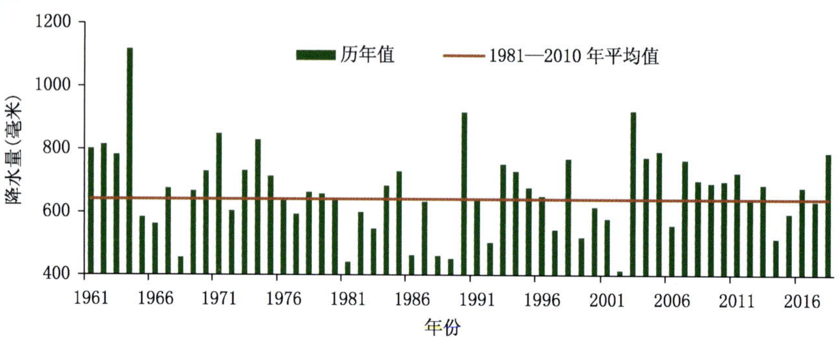

图 4.15.2　1961—2018 年山东省平均年降水量

Fig. 4.15.2　Annual precipitation in Shandong during 1961－2018(unit:mm)

4.15.2　主要气象灾害及影响

1. 台风

2018 年，山东共受 6 个台风影响，包括 7 月 23—24 日“安比”、8 月 3—4 日“云雀”、13—14 日“摩羯”、17—20 日“温比亚”、23—24 日“苏力”、10 月 5—6 日“康妮”。7 月下旬至 8 月中旬，台风“安比”“摩羯”“温比亚”相继过境山东，历史罕见，给山东带来大范围强降水和大风天气(图 4.15.3)。“温比亚”台风影响期间，山东省平均降水量 135.5 毫米，是 1951 年有气象观测记录以来最大的一次降雨过程。最大降水量 511.2 毫米，出现在泰安徂徕土门村；最大小时降水量 89.3 毫米，出现在东营陈官。台风灾害造成受灾人口 697.1 万人，死亡 31 人、失踪 1 人，紧急转移安置 22.2 万人；农作物受灾面积 81.3 万公顷，绝收面积 7.7 公顷；倒塌房屋 1.2 万间；直接经济损失 259.3 亿元。

图 4.15.3　2018 年 8 月 19 日台风“温比亚”影响济宁汶上县(汶上县气象局提供)

Fig. 4.15.3　Wenshang County attacked by typhoon “Winbia” on August 19,2018 (By Wenshang Meteorological Office)

2. 局地强对流

2018 年，山东省共出现 6 次风雹过程，主要集中在 5 月、6 月和 10 月。风雹灾害造成山东省受灾人口达 118.9 万人，因灾死亡 8 人；农作物受灾面积 10.3 万公顷，绝收面积 7800 公顷；直接经济损失约 18.6 亿元。5 月 28 日 15—16 时，蓬莱、栖霞、招远、莱州和烟台开发区等 5 个县(市、区)出现冰雹，冰雹直径一般 2～4 厘米，最大直径约 6 厘米，农作物尤其是苹果、樱桃等受损，直接经济损失 2.4 亿元。6 月 13—14 日，山东省大部地区出现强对流天气，青岛、潍坊、烟台、滨州、临沂、济南、日照等市部分地区出现冰雹、雷雨大风和短时强降水，最大冰雹直径 4～5 厘米，雷雨地区雷雨时阵风 8～10 级(图 4.15.4)，此次天气过程造成全省直接经济损失约 6.2 亿元。

图 4.15.4　2018 年 6 月 13 日，日照市莒县强对流天气造成蔬菜倒伏(莒县气象局提供)

Fig. 4.15.4　The attacked vegetables in Juxian by hailstorm on June 13, 2018

(By Juxian Meteorological Office)

3. 暴雨洪涝

2018 年，暴雨洪涝造成山东省 43.1 万人受灾；农作物受灾面积 3.8 万公顷，绝收面积 8700 公顷；倒塌房屋 511 间，一般损坏房屋 2675 间；直接经济损失 9.8 亿元。8 月 28—31 日，山东省大部地区出现降水，雨量分布非常不均。金乡县平均降水量达 89.6 毫米，最大降雨点出现在马庙(220.3 毫米)。因“温比亚”台风过后，沟渠已满，农田含水饱和，部分农田积水无法排出，导致 13 处镇街的玉米、棉花等农作物减产严重，辣椒绝产绝收(图 4.15.5)，造成金乡县直接经济损失约 3.4 亿元。

4. 低温冷冻

2018 年发生低温冷冻灾害 2 次，出现在 4 月，造成济南、日照、菏泽、潍坊等北部地区农作物、果树、牡丹等不同程度受灾。低温冷冻造成 8.1 万人受灾；农作物受灾面积 6540 公顷，绝收面积 3786 公顷；直接经济损失 1.2 亿元。

图 4.15.5　2018 年 6 月 26 日暴雨潍坊昌乐地瓜玉米受淹(昌乐县气象局提供)
Fig. 4.15.5　The pachyrhizus and corn attacked by waterflood in Changle on June 26,2018 (By Changle Meteorological Office)

4.16　河南省主要气象灾害概述

4.16.1　主要气候特点及重大气候事件

2018 年,河南省年平均气温明显偏高,年降水量正常。全省年平均气温 15.6℃,较常年偏高 1.0℃,为 1961 年以来次高值(图 4.16.1);冬季气温正常,春季、夏季、秋季偏高,春季、夏季气温分别为 1961 年以来同期第三和第四高值。全省平均年降水量 737.7 毫米,与常年值基本持平

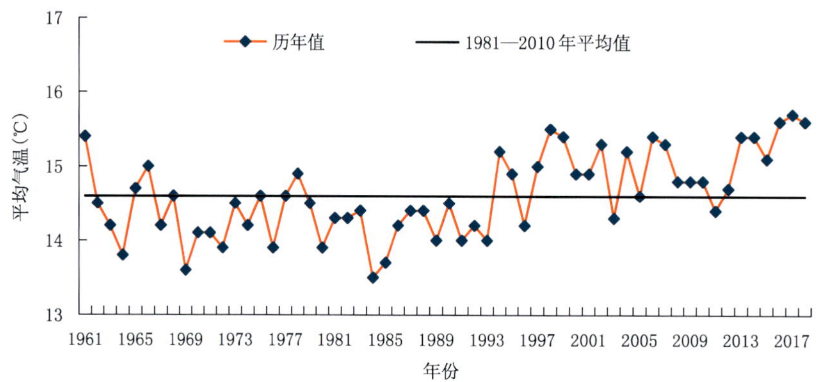

图 4.16.1　1961—2018 年河南省年平均气温
Fig. 4.16.1　Annual mean temperature in Henan during 1961—2018(unit:℃)

(图 4.16.2);冬季降水正常,春季明显偏多,夏季、秋季偏少。1 月出现 2 次暴雪天气;3 月中旬和 4 月上旬出现 2 次寒潮、倒春寒、晚霜冻过程;5 月中旬强降水导致多地出现洪涝灾害;8 月中旬台风“温比亚”给豫东造成严重洪涝灾害;部分地区出现强对流天气;夏季高温日数多,持续时间长;秋、冬季雾、霾天气多发。2018 年,河南省因气象灾害造成农作物受灾面积 116.8 万公顷,绝收面积 8.6 万公顷;受灾人口 1332.3 万人次,因灾死亡 15 人;直接经济损失 63.5 亿元。总体来看,2018 年河南省气候年景偏好,气象灾害为偏轻年份。

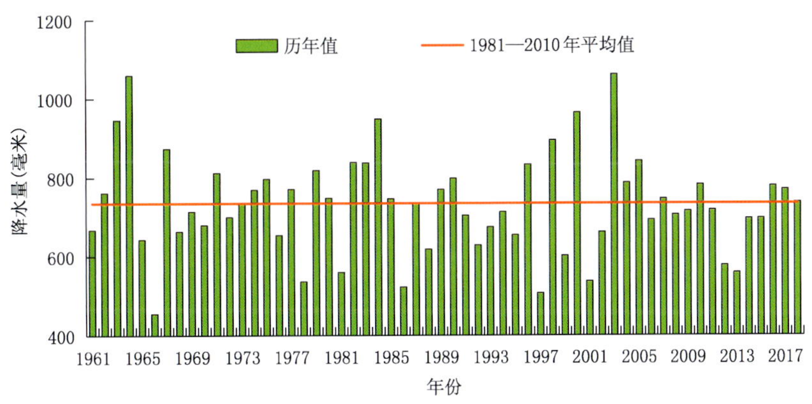

图 4.16.2 1961—2018 年河南省平均年降水量

Fig. 4.16.2 Annual precipitation in Henan during 1961—2018(unit:mm)

4.16.2 主要气象灾害及影响

1. 暴雨洪涝

年内强降水主要集中在 5 月中旬、7 月下旬和 8 月中旬,河南省因暴雨洪涝造成农作物受灾面积 23.0 万公顷,绝收面积 0.4 万公顷;损坏房屋 0.1 万间;受灾人口 246.7 万人,因灾死亡 6 人;直接经济损失 7.4 亿元。

5 月 15—20 日,河南省出现大范围强降水过程,南阳市平均降水量达 115.3 毫米,全省共有 22 个站出现暴雨,淮滨、南阳 2 站为大暴雨,范县、荥阳、内乡、镇平、南阳 5 站日降水量突破 5 月历史同期极值,造成多地出现城市内涝,即将成熟的冬小麦倒伏。8 月 17—19 日,受台风“温比亚”登陆后减弱的台风低压影响,河南省出现年内最强降水过程,京广线以东地区出现大范围暴雨,商丘、周口地区出现特大暴雨,共有 8 个站日降水量突破建站以来历史极值,夏邑站 355.2 毫米超过历史极值的 2 倍,商丘站 363.6 毫米接近汛期总降水量常年平均值,全省有 71 个县(市、区)发生洪涝灾害,尤其是商丘市农田积水,城乡内涝严重(图 4.16.3)。

2. 低温冻害和雪灾

年内低温冻害和雪灾主要出现在 1 月上旬和 4 月上旬,河南省农作物受灾面积 23.5 万公顷,绝收面积 2.5 万公顷;受灾人口 279.9 万人次,因灾死亡 1 人;损坏房屋 0.1 万间;直接经济损失 22.1 亿元,与常年相比为偏重年份。1 月 3—5 日,河南省大部分地区出现 10 毫米以上暴雪天气,中南部大部地区出现 20 毫米以上大暴雪,信阳、驻马店和南阳部分县市出现 30 毫米以上特大暴雪(图 4.16.4),全省有 12 个站日降雪量突破建站以来 1 月历史同期极值;豫南积雪深度多在 20 厘米以上,鸡公山最大积雪深度达 41 厘米,对交通和设施农业影响较大。4 月 3—7 日,受强冷空气影响,河南省有 52 个站出现寒潮,豫北和中西部地区有 23 个站出现轻度晚霜冻,河南省均出现倒春寒,使正处于孕穗抽穗期的冬小麦、蔬菜和果树遭受低温冻害,对农作物的生长造成较大影响。

图 4.16.3　2018 年 8 月 17—19 日商丘市农田积水（河南省气象科学研究所提供）
Fig. 4.16.3　Farmland water accumulation in Shangqiu City during August 17－19, 2018 (By Henan Institute of Meteorological Sciences)

图 4.16.4　2018 年 1 月 4 日信阳新县（左）和驻马店西平县（右）暴雪灾情（当地气象部门提供）
Fig. 4.16.4　Blizzard in Xinyang Xinxian County of Xinyang City (left) and Xiping County of Zhumadian City (right) on January 4, 2018(By local meteorological offices)

3. 局地强对流

年内风雹灾害主要出现在 5 月中旬至 8 月，河南省农作物受灾面积 9.9 万公顷，绝收面积 0.4 万公顷；受灾人口 136.3 万人次，因灾死亡 5 人；损坏房屋 0.2 万间；直接经济损失 4.6 亿元。与常年相比，风雹灾害为偏轻年份。5 月 15—16 日，河南省有 31 个县（市、区）出现雷暴大风并伴有局地冰雹等强对流天气（图 4.16.5），造成即将成熟的农作物大面积倒伏；6 月 26 日，南阳唐河县出现大风天气，导致源潭三宝牧业堆肥棚倒塌，4 名工人被砸死亡；8 月 17—19 日，黄淮之间中东部地区出现大风、暴雨天气，导致农作物大面积倒伏，驻马店受灾最重。

图 4.16.5 2018 年 5 月 15—16 日商丘市树木被大风刮倒(左)和新蔡县小麦倒伏(右)(商丘市气象局、新蔡县气象局提供)
Fig. 4.16.5 The trees in Shangqiu City (left) and wheat in Xincai County (right) were blown down by strong winds during May 15－16, 2018(By Shangqiu Meteorological Service and Xincai Meteorological Office)

4.17 湖北省主要气象灾害概述

4.17.1 主要气候特点及重大气候事件

2018 年湖北省年平均气温 17.1℃，比常年偏高 0.7℃(图 4.17.1)，排历史同期第 6 位。2017/2018 年冬季气温偏低，年内出现 4 次低温雨雪过程；入春入夏提前，入冬推迟；春季气温偏高排历史同期首位，盛夏出现 2 段高温酷热天气，有 59 站出现连续高温极端事件。平均年降水量 1118.2 毫米，比常年偏少 6.9%(图 4.17.2)。春季降水偏多，入梅晚，出梅略早，梅雨强度偏弱，局地降水强度大，宜都、嘉鱼、当阳日雨量突破历史极值；夏秋季降水偏少，中北部出现夏秋连旱。主要气象灾害为低温冻害和雪灾、干旱、暴雨洪涝和地质灾害、局地强对流。气象灾害共造成湖北省 1025.3 万人受灾，因灾死亡 9 人；农作物受灾面积 107.6 万公顷，绝收面积 8.9 万公顷；直接经济损失 81 亿元。总体来看，气象灾害属偏轻年份，但低温冻害和雪灾灾情相对较重。

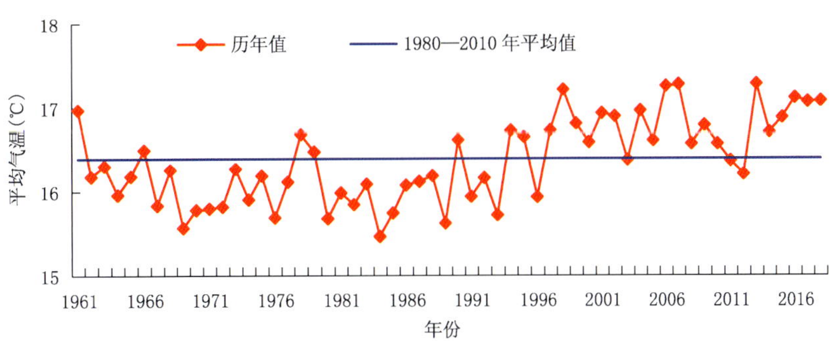

图 4.17.1 1961—2018 年湖北省年平均气温
Fig. 4.17.1 Annual mean temperature in Hubei during 1961－2018(unit:℃)

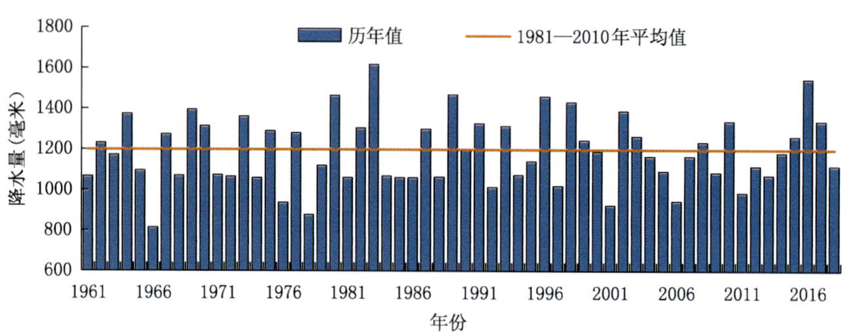

图 4.17.2 1961—2018 年湖北省平均年降水量

Fig. 4.17.2 Annual precipitation in Hubei during 1961－2018 (unit: mm)

4.17.2 主要气象灾害及影响

1. 低温冻害和雪灾

2018 年湖北省出现 4 次低温雨雪天气过程(1 月 2 日夜间至 7 日、1 月 23 日夜间至 30 日、12 月 5 日夜间至 10 日、12 月 24—31 日)。1 月 2—7 日北部出现暴雪到大暴雪、局部特大暴雪,有 48 县市出现积雪,3 县市(老河口 27 厘米、随州 23 厘米、丹江口 21 厘米)超过或达到历史极值,4 县市(襄阳 24 厘米、枣阳 23 厘米、十堰 20 厘米、宜城 20 厘米)超过 1 月历史极值;鄂北及江汉平原出现冻雨。1 月 23—30 日全省有 75 县市普降大雪(图 4.17.3),最大积雪为十堰 21 厘米,十堰、郧阳超过和达到 1 月历史极值;27—29 日 19 站次出现极端低温事件;24—29 日江汉平原连续 6 天出现冻雨。12 月 24—31 日降雪前弱后强,27 日鄂西北中到大雪,29—31 日南部和东部中到大雪、局部暴雪,此过程有 22 县市最大积雪深度超过 12 月历史极值,最大积雪为洪湖 17 厘米;31 日宜昌、宜都最低气温达极端低温阈值标准。

2018 年湖北低温冻害和雪灾造成 328.1 万人受灾,因灾死亡 2 人;农作物受灾面积 39.5 万公顷,绝收面积 2.1 万公顷;倒塌房屋 0.1 万间,不同程度损坏房屋 0.3 万间;直接经济损失 37.5 亿元。

图 4.17.3 2018 年 1 月 23—28 日降雪过程中受灾的大棚和农田(武汉区域气候中心提供)

Fig. 4.17.3 Damaged greenhouses and farmland during the snowfall during January 23－28, 2018 (By Wuhan Regional Climate Center)

2. 高温干旱

2018年湖北出现2段持续高温天气过程(7月14日至8月3日、8月7—15日),共59县市出现连续高温日数极端事件,9站出现日最高气温极端事件。7月14日至8月3日高温中心位于鄂东和鄂西北,全省大部最高气温≥35℃高温日数在11～22天,日最高气温≥40℃的酷热天气集中出现在鄂西的十堰(2次)、竹山(2次)、兴山(4次)、保康(1次),全省大部极端高温达35～40.7℃,主要出现在7月21日、24日和8月12日,最高值为40.7℃(十堰,7月25日)。

自7月10日出梅至8月中旬,省内大部地区降水偏少4～8成,加上持续高温,导致旱情发生发展,其中北部部分县市达中到重旱,局部特旱。旱灾造成480.5万人受灾,因旱饮水困难需救助19.2万人;农作物受灾面积51.5万公顷,其中绝收5.4万公顷;直接经济损失21.7亿元。

3. 暴雨洪涝及地质灾害

2018年湖北省出现10次区域性暴雨过程,其中有9场发生在4月上旬至7月上旬前期,影响最大的2次过程出现在4月20—23日、7月3—6日。全省共192站次暴雨、17站次大暴雨,日降水量宜都(185.5毫米)、嘉鱼(223.6毫米)、当阳(166.5毫米)创历史新高。全年暴雨洪涝及诱发的地质灾害造成185.6万人受灾,因灾死亡4人;农作物受灾面积14.7万公顷,绝收面积1.1万公顷;倒塌房屋0.1万间,不同程度损坏房屋0.9万间;直接经济损失18.7亿元。

4. 局地强对流

2018年,湖北省发生12次较明显局地强对流天气过程,3月、5月、7月和9月各2次,8月4次。7月26—31日部分地区出现暴雨、雷电、大风、冰雹等天气,27日极大风速≥12米/秒的国家站达27站;天门皂市附近的武荆高速K935区域站17时14分极大风速达24.3米/秒,大风造成电力设施受损(图4.17.4)。全年强对流天气造成31.1万人受灾,死亡3人(含雷击2人);农作物受灾面积1.9万公顷,绝收面积0.4万公顷;不同程度损坏房屋0.6万间;直接经济损失3.1亿元。

图4.17.4　2018年7月27日天门皂市电力设施受损(天门市气象局提供)

Fig. 4.17.4　Damaged power facilities in Zaoshi Town of Tianmen City on July 27, 2018 (By Tianmen Meteorological Service)

4.18　湖南省主要气象灾害概述

4.18.1　主要气候特点及重大气候事件

2018年湖南省年平均气温为18.1℃,较常年偏高0.7℃;平均年降水量1345.6毫米,较常年偏少4.7%。四季气温均偏高,春季偏高2.5℃,位居1961年以来首位;夏季降水量偏多,其余季节均偏少。年内湖南省出现的主要天气气候事件有低温雨雪冰冻、区域性干旱、高温热害、春季异常偏暖、强降水、寒露风、连阴雨。2018 年各类气象灾害共造成湖南省 14 个市州 698.5 万人受灾，死亡失踪 25 人，紧急转移安置 4.4 万人，需紧急生活救助 9 万人；农作物受灾面积 62.6 万公顷；倒塌房屋 2100 间，严重损坏房屋 5200 间；直接经济损失 64.5 亿元。2018 年湖南省气候年景一般，干旱年景为大范围较严重干旱，洪涝年景为部分地区洪涝。

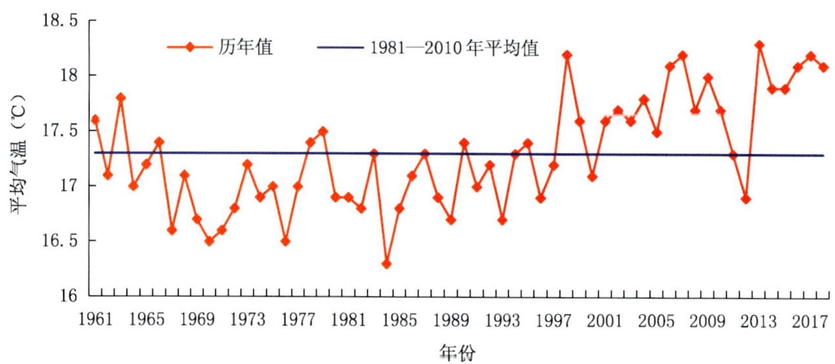

图 4.18.1　1961—2018 年湖南省年平均气温

Fig. 4.18.1　Annual mean temperature in Hunan during 1961－2018 (unit: ℃)

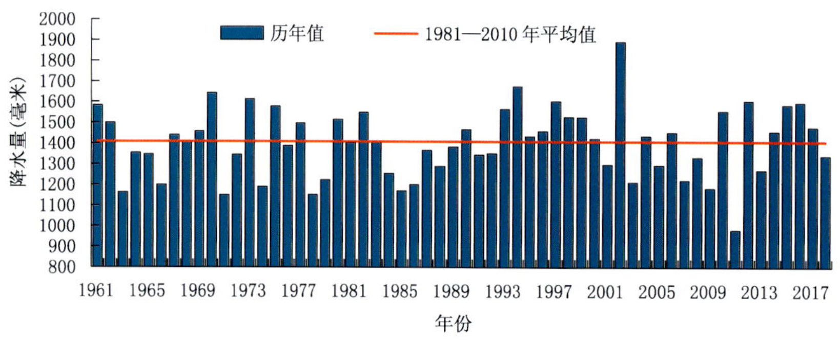

图 4.18.2　1961—2018 年湖南省平均年降水量

Fig. 4.18.2　Annual precipitation in Hunan during 1961－2018 (unit: mm)

4.18.2　主要气象灾害及影响

1. 低温冷冻害和雪灾

2018 年低温冷冻和雪灾共造成湖南省 201.4 万人次受灾，紧急转移安置 0.4 万人次；农作物受灾面积 15.5 万公顷，绝收面积 1.6 万公顷；损坏房屋 0.1 万间；直接经济损失 19.2 亿元。2018 年 12 月 27 日至 2019 年 1 月 2 日 85 县市降雪，21 县市暴雪，最大积雪深度 20 厘米(南县)，61 县市出现冰冻(图 4.18.3)。

2. 干旱

4 月初湘东南地区发生春旱，持续近一个月，期间有 37 个县市出现重旱或特旱。5 月中旬出现夏旱，从湘中向湘中以北地区发展，至 7 月中旬才得到缓解，持续时间超 2 个月，最严重时干旱县市数超 7 成，重旱县市达到 3 成。7 月下旬，湘中以北地区降水持续偏少，干旱再次发展，以轻度干旱为主，至 10 月中旬解除。2018 年干旱共造成湖南省 264.3 万人受灾，14.2 万人饮水困难；农作物受灾面积 34.3 万公顷，绝收面积 3.1 万公顷；直接经济损失 17.6 亿元。

3. 暴雨洪涝

2018 年湖南省大范围强降水过程较常年偏少，以局地或者区域性强降水为主。洪涝共造成湖

图 4.18.3 2018 年 12 月 30 日湖南省娄底市新化县暴雪导致房屋倒塌(娄底市气象局提供)
Fig. 4.18.3 House collapse by heavy snow in Loudi City of Hunan Province on December 30, 2018
(By Loudi Meteorological Service)

南省 139.7 万人次受灾,死亡 13 人;农作物受灾面积 6.8 万公顷;直接经济损失 18.4 亿元。6 月 19—25 日湖南省遭遇 2018 年最强降水过程,全省平均降水量 55.8 毫米,14 县市累计降水量超过 100 毫米,2 县市超过 200 毫米,最大累计降水量为 279.8 毫米(邵东),降水中心位于邵阳及怀化地区(图 4.18.4);共出现暴雨 15 站次,大暴雨 6 站次,特大暴雨 1 站次;7 县市出现极端降水事件,新邵、邵东、会同 1 天最大降水量突破历史极值,邵东、会同连续 2 天最大降水量突破历史极值。

图 4.18.4 2018 年 6 月 19 日湖南省邵阳市强降水造成严重内涝(邵阳市气象局提供)
Fig. 4.18.4 Water logging by strong rainfall in Shaoyang City of Hunan Province on June 19, 2018
(By Shaoyang Meteorological Service)

4. 台风

2018年湖南省共受到“艾云尼”“玛利亚”“山竹”3个台风影响，共造成湖南省28.2万人受灾，因灾死亡2人，紧急转移安置0.3万人；农作物受灾面积2.2万公顷，绝收面积1242公顷；倒塌房屋184间；直接经济损失2.2亿元。

7月11—12日，受台风“玛莉亚”影响出现一次强降雨过程，强降雨落区主要位于湘东、湘北地区，全省平均过程降水量为24.9毫米，13县市累计降水量超过50毫米，安乡过程降水量为187.8毫米。

5. 局地强对流

2018年湖南省风雹灾害共造成湖南省64.9万人受灾，因灾死亡10人，紧急转移安置1.0万人；农作物受灾面积3.7万公顷，绝收面积0.4万公顷；倒塌房屋0.1万间，损毁房屋5.8万间；直接经济损失7.1亿元。

4.19 广东省主要气象灾害概述

4.19.1 主要气候特点及重大气候事件

2018年，广东省年平均气温22.3℃，较常年偏高0.4℃(图4.19.1)；平均年降水量1801.8毫米，与常年相近(图4.19.2)。年高温日数26.1天，较常年偏多8.6天。5月全省平均气温27.6℃，较常年同期显著偏高2.3℃，创历史新高；5月7日开汛，较常年平均偏晚31天；发生“18.8”特大暴雨洪涝灾害，惠州高潭镇24小时降雨量和过程雨量均刷新了广东省历史极值；有4个台风和1个热带低压登陆，较常年偏多1.3个，“山竹”是2018年登陆我国最强的台风，也是1949年以来登陆珠三角的第二强台风(第一强台风为2017年“天鸽”)。2018年广东省各种气象灾害共造成26人死亡，5人失踪；直接经济损失258.6亿元，属较差气候年景。

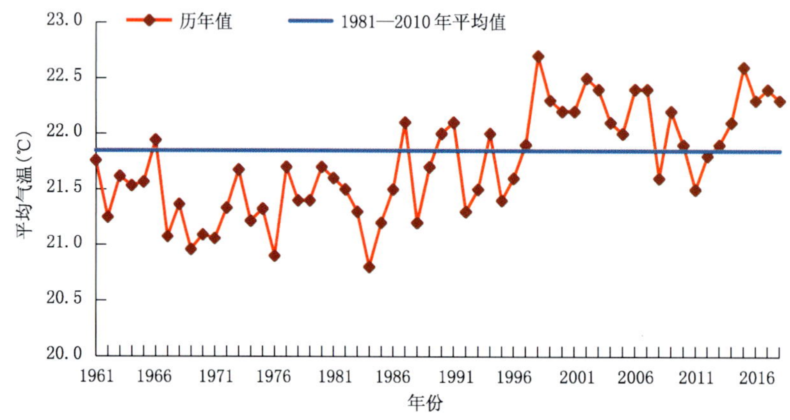

图4.19.1 1961—2018年广东省年平均气温

Fig. 4.19.1 Annual mean temperature in Guangdong during 1961—2018 (unit:℃)

4.19.2 主要气象灾害及影响

1. 台风

2018年有4个台风(热带风暴“艾云尼”、热带风暴“贝碧嘉”、强热带风暴“百里嘉”和强台风“山竹”)和1个热带低压登陆广东，较常年(3.7个)偏多1.3个。2018年台风共造成广东省16人死亡，2人失踪；直接经济损失191.4亿元。

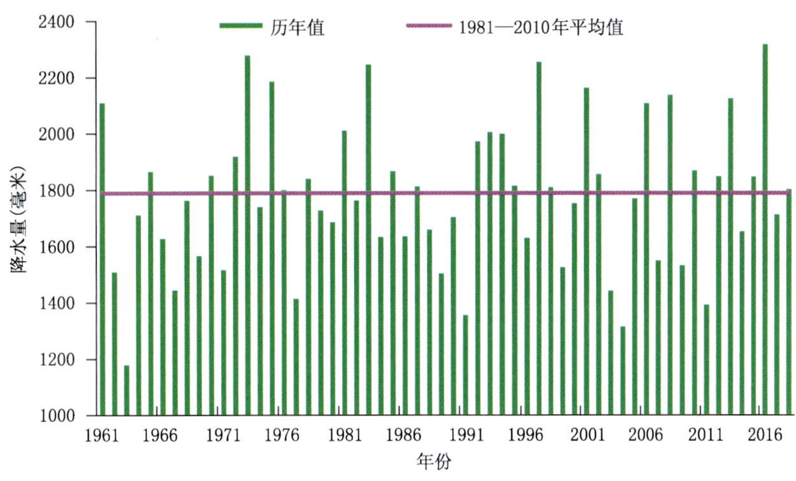

图 4.19.2 1961—2018 年广东省平均年降水量
Fig. 4.19.2 Annual precipitation in Guangdong during 1961—2018 (unit:mm)

初台"艾云尼"于 6 月 6 日登陆湛江，较常年偏早 21 天，是 1980 年以来登陆广东造成暴雨范围最广、雨量最大、持续时间最长的热带风暴，使广东省连续 5 天出现了大范围暴雨到大暴雨(部分市县特大暴雨)，造成广东 117.9 万人受灾，紧急转移安置 9.9 万人，因灾死亡 7 人；农作物受灾面积 11.8 万公顷；直接经济损失 38.6 亿元。台风"山竹"于 9 月 16 日 17 时在广东江门台山登陆，登陆时中心附近最大风力 14 级(45 米/秒)，中心最低气压 955 百帕。"山竹"是 2018 年登陆广东省最强的台风，也是 1949 年以来登陆珠三角的第二强台风(第一强台风为 2017 年"天鸽")，广东持续出现 10～13 级大风，珠三角沿海 12 级以上大风持续时间超过 16 小时，"山竹"成为名副其实的"风王"，具有"台风块头大强度强、大风范围广持续时间长、特大暴雨点多面广"等特点，造成广东省 306.6 万人受灾，死亡 5 人，紧急转移安置人口 126.4 万人；农作物受灾面积 23.2 万公顷，绝收面积 1.3 万公顷；倒塌房屋 1913 间；直接经济损失 132.9 亿元。

2. 暴雨洪涝

2018 年共出现暴雨 662 站日，接近常年。全年暴雨洪涝共造成 195.5 万人受灾，3 人死亡、3 人失踪；直接经济损失 65.2 亿元。

汛期共出现 14 次大范围强降水过程，8 月 27 日至 9 月 1 日，受季风低压影响，广东省出现了持续强降水过程(即"18.8"特大暴雨洪涝灾害过程)，珠三角南部市县、粤东地区出现持续性特大暴雨。本次过程具有"暴雨持续时间长、强降水落区集中、雨量超历史极值"的特点。强降水过程持续 6 天，全省大部分市县都出现了暴雨，惠州、汕尾、揭阳连续 3 天录得大暴雨或特大暴雨。27 日 20 时至 9 月 1 日 20 时，惠东高潭镇录得过程雨量 1394.6 毫米，刷新了广东省过程雨量极值；惠东高潭镇日雨量 1056.7 毫米(8 月 30 日 05 时至 31 日 05 时)，刷新了广东省日雨量极值，也创下了中国大陆非台风降水日雨量极值，此次暴雨过程造成广东省多地受灾。

3. 高温

2018 年，广东省平均高温日数(日最高气温≥35℃)有 26.1 天，较常年偏多 8.6 天，南雄、连平、始兴、仁化等 4 个县(市)高温日数为历史同期最多值。2018 年 5—9 月广东省共出现 11 次大范围的持续高温过程，5 月份全省平均高温日数 7.8 天，较常年同期偏多 7.4 天，高温日数破历史极值，较历史上 5 月高温日数最多的 1963 年(全省平均 2.5 天)偏多 5.3 天，顺德、南雄、连南等 71 县(市)高温日数破历史最多纪录。5 月 18—31 日出现大范围持续高温天气，19—23 日全省连续 5 天高温的县(市)数量达到或超过 50 个，23 日全省有 60 个县(市)出现高温；26 日、30 日和 31 日全省出现高温的县(市)数量也超过了 50 个。

4.20 广西壮族自治区主要气象灾害概述

4.20.1 主要气候特点及重大气候事件

2018 年广西年平均气温 21.0℃,比常年偏高 0.3℃(图 4.20.1);平均年降水量 1516.7 毫米,接近常年(图 4.20.2)。2018 年,广西主要气象灾害有暴雨洪涝、台风、高温、低温雨雪霜(冰)冻、干旱、局地强对流天气、雾和霾等。全年暴雨日数比常年偏少,年内共出现 9 次区域性暴雨天气过程,部分地区遭受洪涝灾害。全年有 6 个热带气旋(5 个台风、1 个热带低压)影响广西,影响个数偏多,但影响偏轻。年内共出现 7 次大范围高温天气过程,高温天气日数偏多。年内出现 2 次大范围强对流天气和 2 次大范围低温雨雪霜(冰)冻过程。春播期低温阴雨总日数偏少,结束期偏早;寒露风开始期偏早,总日数偏多。总体而言,2018 年广西属于灾害偏轻年景。

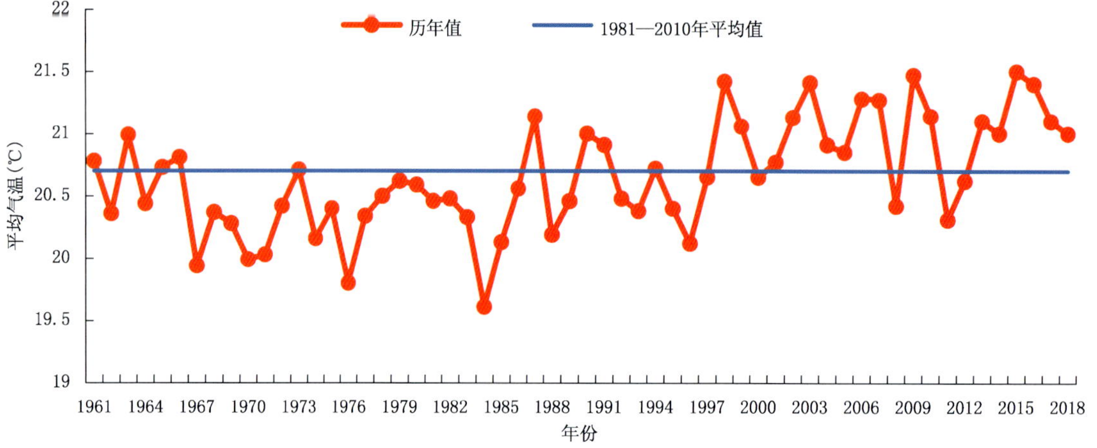

图 4.20.1 1961—2018 年广西年平均气温

Fig. 4.20.1 Annual mean temperature in Guangxi during 1961－2018 (unit:℃)

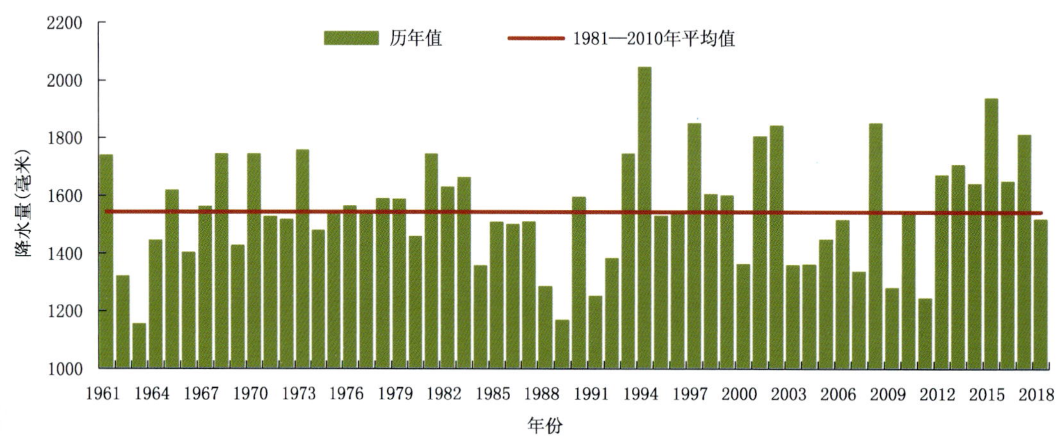

图 4.20.2 1961—2018 年广西平均年降水量

Fig. 4.20.2 Annual precipitation in Guangxi during 1961－2018 (unit: mm)

全年因气象灾害共造成农作物受灾面积 15.0 万公顷,绝收面积 1.0 万公顷;受灾人口 224.6 万人次,死亡 28 人;直接经济损失 14.5 亿元。与 2017 年相比,农作物受灾面积减少 4.6 万公顷;受灾人口减少 132.8 万人,死亡人口减少 55 人,失踪人口减少 8 人;直接经济损失减少 84.5 亿元。

4.20.2 主要气象灾害及影响

1. 暴雨洪涝

2018 年广西平均暴雨日数 5 天，比常年偏少 1 天。除 2 月、12 月外，其余各月均有暴雨出现，其中 5—8 月暴雨总日数占全年的 82.5%，以 6 月 21—26 日暴雨过程所引发的洪涝及地质灾害造成的经济损失和人员伤亡最大。

受西南季风加强和弱冷空气共同影响，6 月 21—26 日广西出现年内强降雨范围最广、强度最强、持续时间最长、灾情最重的暴雨过程。过程持续达 6 天之久，降雨范围集中，雨区重叠，柳州市融水县安太乡连续 3 天遭遇强降雨，总降雨量达 560.2 毫米，柳州市三江县程村乡最大小时雨量达 101.5 毫米；强降雨过程雨量超过 100 毫米的有 499 个乡镇，超过 250 毫米的有 72 个乡镇，超过 500 毫米的有 6 个乡镇，最大为防城港防城扶隆镇那其村(696.3 毫米)。受暴雨影响，广西桂林、来宾、柳州、南宁、河池、百色、钦州、崇左 8 市 36 个县(区)出现洪涝灾害(图 4.20.3)，部分地区出现城镇内涝；凌云、田林、武鸣、融水等地发生滑坡、泥石流灾害，灾害造成 21.1 万人受灾，因灾死亡 11 人；农作物受灾面积 1.4 万公顷，成灾面积 0.8 万公顷，绝收面积 0.3 万公顷；直接经济损失 1.44 亿元。

图 4.20.3　2018 年 6 月 24 日广西百色市德保县的水稻被淹(广西气象服务中心提供)

Fig. 4.20.3　The flooded ricefields in Debao County of Baise City caused by the rainstorm on June 24, 2018 (By Guangxi Meteorological Service Center)

全年暴雨洪涝共造成农作物受灾面积为 3.2 万公顷，绝收面积 0.6 万公顷；60.4 万人受灾，死亡 20 人；倒塌房屋 0.2 万间，损坏房屋 0.5 万间；直接经济损失 5.3 亿元，占广西全年气象灾害总损失的 37%。

2. 台风

2018 年，进入广西影响区(19°N 以北，112°E 以西地区)的热带气旋有 6 个，热带气旋影响个数比常年偏多，影响时间集中在 6 月至 9 月中旬。全年共有 2 个台风影响广西，其中台风“山竹”深入广西内陆造成严重影响(图 4.20.4)。

全年台风灾害共造成 148.2 万人受灾、死亡 1 人；倒塌房屋 0.1 万间，损坏房屋 0.6 万间；农作物受灾面积 10.7 万公顷，绝收面积 0.3 万公顷；直接经济损失 8.5 亿元，占广西全年气象灾害总损失的58%，是全年气象灾害直接经济损失占比最大的灾种。总体而言，2018年影响广西的台风造成的损失偏轻。

图4.20.4　2018年9月17日广西岑溪市义昌江洪水淹过护栏（岑溪市气象局提供）

Fig. 4.20.4　The flood brimmed over the river-rail in Cenxi County on September 17, 2018 (By Cenxi Meteorological Service)

3. 局地强对流

2018年，广西局地冰雹、雷雨大风等强对流天气主要出现在3—5月，大范围的强对流过程仅出现2次，分别出现在3月4—5日和3月19日。2018年广西共发生雷灾事故29起，相比2017年减少27.5%左右。

全年风雹灾害共造成农作物受灾面积0.4万公顷，绝收面积0.1万公顷；8.2万人受灾；损坏房屋0.2万间；直接经济损失0.5亿元。全年雷灾造成7人死亡，5人受伤；雷击损坏（毁）电子电气设备近200台（套）；直接经济损失80多万元。

4.21　海南省主要气象灾害概述

4.21.1　主要气候特点及重大气候事件

2018年海南省年平均气温24.7℃，比常年偏高0.2℃（图4.21.1）。与常年相比，冬季和夏季气温分别偏低0.2℃及0.4℃，春季气温与常年持平，秋季气温偏高0.9℃。海南省平均年降水量2007.1毫米，较常年偏多11.3%（图4.21.2）。海南省平均年日照时数为1992.1小时，较常年偏少80.6小时。年内，区域性暴雨过程次数达10次，次数与常年持平，但综合强度总体偏强。暴雨过程造成部分市县发生洪涝灾害，部分市县日最大降水量突破历史同期极值；出现多次大范围高温天气过程，以5月中旬至6月初和6月下旬至7月上旬的2次过程最为严重；2018年共有11个热带气旋影响海南省，比常年偏多1个，其中4个登陆，登陆个数较常年偏多2个，大部分热带气旋影响强度偏弱；年内还发生多起雷雨大风、龙卷、大雾等气象灾害事件，并造成一定的经济损失。总体而言，2018年气象灾害总体偏轻，气候对各行业影响利大于弊，气候年景属偏好年景。

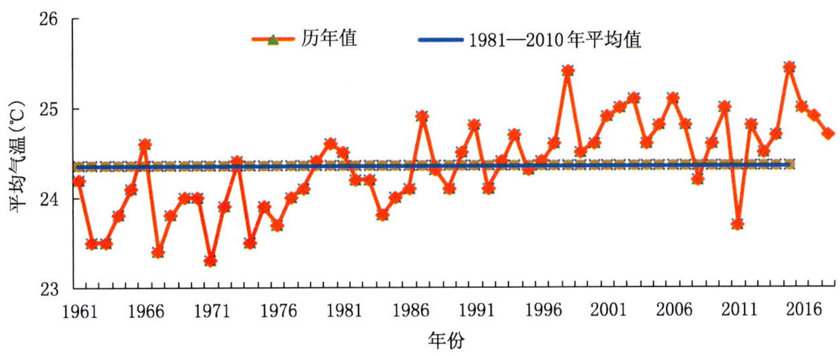

图 4.21.1 1961—2018 年海南省年平均气温

Fig. 4.21.1 Annual mean temperature in Hainan during 1961－2018(unit:℃)

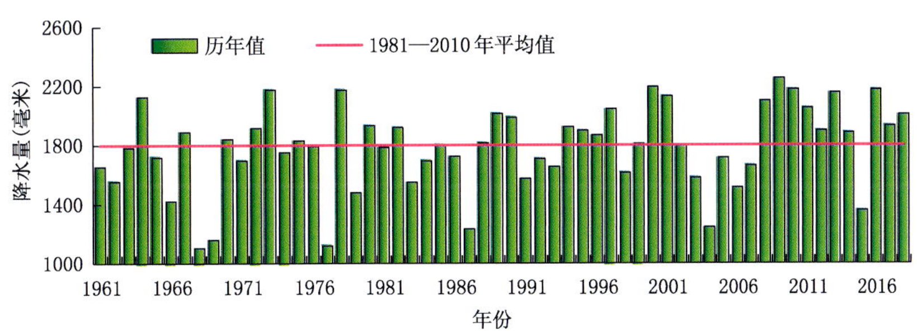

图 4.21.2 1961—2018 年海南省平均年降水量

Fig. 4.21.2 Annual precipitation in Hainan during 1961－2018 (unit:mm)

4.21.2 主要气象灾害及影响

1. 暴雨洪涝

2018 年海南省区域性暴雨过程达 10 次,次数与常年持平,但综合强度总体偏强。大部分为台风暴雨过程,非台暴雨过程仅 3 次。4 月中旬的局地暴雨造成一定的直接经济损失。4 月 19 日 08—20 时,受南支槽与低层偏东气流共同影响,万宁市部分地区出现强降雨,局部有特大暴雨,此次降水分布不均,强降雨落区主要集中在万城及其周边地区。

2. 台风

2018 年共有 11 个热带气旋影响本省,其中 4 个登陆。影响个数较常年偏多约 1 个,登陆个数较常年偏多 2 个,大部分热带气旋影响强度偏弱。第一个影响海南的热带气旋出现在 1 月上旬,较常年偏早 12 旬;最后一个影响海南的热带气旋出现在 11 月下旬,接近常年。热带气旋灾害轻于常年。全年台风造成 60.2 万人受灾,农作物受灾面积 3.2 万公顷;直接经济损失 6 亿元。影响最大的为第 16 号台风“贝碧嘉”。受其影响,海南岛 8 月出现一次特重度区域性暴雨过程,暴雨过程持续 5 天,突破了我省 8 月历史最长记录。8 月 8 日 20 时至 16 日 20 时,全省大部分市县出现暴雨、局地特大暴雨天气过程。海南岛四周沿海陆地普遍出现 7～9 级阵风,最大阵风为三亚 9 级。琼州海峡从 9 日 22 时起全线封航,美兰机场和三亚凤凰国际机场多次航班延误。

3. 高温热浪

2018 年海南省年平均高温日数 20 天,高温日数与常年持平。年内出现多次大范围高温天气过程,以 5 月中旬至 6 月初和 6 月下旬至 7 月上旬的 2 次过程最为严重。

4. 大雾

1 月琼州海峡和海口地区出现大雾影响交通事件。1 月 5 日,受浓雾影响,9 时 20 分起秀英港、新海港暂停船舶进出港。

春节期间(2 月 15—25 日),琼州海峡和海口市区频繁出现大雾天气,对交通造成严重影响。琼州海峡的大雾天气长达 10 天,最长持续时间达 8 天(15—22 日)。受大雾天气影响,海口秀英港、新海港、南港三港均出现间歇性停航,加上春节返程高峰等因素叠加,导致各港口上万辆汽车和大量旅客滞留(图 4.21.3),由于滞留车辆过多造成大面积交通拥堵。19 日 20 时至 26 日 00 时,海口市启动客货滚装运输突发事件一级应急响应,全力以赴疏导琼州海峡车辆滞港问题。25 日受大雾天气影响,美兰机场从 10 时 50 分起至 12 时 15 分出现小面积延误。

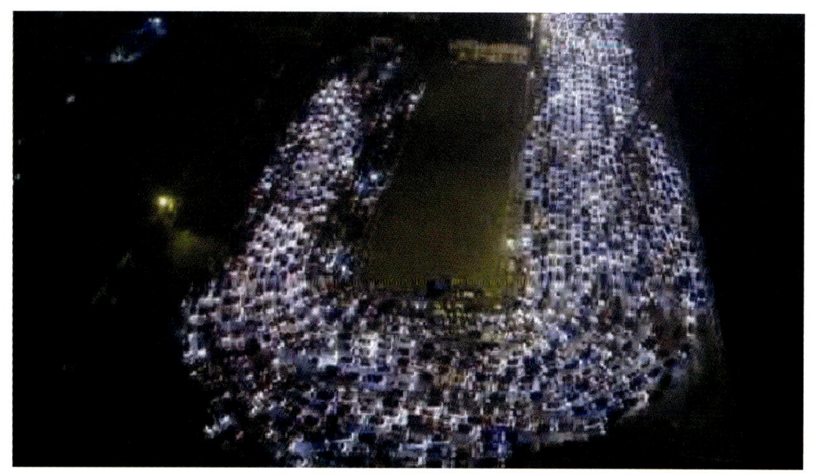

图 4.21.3　2018 年 2 月 19 日,大雾造成海口汽车及旅客滞留

Fig. 4.21.3　Cars and passengers detention caused by densefog in Haikou on February 19, 2018

5. 局地强对流

3—5 月,海南省北部地区和东部部分地区出现多起冰雹、雷雨大风和短时强降水天气,造成一定的经济损失。

3 月 3 日下午,澄迈县大丰镇和老城镇一带出现冰雹、大风和短时强降水天气,最强风出现在大丰镇,风力达 8 级(17.8 米/秒),15 时 45 分开始出现冰雹和降雨,冰雹直径 1 厘米左右,间歇性地持续到 17 时 30 分。该天气过程对大丰镇和老城镇地区影响较大,受灾作物主要是冬季瓜菜,受灾最严重的是冬瓜。受影响瓜菜 751 公顷,香蕉 71 公顷;估算经济损失 0.6 亿元。

3 月 20 日凌晨,定安县翰林镇一带出现冰雹,冰雹出现时间约为 02 时 30—40 分,冰雹直径约 1.5 厘米。翰林镇受影响瓜菜约 13 公顷,其中成灾 13 公顷,绝收面积 5 公顷;房屋轻微受损 13 间;总计经济损失 100 万元。

受华南沿海槽影响,5 月 8 日 16 时 20 分至 17 时 10 分,定安县岭口镇出现雷雨大风和短时强降水等强对流天气,造成岭口镇封浩村委会岑文塘村房屋受损 24 间,黄坡村猪棚受损 1 间,经济损失 2 万余元。

5 月,海口、儋州、临高和文昌出现冰雹天气。5 月 8 日 16 时 02 分海口市三门坡镇红明农场东山二队出现冰雹天气,冰雹直径约 1.6 厘米,持续时间约 5 分钟,直接经济损失 1.5 万元;5 月 9 日 16 时 30 分前后,文昌铺前镇到海口演丰镇演南村一带出现冰雹天气,持续时间约 30 分钟,冰雹直径 10～30 毫米,直接经济损失 2.0 万元。

6. 冷空气

1—2 月,受 2 次较强冷空气影响,海南省各地气温下降明显,出现低温阴雨天气过程。

1 月 9—13 日,海口、定安、澄迈、临高、儋州、白沙、琼中和五指山等 8 个市县出现 4～5 天的轻度低温阴雨天气过程。

1月29日至2月7日，儋州、屯昌、白沙和琼中4个市县出现重度低温阴雨天气过程；海口、定安、澄迈、临高、昌江和五指山等6个市县出现中度低温阴雨天气过程；琼海、文昌、万宁、东方、乐东和陵水等6个市县出现轻度低温阴雨天气过程。强低温天气造成叶菜类冬季瓜菜整体生长较差，植株纤弱，部分叶片受害皱缩和脱落；椒类和豆类等作物开花、授粉和坐果均受到影响，落花、落果现象较为明显。同时受温度持续偏低影响，东部早稻基本停止分蘖生长，其他地区移栽期也相应推迟。热带水果受到不同程度的危害，部分香蕉花蕾冻坏、果实轻微冻伤。

7. 雷击

5月，东方、澄迈、海口和定安发生雷击事故。5月2日15时20分前后，东方市新龙镇布到村瓜果地出现雷击事故，造成1人死亡；5月9日17时前后，澄迈县金江镇美亭龙坡村委会龙腰下村附近的农田上发生一起雷击事故，造成1人死亡；5月24日14—16时，定安县雷鸣镇岗坡村发生雷击事故，造成3头牛死亡；5月24日16时前后，位于海口市狮子岭工业园区的海口长丰有限公司遭受雷电袭击，一批监控设备受损。

4.22 重庆市主要气象灾害概述

4.22.1 主要气候特点及重大气候事件

2018年，重庆市年平均气温17.6℃，接近常年(图4.22.1)，各月波动大；平均年降水量1134.9毫米，接近常年(图4.22.2)。年内高温开始早、日数多，35℃以上高温日数为43.1天，是常年(24.5天)的1.8倍，年度高温强度总体为重度；大部地区暴雨提早开始，暴雨站次偏少，过程较多但总体

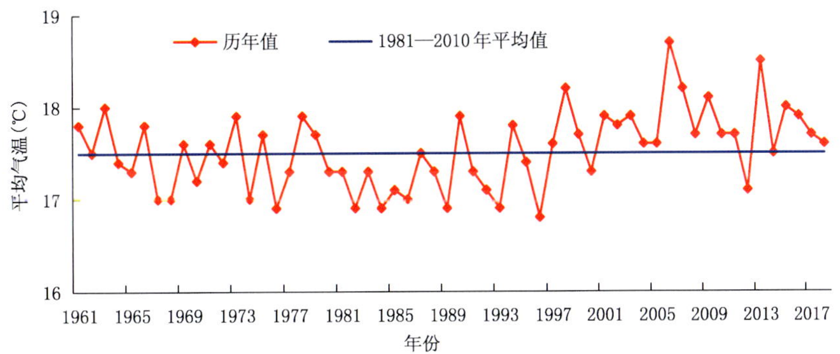

图4.22.1　1961—2018年重庆市年平均气温

Fig. 4.22.1　Annual mean temperature in Chongqing during 1961－2018(unit:℃)

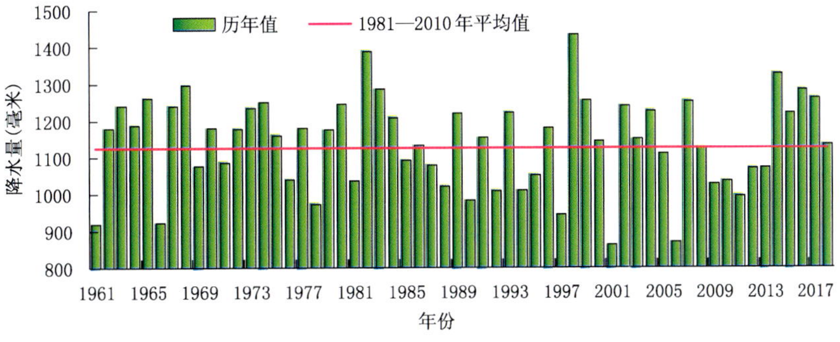

图4.22.2　1961—2018年重庆市平均年降水量

Fig. 4.22.2　Annual precipitation in Chongqing during 1961－2018(unit:mm)

强度较弱；气象干旱伴随高温集中出现在盛夏，强度较常年偏轻；连阴雨站次偏多 3 成，强度较常年偏重；年内强降温和低温过程偏多，强降温强度偏重，年初和年底低温过程伴随霜冻过程发生。

2018 年重庆市气象灾害主要有暴雨洪涝、大风冰雹、干旱、低温冷冻害和雪灾等，暴雨洪涝最为突出，但总体灾情较轻。4—9 月，暴雨、强对流天气频繁，多地发生了暴雨洪涝、大风冰雹等灾害；盛夏有 5 段阶段性高温天气，局地出现干旱；1 月及 12 月，出现 3 段雪灾及低温冷害。全年气象灾害造成 148.2 万人受灾，死亡 26 人、失踪 1 人；农作物受灾面积 7.1 万公顷，绝收面积 1.2 万公顷；直接经济损失 18.6 亿元。

4.22.2 主要气象灾害及影响

1. 暴雨洪涝（滑坡、泥石流）

2018 年重庆市先后出现了 10 次区域性暴雨天气过程，33 个区县发生了 81 站次暴雨。暴雨洪涝灾害损失占全年气象灾害损失的 6 成以上，但灾情总体偏轻，共造成 72.8 万人受灾，死亡 18 人、失踪 1 人；农作物受灾面积 3.1 万公顷，绝收面积 0.7 万公顷；房屋损坏 2.5 万间，房屋倒塌 0.1 万间；直接经济损失 11.7 亿元。

8 月 21 日夜间至 23 日上午，重庆市出现了年内最强的一次区域性暴雨天气过程，忠县、石柱、丰都、武隆、彭水、酉阳等 6 个区县出现暴雨，累计雨量最大为 226.0 毫米（丰都水天坪），最大小时降雨量 91.4 毫米。此次暴雨造成重庆数千人受灾，农作物受灾严重，部分路段被暴雨引发的山洪冲毁（图 4.22.3）。

图 4.22.3 2018 年 8 月 23 日丰都暴雨造成山体垮塌（丰都县气象局提供）

Fig. 4.22.3 Mountain collapsed by raintorm in Fengdu County on August 23, 2018 (By Fengdu Meteorological Office)

2. 大风冰雹

2018 年重庆市大风冰雹天气频繁（图 4.22.4），造成 61.1 万人受灾，死亡 8 人；农作物受灾面积 3.4 万公顷，绝收面积 0.5 万公顷；房屋损坏 3.7 万间；直接经济损失 5.6 亿元。

3. 低温冷冻害和雪灾

2018 年，重庆市 33 个区县累计出现低温 117 站次，较常年同期偏多 4 成。1 月及 12 月共出现 3 段雪灾及低温冷冻害，造成 11.8 万人受灾，农作物受灾面积 0.5 万公顷，直接经济损失 1.2 亿元。

图 4.22.4　2018 年 5 月 17 日酉阳县出现大风(酉阳县气象局提供)
Fig. 4.22.4　Gail in Youyang County on May 17, 2018
(By Youyang Meteorological Office)

4.23　四川省主要气象灾害概述

4.23.1　主要气候特点及重大气候事件

2018 年四川省年平均气温 15.4℃,较常年偏高 0.5℃,排历史第 9 高位(图 4.23.1);除秋季平均气温偏低外,其余三季平均气温均偏高,其中春季偏高 1.6℃,位列历史同期第 1 高位。全省平均年降水量 1156.5 毫米,较常年偏多 199.7 毫米,偏多 21%,位列历史同期第 1 多位(图 4.23.2);除冬季平均降水量偏少外,其余三季平均降水量均偏多,其中春季偏多 36%,位列历史同期第 1 多位。

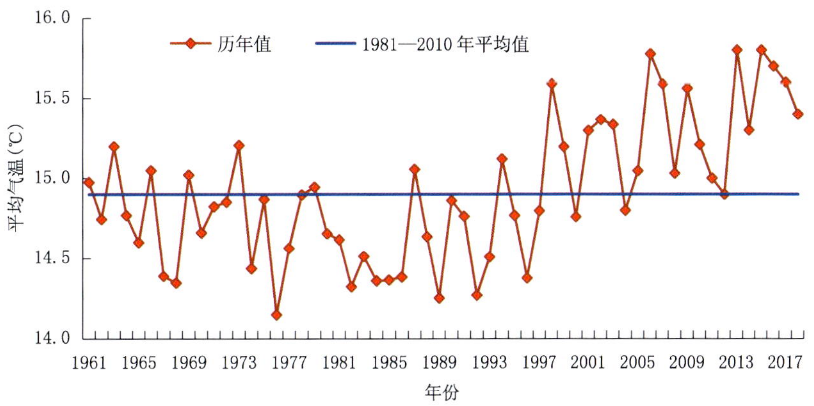

图 4.23.1　1961—2018 年四川省年平均气温
Fig. 4.23.1　Annual mean temperature in Sichuan during 1961—2018(unit:℃)

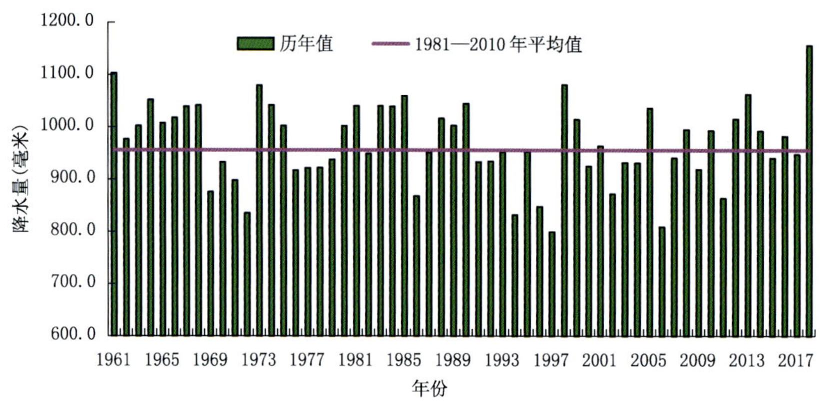

图 4.23.2 1961—2018 年四川省平均年降水量

Fig. 4.23.2 Annual precipitation in Sichuan during 1961－2018(unit:mm)

2018 年四川省暴雨分布广，大暴雨天气多，区域性暴雨多，属暴雨总体偏多年，暴雨所造成的损失较重；气象干旱总体不明显，春旱、夏旱和伏旱均弱于常年；大风冰雹天气较常年偏少偏轻；低温冷冻害和雪灾较常年偏轻。2018 年气象及次生灾害共造成四川省 833.9 万人次不同程度受灾，因灾死亡 33 人、失踪 5 人；农作物受灾面积 48.4 万公顷，绝收面积 6.5 万公顷；直接经济损失 340 亿元。综合评价，2018 年四川省气候年景为正常年份。

4.23.2 主要气象灾害及影响

1. 暴雨洪涝

2018 年，四川省暴雨分布广，大暴雨天气多，区域性暴雨多。全年共发生 8 次区域性暴雨天气过程，分别为 5 月 21—22 日、6 月 29—30 日、7 月 1—3 日、7 月 7—11 日、7 月 26—27 日、8 月 1—3 日、8 月 21—22 日，9 月 4—6 日，主要集中在四川盆地西部，与常年相比偏多 2 次。其中 6 月末到 7 月上旬连续出现了 3 次区域性暴雨。2018 年暴雨洪涝(滑坡、泥石流)灾害造成四川省 677.5 万人受灾，死亡 30 人、失踪 5 人；农作物受灾面积 35.8 万公顷，绝收面积 5.6 万公顷；倒塌房屋 1.3 万间，损坏房屋 19.2 万间；直接经济损失 335.1 亿元。

7 月 1—3 日，四川省出现入汛以来第三次区域性暴雨天气过程。截至 4 日 9 时，暴雨过程造成成都、自贡、泸州等 14 市(州)45 个县(市、区)59.8 万人受灾，4 人因房屋倒塌致死，1.1 万人紧急转移安置，900 余人需紧急生活救助；700 余间房屋倒塌，7400 余间不同程度损坏；农作物受灾面积 4.2 万公顷，绝收面积 0.4 万公顷；直接经济损失 7.5 亿元。

7 月 7—11 日，四川省接连出现了入汛以来第四场区域性暴雨天气过程。截至 11 日 18 时，此次强降雨过程造成绵阳、德阳、成都、广元等 8 个市(州)41 个县(市、区)488 个乡(镇、街道)62.1 万人受灾，紧急转移安置 7.6 万人，因灾死亡 3 人；直接经济损失 13.2 亿元，其中水利设施直接经济损失 4.1 亿元(图 4.23.3)。

2. 干旱

2018 年，四川省干旱灾害造成 113.5 万人受灾，9.4 万人饮水困难；农作物受灾面积 9.9 万公顷，绝收面积 0.8 万公顷；直接经济损失 2.7 亿元。

2018 年，四川省气象干旱总体不明显，春旱、夏旱和伏旱均弱于常年。春旱、夏旱县数分别为 32 县和 77 县，与常年比较，春旱、夏旱发生县数分别偏少 40 县和 12 县，且多数为轻旱。伏旱发生县数与常年接近，且以轻旱居多。

3. 局地强对流

2018 年，四川省大风冰雹天气较常年偏少偏轻。四川省有 41.2 万人次受灾，死亡 3 人；农作物

图 4.23.3 2018 年 7 月 11 日四川绵阳市大暴雨致特大洪水(绵阳市公共气象服务中心提供)
Fig. 4.23.3 Extraordinary flood by heavy rainstorm in Mianyang City of Sichuan Province on July 11,2018 (By Mianyang Public Meteorological Service Center)

受灾面积 2.7 万公顷,绝收面积 0.2 万公顷;损坏房屋 1.5 万间;直接经济损失 1.8 亿元。

9 月 2 日,攀枝花市米易县出现大风冰雹天气,造成丙谷、普威、白坡 3 个乡(镇)896 人受灾;农作物受灾 139.7 公顷,绝收面积 3.5 公顷;直接经济损失 89.2 万元。

4. 低温冷冻害和雪灾

2018 年,四川省低温冷冻害和雪灾较常年偏轻。低温冷冻害和雪灾共造成四川省 1.7 万人次受灾;农作物受灾面积 300 公顷,绝收面积 100 公顷;直接经济损失 0.4 亿元。

2 月 4 日 10 时至 5 日 10 时,甘孜州康定市、泸定县分别出现低温冷冻害和雪灾,造成经济损失 3218.6 万元。

5. 大雾

2018 年,四川省平均雾日数为 25.3 天,比常年偏少 3.1 天。大雾天气主要发生在秋冬季。

11 月 25 日,四川盆地多地遭遇大雾天气。截至 09 时,大雾天气造成双流国际机场 90 个出港航班积压延后,16 个航班取消,10 个航班备降外场;成都周边高速公路、川南片区高速公路和乐雅片区高速公路全线关闭。

4.24 贵州省主要气象灾害概述

4.24.1 主要气候特点及重大气候事件

2018 年,贵州省年平均气温 16.1℃,较常年偏高 0.5℃(图 4.24.1);平均年降水量 1234.6 毫米,较常年略多 4.7%(图 4.24.2);年日照时数 1180.9 小时,较常年正常略少 1.2%。年内,贵州遭受了暴雨洪涝、干旱、低温雨雪冰冻、风雹、秋绵雨、大雾、雷电等灾害影响,给全省经济社会发展和人民生活生产造成不利影响,部分地区受灾严重。贵州省有 508.2 万人次受灾,因灾死亡 9 人、失踪 2 人;农作物受灾面积 29.2 万公顷,绝收面积 5.6 公顷;直接经济损失 39.1 亿元。2018 年贵州省气候年景为一般。

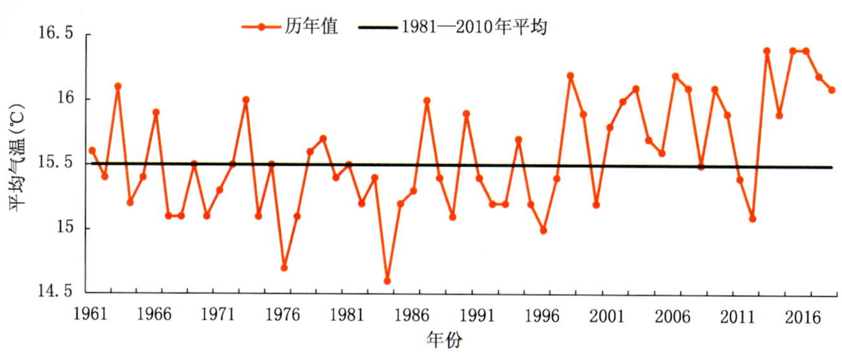

图 4.24.1 1961—2018 年贵州省年平均气温

Fig. 4.24.1 Annual mean temperature in Guizhou during 1961－2018(unit:℃)

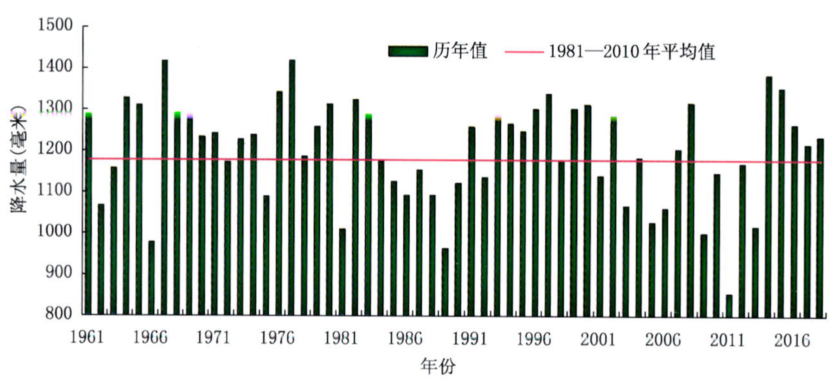

图 4.24.2 1961—2018 年贵州省平均年降水量

Fig. 4.24.2 Annual precipitation in Guizhou during 1961－2018(unit:mm)

4.24.2 主要气象灾害及影响

1. 暴雨洪涝

2018 年主汛期(5—8 月),贵州省共出现 7 次区域性暴雨过程,共有 72 县(市、区)出现 172 站次(国家基本站)暴雨(图 4.24.3),14 县(市、区)出现大暴雨,荔波出现特大暴雨,暴雨日最多为荔波和三都的 6 天。7 次区域性暴雨过程中最重的一次出现在 6 月 20—22 日,暴雨以上 43 站次,大暴雨以上 9 站次,区域平均暴雨 85.6 毫米,区域单站最大降水量麻江达 281.7 毫米,部分地方受灾严重。2018 年全省因暴雨洪涝造成 105.2 万人受灾,因灾死亡 6 人;农作物受灾面积 4.0 万公顷,绝收面积 0.6 万公顷;倒塌房屋 0.1 万间,损坏房屋 1.6 万间;直接经济损失约 13.6 亿元。

2. 干旱

2018 年,贵州省出现轻旱以上超过 20 站的有 166 天,出现中旱以上超过 10 站的有 104 天,轻旱、中旱、重旱和特旱出现站次分别为 4677 站、2002 站、399 站、85 站。有 2 个时段出现明显的阶段性气象干旱,2 月底至 3 月上旬,贵州省大部分地区出现轻度以上气象干旱,贵州南部及东南部出现中度以上气象干旱,影响较小;7 月中旬至 8 月初,贵州东北部出现中度以上气象干旱,发展程度最重为 7 月 31 日,中旱以上 29 县(市、区),湄潭、绥阳、镇远 3 县达特旱等级。瓮安县 6 月至 7 月初干旱影响明显,部分水库水位降至死水位。2018 年贵州省因干旱造成 175.2 万人受灾,饮水困难 15.3 万人;农作物受灾面积 13.2 万公顷,绝收面积 2.4 万公顷;直接经济损失约 9.9 亿元。

3. 低温雨雪冰冻

2018 年,贵州省共出现 3 次大范围低温雨雪冰冻天气过程,对交通、电力、通信、农业、人民生活等产生较大影响。2018 年贵州省因低温雨雪冰冻造成 65.6 万人受灾;农作物受灾面积 2.1 万公

图 4.24.3　2018 年 8 月 2 日贵州省册亨县暴雨洪涝(册亨县气象局提供)
Fig. 4.24.3　The waterlogging and the road flooded by heavy rain in Ceheng County on August 2, 2018
(By Ceheng Meteorological Office)

顷,绝收面积 0.1 万公顷;直接经济损失约 1.0 亿元。

1 月 25 日至 2 月 5 日,贵州省出现大范围、持续性低温雨雪冰冻天气过程,出现雨凇 76 站,总雨凇站日数 391 站次,为 1961 年以来历史第 12 位,属中等区域性低温雨雪冰冻过程。

12 月 6—12 日,贵州省 56 县(市、区)最低气温降至 0℃以下,29 县(市、区)出现降雪 51 站次,53 县(市、区)出现雨凇 146 站次。

12 月 28 日至 2019 年 1 月 2 日,贵州省出现低温凝冻天气,全省 85 个县(市、区)累计出现 226 站次降雪、239 站次雨凇,12 月 30—31 日有 15 个县(市、区)出现极端低温事件,15 个县(市、区)为中级和重级单站冰冻过程。

4. 风雹

2018 年共收集到风雹灾情 74 次,约有 90%的灾情出现在春季(3—5 月),灾害主要出现在贵州中部以西地区。2018 年贵州省受灾人口 161.4 万人,死亡 5 人;农作物受灾面积 9.8 万公顷,绝收面积 2.5 万公顷;损坏房屋 3.7 万间;直接经济损失 14.6 亿元。3 月 30　31 日,大方、纳雍、普定县共有 4.0 万人受灾,农作物受灾面积 0.4 万公顷,347 间房屋不同程度受损,直接经济损失达 1.9 亿元。

4.25　云南省主要气象灾害概述

4.25.1　主要气候特点及重大气候事件

2018 年云南省大部地区降水偏多、气温偏高、日照偏少。年平均气温较常年偏高 0.4℃,为近 5 年最低值(图 4.25.1),夏季和秋季平均气温在近 10 年同期中为最低值和次低值,12 月平均气温突破历史同期最高值。平均年降水量较常年偏多 2.9%(图 4.25.2),时空分布相对均匀,春季、夏季降水偏多,秋季、冬季降水偏少。年平均日照时数较常年偏少 4.0%,为近 10 年次低值,冬季、夏季日照时数偏少,春季、秋季偏多,夏季日照时数为 21 世纪以来最小值。

年内主要气象灾害及其衍生灾害为暴雨洪涝、地质灾害、低温冻害、雪灾、大风、冰雹、雷电、台风等。暴雨洪涝及地质灾害频次高、成灾重,其他灾害总体较轻。

灾害共造成 456.6 万人受灾,死亡 62 人、失踪 20 人;农作物受灾面积 27.5 万公顷,绝收面积 4.6 万公顷;直接经济损失 143.8 亿元。总体上,2018 年气象灾害造成的直接经济损失低于近 10 年的平均值，死亡、失踪人口为近10年来最少。气候属于中上等年景。

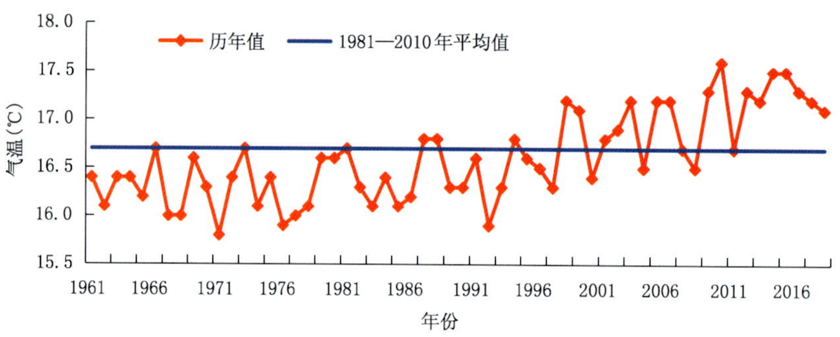

图 4.25.1 1961—2018 年云南省年平均气温

Fig. 4.25.1 Annual mean temperature in Yunnan during 1961—2018(unit: ℃)

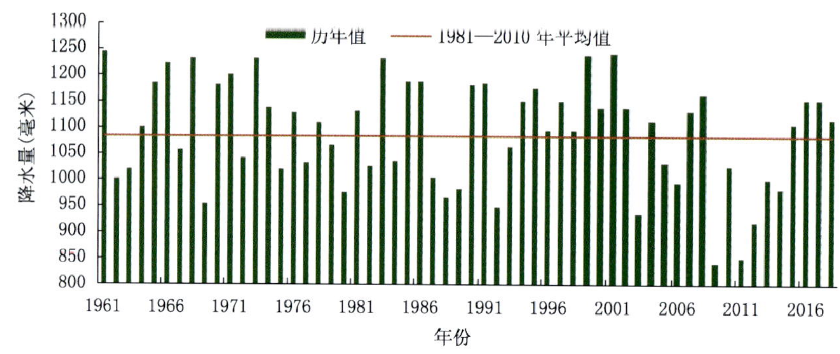

图 4.25.2 1961—2018 年云南省平均年降水量

Fig. 4.25.2 Annual precipitation amounts in Yunnan during 1961—2018(unit:mm)

4.25.2 主要气象灾害及影响

1. 低温冷冻和雪灾

冬季阶段性低温次数多，造成滇中及以东以南发生低温冻害，滇西北、滇东北、滇中北部发生雪灾。

1月31日至2月5日出现寒潮天气过程，滇西北、滇中及以东最低气温低于0℃，最高气温低于4℃，滇中及以东大部、滇西北北部等地出现小雪，滇东降冻雨，引发大范围低温冻害。造成多条高速公路因道路结冰通行受影响，部分水管、太阳能等设施受损，云南省84.7万人受灾，直接经济损失4.4亿元。

低温冻害和雪灾共造成96.4万人次受灾；农作物受灾面积7.0万公顷，绝收面积0.6万公顷；直接经济损失4.9亿元。灾害损失在近10年中属第5轻的年份。

2. 森林火灾

春季阶段性少雨天气使得部分地区森林火险气象等级偏高，发生森林火灾。据省森林防火指挥部办公室统计，森防期内云南省共发生森林火灾60起，受害森林面积562.5公顷，森林火灾次数和受害森林面积与近5年平均值相比均明显下降，森林火灾受害率为0.02‰。

3. 暴雨洪涝和滑坡、泥石流

2018年云南大部地区雨季来得早，汛期强降水时段集中，共出现大暴雨19站次，同比偏多3.9站次。强降水引发暴雨洪涝灾害成灾重，云南省共发生洪涝灾害342县次。5月、6月、8月降水偏多，特别是5月下旬至6月，云南省出现7次大范围强降雨天气过程。强降水造成暴雨洪涝、城市内涝等灾害，并引发地质灾害。9 月至 10 月上旬，持续阴雨及局地强降水造成滇西、滇中以东以南地区洪涝灾害突出。

7 月 5 日 10 时 20 分，怒江州泸水市称杆乡隔界河附近（瓦贡线 K153＋750 米处）发生山石崩塌，致使 3 人死亡、7 人受伤，交通中断。

8 月 31 日至 9 月 1 日，文山出现中到大雨局部暴雨、大暴雨。9 月 2 日 02—05 时，麻栗坡县猛硐乡降雨 199.9 毫米，最大小时降雨量达 97.4 毫米（图 4.25.3），引发的洪涝灾害造成 10 人死亡，11 人失踪，7 人受伤，直接经济损失达 22.8 亿元。

图 4.25.3　麻栗坡县 9 月 2 日洪涝灾害（麻栗坡县气象局提供）
Fig. 4.25.3　Flood in Malipo County on September 2, 2018 (By Malipo Meteorological Office)

11 月 12 日，金沙江白格堰塞湖开始泄流，导致迪庆州、丽江市等地沿江乡镇被淹，造成迪庆、丽江、大理、昆明 4 个州市 11 个县（市、区）5.45 万人受灾，紧急转移安置 4.13 万人；损坏房屋 1.81 万间，倒塌房屋 0.34 万间；农作物受灾面积 0.42 万公顷；直接经济损失 53.15 亿元。

洪涝和地质灾害造成 282.3 万人受灾，57 人死亡、20 人失踪；房屋受损 4.6 万间、倒塌 0.5 万间；农作物受灾面积 15.1 万公顷，绝收面积 3.1 万公顷；直接经济损失 132.3 亿元，高于近 10 年平均值。

4. 局地强对流

春夏季，冰雹、大风、雷电灾害点多面广，冬季，云南中南部地区出现冰雹、大风灾害。3—5 月，滇西北、滇中及以东以南出现 7～8 级、局地 9 级阵风，滇中及以东以南发生冰雹、大风、雷电灾害（图 4.25.4）。7 月下旬至 8 月上旬初，昭通、玉溪、文山、红河、丽江等州市受灾较重。12 月上旬末，云南省中南部出现冬季冰雹、大风灾害。

8 月 1 日下午，丘北县天星乡扭倮村民委小坡村 7 名儿童到树下避雨，因雷击造成 4 人死亡、3 人受伤。

灾害共造成 16 个州市 49.8 万人次受灾，死亡 5 人；房屋受损 0.7 万间；农作物受灾面积 3.4 万公顷，绝收面积 0.6 万公顷；直接经济损失 3.8 亿元。灾害造成的经济损失属近 10 年来的最轻年份。

图 4.25.4 盈江县 3 月 3 日冰雹大风灾害(盈江县气象局提供)
Fig. 4.25.4 Hails and high wilds in Yingjiang County on March 3, 2018
(By Yingjiang Meteorological Office)

5. 台风

7 月 20—22 日、9 月 17—18 日,分别受台风"山神""山竹"登陆后的低压西行影响,滇东、滇南、滇西等地出现较强降水及强对流天气,引发洪涝、地质灾害,以及冰雹、大风灾害。灾害造成 28.1 万人次受灾;农作物受灾面积 2.0 万公顷,绝收面积 0.4 万公顷;直接经济损失 2.8 亿元。灾害造成的损失较近年偏轻。

4.26 西藏自治区主要气象灾害概述

4.26.1 主要气候特点及重大气候事件

2018 年,西藏年平均气温为 5.3℃,较常年偏高 0.6℃(图 4.26.1),全区四季气温均偏高,年内多地气温突破历史同期极值,嘉黎等 16 站日最高气温创历史同期新高,狮泉河、浪卡子 1 月平均气温创历史同期新高。西藏平均年降水量为 498.0 毫米,较常年偏多 37.8 毫米(图 4.26.2);冬季、秋

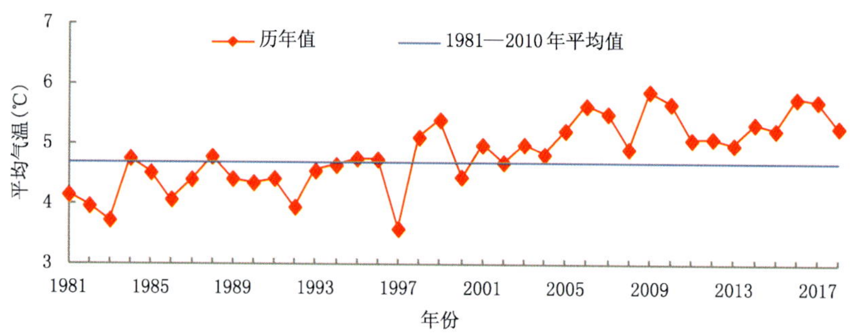

图 4.26.1 1981—2018 年西藏年平均气温
Fig. 4.26.1 Annual mean temperature in Tibet during 1981—2018 (unit:℃)

季降水偏少，春季正常，夏季偏多。年内极端降水事件出现较为频繁，泽当、贡嘎等 14 个站月降水量创历史同期新高。气象灾害共造成西藏 23.5 万人受灾，死亡 12 人；农作物受灾面积 1.0 万公顷；直接经济损失 7.7 亿元。

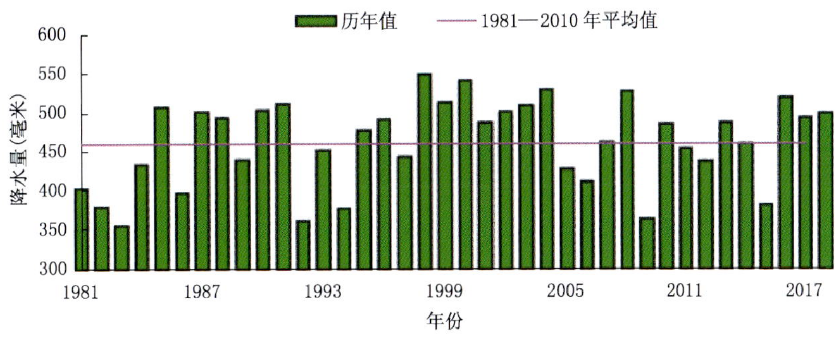

图 4.26.2　1981—2018 年西藏自治区平均年降水量

Fig. 4.26.2　Annual precipitation in Tibet during 1981—2018 (unit: mm)

4.26.2　主要气象灾害及影响

1. 雪灾

2018 年，雪灾造成 0.2 万人受灾，紧急转移安置 0.01 万人；死亡牲畜 0.3 万头（只、匹）；直接经济损失 100 万元。

12 月 17—19 日，受孟加拉热带风暴“佩太”外围云系北上及北部冷空气南下共同影响，除阿里外的其余地市普遍出现小到中雪，部分地方大到暴雪，雪后降温明显，给当地交通及畜牧业生产造成不利影响。

2. 暴雨洪涝

2018 年，暴雨洪涝造成 22.4 万人受灾，死亡 10 人，紧急转移安置 3.27 万人；农作物受灾面积 0.9 万公顷，绝收面积 0.3 万公顷；倒塌房屋 0.3 万间，损坏房屋 1.1 万间；牲畜死亡 4.18 万头（只、匹）；草场受灾面积 1.41 万公顷；直接经济损失 7.6 亿元。

10 月，昌都市江达县、林芝市米林县相继发生山体滑坡（图 4.26.3），阻断金沙江、雅鲁藏布江形成堰塞湖。造成 3.6 万人受灾，紧急转移安置 0.3 万人；房屋受损 2.0 万间；农作物受灾面积 0.3 万公顷；死亡牲畜 0.1 万头（只、匹），同时造成交通、水利、通信、电力、市政等基础设施不同程度受损；

图 4.26.3　2018 年 10 月 11 日昌都江达县山体滑坡致堰塞湖（昌都市气象局提供）

Fig. 4.26.3　Barrier lake by landslide in Jomda County on October 11, 2018 (By Changdu Meteorological Service)

直接经济损失 42.1 亿元。

3. 局地强对流天气

2018 年，局地强对流灾害造成西藏 0.5 万人受灾，2 人死亡；牲畜死亡 0.3 万头（只、匹）；直接经济损失 0.1 亿元。

4. 干旱

2018 年，干旱造成西藏 0.4 万人受灾，农作物受灾面积 300 公顷，直接经济损失 100 万元。

4.27 陕西省主要气象灾害概述

4.27.1 主要气候特点及重大气候事件

2018 年陕西省年平均气温 12.7℃，较常年偏高 0.6℃（图 4.27.1）。春季、夏季气温显著偏高，分别列 1961 年以来同期第一、第三高位；平均年降水量 627.1 毫米，接近常年（633.2 毫米）同期（图 4.27.2）。秋季降水量显著偏少，为 2000 年以来最少值。

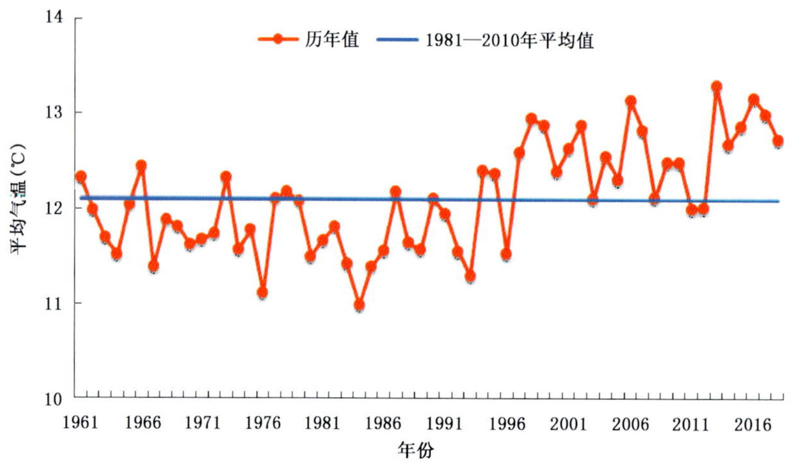

图 4.27.1 1961—2018 年陕西省年平均气温

Fig. 4.27.1 Annual mean temperature in Shaanxi Province during 1961－2018(unit:℃)

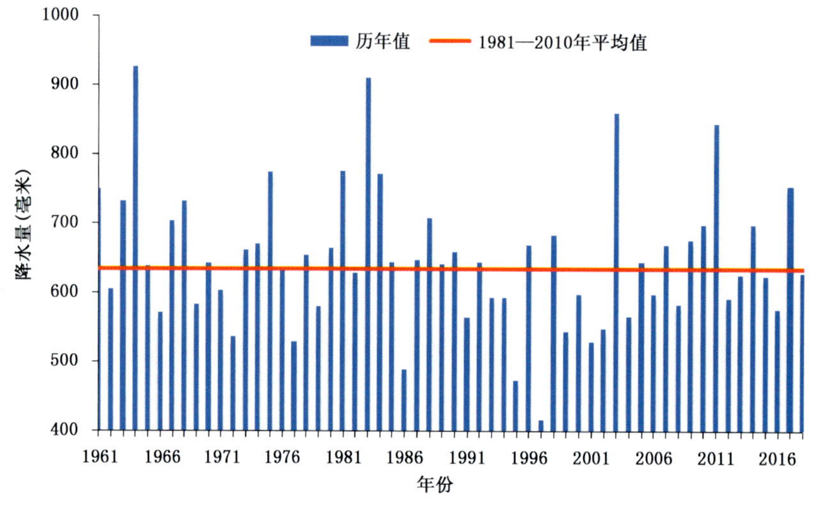

图 4.27.2 1961—2018 年陕西省平均年降水量

Fig. 4.27.2 Annual precipitation in Shaanxi Province during 1961－2018(unit: mm)

2017/2018 年冬季降雪强度大，积雪深，影响严重；春季寒潮降温强，低温冷冻危害严重；前汛期多雨时段开始早，雨量大；夏季暴雨多、强度大，高温持续时间长、极端性强。

2018 年陕西省各种气象灾害造成 330.7 万人次受灾，13 人因灾死亡，紧急转移安置 5.2 万人次；农作物受灾 38.2 万公顷，绝收面积 7.0 万公顷；倒塌和严重损坏房屋 7023 间，一般损坏房屋 21452 间；直接经济损失 64.1 亿元。总体评价，气象灾害属于偏轻年景。

4.27.2 主要气象灾害及影响

1. 低温冷害

低温冷冻灾害共造成 242 个镇(街办)约 170.1 万人受灾；农作物受灾面积 23.0 万公顷，绝收面积 4.3 万公顷；损坏房屋 55 间；直接经济损失 30.6 亿元。4 月 3—7 日陕西大部日平均气温降幅在 9℃以上，日最低气温降幅达 6～17℃，陕西省 49 个县(区)达到寒潮等级，10 个县(区)达到强降温等级。受此次区域性寒潮降温天气影响，陕西省主要林果区最低气温降至 0℃以下，苹果、梨、核桃、猕猴桃、樱桃遭遇严重花期低温冻害(图 4.27.3)，导致减产绝收，造成巨大的经济损失。

图 4.27.3　2018 年 4 月 3—7 日眉县受冻猕猴桃图(陕西省农业遥感与经济作物气象服务中心提供)
Fig. 4.27.3　Forzen kiwifruit in Mei County during April 3—7, 2018
(By Shaanxi Agricultural Remote Sensing and Economic Crop Meteorological Service Center)

2. 暴雨

2018 年共出现 16 次暴雨天气过程，26 个暴雨日，较常年偏少 1 天，65 个区(县)出现 91 站次暴雨，较常年同期(105 站次)偏少 14 站次。先后出现"6.18"陕南暴雨，"7.02"宝鸡、汉中暴雨，"7.11"陕北、关中西部、陕南西部暴雨，"8.21"陕北南部、关中中西部暴雨等 4 次区域性暴雨、大暴雨天气，暴雨、大暴雨多集中在陕北、关中西部和陕南。佳县、甘泉、太白、城固、汉阴、旬阳、安康、白河等 8 个区(县)出现极端日降水量事件，旬阳、白河等 2 县日降水量突破历史极值。

受暴雨洪涝影响，造成 616 个乡镇(街办)97.8 万人受灾，因灾死亡 10 人，失踪 2 人，紧急转移安置 5.0 万人；因灾倒塌和损坏损房屋 2.6 万间；直接经济损失 23.8 亿元。

3. 雪灾

雪灾共造成 209 个乡镇约 8.6 万人受灾；农作物受灾 5200 公顷，绝收面积 50 公顷；因灾死亡大牲畜 6 头，死亡羊 110 只；损坏房屋 50 间；直接经济损失 4.0 亿元。1 月 2—7 日，陕西省大部出现大到暴雪天气过程，54 个县(区)大雪，26 个县(区)暴雪，27 个县(区)日降雪量突破 1 月历史极值。35 个县(区)最大积雪深度超过 10 厘米，最大达 23 厘米。暴雪冰冻天气造成西安、宝鸡、咸阳、渭南、铜川、商洛等 37 个县区 198 个镇(街办)发生雪灾，6.8 万人受灾，农作物受灾面积 4500 公顷，直接经济损失 3.1 亿元。多处道路出现结冰现象，交通运输受阻(图 4.27.4)。

图 4.27.4 2018 年 1 月 2—7 日西安暴雪导致市内交通瘫痪
Fig. 4.27.4 Traffic confusion caused by snowstorm in Xi'an during January 2－7, 2018

4. 局地强对流

风雹灾害共造成 274 个乡镇的 46.9 万人受灾，因灾死亡 3 人，紧急转移安置 2243 人；农作物受灾面积 5.1 万公顷，绝收面积 8600 公顷；424 多只羊死亡，2518 间房屋倒塌或受损；直接经济损失 5.4 亿元。

5. 干旱

2018 年盛夏关中、陕南出现伏旱，对农业生产和群众生活用水造成不利影响。干旱共造成 27 个乡镇(街办)7.4 万人次受灾，农作物受灾面积 4150 公顷，直接经济损失 0.3 亿元。

4.28 甘肃省主要气象灾害概述

4.28.1 主要气候特点及重大气候事件

2018 年，甘肃省年平均气温 8.9℃，比常年偏高 0.7℃(图 4.28.1)。各月平均气温与常年同期相比，1 月、2 月、12 月分别偏低 0.8℃、1.3℃、1.6℃，9 月、10 月、11 月接近常年，其余各月偏高 0.8～4.2℃。平均年降水量 514.9 毫米，比常年偏多 27.7%(图 4.28.2)。各月平均降水量与常年同期相比，2 月、9 月正常，3 月、10 月偏少 2 成和 6 成，1 月、4—8 月、11 月、12 月偏多 2 成至 1.5 倍，1 月、11 月偏多 1.4 倍和 1.5 倍。暴雨日数较常年偏多，出现 7 个区域性暴雨日，暴雨影响范围为近 60 年来最大，引发了山洪、泥石流和山体滑坡等气象次生地质灾害及城乡积涝，造成较大人员伤亡和财产损失。冰雹次数较常年偏少，为 1961 年以来最少值。干旱范围小、影响轻。连阴雨次数偏多，共出现 14 次区域性连阴雨天气过程，利弊皆有。大风日数偏多，沙尘暴、扬沙和浮尘日数均偏少，利于生态环境改善和空气质量改善。高温日数偏少。霜冻日数偏多，晚霜冻影响较大，局地受灾较重；寒潮和强降温次数偏多。

2018 年因气象灾害共造成 922.8 万人(次)受灾，死亡 73 人、失踪 8 人，受伤 114 人，紧急转移安置 4.9 万人，37.6 万人出现饮水困难；农作物受灾面积 76.4 万公顷，成灾面积 52.7 万公顷，绝收面积 15.9 万公顷；损坏房屋 11.6 万间，倒塌房屋 1.8 万间；直接经济损失 249.8 亿元。

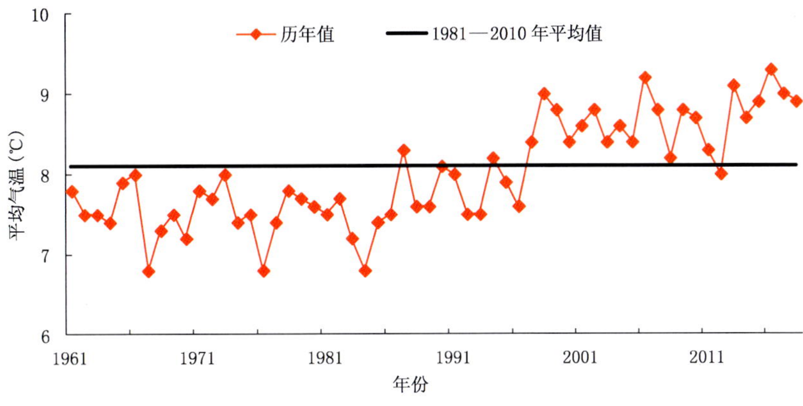

图 4.28.1 1961—2018 年甘肃省年平均气温

Fig. 4.28.1 Annual mean temperature in Gansu during 1961—2018(unit:℃)

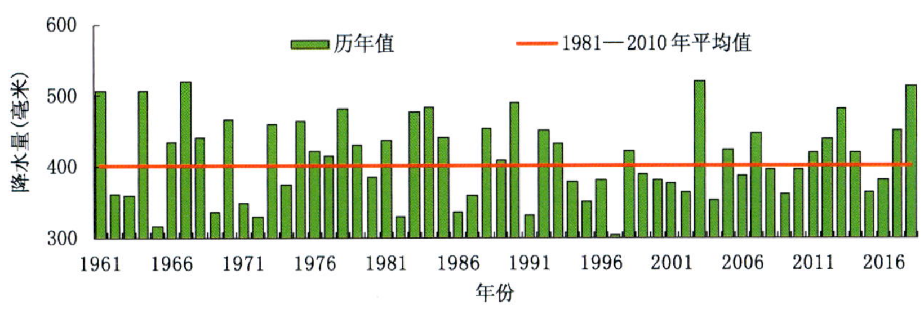

图 4.28.2 1961—2018 年甘肃省平均年降水量

Fig. 4.28.2 Annual precipitation in Gansu during 1961—2018(unit: mm)

4.28.2 主要气象灾害及影响

1. 干旱

2018 年因干旱造成 45.6 万人(次)受灾,0.2 万人出现饮水困难;农作物受灾面积 5 万公顷,绝收面积 0.4 万公顷;直接经济损失 4.5 亿元。

2. 暴雨洪涝

2018 年因暴雨洪涝灾害造成 371.6 万人次受灾,死亡 71 人、失踪 8 人,受伤 114 人,紧急转移安置 4.9 万人;农作物受灾面积 25.8 万公顷,绝收面积 4.1 万公顷;损坏房屋 11.5 万间,倒塌房屋 1.8 万间;直接经济损失 145.7 亿元。

7 月 9 日 08 时至 11 日 08 时,甘肃省大部出现降水,陇南、天水、平凉、庆阳、临夏等市州累计有 626 个区域站点降水量超过 50 毫米,有 37 个站次超过 100 毫米,最大降水量出现在陇南市文县中庙,达 258.2 毫米。强降水天气过程致定西、陇南、天水、平凉、庆阳等市州部分农作物和基础设施受损严重。截至 12 日,暴雨引发部分地区洪涝和山体滑坡,共造成 199 万人(次)受灾,12 人死亡、4 人失踪,紧急转移安置 1.5 万人;直接经济损失 42.9 亿元,其中农业损失 9.3 亿元。

3. 大风、冰雹、雷电

2018 年因大风、冰雹、雷电等强对流天气共造成 73.9 万人次受灾;农作物受灾面积 9.0 万公顷,绝收面积 1.8 万公顷;倒塌房屋 19 间;直接经济损失 9.7 亿元。

6 月 10 日傍晚前后,甘肃省白银、临夏、定西、陇南、天水、平凉等市州的 12 个县区出现雷雨天气过程,局地出现短时强降水,并伴有雷暴、冰雹、阵性大风等。造成 35.7 万人受灾,直接经济损失 4.6 亿元,其中农业经济损失 2.2 亿元,交通运输损失 626.2 万元。

4. 低温冷冻害和雪灾

2018 年因低温冷冻害(霜冻)造成 431.7 万人次受灾;农作物受灾面积 36.6 万公顷,绝收面积 9.6 万公顷;直接经济损失 89.9 亿元。

4 月 4—6 日,甘肃省自西向东出现区域性大风沙尘、降水降温天气,其中 4 日民勤、武威出现沙尘暴,最小能见度 600 米。伴随雨雪过程,全省各地气温大幅下降,河西五市及白银、兰州、定西、天水等市最低气温下降 10～12℃,达到寒潮标准,华家岭 48 小时最低气温降幅达 17.9℃,临夏、甘南、陇南、平凉、庆阳部分地方达寒潮标准。此次天气过程造成酒泉、张掖、白银、兰州、临夏、天水、平凉等地蔬菜大棚受损,大面积农作物受灾,尤其蔬菜、苹果、花椒、油菜等农作物遭受冻害严重(图 4.28.3)。共造成 247.9 万人(次)受灾,直接经济损失 57.8 亿元,其中农业损失 46.6 亿元。

图 4.28.3 2018 年 4 月 6 日天水市秦安县受冻花椒(左)、苹果(右)(秦安县气象局提供)

Fig. 4.28.3 Frozen pepper (left) and apples (right) on April 6, 2018 (By Qin'an Meteorological Office)

4.29 青海省主要气象灾害概述

4.29.1 主要气候特点及重大气候事件

2018 年青海省年平均气温 3.3℃,较常年偏高 1.0℃(图 4.29.1),各季平均气温除秋季接近常年外,其余三季均偏高,春季创 1961 年以来新高。平均年降水量 486.6 毫米,较常年偏多 3 成(图 4.29.2),创 1961 年以来历史极值,各季降水量除冬季偏少外,其余季节偏多,夏秋季均偏多 3 成。

2018 年发生的暴雨洪涝、冰雹、雷电、风暴潮、雪灾、大风、连阴雨、地质灾害、干旱和其他类等 10 种类型灾害,造成 16 人死亡,直接经济损失约 27 亿元。年内农业区遭受了暴雨洪涝、冰雹、干旱等灾害,对农业生产造成了不利影响,但总体灾害较轻,农业气候年景属于“平年”。其中,暴雨洪涝灾害发生 94 起,农作物受灾面积 2.5 万公顷,直接经济损失 25.7 亿元,为近 10 年来最重。年内大部分时间降水量偏多,气温偏高,雨热条件有利于牧草生长,期内,水分充足,热量适宜,牧草返青期持平或提前,黄枯期普遍推迟,大部分地区牧草产量增幅大于 10%,全省牧草气候年景综合评定为“丰年”。年内黄河上游水资源偏丰,8—9 月虽出现 2012 年最强汛期,总体来看有利于农业、电力生产及下游地区供水。

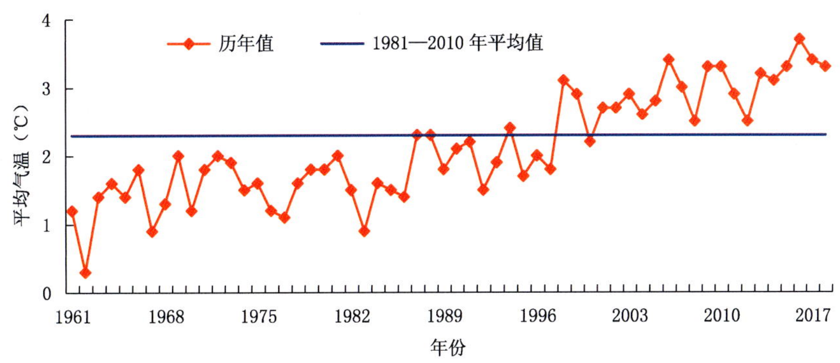

图 4.29.1　1961—2017 年青海省年平均气温

Fig. 4.29.1　Annual mean temperature in Qinghai during 1961—2018(unit:℃)

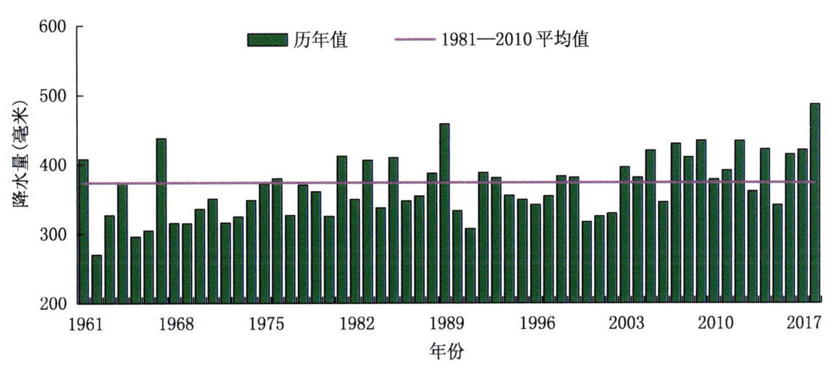

图 4.29.2　1961—2017 年青海省平均年降水量

Fig. 4.29.2　Annual precipitation in Qinghai during 1961—2018(unit: mm)

4.29.2　主要气象灾害及影响

1. 干旱

5—6 月，互助县降水量偏少 8 成以上，持续晴热高温的天气，造成土壤失墒严重，导致五峰、西山、东沟等 12 个乡镇农作物遭受旱灾。全年干旱灾害造成 7.7 万人受灾，农作物受灾面积 1.5 万公顷，直接经济损失 0.3 亿元。

2. 暴雨洪涝(滑坡、泥石流)

暴雨洪涝主要发生在 6—9 月，共发生 94 起(图 4.29.3)，引发地质灾害 4 起。6 月 30 日至 7 月 2 日，贵南、贵德、海晏、共和、乌兰、都兰多县出现降雨天气，部分地区出现暴雨，多地遭受暴雨洪涝灾害，直接经济损失约 0.3 亿元。全年暴雨洪涝灾害造成 53.2 万人受灾，死亡 8 人；房屋倒塌 4000 间；农作物受灾面积 2.5 万公顷，绝收面积 0.4 万公顷；直接经济损失 25.7 亿元。

3. 局地强对流

2018 年局地强对流造成 9.2 万人受灾，8 人死亡；农作物受灾 1.1 万公顷；直接经济损失 0.7 亿元。

5—6 月杂多、囊谦雷电灾害共发生 4 起，共造成 26 人受灾，7 人死亡，19 人受伤。6 月 22 日，青海省玉树藏族自治州杂多县遭遇雷电天气，造成 5 人因雷击死亡，12 人重伤，4 人轻伤。

6—9 月青海省冰雹共发生 6 起，近 5.7 万人受灾；农作物受灾面积 0.84 万公顷，成灾面积近 6700 公顷，绝收面积 700 公顷；直接经济损失近 0.5 亿元。9 月 21 日 13—15 时，互助县 9 个乡镇出现冰雹天气(图 4.29.4)，10.2 人受灾；农作物受灾面积 2.1 万多公顷，绝收面积 8904 公顷。

图 4.29.3 2018 年 8 月 24 日湟中县暴雨致房屋受损(湟中县气象局提供)
Fig. 4.29.3 Damaged house by rainstorm in Huangzhong County on August 24, 2018
(By Huangzhong Meteorological Office)

图 4.29.4 2018 年 9 月 11 日互助县冰雹灾害(互助县气象局提供)
Fig. 4.29.4 Hail disaster in Huzhu County on September 11, 2018 (By Huzhu Meteorological Office)

4. 低温冷冻害和雪灾

2018 年低温冷冻害和雪灾造成 1.8 万人受灾,农作物受灾面积 1200 公顷,直接经济损失 0.3 亿元。3—5 月、11 月杂多、称多、湟源等 5 县共发生 5 起雪灾(图 4.29.5),0.15 万人受灾,直接经济损失近 0.3 亿元。

5. 连阴雨

7 月玛沁发生连阴雨灾害 1 起,110 人受灾,受灾安置 90 户 377 人,劝离群众 57 户;损毁乡村公路 500 米,淹没拉加镇旧桥下游右岸 1.28 千米、左岸 2.57 千米,旧桥至新大桥右岸 300 米,新大桥上游左岸 530 米。

6. 风暴潮

7—8 月,互助、大通县发生风暴潮 2 起,2.70 万人受灾,倒塌房屋 1 间,损坏房屋 48 间;农作物受灾面积 0.20 万公顷,成灾面积 0.18 万公顷;直接经济损失 0.07 亿元。

图 4.29.5　2018 年 11 月 15 日湟源县雪灾淹埋牲畜(湟源县气象局提供)

Fig. 4.29.5　Livestocks buried because of snow disaster on November 15, 2018 in Huangyuan County (By Huangyan Meteorological Office)

4.30　宁夏回族自治区主要气象灾害概述

4.30.1　主要气候特点及重大气候事件

2018 年,宁夏年平均气温 9.3℃,较常年偏高 0.8℃(图 4.30.1)。气温阶段性特征明显,春季、夏季气温偏高,秋季气温偏低;春季平均气温创 1961 年以来同期新高,5 月中北部部分地区高温天气之早历史少见,夏季平均最低气温创 1961 年以来同期新高,日较差之小创历史纪录。平均年降水量 370.5 毫米,比常年偏多 38%(图 4.30.2)。首场透雨明显偏早,各地透雨出现时间较常年提前了 22～43 天,各季节降水量均偏多;夏季降水量创近 50 年历史同期极值,且强降水次数多、范围广、强度大,历史罕见,“7.22”暴雨刷新宁夏有气象观测记录以来的日降水量极值;秋季连阴雨过程雨量大、过程日降水量之大创同期极值。此外,秋霜冻早,霜冻日数多,灌区入冬偏早。

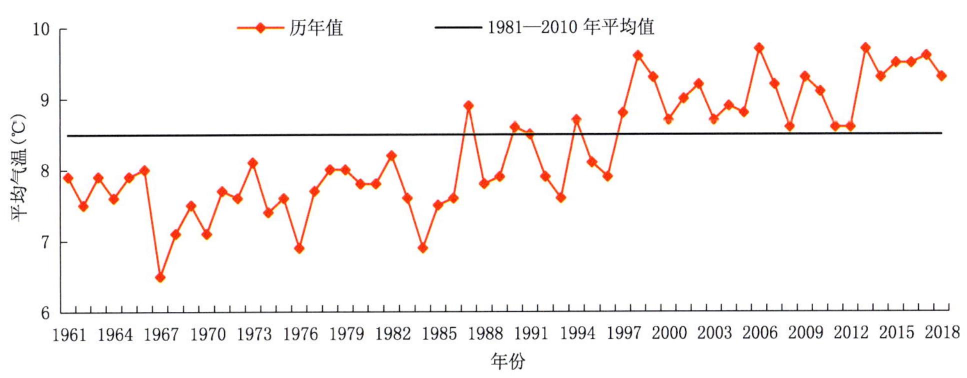

图 4.30.1　1961—2018 年宁夏年平均气温

Fig. 4.30.1　Annual mean temperature in Ningxia during 1961－2018(nuit:℃)

年内,气象灾害以暴雨洪涝、冰雹、大风、低温冻害等为主,造成 42.6 万人受灾,1 人死亡;农作物受灾面积 14.8 万公顷,绝收面积 1.8 万公顷;倒塌及损坏房屋 1 万间;直接经济损失 7.3 亿元。

总的来看，2018 年属气象灾害偏轻年景。

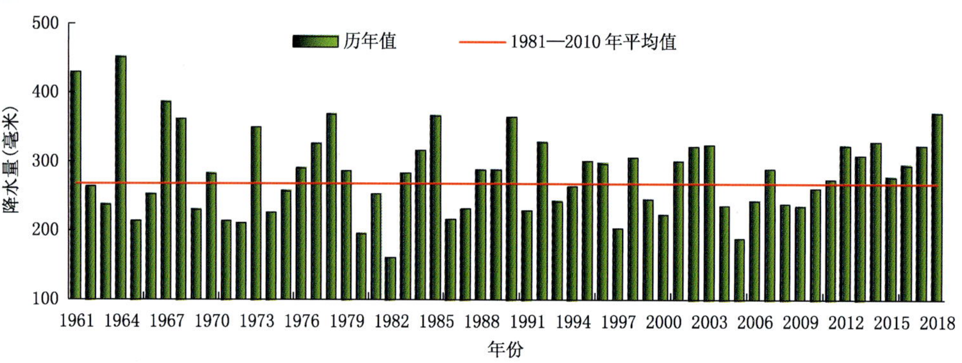

图 4.30.2 1961—2018 年宁夏平均年降水量

Fig. 4.30.2 Annual precipitation in Ningxia during 1961—2018(nuit:mm)

4.30.2 主要气象灾害及影响

1. 暴雨洪涝(滑坡、泥石流)

2018 年夏季，宁夏共出现 14 次暴雨洪涝灾害天气过程，分别出现在 5 月 20—21 日、6 月 18 日、6 月 20 日、6 月 29 日、7 月 1—2 日、7 月 9—11 日、7 月 16 日、7 月 18—19 日、7 月 22—24 日、8 月 6—7 日、8 月 9—10 日、8 月 11—12 日、8 月 21 日、8 月 29 日至 9 月 1 日。银川市，石嘴山市大武口区、平罗县，吴忠市利通区、青铜峡市，中卫市中宁县及固原市西吉县、泾源县等地不同程度受灾。7 月 22—23 日贺兰山银川至石嘴山段出现了百年一遇特大暴雨，最大累计降水量和最大小时降雨量均出现在银川市西夏区贺兰山滑雪场，分别为 297.4 毫米和 74.1 毫米。暴雨引发山洪、城市内涝、农田积涝、设施温棚受损，影响为历史罕见，共造成 6007 人受灾；农作物受灾面积 9802 公顷；损坏房屋 1275 间，倒塌房屋 229 间；直接经济损失 1.8 亿元。年内，暴雨造成 1 人死亡，21.7 万人受灾；倒损房屋 0.1 万间；农作物受灾面积 7.0 万公顷，绝收面积 0.6 万公顷；直接经济损失 4.2 亿元。

2. 局地强对流(大风、冰雹)

2018 年，宁夏共出现局地强对流天气 10 次，分别出现在 3 月 16 日、4 月 4 日、5 月 1 日、5 月 21 日、5 月 25 日、5 月 26 日、6 月 10—11 日、6 月 21 日、6 月 29 日、9 月 12 日。石嘴山市惠农区、平罗县，吴忠市利通区、盐池县，固原市原州区、泾源县等地遭受大风、冰雹灾害(图 4.30.3)。6 月 10—11 日中卫市海原县、固原市及所辖区县出现冰雹、短时强降水天气，冰雹持续时间 30 分钟，最大冰雹直径 1 厘米，积雹厚度 5 厘米，马铃薯和玉米受灾严重，5.9 万人受灾；农作物受灾面积 1.7 万公顷，绝收面积 4300 公顷；直接经济损失 0.5 亿元。6 月 29 日，泾源县出现短时强降水伴有冰雹，最大冰雹直径 6 厘米，积雹厚度 10 厘米，造成 8197 人受灾，直接经济损失 0.1 亿元。年内，局地强对流造成 8.3 万人受灾；倒损房屋 0.5 万间；农作物受灾面积 2.2 万公顷，绝收面积 0.5 万公顷；直接经济损失 1 亿元。

3. 低温冻害和雪灾

2018 年，宁夏共遭受低温冻害和雪灾 6 次，分别出现在 1 月 3—7 日、1 月 27 日、4 月 4—9 日、4 月 12—13 日、4 月 16 日、5 月 21 日。低温冻害造成石嘴山市惠农区、平罗县，中卫市沙坡头区、中宁县，吴忠市利通区、同心县，固原市彭阳县等地不同程度受灾。4 月 6—8 日全区大部出现了霜冻和轻霜冻，酿酒葡萄、枸杞等特色作物和苹果、杏等经济林果遭受严重冻害。5 月 21 日中卫市沙坡头区出现低温冷冻天气，硒砂瓜受灾严重。年内，低温冻害造成 12.6 万人受灾；农作物受灾面积 5.7 万公顷，绝收面积 0.7 万公顷；直接经济损失 2.1 亿元。

图 4.30.3　2018 年 6 月 29 日泾源县泾河源镇和兴盛乡冰雹（泾源县气象局提供）
Fig. 4.30.3　Hail disaster in Jingheyuan Village and Xingsheng Village of Jingyuan County on June 29, 2018 (By Jingyuan Meteorological Office)

4.31　新疆维吾尔自治区主要气象灾害概述

4.31.1　主要气候特点及重大气候事件

2018 年新疆年平均气温 8.2℃，与常年持平（图 4.31.1）；全疆冷暖波动大，冬季平均气温略偏低（呈前冬暖、后冬异常偏冷特点），春季偏高且早春 3 月异常偏高，夏季气温偏高居次位，秋季为 2000 年以来最冷秋季。平均年降水量为 182.2 毫米，较常年偏多 8 毫米，较常年同期偏多不足 1 成（图 4.31.2）。南、北疆春季降水均偏多，夏季天山山区和南疆略偏多，秋季北疆略偏多，冬季天山山区略偏多。开春期、终霜期、初霜期和入冬期全疆大部地区均偏早；冬季最大积雪深度偏薄。2018 年，全疆农牧业气象年景为略偏丰年景，比 2017 年差。

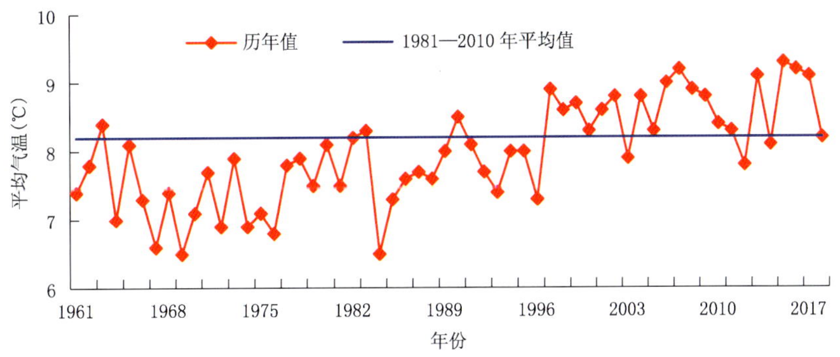

图 4.31.1　1961—2018 年新疆年平均气温
Fig. 4.31.1　Annual temperature in Xinjiang during 1961—2018(unit:℃)

2018 年，全疆气候波动大，冷空气活动时空分布不均，主要发生在 5 月和 10 月中旬至 12 月初，致使极端天气、气候事件频繁发生，风沙雨雪等多致灾天气齐发；局地降雨极端性突出，次生灾害严重；初雪早、强度强、影响大。年内出现的主要气象灾害有大风、暴雨洪涝、冰雹、沙尘暴、雪灾、冻害、连阴雨等，给农牧业及林果业生产、交通运输、人民生命及财产安全等造成了危害。

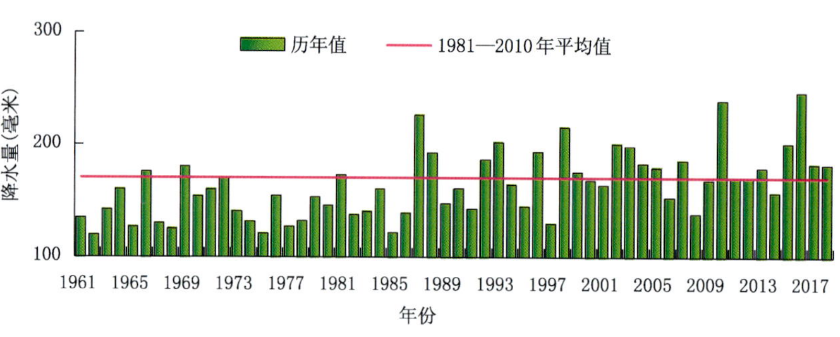

图 4.31.2 1961—2018 年新疆年平均降水量

Fig. 4.31.2 Annual precipitation in Xinjiang during 1961—2018(unit:mm)

4.31.2 主要气象灾害及影响

1. 大风沙尘

2018 年新疆大风沙尘灾害偏重发生，具有发生频次多、强度大、4—6 月最多的特点，直接经济损失居近十年首位。全疆 14 地(州、市)共 135 县次出现大风沙尘灾害(图 4.31.3)，造成直接经济损失近 20 亿元，农作物受灾严重。阿克苏地区受灾最重，直接经济损失约 7 亿元。

图 4.31.3 2018 年 12 月 1 日克拉玛依市遭遇 47 年以来最强大风(克拉玛依气象局提供)

Fig. 4.31.3 Hail over the past 47 years in Karamay City on December 1 ,2018

(By Karamay Meteorological Office)

5 月 24 日，库车县出现 6～10 级偏北大风，风口 11～12 级。此次大风强度之强、持续时间之长、影响范围之广为历年少见，农业损失严重，是 2018 年造成损失最大的一次大风灾害。5 月 28—29 日，新疆出现 2018 年范围最大、强度最强、罕见的沙尘暴天气过程，和田地区、喀什地区、阿克苏地区、巴音郭楞州南部、阿勒泰地区南部、石河子市北部、乌鲁木齐市、昌吉州中东部共 8 个地(州、市)24 个国家气象站出现沙尘暴，和田地区 5 县市境内出现特强沙尘暴(黑风暴)，上述地区沙尘暴持续 1～4 小时，和田地区于田县、民丰县、皮山县和巴音郭楞州且末县特强沙尘暴持续 3～4 小时。强风沙天气致使农业、林果业、电力、民航、居民生活等不同程度受灾。和田地区、喀什地区、阿勒泰地区、塔城地区、阿克苏地区、伊犁州 6 个地(州、市)16 个县(市)42 个乡(镇、村)逾 38 万人受灾，转移安置 12 人，损坏房屋几百间；大面积的农作物、林果受灾，树木、果实严重受灾；逾千座温室大棚设施损坏；几十间圈棚损坏、牲畜死亡，损害围墙、电力监控等设施等；航班延误 4 架次、滞留旅客 1000 人次；经济损失非常严重，直接经济损失达 19 亿元。

2. 暴雨洪涝

2018 年新疆局地暴雨洪涝及其衍生地质灾害中度发生，全疆 11 地（州、市）共计 60 县次出现暴雨洪涝灾害，造成共 41 人死亡、1 人失踪，约 82.3 万人受灾；农作物受灾严重；直接经济损失约 16.9 亿元。其中，7 月和 8 月发生县次最多。5 月 20—22 日喀什地区伽师县出现短时强降水天气，造成 21.5 万人受灾，部分房屋倒塌和损坏，农作物受灾面积达 2796 公顷，大棚受灾，约 5 万间房屋漏水，乡村道路损坏，交通严重受阻，直接经济损失约 1.2 亿元。7 月 30 日，温宿县局地出现强降雨天气，山区暴雨引发山洪致 4 人死亡。7 月 31 日哈密市伊州区至伊吾县山区出现大范围特大暴雨山洪，山洪致使射月沟水库大坝溃口，造成重大灾害（图 4.31.4）。暴雨引发山洪致使水库溃坝，乌拉台水库水位超警戒线，农田、公路、铁路、电力和通信设施受损；造成 32 人死亡，2000 多人受灾，部分房屋被冲毁、倒塌，通信、电力中断，高速公路 G30 线、G7 线因洪水影响封闭，兰新铁路红旗村—烟墩段护坡被冲塌，致使火车停运，经济损失惨重。9 月 13 日，喀什地区莎车县山区发生暴雨洪涝，造成道路冲毁数千米，牲畜死亡数十只，房屋倒塌近 10 间，数公顷玉米受灾，经济损失达 30 余万元。

图 4.31.4　2018 年 7 月 31 日哈密市伊州区洪水（哈密市气象局提供）
Fig. 4.31.4　Flood in Yizhou District of Hami City on July 31, 2018 (By Hami Meteorological Service)

3. 局地强对流

2018 年新疆冰雹灾害中度偏重发生。全疆 6 地（州、市）共 41 县次出现冰雹灾害，农作物受灾严重，直接经济损失数亿元，伊犁州发生次数最多，达到 13 县次；其次是阿克苏地区，达到 12 县次，直接经济损失最大，农作物受灾最严重（图 4.31.5）。5 月 17—22 日，喀什巴楚县出现冰雹（7 毫米）、强降雨天气，冰雹持续 30 分钟左右，导致洪水，造成 5189 人受灾，农作物受灾面积 1686 公顷，直接经济损失约 5.3 亿元。7 月 1 日，阿克苏地区温宿局地出现暴雨、降雹天气，降雹持续时间 15 分钟左右，造成农林作物受灾面积 4620 公顷，道路损害，羊圈倒塌，家禽死亡，直接经济损失达 9007.9 万元。9 月 24 日，昭苏县出现暴雨、冰雹恶劣天气，降雹持续 8～18 分钟，冰雹直径 0.3～1.5 厘米，积雹厚度 2～3 厘米，共造成 4580 人受灾，农作物受灾面积 4723 公顷，直接经济损失 0.5 亿元。

4. 低温冻害和雪灾

2018 年新疆冻害偏轻，全疆 3 地（州、市）共出现 4 县次冻害，造成农作物大面积受灾，牲畜死

图 4.31.5　2018 年 6 月 21 日阿拉尔冰雹(阿克苏地区气象局提供)
Fig. 4.31.5　Hail disaster in Alard on June 21, 2018(By Aksu Meteorological Service)

亡,直接经济损失约 3800 万元。5 月 24—25 日,巴音郭楞州和静县大部出现小到中雨,气温明显下降,造成牲畜冻伤,农作物受损,是 2018 年造成损失最大的一次冻害灾害,直接经济损失达 2500 万元。

2018 年新疆雪灾中度偏轻发生,全疆 2 地(州、市)共出现 3 县次雪灾,造成交通受阻、人员被困、农业受灾。10 月 17—20 日,受强降雪寒潮天气影响,乌鲁木齐城区大面积出现湿雪压断树枝(图 4.31.6),造成车辆损毁、电力中断,全市 17 条 10 千伏线路出现故障,部分小区电力瘫痪达 3 天之久,乌鲁木齐国际机场航班延误 35 班次。10 月 18 日巴音郭楞州和静县出现大面积降雪天气,降雪持续 8 小时,此次降雪天气对设施农业及农作物、林果、景观树、彩钢房等造成重大损失,是 2018 年造成损失最大的一场雪灾,共 800 人受灾,部分房屋倒塌,农作物受灾面积 1428 公顷,直接经济损失 3035 万元。

图 4.31.6　2018 年 10 月 17—20 日乌鲁木齐暴雪(新疆气象局提供)
Fig. 4.31.6　Heavy snowstorm in Urumqi during October 17—18,2018(By Xinjiang Meteorological Service)

5. 连阴雨

2018年新疆遭受连阴雨灾害1县次。7月27—31日，和田地区洛浦县出现连阴雨，造成百余人受灾，农作物受灾，葡萄架损失，农民房屋漏雨损坏，损坏羊圈，牲畜死亡，围墙倒塌，直接经济损失逾几十万元。

第5章 全球重大气象灾害概述

5.1 基本概况

2018年全球气温相比常年(1981—2010年)偏高0.38(±0.13)℃,超过工业化时代之前(1850—1900年)0.99(±0.13)℃,成为有完整气象观测记录以来第四高值。受年初1—3月拉尼娜事件造成的降温效应影响,2018年地表温度没有创出历史新高,低于2016年(较常年偏高0.56℃)、2017年(较常年偏高0.46℃)和2015年(较常年偏高0.45℃),但全球变暖的大趋势仍在持续。2014—2018年是有气象观测记录以来最暖的5年期,超过工业化时代之前1.04(±0.09)℃。

在全球变暖的大背景下,全球冰川总量连续31年减少,南、北极海冰范围全年处于历史低位。1—2月北极海冰范围创历史新低,冬季北极海冰最大范围1448万平方千米,为历史第三低值;夏季受持续性低压系统影响,海冰消融速度偏慢,9月中旬北极海冰达到最小范围(545万平方千米),比常年偏少28%;10月以后海冰扩张速度较常年明显偏慢,截至12月底北极海冰范围仍处于历史同期最低位。南极海冰最小范围228万平方千米,出现在2月下旬,较常年偏小33%,创历史新低;2—8月南极海冰范围一直处于历史同期较低水平,9月南极海冰范围1782万平方千米,位列历史第二低值;10月以后海冰快速消融,截至12月底南极海冰范围达历史同期最低值。

2018年全球海表温度位列历史第四高值,太平洋大部(除赤道东太平洋外)、印度洋西部以及热带大西洋等地异常变暖。超过90%被温室气体吸收的能量进入了海洋,2018年海洋上层0～700米和0～2000米的热容量再创历史新高。在海洋热膨胀和海冰融化的共同作用下,2018年全球海平面继续保持上升趋势,相比2017年上升了3.7毫米,成为有记录以来的最高值。

2018年世界各地发生了许多重大天气气候事件,例如北半球异常活跃的热带气旋、欧洲夏季持续性高温干燥天气、印度西南部的特大洪灾、大洋洲东部严重干旱、欧美多地的低温暴雪以及全球多地的森林大火和强对流天气等,给公众生命财产安全和经济社会可持续发展带来严重影响和损失。年内,美国、菲律宾、日本、中国等遭遇热带气旋袭击,印度、日本、肯尼亚、尼日利亚等地遭受严重洪涝及其引发的地质灾害,欧洲西部和北部地区遭遇异常高温干燥天气,澳大利亚、巴西、南非等地遭受持续性干旱影响,美国、瑞典、希腊等地发生森林大火造成人员伤亡和重大财产损失。德国慕尼黑再保险公司统计显示,2018年全球气象灾害导致约7000人死亡,6200万人受灾,经济损失高达1660亿美元,占全年自然灾害总经济损失的93%。

5.2 全球重大气象灾害分述

5.2.1 寒流和暴雪

1月3—4日,爆发性气旋影响整个美国东海岸,部分地区气温打破近百年来最低气温纪录。其中，佛蒙特州的伯灵顿气温低至－28.9℃，与1923年的历史纪录相比，还要低0.6℃；缅因州的波特兰则达到－23.9℃，打破了1941年的历史纪录。由于爆发性气旋途经美国航班运输最为繁忙的路线，受冰雪天气影响，全美超过5000架次航班被取消，航班几乎全线停运，22人在寒流中丧生。

2月下旬至3月上旬，欧洲多国遭遇极寒天气影响，从北欧到地中海沿岸国家均降大雪。2月下旬德国部分地区夜间气温下降至－24℃；爱沙尼亚气温则低至－29℃，位列历史第二低位；瑞士高山地区甚至出现－40℃的低温。阿尔卑斯山脉降雪量远超常年，瑞士山区积雪深度达530厘米，位列历史第二高位；爱尔兰、法国、意大利、阿尔及利亚等地降雪量也较常年异常偏多；葡萄牙出现历史罕见的冻雨天气。低温和强降雪天气对欧洲各地交通和居民生活造成严重影响，多个欧洲机场被迫取消航班或延迟起降，交通严重受阻，寒流造成60余人死亡。

在南亚地区，1月3—13日，居住人口约2亿的印度北方邦遭遇创纪录的罕见严寒天气，最低气温降至－5℃，135人因低温丧生。

在非洲地区，8月初，南非、莱索托和斯威士兰等南部非洲国家遭遇强冷空气袭击，气温骤降并普降大雪，其中约翰内斯堡更是1981年以来第一次出现降雪。恶劣天气导致部分城市学校停课、交通受阻，电力供应一度中断。

在南美洲地区，6月，智利、玻利维亚、秘鲁等地遭遇罕见的寒潮侵袭。智利首都圣地亚哥出现降雪天气，玻利维亚气温低至－14℃，秘鲁积雪深度达40厘米；8月，乌拉圭、阿根廷等地遭遇冷空气过程，乌拉圭东南部出现降雪。

5.2.2 高温干旱

2018年夏季，欧洲大部地区遭遇异常高温干燥天气，5—7月挪威、瑞典、芬兰、丹麦等北欧国家的高温和少雨同创历史纪录，瑞典南部局地降水量甚至不足历史最低纪录的一半。7月底至8月初，北极圈内多地观测到罕见的、创纪录的高温，部分观测站气温一度超过30℃；芬兰连续25天气温超过25℃，德国连续18天超过30℃，爱沙尼亚连续8天超过30℃，英国和爱尔兰也受到了异常高温干旱影响；仅8月4日一天，葡萄牙局地气温超过44℃，全国超过40%的观测站温度突破历史极值。8月中旬以后，北欧的情况有所缓和，但法国、德国、荷兰、瑞士、波兰、捷克、拉脱维亚等欧洲国家的高温干燥天气仍在持续，多数国家自年初以来降水量屡创历史新低，长期高温干旱导致农业产量受到较大损失，法国甚至有1500人因高温热浪天气丧生。欧洲中部莱茵河径流量也创造了历史最低纪录，导致货运量相比2017年减少了约25%；塞尔维亚局部地区河流运输一度中断。持续性高温干燥天气还导致欧洲多国森林火灾频发，瑞典、拉脱维亚、挪威、德国、英国、爱尔兰等地均遭受不同程度的林火侵袭，仅瑞典过火面积就超过2.5万公顷；7月23日，希腊首都雅典周边发生林火，在强风作用下火势迅速传播，导致99人死亡，成为2009年以来全球范围内死亡人数最多的森林火灾。

在北美洲，夏季加拿大东部地区遭遇创纪录的高温热浪天气，7月上旬蒙特利尔、魁北克和安大略都遭遇35℃以上极端高温，蒙特利尔连续5天气温高达33℃，突破历史极值；魁北克86人死于高温热浪；不列颠哥伦比亚省发生大规模林火，过火面积达135万公顷。2018年下半年，美国加利福尼亚州接连发生森林大火，7月“卡尔”林火造成1604座建筑被毁，8人丧生，保险损失超过15亿美元；8月“门多西诺”林火是加利福尼亚州史上最大规模林火，过火面积达18.6万公顷，数百座建筑物被烧毁；11月，在强风和干燥天气的共同作用下，美国加利福尼亚州再次发生森林大火，北加州坎普山火重创山区小镇天堂镇，导致85人丧生，249人失踪，刷新近百年美国森林火灾的最高伤亡纪录，另有超过19000座建筑物被烧毁。据统计，2018年美国林火共计造成240亿美元经济损失，刷新历史纪录。

在东亚地区，7月下旬至8月上旬，日本、韩国、朝鲜等地遭遇高温热浪袭击。日本东部地区遭遇史上最炎热的夏季，熊谷市最高气温达41.1℃，153人因高温丧生，8万余人中暑；韩国洪川郡出现了41.0℃的高温，首尔最高气温达39.6℃，持续性高温天气导致韩国出现大量高温中暑病例。

在中东和北非地区，高温创造了一系列历史纪录。6月26日，阿曼沿海城市古顿亚特夜间最低气温高达42.6℃，创造了全球最高的日低气温纪录；7月上旬，北非的阿尔及利亚观测到51.3℃的高温，刷新该国最高气温纪录。

在南半球，1月至9月，澳大利亚经历了严重的干旱，东部地区降水量普遍不足常年一半。特别是新南威尔士州、昆士兰州等多地遭遇近50年来最严重旱情，大片牧场和耕地被破坏，畜牧业遭受毁灭性打击。长期干旱及高温，引起了非常严重的森林火灾。

5.2.3 暴雨洪涝

2018年区域性极端降水事件频发，在世界各地造成了严重人员伤亡和财产损失，其中南亚地区受灾最为严重。自5月季风雨季开始，异常暴雨天气在印度9个邦造成了不同程度的灾害，印度南部喀拉拉邦受灾最为严重。8月，印度西南部的喀拉拉邦降水量超过常年同期96%，8月9—22日降水量超过常年同期238%，局地单日降水量甚至超过了400毫米。持续性强降水引发该地区1924年以来最严重的洪水，部分地区发生山体滑坡，导致540万人受灾，300余人丧生，140万人急需转移安置，经济损失超过43亿美元。

在东亚地区，6月28日至7月9日，日本西部地区由几乎静止的梅雨锋形成了持续性强降水天气，高知、德岛和岐阜等15个观测点累计雨量超过1000毫米，高知县安芸郡最大降雨量达1853毫米。强降雨造成河流、水库水位急速上涨，山洪、泥石流、滑坡等灾害群发性突出，导致多地民居、道路被毁，245人遇难，6767座房屋倒塌。本次灾害是日本35年来遭遇的最严重暴雨洪涝灾害。7月下旬至8月中旬，东南亚多国遭受大范围暴雨洪涝影响，老挝23.6万人受灾，143人死亡(失踪)；柬埔寨8.3万户受灾，18人死亡；越南13人死亡(失踪)。

在非洲地区，3—4月肯尼亚、索马里、埃塞俄比亚、坦桑尼亚等东非国家由于降水异常偏多引发洪涝灾害，仅在肯尼亚就造成120人丧生，23万人流离失所。9月尼日尔河由于连日暴雨引发河水暴涨，导致尼日利亚和尼日尔遭受洪水袭击，200万人受灾，200余人因灾丧生，超过56万人流离失所。

在中东地区，10—11月卡塔尔、阿联酋、科威特、约旦、伊拉克等国家遭遇强降水天气过程引发山洪灾害，导致一定人员伤亡和财产损失。

5.2.4 热带气旋

2018年，北半球热带气旋活动异常活跃，四大风暴盆地共生成了74个热带气旋，远多于常年的63个；东北太平洋风暴盆地最为活跃，气旋累积能量指数(ACE)创历史新高。年内，南半球共生成热带气旋22个，与常年基本持平。

在东北太平洋地区，8月22—25日，五级飓风“雷恩”扫过夏威夷大岛，引发创纪录的极端强降水，96小时内降水量高达1321毫米，当地洪水泛滥。9月13日五级飓风“佛罗伦斯”登陆美国东海岸，极端强降水导致河水暴涨，20万户居民停电，北卡罗莱纳州多条高速路和主干道中断，上万人前往临时避难所，53人遇难。10月10日四级飓风“迈克尔”在佛罗里达州墨西哥海滩登陆，登陆时中心附近最大风力17级以上，成为1992年以来登陆美国大陆的最强飓风，狂风、暴雨和风暴潮给美国东南沿岸各州造成大面积破坏，导致49人死亡，超70万户家庭断电。“佛罗伦斯”和“迈克尔”在美国共计造成了490亿美元经济损失。

在西北太平洋地区，7月中旬，台风“山神”引发越南和老挝大规模洪灾，老挝发生溃坝导致55

人死亡。8月下旬，台风“苏力”在朝鲜半岛引发洪水，导致朝鲜86人丧生。9月4日，台风“飞燕”先后在日本四国岛德岛县和本州岛兵库县登陆，成为1993年以来登陆日本的最强台风，引发近畿地区遭受暴风雨和海岸洪水侵袭，11人因灾死亡，1700余栋建筑受损，关西国际机场被淹，3000名旅客滞留。9月15—16日，2018年西北太平洋生成的最强台风“山竹”先后在菲律宾北部和中国广东登陆，登陆时中心最大风力17级以上，并引发高达6米的巨浪，强风暴雨共造成菲律宾和中国710万人受灾，133人死亡(菲律宾127人，中国6人)，农作物受灾面积共计90万公顷，并在中国香港引发了创纪录的2.35米风暴潮。12月29日，台风“乌斯曼”在菲律宾中部登陆，强降水引发多地出现山体滑坡、崩塌、泥石流等地质灾害，导致122人遇难。

在印度洋地区，5月26日，特强气旋风暴“梅库纳”在阿曼南部沿海登陆，登陆时最大风力14级，引发山洪和泥石流，造成当地24人丧生。10月11日，特强气旋风暴“蒂特利”在印度安得拉邦沿海登陆，狂风暴雨横扫印度东部地区，85人因灾死亡。

在南半球，1月和3月，马达加斯加分别遭受热带气旋“艾娃”和“厄里亚金”袭击，造成71人死亡，2万余人受灾。2月南太平洋岛国汤加遭遇史上最强热带气旋“吉塔”袭击，强风暴雨导致大量房屋损毁和基础设施损坏，造成巨大经济损失，萨摩亚和斐济等周边国家也受到严重影响。

5.2.5 强对流天气

美国是世界上遭受龙卷侵袭最为频繁的国家。2018年美国共计观测到1100余个龙卷，较常年偏少10%，且整体强度偏弱。年内，美国多地遭受风雹袭击，6月6日得克萨斯州达拉斯周边地区因风雹造成13亿美元经济损失，6月18—19日科罗拉多州丹佛周边地区因风雹造成22亿美元经济损失。

1月17—19日，爱尔兰、英国、荷兰、德国、波兰、比利时等欧洲国家遭遇风暴袭击，造成13人丧生。德国受灾最为严重，阵风风速一度高达203千米/小时，暴风雪导致气温骤降、路面结冰，200多条铁路受损，电力供应一度中断。

5月2—3日，印度北部的拉贾斯坦邦和北方邦先后遭遇沙尘暴、雷暴大风和暴雨天气袭击，风力达到7～8级，最大瞬时风力达12级左右，能见度普遍低于2千米，沙尘暴袭击时能见度不足1千米。强风将房屋、墙体吹倒，树木连根拔起。强风、沙尘、雷暴和暴雨造成印度200多人死亡，数百人受伤。

7月5日，泰国“艾莎公主”号和“凤凰”号两艘游船载有127名中国游客在返回普吉岛途中，突遇特大暴风雨，强风掀起7米的巨浪，致使这两艘游船分别在珊瑚岛和梅通岛发生倾覆。“艾莎公主”号游船上42人悉数获救，“凤凰”号游船上载有101人，87名中国游客中有40人获救、47人死亡。

9月下旬，突尼斯和利比亚遭遇“地中海风暴”引发短时强降水天气，突尼斯局地24小时降水量达205毫米，引发山洪灾害。29日风暴继续加强并向东移动，希腊、土耳其接连遭遇强风和暴雨袭击，导致渡轮停运、航班取消、电力中断。

10月13—14日，法国西南部遭遇短时强降水天气，6小时降水量突破400毫米，部分河流水位上涨到百年来最高水平。洪水导致道路中断、桥梁垮塌，13人因灾丧生。

10月下旬，意大利、斯洛文尼亚、瑞士、奥地利、捷克等欧洲国家再次遭遇“地中海风暴”袭击。意大利受灾最重，局地阵风风速高达179千米/小时，24小时降水量406毫米，强风掀起10米巨浪袭击沿海地区，威尼斯水位上涨1.5米，创下近10年最高纪录，大量船只被摧毁。瑞士和奥地利部分地区的3天累计雨量也超过400毫米，引发局地洪涝灾害。

12月中旬，土耳其和塞浦路斯多次遭遇短时强降水天气，12月18日安塔利亚降水量高达490.8毫米，刷新该国单日降水纪录。强降水引发城市内涝，大量农田被洪水淹没。

2018年全球重大灾害性天气气候事件示意图
Global major meteorological and climate events in 2018

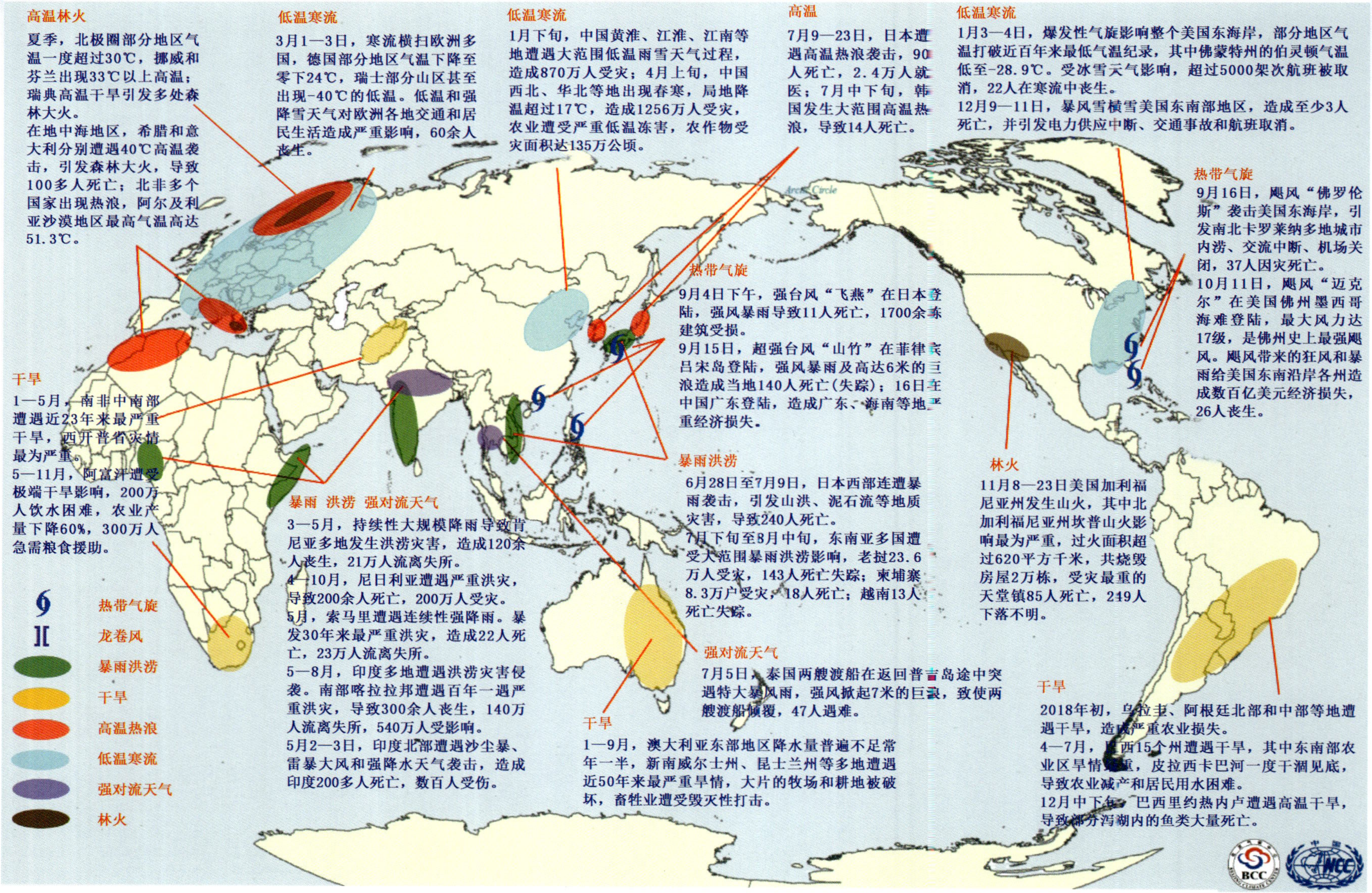

高温林火
夏季，北极圈部分地区气温一度超过30℃，挪威和芬兰出现33℃以上高温；瑞典高温干旱引发多处森林大火。
在地中海地区，希腊和意大利分别遭遇40℃高温袭击，引发森林大火，导致100多人死亡；北非多个国家出现热浪，阿尔及利亚沙漠地区最高气温高达51.3℃。

低温寒流
3月1—3日，寒流横扫欧洲多国，德国部分地区气温下降至零下24℃，瑞士部分山区甚至出现-40℃的低温。低温和强降雪天气对欧洲各地交通和居民生活造成严重影响，60余人丧生。

低温寒流
1月下旬，中国黄淮、江淮、江南等地遭遇大范围低温雨雪天气过程，造成870万人受灾；4月上旬，中国西北、华北等地出现春寒，局地降温超过17℃，造成1256万人受灾，农业遭受严重低温冻害，农作物受灾面积达135万公顷。

高温
7月9—23日，日本遭遇高温热浪袭击，90人死亡，2.4万人就医；7月中下旬，韩国发生大范围高温热浪，导致14人死亡。

低温寒流
1月3—4日，爆发性气旋影响整个美国东海岸，部分地区气温打破近百年来最低气温纪录，其中佛蒙特州的伯灵顿气温低至-28.9℃。受冰雪天气影响，超过5000架次航班被取消，22人在寒流中丧生。
12月9—11日，暴风雪横扫美国东南部地区，造成至少3人死亡，并引发电力供应中断、交通事故和航班取消。

热带气旋
9月16日，飓风"佛罗伦斯"袭击美国东海岸，引发南北卡罗莱纳多地城市内涝、交流中断、机场关闭，37人因灾死亡。
10月11日，飓风"迈克尔"在美国佛州墨西哥海滩登陆，最大风力达17级，是佛州史上最强飓风。飓风带来的狂风和暴雨给美国东南沿岸各州造成数百亿美元经济损失，26人丧生。

热带气旋
9月4日下午，强台风"飞燕"在日本登陆，强风暴雨导致11人死亡，1700余栋建筑受损。
9月15日，超强台风"山竹"在菲律宾吕宋岛登陆，强风暴雨及高达6米的巨浪造成当地140人死亡(失踪)；16日在中国广东登陆，造成广东、海南等地严重经济损失。

干旱
1—5月，南非中南部遭遇近23年来最严重干旱，西开普省灾情最为严重。
5—11月，阿富汗遭受极端干旱影响，200万人饮水困难，农业产量下降60%，300万人急需粮食援助。

暴雨 洪涝 强对流天气
3—5月，持续性大规模降雨导致肯尼亚多地发生洪涝灾害，造成120余人丧生，21万人流离失所。
4—10月，尼日利亚遭遇严重洪灾，导致200余人死亡，200万人受灾。
5月，索马里遭遇连续性强降雨。暴发30年来最严重洪灾，造成22人死亡，23万人流离失所。
5—8月，印度多地遭遇洪涝灾害侵袭。南部喀拉拉邦遭遇百年一遇严重洪灾，导致300余人丧生，140万人流离失所，540万人受影响。
5月2—3日，印度北部遭遇沙尘暴、雷暴大风和强降水天气袭击，造成印度200多人死亡，数百人受伤。

暴雨洪涝
6月28日至7月9日，日本西部连遭暴雨袭击，引发山洪、泥石流等地质灾害，导致240人死亡。
7月下旬至8月中旬，东南亚多国遭受大范围暴雨洪涝影响，老挝23.6万人受灾，143人死亡失踪；柬埔寨8.3万户受灾，18人死亡；越南13人死亡失踪。

林火
11月8—23日美国加利福尼亚州发生山火，其中北加利福尼亚州坎普山火影响最为严重，过火面积超过620平方千米，共烧毁房屋2万栋，受灾最重的天堂镇85人死亡，249人下落不明。

强对流天气
7月5日，泰国两艘渡船在返回普吉岛途中突遇特大暴风雨，强风掀起7米的巨浪，致使两艘渡船倾覆，47人遇难。

干旱
1—9月，澳大利亚东部地区降水量普遍不足常年一半，新南威尔士州、昆士兰州等多地遭遇近50年来最严重旱情，大片的牧场和耕地被破坏，畜牧业遭受毁灭性打击。

干旱
2018年初，乌拉圭、阿根廷北部和中部等地遭遇干旱，造成严重农业损失。
4—7月，巴西15个州遭遇干旱，其中东南部农业区旱情严重，皮拉西卡巴河一度干涸见底，导致农业减产和居民用水困难。
12月中下旬，巴西里约热内卢遭遇高温干旱，导致部分泻湖内的鱼类大量死亡。

图例：热带气旋 龙卷风 暴雨洪涝 干旱 高温热浪 低温寒流 强对流天气 林火

第 6 章　防灾减灾重大气象服务事例

2018 年，气象灾害以台风、低温雨雪冰冻、区域强降雨等为主。年内针对夏秋季台风、低温雨雪冰冻、内蒙古及东北地区春夏连旱、四川盆地连续强降雨、南方高温和雾、霾等关键性、灾害性天气气候事件及“两会”“上合组织青岛峰会”“上海进口博览会”等重大活动保障，在党中央、国务院的领导下，各级气象部门认真贯彻落实各项工作部署，及时提供准确预报，为防灾减灾工作做出了有力的贡献，取得了显著的社会、经济效益。

6.1　大范围低温雨雪冰冻气象服务

受冷空气影响，2018 年 1 月 24 日至 28 日早晨，中东部地区出现大范围低温雨雪冰冻，22 个省(区、市)出现大范围降雪。此次低温雨雪冰冻天气对公路、铁路、航空等交通运输产生了严重影响，多地部分高速公路封闭，部分高速列车和飞机航班取消或延误；安徽、江苏、浙江等地部分中小学校停课。

6.1.1　加强研判，提前发布预报预警信息

针对此次低温雨雪冰冻天气，23 日至 28 日早晨，中央气象台提前加强研判，共发布暴雪预警 12 期，其中橙色预警 6 期；发布寒潮蓝色预警 13 期。陕西、山西、河南、湖北、湖南、安徽、江苏、贵州、浙江、上海、江西等 11 个省(市)发布关于暴雪、道路结冰、低温、寒潮等预警信息共计 3684 条，其中红色预警信息 16 条，共向有关责任人发送预警信息 3000 多万人次。

6.1.2　高度重视，多地启动气象灾害应急响应

中国气象局 1 月 24 日 09 时启动了重大气象灾害(暴雪、寒潮、冰冻)Ⅳ级应急响应，安徽、江西、广东等地气象部门直接启动了Ⅲ级应急响应，江苏、湖北、湖南、浙江、贵州等地气象部门将Ⅳ级应急响应提升为Ⅲ级，陕西、河南等气象部门启动了Ⅳ级应急响应。与此同时，中国气象局综合观测司发布了地面气象应急加密观测指令，增加了天气现象、降水量和积雪深度的观测时次，为预报服务工作提供了有力支撑。

6.1.3　密切监视，更新报送决策气象服务材料

中央气象台及时更新发布监测和预报、预警信息，1 月 18 日中期预报指出“24—27 日江淮、江汉、江南等地将有持续性雨雪天气，贵州、湖南部分地区有冻雨”；1 月 21 日向中共中央办公厅、国务院办公厅报送《重大气象信息专报》指出“22 日起中东部地区将有大风降温和雨雪冰冻天气”，23 日又以《气象灾害预警服务快报》等形式上报信息，并强调“中东部将出现持续低温冰冻，陕、豫、鄂、苏、皖有强降雪，需防范多种气象灾害并发造成的不利影响”。期间，共向中共中央办公厅、国务院办公厅及相关部门滚动报送实况和预报、预警信息 6 期，同时也通过媒体积极推送信息，发布《每日天气提示》6 期、微博 60 余条、微信 1 期，关于雨雪过程落区的微博阅读量超过 50 万人次。

6.2 强对流天气过程气象服务

2018 年 3 月 3—5 日，南方地区遭遇大范围强对流天气过程，影响范围广、局地强度大，尤其是江西省受到强雷暴大风袭击，多地农作物与房屋等受到不同程度破坏，并有 10 余人因灾死亡。

6.2.1 准确预报，提前发布预警信息

针对此次过程，中央气象台在过程发生之前的一周天气展望中明确提出南方将有一次明显强对流天气过程，并于 2 月 28 日进行首次服务。3 月 3 日 18 时发布第 1 期强对流天气蓝色预警，4 日 10 时升级发布强对流天气黄色预警。4 日 14 时发布的强对流短时预报中特别指出极端性风雹天气出现的可能性较高。期间，中央气象台共发布强对流天气预警 7 期，其中强对流天气黄色预警 3 期。在做出准确及时的强对流预报、预警工作基础上，也通过媒体、官方微博等及时发送最新监测与预报、预警信息，并提醒公众注意强对流天气的不利影响等。江西省、市级气象部门及时发布雷电、大风和冰雹等各类灾害预警信号，发布时间平均提前量为 56 分钟。

6.2.2 超前部署，提早呈报决策服务材料

中国气象局在 2 月 28 日的《重大气象信息专报》中就提到"3 月 3—4 日，江南、华南北部部分地区有大雨、局地有暴雨，并可能伴有雷暴大风、冰雹、短时强降水等强对流天气"，3 月 1 日的《重大气象信息专报》中再次提及。3 月 4 日上午，针对升级发布的强对流天气黄色预警，向中共中央办公厅、国务院办公厅及相关部委报送《气象灾害预警服务快报》，专门提到"湖南、江西、广西北部等部分地区伴有 8～10 级雷暴大风"，并提醒"强对流天气的突发性、局地性、致灾性强，需做好应对措施"。江西省气象局 3 月 2 日向江西省领导及相关部门报送了专题《气象呈阅件》，对此次强对流天气进行了专门服务。

6.2.3 部门联动，积极落实防范工作

此次强对流天气的出现正值春运期间，中国气象局及时与各部门联动，滚动报送最新的天气实况与预报信息，相关省（区）政府、单位积极应对，部署落实防范工作。安徽省政府应急办公室 3 月 2 日下发"关于做好近期极端天气防范应对工作"的通知，要求各地、各有关部门和单位结合实际，有效应对，做好防灾减灾工作。江西省民政厅、减灾办密切关注强对流天气发展趋势，坚持以"防"为先，前移关口，多措并举，迅速有力应对大范围罕见强对流天气，并积极指导市、县民政部门做好受灾群众救助工作。

6.3 内蒙古及东北地区春夏连旱气象服务

2018 年 4 月中旬至 6 月下旬，持续的温高雨少天气致使内蒙古东部、东北地区中部和南部干旱露头并发展，内蒙古东部、黑龙江东部、吉林西部、辽宁大部出现中至重度气象干旱。受干旱影响，旱区春耕春播进度比 2017 年偏慢，部分地区播种困难、出苗率偏低、长势偏弱，对当地玉米及牧草生长造成较大影响。

6.3.1 密切关注旱情发展，滚动发布旱区预报、预测

中国气象局密切关注旱情发展趋势，及早部署干旱预测、评估和服务等工作。各级气象部门密切协作，上下互动，加强对旱区短期、中长期及延伸期预报、预测，干旱对农业生产影响分析，干旱地区转折性降水过程预报，并采取视频、紧急电话、网上沟通等多种方式进行会商，及时通报苗情、灾

情、服务情况、预警信息发布和应急响应情况。

6.3.2 加强监测，及时发布决策信息

中国气象局及相关省、市、县气象部门打破常规，加强监测干旱过程的发生、发展状况，及时制作和报送决策材料及短信等服务产品，为政府相关部门及公众提供精细化服务，为抗旱气象服务提供第一手资料。

另外，加强旱区人工增雨作业气象条件分析，及时组织有关省(区)开展跨区域飞机与地面立体化人工增雨作业。

6.4 四川盆地连续强降雨气象服务

2018 年 7 月上旬，四川盆地连续出现 2 次区域性强降雨过程。受持续强降雨影响，7 月 1—12 日，长江上游金沙江、大渡河、岷江等 32 条河流发生超警洪水，沱江上游、涪江上游、嘉陵江上游发生特大洪水；四川盆地出现大面积洪涝灾害；四川盆地北部、西部和南部多地发生滑坡、泥石流、崩塌等次生灾害。

6.4.1 预报持续跟进，联合多部门发布预警

中央气象台从中期至短期持续关注 2 次强降雨过程，中期公报于 6 月 28 日对第一次过程、7 月 1 日对第二个过程给出明确预报，并持续跟进；短期时效内加强分析与监测，对降雨强度和落区逐渐明确并细化。针对 2 次降雨过程，中央气象台共发布暴雨预警 17 期，考虑到 10—11 日强降雨的再次加强趋势，在 10 日早晨发布暴雨蓝色预警后，上午升级为暴雨黄色预警，下午再次升级发布 2018 年首个暴雨橙色预警，准确把握了强降雨的变化节奏。期间，联合自然资源部发布地质灾害气象风险预警 11 期，其中红色预警 2 期；联合水利部发布山洪灾害气象预警 11 期，其中红色预警 1 期；发布中小河流洪水气象风险橙色预警 2 期；发布渍涝风险气象预警 5 期，其中红色预警 1 期。

6.4.2 强化讨论和会商，加强对下指导

中央气象台组织首席和副首席预报专家进行讨论，减小预报不确定性。通过早间会商加强对下指导作用，从 6 月 30 日至 7 月 13 日，在全国早间天气会商和中期旬会商中邀请四川、重庆气象台发言共 14 次，并就双方分歧进行研判。同时，在进行针对性指导的基础上，预报员对强降雨强度和落区预报、气象风险预警等进行不断订正、细化预报结论，确保了预报服务的一致性和连续性。

6.4.3 持续报送决策材料，权威发声

中央气象台在 6 月 24 日报送的《重大气象信息专报》中指出“6 月 28 日以后，四川盆地西部仍维持多雨形势”；29 日再次上报的《重大气象信息专报》中指出“7 月 3—6 日，四川盆地等地将出现大到暴雨，局地大暴雨”；7 月 1 日、9 日继续报送的材料分别对 2 次过程给出具体影响与关注建议。6 月 30 日至 7 月 13 日制作《气象灾害预警服务快报》5 期，滚动发布最新监测和预报、预警信息及影响预报与灾害防御建议，提供精细化服务。同时，每天通过《每日天气提示》向主流媒体和公众推送四川盆地降雨的最新信息，并专题制作 4 篇《重要天气提示》提供给中央电视台、新华网等媒体及时发布权威消息，利用微博、微信等新媒体及时跟进预报、预警和监测信息，适时科普防灾减灾知识。

6.5 台风“温比亚”和“山竹”气象服务

2018 年共有 29 个台风在西北太平洋和中国南海生成，较常年偏多 3.5 个，其中 10 个登陆我

国，较常年偏多 2.8 个。在这 29 个台风中，“温比亚”和“山竹”致灾较为严重。

6.5.1 第 18 号台风“温比亚”气象服务

“温比亚”于 8 月 15 日生成，17 日 04 时前后在上海市浦东新区南部沿海登陆，之后深入内陆北上，20 日凌晨在山东省北部变性为温带气旋，21 日 02 时中央气象台对其停止编号。由于“温比亚”在陆地上维持时间长，山东、河南、安徽、江苏、浙江和辽宁等地出现了不同程度的暴雨洪涝灾害，导致部分地区农作物和经济作物受灾、道路和堤坝等基础设施损坏、多地出现严重内涝、房屋倒塌及人员溺亡事件；江苏徐州和安徽滁州还出现大风灾害。

1. 密切加强会商，滚动发布预报预警信息

中央气象台与相关省、市气象部门密切合作，加强预报会商，对台风“温比亚”做出较为准确的预报，及时发布预报、预警信息。结果显示，中央气象台的 24 小时台风路径预报误差为 62.2 千米，强度预报误差为 1.71 米/秒，优于日本(路径误差和强度误差分别为 68.6 千米和 2.23 米/秒)；17—20 日降雨最强时段的 24 小时暴雨预报评分平均准确率达 43%，高于欧洲中心数值预报模式 21%。期间，中央气象台共发布台风预警 11 期，暴雨预警 11 期，海上大风预警 6 期，山洪地质灾害、中小河流洪水和渍涝气象风险预警 16 期；相关省、市气象部门共发布关于台风、暴雨、雷电、雷雨大风等预警近 3000 条，向相关应急责任人发送信息 2300 多万人次。

2. 提前部署安排，启动气象灾害应急响应

中国气象局以及各相关省(市)气象部门提前部署各项服务工作。中国气象局启动了重大气象灾害(台风)Ⅳ级应急响应，浙江、上海、江苏、安徽、山东、河南、辽宁、吉林等地启动了相应的台风或暴雨应急响应级别，山东、河南启动重大气象灾害(暴雨)Ⅱ级应急响应，辽宁启动重大气象灾害(暴雨和大风)Ⅰ级应急响应。

3. 强化信息报送，积极应对，做好决策气象服务

针对“温比亚”发展趋势，中国气象局强化决策气象服务信息报送，加强报送频次，以《重大气象信息专报》《气象灾害预警服务快报》《两办刊物信息》等形式共向中共中央办公厅、国务院办公厅及相关部门滚动报送最新信息 12 期。各省、市气象部门积极主动向当地政府报送决策服务材料，安徽、江苏等省气象部门 16 日起每隔 3 小时发布最新天气实况和预报信息，并报送省委省政府、省防汛抗旱指挥部办公室等部门；山东省气象部门通过《每日气象专报》、传真、短信、邮件等方式向山东省委、省政府以及山东省水利厅、安监局、国土资源厅等部门滚动报送雨情与预报信息，并及时组织抢险救灾气象保障和灾情调查等工作。

6.5.2 第 22 号台风“山竹”气象服务

第 22 号台风“山竹”于 9 月 7 日在西太平洋生成，16 日 17 时前后在广东省江门市台山沿海登陆，17 日 20 时在广西境内停止编号，“山竹”是 2018 年登陆我国最强的台风。台风“山竹”带来的强风雨给粤港澳和海南多地海陆空交通造成了严重影响，大面积航班延误或取消、高铁停运、琼州海峡全线停航；期间，广东全省、广西和海南的部分地区停工停业、学校停课、旅游景点停止开放。

1. 台风预报较为准确，预警发布及时有效

针对“山竹”，中央气象台做出较为准确的预报，24 小时和 48 小时台风路径预报误差分别为 46 千米和 84 千米，均优于日本数值预报结果。台风影响期间，中央气象台共发布台风预警 19 期、暴雨预警 7 期，其中台风红色预警 4 期，暴雨橙色预警 4 期。广东、海南、广西、福建、湖南、贵州等省(区)气象部门共发布关于台风、暴雨、雷电、雷雨大风等预警信息 1644 条，其中红色预警 87 条；向相关应急责任人发送信息 9412 万人次。广东省气象部门联合省市应急办、三防办及三大电信运营商全网发布预警短信超 4.4 亿人次。

2. 与港澳首次举行联合专题会商，启动气象灾害应急响应

为应对台风“山竹”，中央气象台与香港天文台、澳门地球物理暨气象局9月13日举行历史上首次联合视频会商，15日再次举行联合会商。中央气象台与广东、广西、海南等相关省（区）气象部门密切合作，多次举行台风专题预报会商，共同研判“山竹”发展趋势与影响。

中国气象局及时启动应急响应，提前部署各项工作。中国气象局9月14日18时将台风应急响应提升至Ⅱ级，广东气象局将台风应急响应提升至Ⅰ级，海南、广西、福建、湖南、贵州和云南等省（区）气象局也启动了相应的台风或暴雨应急响应。

3. 强化台风风雨灾害评估

中央气象台积极主动向党中央、国务院及相关部委报送决策气象服务材料，并提供历史台风相似个例及其影响和灾情，为决策层提供了参考依据。期间共制作报送《重大气象信息专报》4期，《气象灾害预警服务快报》7期。服务中聚焦影响，将台风风雨灾害影响预评估应用到决策材料、国家防汛抗旱总指挥部会议、应急管理部会商会议中，并提出了更有针对性的参考信息与建议，有效提高了服务效益。

6.6 中东部持续霾和雾气象服务

11月24日至12月3日，中东部地区持续出现大范围霾和雾天气，持续时间长达10天，影响范围大、污染程度重，是2018年影响最重的一次。受其影响，北京、天津、河北、山东、河南、江苏、安徽、湖北、湖南多地机场出现航班大量延误和取消，多条高速公路关闭，呼吸道疾病患者增多。

6.6.1 加强与部委联合会商，提前发布预报预警信息

针对此次雾和霾天气过程，中央气象台加强与各地气象部门以及京津冀环境气象中心、汾渭平原环境气象中心的预报会商，并与生态环境部联合会商。期间连续发布霾预报和大雾预警，共发布大雾黄色预警9次，橙色预警10次。另外，北京、天津、河北、山西、山东、河南、江苏、安徽、上海、浙江、湖北、湖南、四川、重庆、陕西等省、市气象部门共发布预警信息3900条，发送相关短信1.3亿余条，并通过电视、移动电视、广播、高架情报板、预警发布终端、网站、微博、微信和APP广泛对外发布。

6.6.2 及时制作决策气象服务信息

中央气象台积极做好对政府决策部门的气象服务，并通过微博、微信向公众和媒体发布相关信息。11月26日制作的《重大气象信息专报》指出“未来一周苏皖沪浙等地将出现持续性大雾天气，需防范对交通运输等的不利影响”。之后滚动报送雾、霾实况和发展趋势，先后制作《两办刊物信息》8期，《气象灾害预警服务快报》4期。

6.7 其他重大气象服务事例

6.7.1 平昌冬奥会和残奥会气象服务

第23届冬季奥林匹克运动会和冬季残疾人奥林匹克运动会分别于2018年2月9—25日和3月9—18日在韩国平昌郡举行。中国气象局高度重视冬奥会和残奥会的气象服务工作，主动研究和部署任务，积极提供全方位的精细化气象服务。于2月11日、16—25日针对冬奥会和3月8日、9—18日针对残奥会，重点制作气象服务专报，产品中主要涵盖了天气状况、气温、风向风速、相对湿度；同时，在闭幕式前10天和前2天分别提供逐6小时和逐12小时的精细化预报，有效提高了气象

保障服务质量。

6.7.2 “两会”气象服务

全国政协和全国人大十三届一次会议分另于2018年3月3日和5日在北京开幕，为更好地为“两会”提供气象服务，中国气象局精心组织、团结协作，密切跟踪有关动态和舆论舆情，围绕代表热议和关注的重点话题，领导关心、社会公众关注的重点问题，及时提供决策气象服务信息和权威解读，做好决策服务工作。中央气象台自3月1日起滚动制作和报送《两会期间天气预报》材料，针对会议提供北京地区未来2天的天气预报、出行参考、空气质量预报、生活气象指数及未来一周天气展望、生活提示等内容，并在3月1—5日、13—20日期间，增加未来48小时全国其他重点城市天气预报，为代表出行提供参考。会议期间，共制作《全国政协十三届一次会议气象服务专报》15期，《十三届全国人大一次会议气象服务专报》18期。中国气象局网站、中国天气网也开设了“两会”气象保障服务专栏，各类气象影视节目也突出了“两会”气象保障服务主题。

6.7.3 上合组织青岛峰会气象保障服务

2018年6月，上海合作组织成员国元首理事会第十八次会议在山东青岛举办，中央气象台积极部署，发挥上下联动机制，选派预报、服务专家赴青岛现场指导峰会期间气象预报和服务工作，并与山东省气象局、青岛市气象局多次会商，切实做好青岛峰会气象保障服务工作。在5月25日、26日和6月1—10日期间，就峰会期间青岛地区的天气趋势、可能出现的主要天气过程及影响、关键时段的精细化预报信息、应对建议等，逐日制作《青岛峰会气象服务专报》，为峰会的顺利举办提供了准确的气象信息服务。

6.7.4 金沙江和雅鲁藏布江堰塞湖气象保障服务

2018年10—11月，金沙江和雅鲁藏布江接连4次发生山体滑坡，导致金沙江西藏昌都白格村附近、雅鲁藏布江西藏米林县加拉村附近先后2次出现堰塞湖，危及上下游安全。险情发生后，中国气象局成立专项保障小组，全力开展应急保障服务工作，启动Ⅲ级应急响应，中国气象局与西藏和四川的省(区)、市、县等气象部门四级联动，加强监测和影响分析，并组织专题会商，积极参加应急管理部会商，以“靶向”式服务为目标，瞄准需求及时提供针对性保障服务信息，包括堰塞湖上下游区域的天气实况和预报、公路交通气象预报、地质灾害气象风险、飞行气象条件预报、决策气象服务建议等内容，向中共中央办公厅、国务院办公厅和应急管理部等有关部门报送。期间，共制作34期专项服务材料，《金沙江堰塞湖气象服务专报》26期，《西藏米林县堰塞湖专项服务》8期，赢得了抢险救灾指挥部与地方政府的赞誉。

6.7.5 上海首届中国国际进口博览会气象服务

2018年11月5—10日，中国国际进口博览会在上海国家会展中心成功举行。中国气象局结合气象保障服务需求，提前制定保障服务方案，先后召开多次专题会议，研究部署“进博会”的气象保障服务筹备工作。“进博会”期间，中国气象局充分发挥“一盘棋”精神，构建上下联动、区域联防的保障工作机制，与上海市气象局召开专题天气会商，并在服务关键期选派中央气象台首席专家和技术骨干赴上海市现场指导气象保障服务工作。分别于10月23日、29日和11月1—10日制作《上海进博会气象服务专报》，主要涵盖“进博会”期间上海市的天气趋势、可能出现的主要天气过程及可能产生的影响、关键时段的精细化预报信息、应对建议等内容，及时向中共中央办公厅、国务院办公厅、上海进博会组委会等单位提供服务，为活动的顺利举办提供了重要的参考依据。

附　录

附录 A　气象灾害统计年表

表 A1　2018 年气象灾害总受灾情况

Table A1　Summary of total meteorological disaster in China in 2018

地区	农作物受灾情况		人口受灾情况			直接经济损失（亿元）
	受灾面积（万公顷）	绝收面积（万公顷）	受灾人口（万人次）	死亡人口（人）	失踪人口（人）	
北　京	0.5	0.0	15.7	0	0	18.8
天　津	1.4	0.1	10.9	0	0	1.0
河　北	55.7	8.0	503.9	4	0	41.3
山　西	83.1	18.6	619.1	11	0	109.2
内蒙古	263.0	55.9	484.2	25	1	144.5
辽　宁	146.7	27.8	680.3	1	0	90.2
吉　林	132.0	13.2	381.8	0	0	84.2
黑龙江	415.5	27.6	362.3	4	0	87.5
上　海	0.7	0	40.8	0	0	0.9
江　苏	38.0	3.5	348.3	17	0	41.3
浙　江	16.9	0.2	139.9	2	0	36.8
安　徽	86.3	11.2	728.3	35	0	138.2
福　建	7.9	0.4	115.1	5	0	38.1
江　西	53.1	6.0	621.1	36	0	58.8
山　东	98.4	9.7	889.3	39	1	289.6
河　南	116.8	8.6	1332.3	15	0	63.5
湖　北	107.6	8.9	1025.3	9	0	81.0
湖　南	62.6	6.1	698.5	25	0	64.5
广　东	54.8	2.7	675.2	26	5	258.6
广　西	15.0	1.0	224.6	28	0	14.5
海　南	3.2	0.3	60.2	0	0	6.0
重　庆	7.1	1.2	148.2	26	1	18.6
四　川	48.4	6.5	833.9	33	5	340.0
贵　州	29.2	5.6	508.2	9	2	39.1
云　南	27.5	4.6	456.6	62	20	143.8
西　藏	1.0	0.3	23.5	12	0	7.7
陕　西	38.2	7.0	330.7	13	2	64.1
甘　肃	76.4	15.9	922.8	73	8	249.8
青　海	5.2	0.5	71.9	16	0	27.0
宁　夏	14.8	1.8	42.6	1	0	7.3
新疆（含兵团）	74.6	5.3	222.3	41	1	49.7
全国总计	2081.4	258.5	13517.8	568	46	2615.6

注："0.0"表示非零值，"0"表示值为 0。下同。

表 A2　2018 年干旱灾害情况统计

Table A2　Summary of drought disaster in China in 2018

地区	农作物受灾情况		人员受灾情况		直接经济损失（亿元）
	受灾面积（万公顷）	绝收面积（万公顷）	受灾人口（万人）	饮水困难人口（万人）	
北　京	0	0	0	0	0
天　津	0	0	0	0	0
河　北	4.4	1.3	23.3	0	1.2
山　西	15.0	0.9	127.9	0	5.9
内蒙古	142.7	38.9	250.1	35.1	48.9
辽　宁	116.8	23.9	481.7	1.9	55.8
吉　林	108.6	10.4	316.5	0	58.8
黑龙江	229.4	1.5	73.4	0	6.5
上　海	0	0	0	0	0
江　苏	0.6	0.0	8.0	0	0.2
浙　江	0	0	0	0	0
安　徽	0	0	0	0	0
福　建	2.4	0.1	14.2	0	1.1
江　西	31.0	3.0	308.6	25.8	18.4
山　东	2.3	0.0	22.1	0	0.7
河　南	0.4	0.1	10.9	0	0.2
湖　北	51.5	5.4	480.5	19.2	21.7
湖　南	34.3	3.1	264.3	14.2	17.6
广　东	0	0	0.1	0	0
广　西	0.7	0.1	7.8	0.3	0.2
海　南	0	0	0	0	0
重　庆	0.2	0.0	2.5	0.3	0.1
四　川	9.9	0.8	113.5	9.4	2.7
贵　州	13.2	2.4	175.2	15.3	9.9
云　南	0	0	0	0	0
西　藏	0.0	0	0.4	0	0
陕　西	0.4	0	7.4	0	0.3
甘　肃	5.0	0.4	45.6	0.2	4.5
青　海	1.5	0	7.7	0	0.3
宁　夏	0	0	0	0	0
新疆（含兵团）	1.0	0	1.0	0	0.3
全国总计	771.2	92.2	2742.7	121.7	255.3

表 A3 2018 年暴雨洪涝(滑坡、泥石流)灾害情况统计

Table A3 Summary of rainstorm induced flood (landslide and mud-rock flow) disaster in China in 2018

地区	农作物受灾情况		人员受灾情况		房屋倒损情况		直接经济损失(亿元)
	受灾面积(万公顷)	绝收面积(万公顷)	受灾人口(万人)	死亡人口(人)	倒塌房屋(万间)	损坏房屋(万间)	
北 京	0.3	0.0	11.2	0	0	0.1	18.0
天 津	0.0	0	0.1	0	0	0	0
河 北	10.8	0.7	103.3	2	0	0.4	5.2
山 西	14.1	2.1	117.4	10	0.2	1.3	10.9
内蒙古	66.4	14.5	154.3	22	0.5	2.8	85.0
辽 宁	0.4	0.0	3.0	0	0	0	0.2
吉 林	1.7	0.1	6.2	0	0	0	1.0
黑龙江	105.2	21.8	192.4	2	0.1	2.6	64.4
上 海	0	0	0	0	0	0	0
江 苏	0.9	0.1	9.5	0	0	0	2.9
浙 江	0.0	0	0.2	0	0	0	0.2
安 徽	14.9	2.2	110.7	1	0	0.1	10.9
福 建	0.8	0	8.3	2	0	0.1	2.2
江 西	13.0	1.6	151.8	3	0.2	0.5	18.2
山 东	3.8	0.9	43.1	0	0.1	0.4	9.8
河 南	23.0	0.4	246.7	6	0	0.1	7.4
湖 北	14.7	1.1	185.6	4	0.1	0.9	18.7
湖 南	6.8	0.9	139.7	13	0.1	0.9	18.4
广 东	8.4	0.4	195.5	6	0	0	65.2
广 西	3.2	0.6	60.4	20	0.2	0.5	5.3
海 南	0	0	0	0	0	0	0
重 庆	3.1	0.7	72.8	19	0.1	2.5	11.7
四 川	35.8	5.6	677.5	35	1.3	19.2	335.1
贵 州	4.0	0.6	105.2	6	0.1	1.6	13.6
云 南	15.1	3.1	282.3	77	0.5	4.6	132.3
西 藏	0.9	0.3	22.4	10	0.3	1.1	7.6
陕 西	9.2	1.8	97.8	12	0.1	2.5	23.8
甘 肃	25.8	4.1	371.6	79	1.8	11.5	145.7
青 海	2.5	0.4	53.2	8	0.4	1.8	25.7
宁 夏	7.0	0.6	21.7	1	0.1	0.4	4.2
新疆(含兵团)	3.6	0.6	82.3	42	0.2	23	16.9
全国总计	395.0	65.2	3526.2	380	6.4	78.9	1060.5

表 A4 2018 年大风、冰雹及雷电灾害情况统计

Table A4 Summary of gale, hail and lightning disaster in China in 2018

地区	农作物受灾情况		人员受灾情况		房屋倒损情况		直接经济损失（亿元）
	受灾面积（万公顷）	绝收面积（万公顷）	受灾人口（万人次）	死亡人口（人）	倒塌房屋（万间）	损坏房屋（万间）	
北 京	0.2	0	1.9	0	0	0	0.3
天 津	0.0	0.0	0.1	0	0	0	0.1
河 北	14.0	0.6	169.5	2	0	0.4	13.2
山 西	2.3	0.1	23.9	1	0	0	1.7
内蒙古	20.5	1.5	51.5	4	0	0	7.6
辽 宁	5.7	0.4	37.5	1	0	0	5.4
吉 林	16.3	1.7	37.5	0	0	0.3	8.5
黑龙江	38.5	1.8	64.7	2	0	0.1	8.3
上 海	0	0	0	0	0	0	0
江 苏	9.9	0.3	71.5	7	0	0.6	4.7
浙 江	0.3	0	5.2	2	0	1.1	2.4
安 徽	3.7	0.1	43.0	2	0	0.3	1.6
福 建	0.1	0	0.8	3	0	0.2	1.1
江 西	1.9	0.1	48.2	28	0.1	6.3	7.2
山 东	10.3	0.8	118.9	8	0	1.1	18.6
河 南	9.9	0.4	136.3	5	0	0.2	4.6
湖 北	1.9	0.4	31.1	3	0	0.6	3.1
湖 南	3.7	0.4	64.9	10	0.1	5.8	7.1
广 东	0	0	0	7	0	0	0
广 西	0.4	0.1	8.2	7	0	0.2	0.5
海 南	0	0	0	0	0	0	0
重 庆	3.4	0.5	61.1	8	0.1	3.7	5.6
四 川	2.7	0.2	41.2	3	0	1.5	1.8
贵 州	9.8	2.5	161.4	5	0	3.7	14.6
云 南	3.4	0.6	49.8	5	0	0.7	3.8
西 藏	0	0	0.5	2	0	0.1	0.1
陕 西	5.1	0.9	46.9	3	0	0.2	5.4
甘 肃	9.0	1.8	73.9	2	0	0.1	9.7
青 海	1.1	0.1	9.2	8	0	0.1	0.7
宁 夏	2.2	0.5	8.3	0	0	0.5	1
新疆（含兵团）	64.4	4.2	126.0	0	0	2	29.8
全国总计	240.7	19.7	1493.0	128	0.3	29.8	168.5

表 A5 2018 年台风灾害情况统计

Table A5 Summary of typhoon disaster in China in 2018

地区	农作物受灾情况		人口受灾情况			倒塌房屋（万间）	直接经济损失（亿元）
	受灾面积（万公顷）	绝收面积（万公顷）	受灾人口（万人次）	死亡人口（人）	紧急转移安置人口（万人次）		
北 京	0	0	2.0	0	1.8	0	0.4
天 津	1.4	0.1	10.7	0	0.1	0.0	0.9
河 北	14.4	1.6	118.4	0	0.3	0.0	7.8
山 西	0	0	0	0	0	0	0
内蒙古	0.9	0.1	4.6	0	0	0	0.5
辽 宁	23.9	3.5	158.1	0	0.9	0.0	28.8
吉 林	5.4	0.9	21.6	0	1.8	0	15.9
黑龙江	3.8	0.9	10.5	0	0.2	0.0	3.6
上 海	0.7	0	40.8	0	38.7	0	0.9
江 苏	25.0	3.0	236.3	9	2.8	0.2	24.3
浙 江	4.6	0.2	96.7	0	65.8	0.0	15.7
安 徽	41.0	7.7	323.3	13	11.3	0.2	56.0
福 建	3.6	0.3	87.0	0	21.1	0.0	32.4
江 西	3.7	1.2	57.7	5	5.4	0.2	10.7
山 东	81.3	7.7	697.1	32	22.2	1.2	259.3
河 南	60.0	5.3	658.5	3	1.3	0.0	29.2
湖 北	0	0	0	0	0	0	0
湖 南	2.2	0.1	28.2	2	0.3	0.0	2.2
广 东	45.3	2.3	471.8	18	151.0	0.3	191.4
广 西	10.7	0.3	148.2	1	13.8	0.1	8.5
海 南	3.2	0.3	60.2	0	27.8	0	6
重 庆	0	0	0	0	0	0	0
四 川	0	0	0	0	0	0	0
贵 州	0.0	0	0.8	0	0	0	0
云 南	2.0	0.4	28.1	0	0	0	2.8
西 藏	0	0	0	0	0	0	0
陕 西	0	0	0	0	0	0	0
甘 肃	0	0	0	0	0	0	0
青 海	0	0	0	0	0	0	0
宁 夏	0	0	0	0	0	0	0
新疆（含兵团）	0	0	0	0	0	0	0
全国总计	333.3	35.8	3260.6	83	366.6	2.4	697.3

表 A6　2018 年雪灾和低温冷冻灾害情况统计

Table A6　Summary of low-temperature and frost disaster in China in 2018

地区	农作物受灾情况		人员受灾情况		房屋倒损情况		直接经济损失（亿元）
	受灾面积（万公顷）	绝收面积（万公顷）	受灾人口（万人次）	死亡人口（人）	倒塌房屋（万间）	损坏房屋（万间）	
北　京	0.1	0	0.6	0	0	0	0.1
天　津	0	0	0	0	0	0	0
河　北	12.1	3.7	89.4	0	0	0	13.9
山　西	51.7	15.4	349.9	0	0	0	90.7
内蒙古	32.6	0.9	23.7	0	0	0	2.5
辽　宁	0	0	0	0	0	0	0
吉　林	0	0	0	0	0	0	0
黑龙江	38.6	1.6	21.3	0	0	0	4.7
上　海	0	0	0	0	0	0	0
江　苏	1.7	0.0	23.0	1	0	0	9.2
浙　江	11.9	0.0	37.8	0	0	0	18.5
安　徽	26.7	1.1	251.3	19	0	0.3	69.7
福　建	1.1	0	4.8	0	0	0	1.3
江　西	3.5	0.2	54.8	0	0	0	4.3
山　东	0.7	0.4	8.1	0	0	0	1.2
河　南	23.5	2.5	279.9	1	0	0.1	22.1
湖　北	39.5	2.1	328.1	2	0.1	0.3	37.5
湖　南	15.5	1.6	201.4	0	0	0.1	19.2
广　东	1.0	0.1	7.8	0	0	0	2.0
广　西	0	0	0	0	0	0	0
海　南	0	0	0	0	0	0	0
重　庆	0.5	0.0	11.0	0	0	0	1.2
四　川	0.0	0.0	1.7	0	0	0	0.4
贵　州	2.1	0.1	65.6	0	0	0	1.0
云　南	7.0	0.6	96.4	0	0	0	4.9
西　藏	0	0	0.2	0	0	0	0
陕　西	23.5	4.3	178.6	0	0	0	34.6
甘　肃	36.6	9.6	431.7	0	0	0	89.9
青　海	0.1	0.1	1.8	0	0	0	0.3
宁　夏	5.7	0.7	12.6	0	0	0	2.1
新疆(含兵团)	5.7	0.6	13.0	0	0	0	2.7
全国总计	341.3	45.6	2495.3	23	0.1	0.8	434.0

附录 B　主要气象灾害分布图

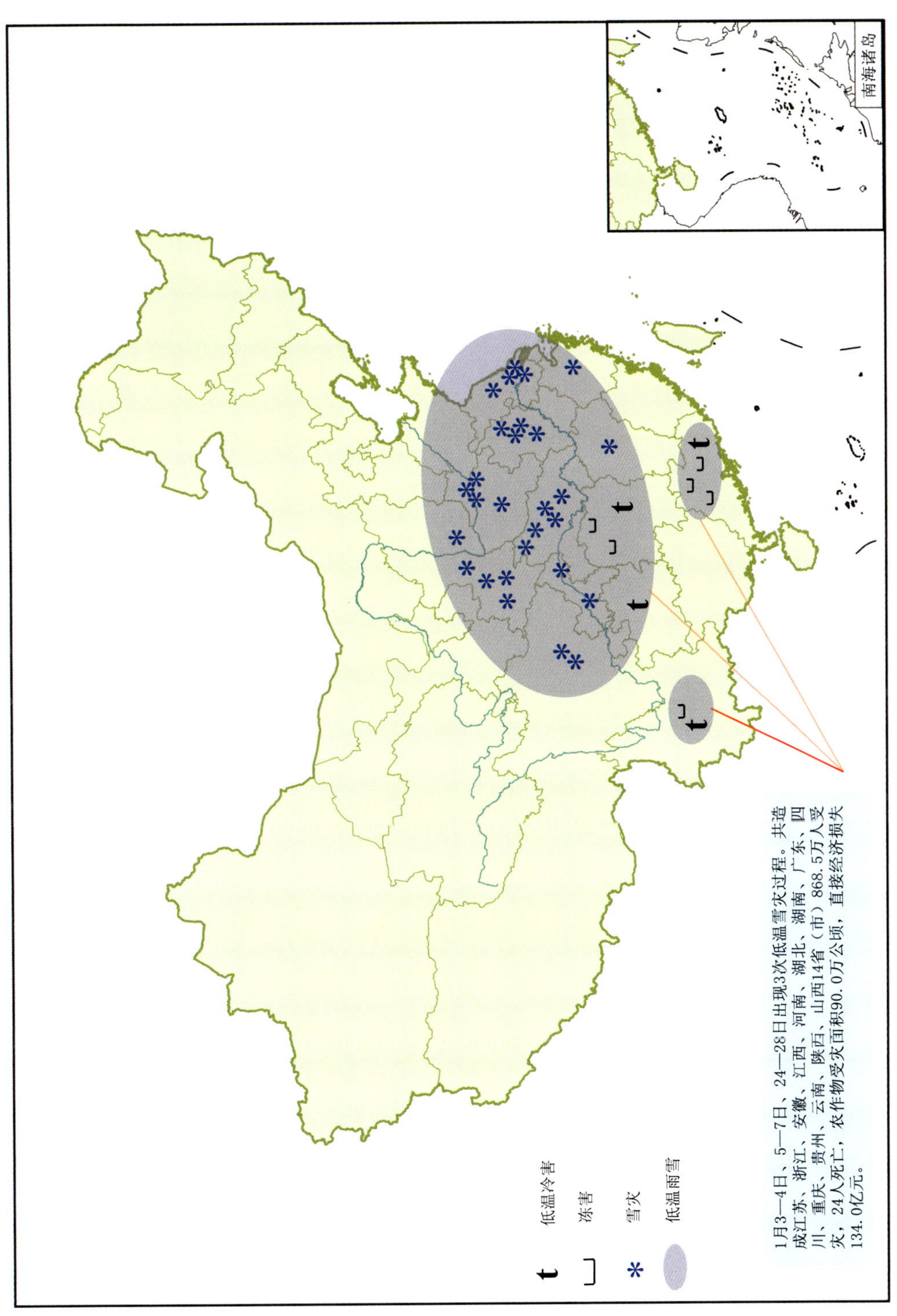

图 B1　2018 年 1 月全国主要气象灾害分布

Fig. B1　The distribution of major meteorological disasters over China in January 2018

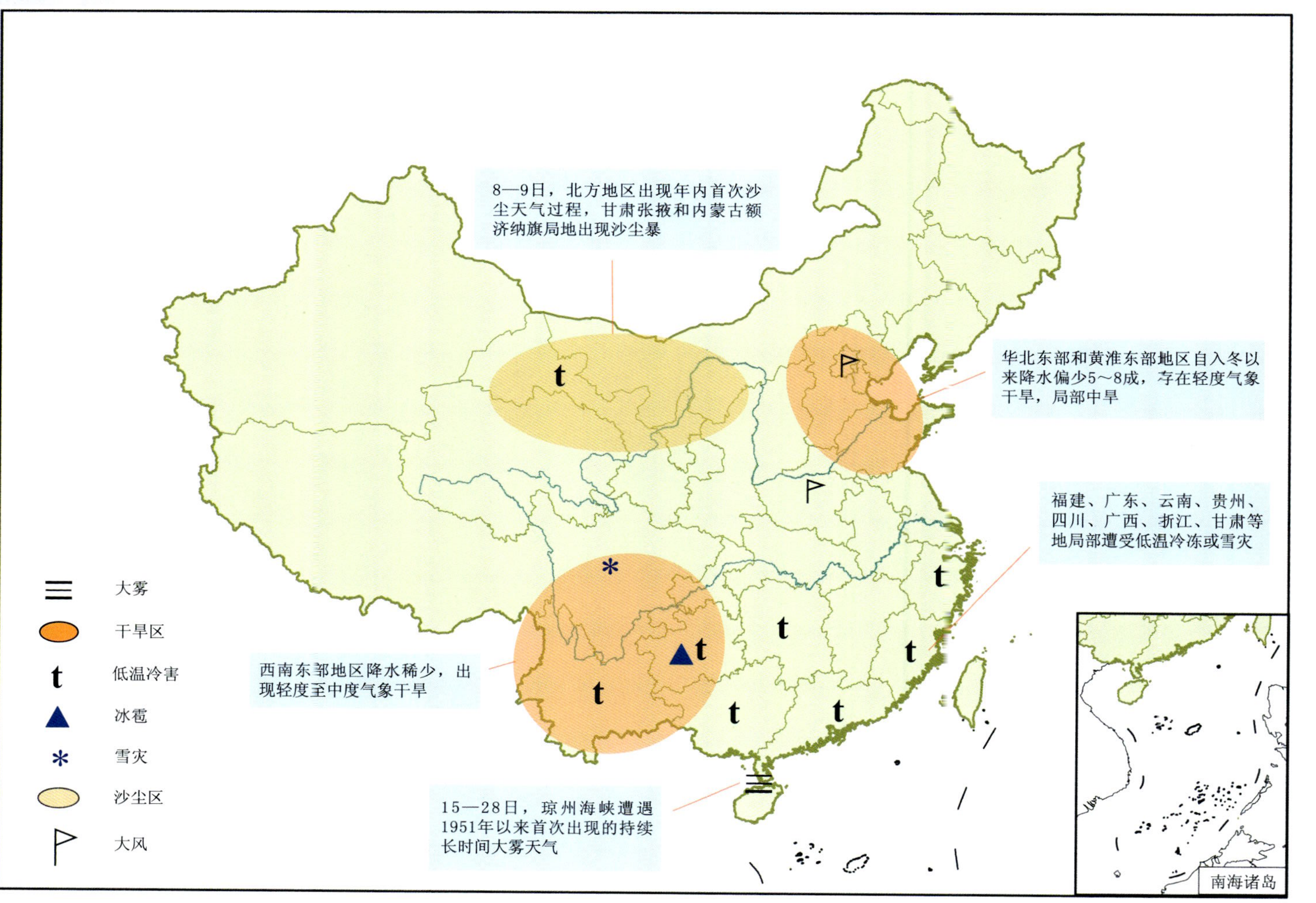

图 B2 2018 年 2 月全国主要气象灾害分布

Fig. B2 The distribution of major meteorological disasters over China in February 2018

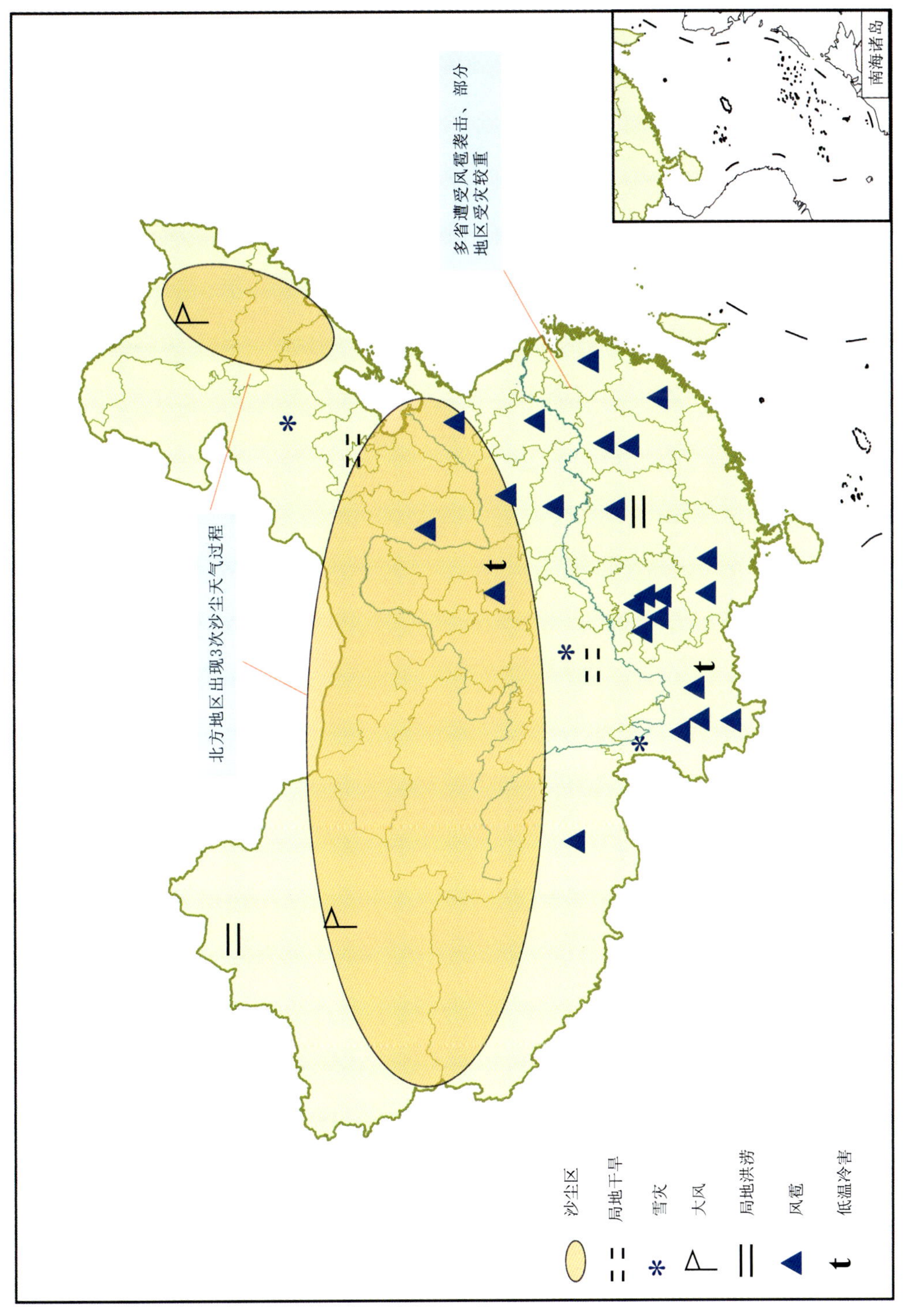

图 B3 2018 年 3 月全国主要气象灾害分布

Fig. B3 The distribution of major meteorological disasters over China in March 2018

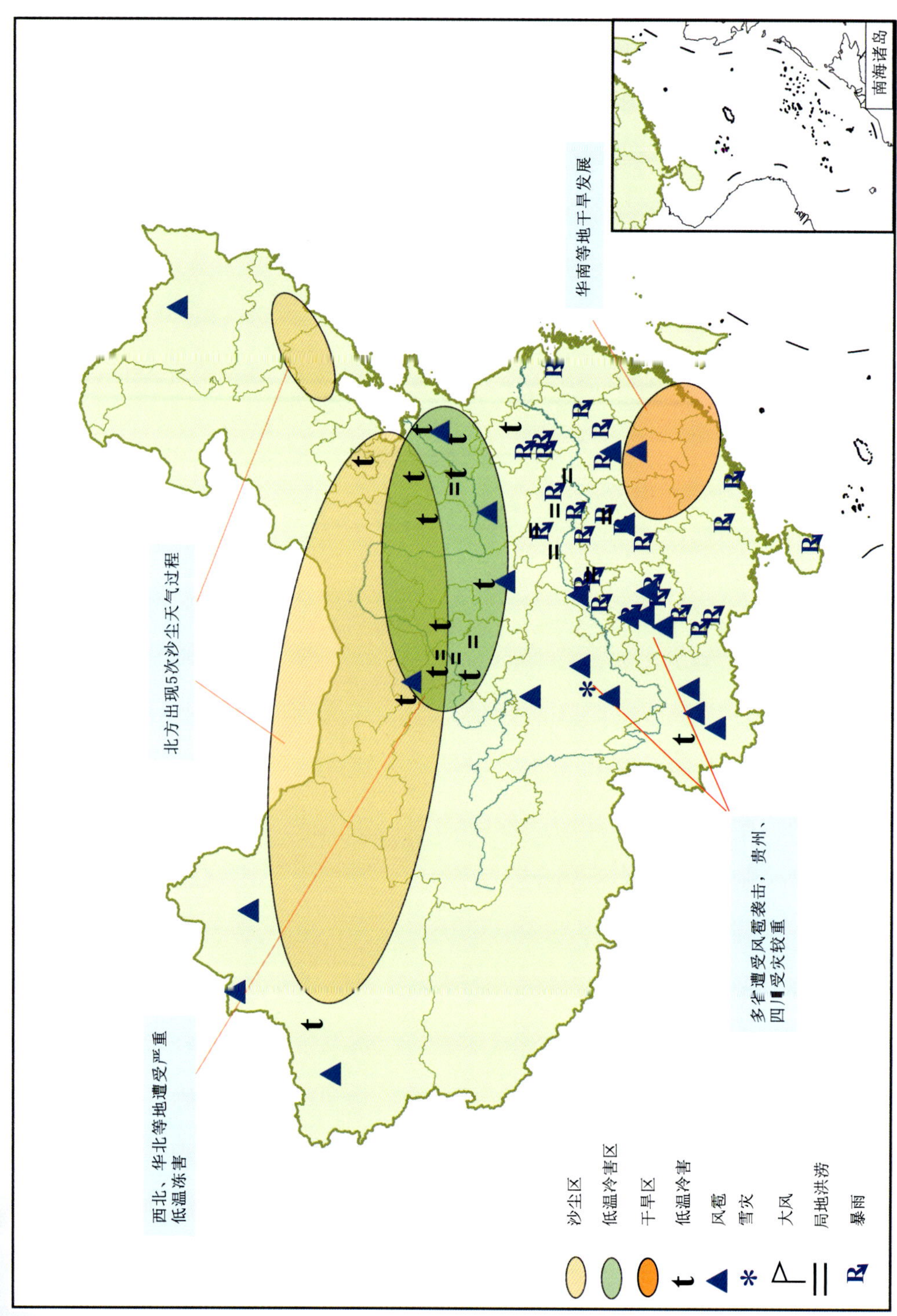

图 B4　2018 年 4 月全国主要气象灾害分布

Fig. B4　The distribution of major meteorological disasters over China in April 2018

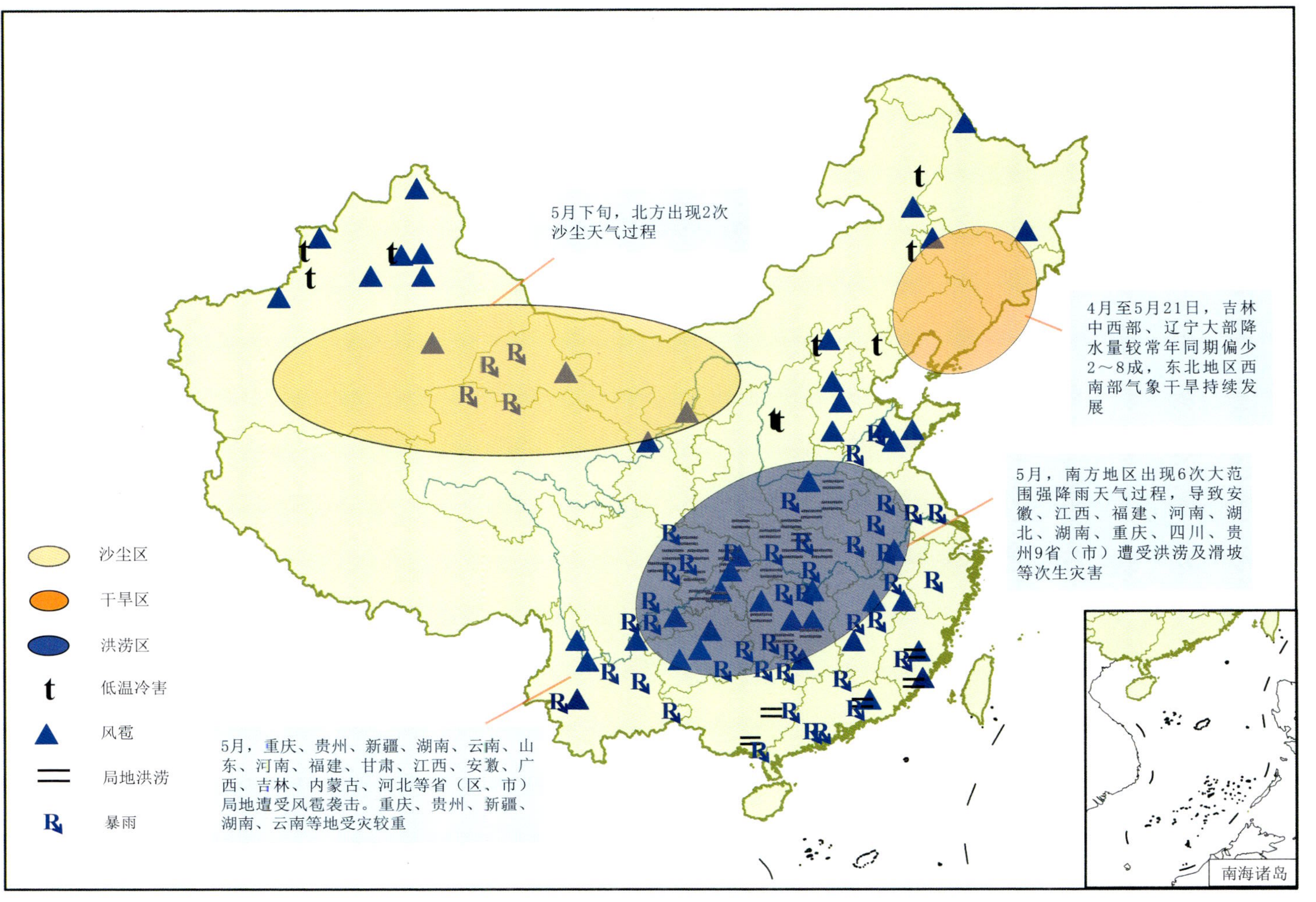

图 B5 2018 年 5 月全国主要气象灾害分布

Fig. B5 The distribution of major meteorological disasters over China in May 2018

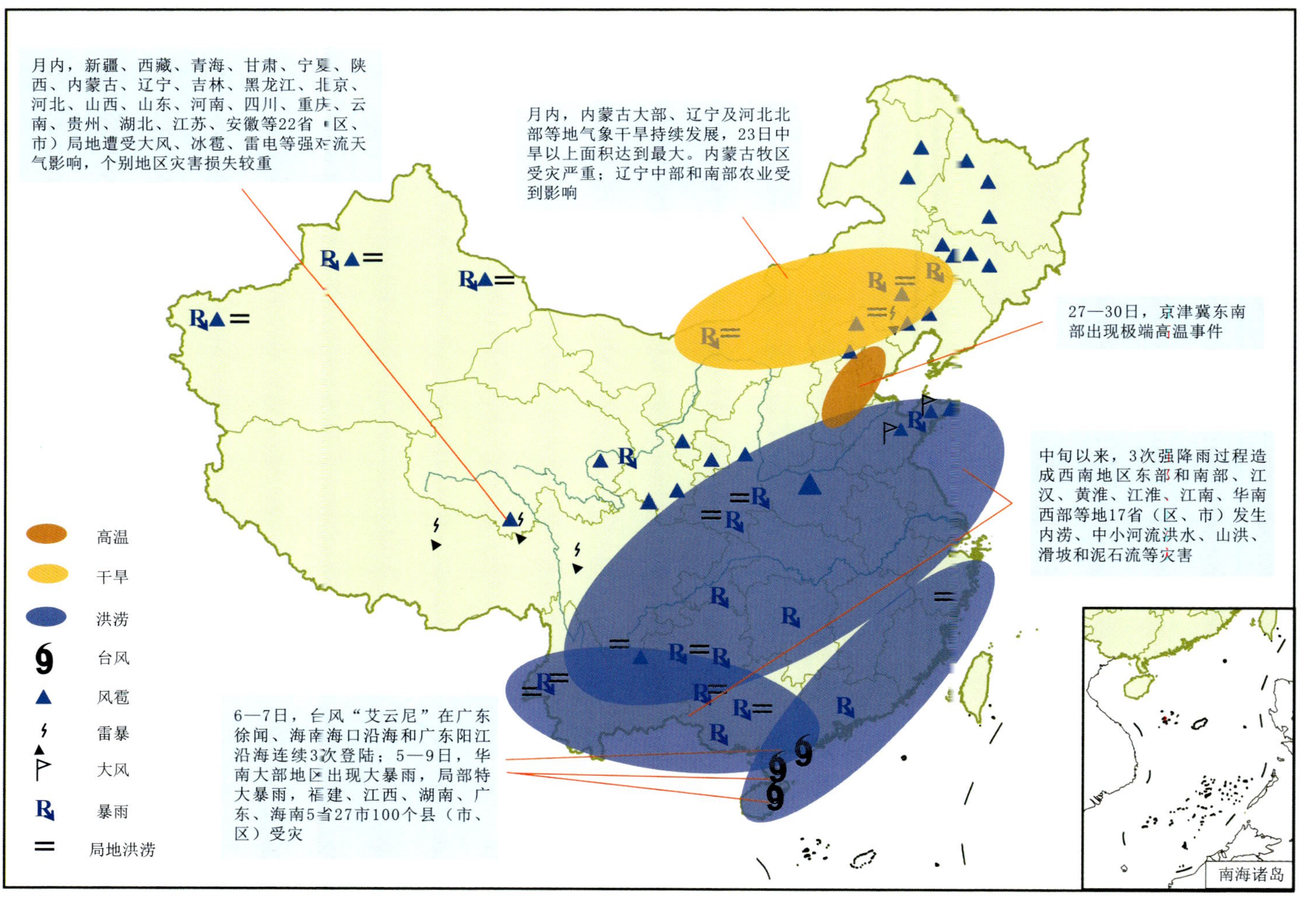

图 B6 2018 年 6 月全国主要气象灾害分布

Fig. B6 The distribution of major meteorological disasters over China in June 2018

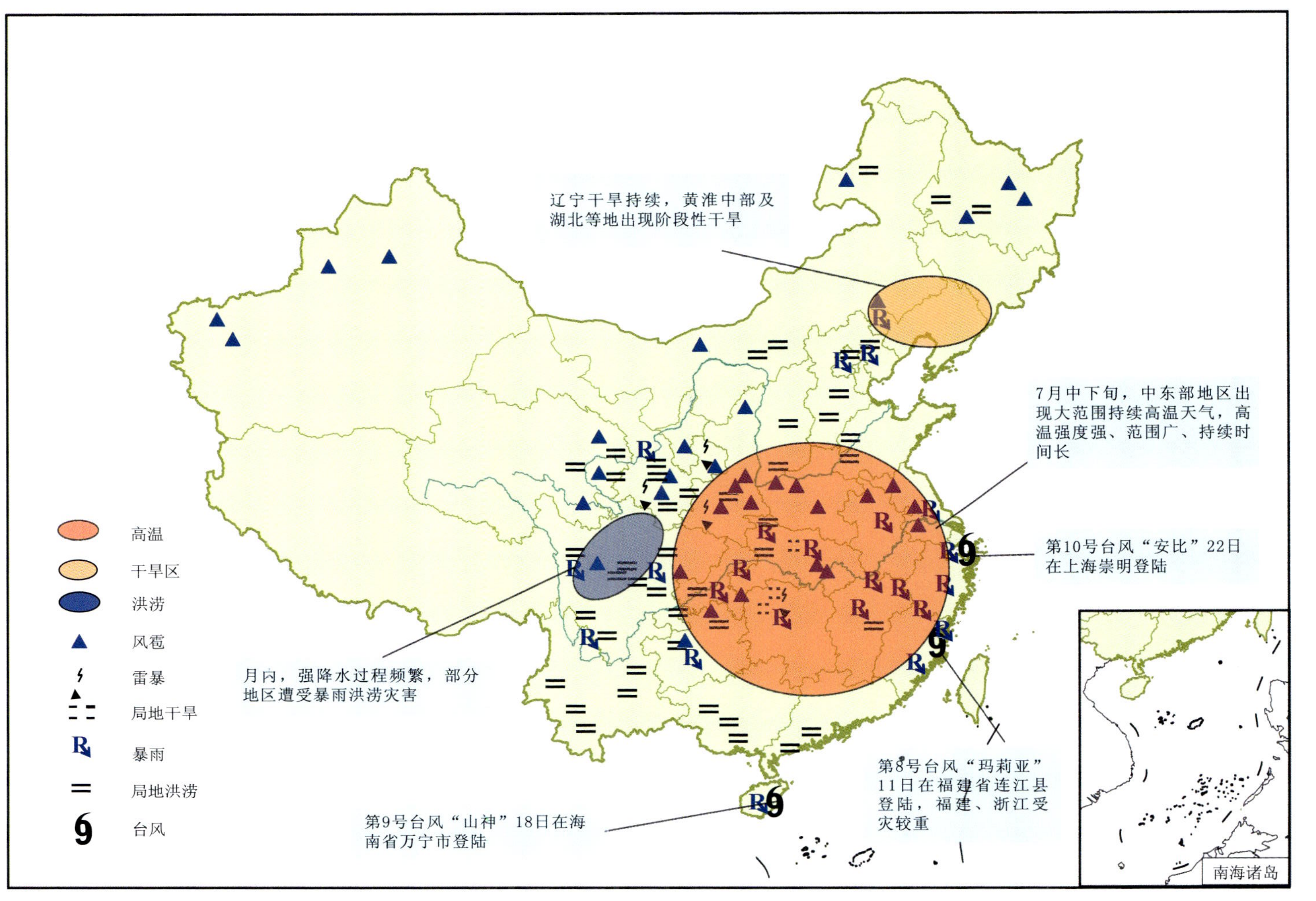

图 B7　2018 年 7 月全国主要气象灾害分布

Fig. B7　The distribution of major meteorological disasters over China in July 2018

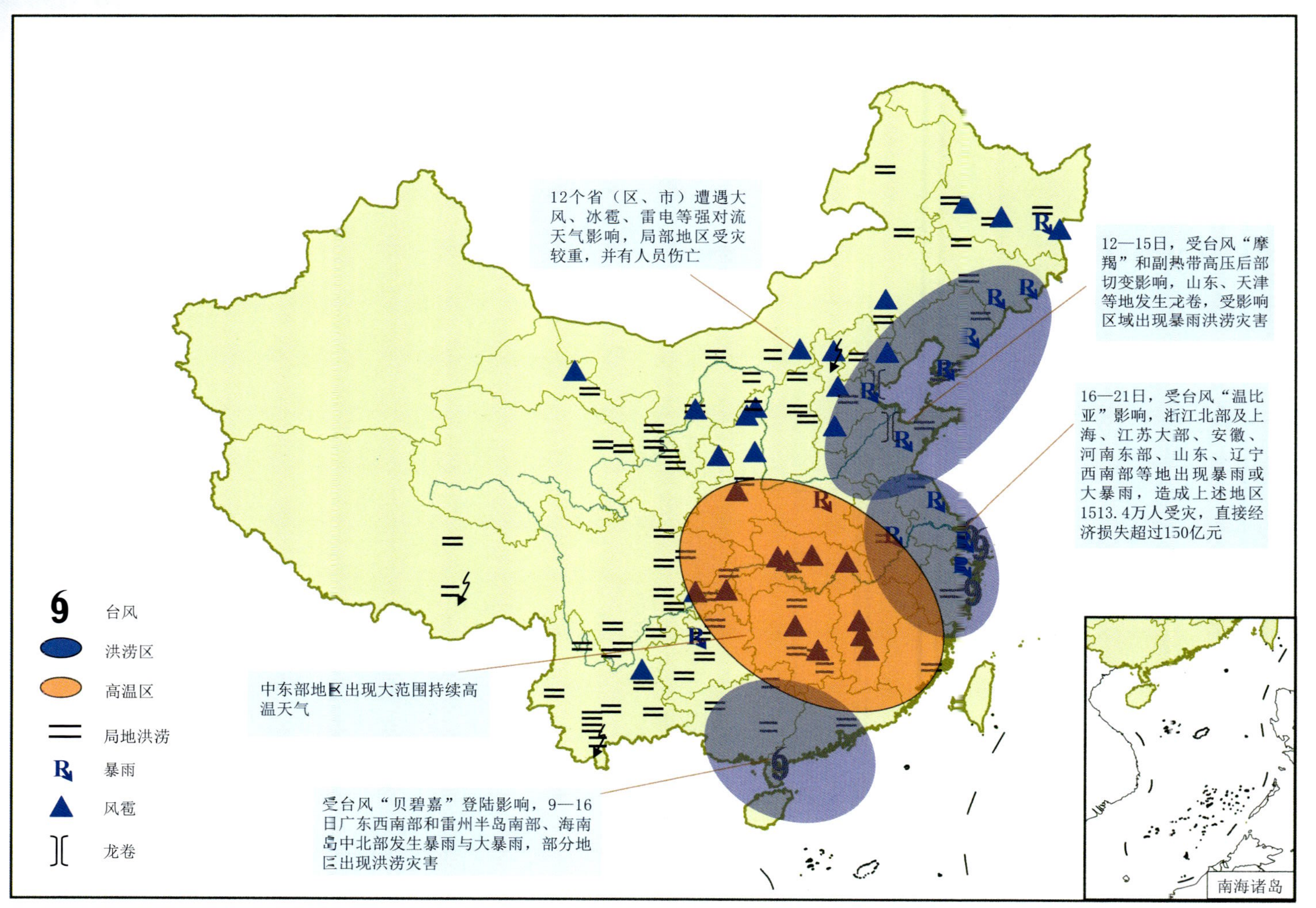

图 B8 2018 年 8 月全国主要气象灾害分布

Fig. B8 The distribution of major meteorological disasters over China in August 2018

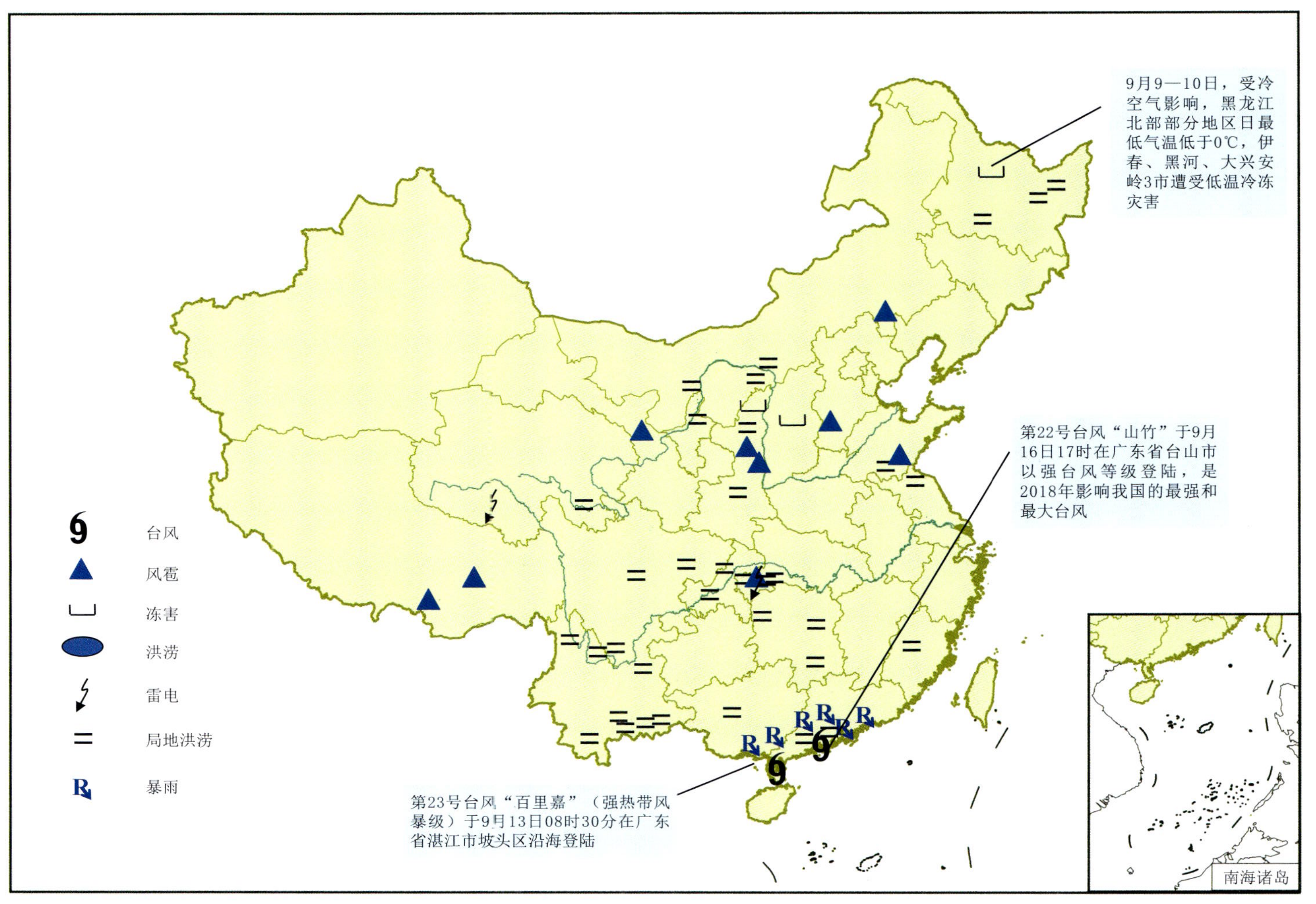

图 B9　2018 年 9 月全国主要气象灾害分布

Fig. B9　The distribution of major meteorological disasters over China in September 2018

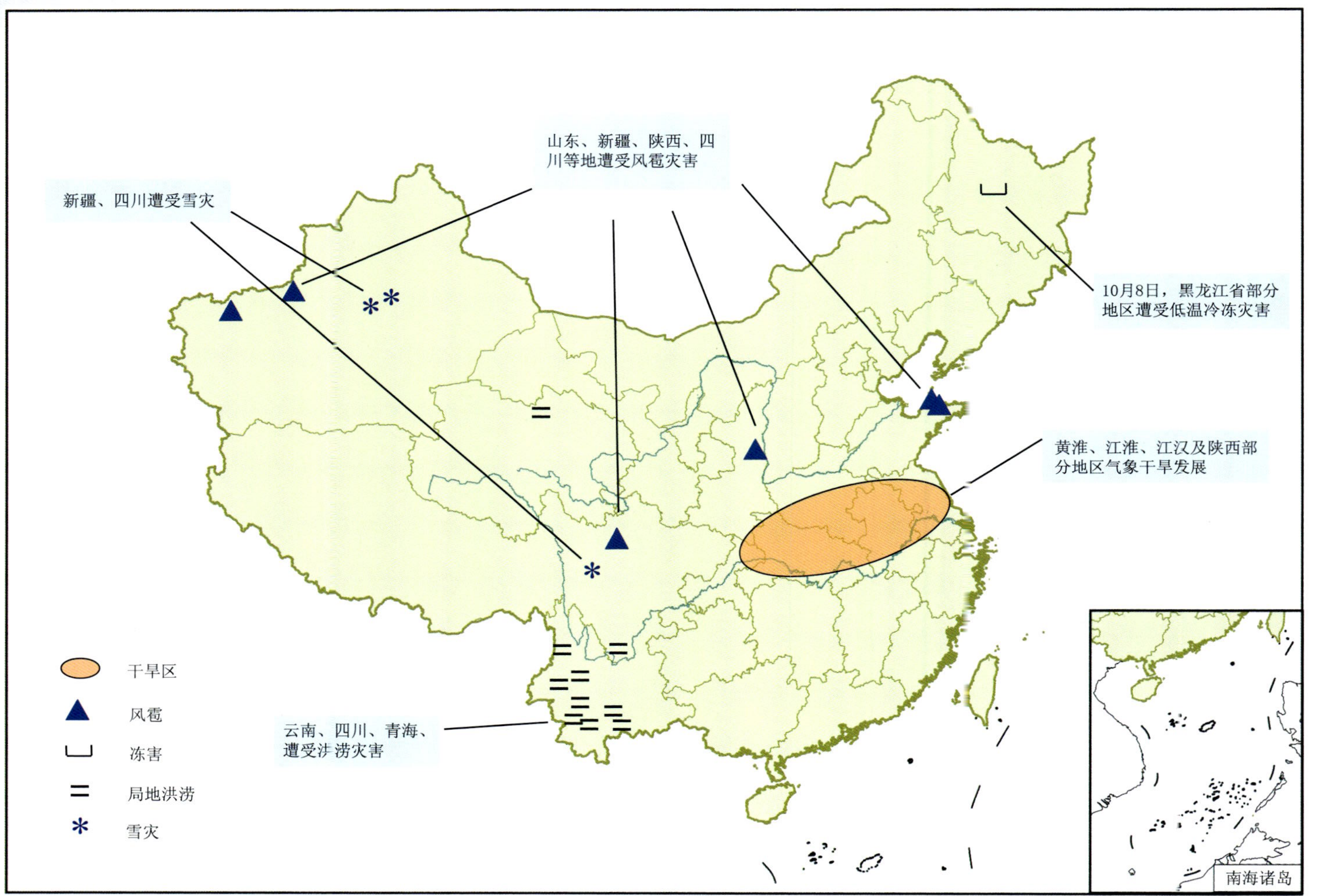

图 B10 2018 年 10 月全国主要气象灾害分布

Fig. B10 The distribution of major meteorological disasters over China in October 2018

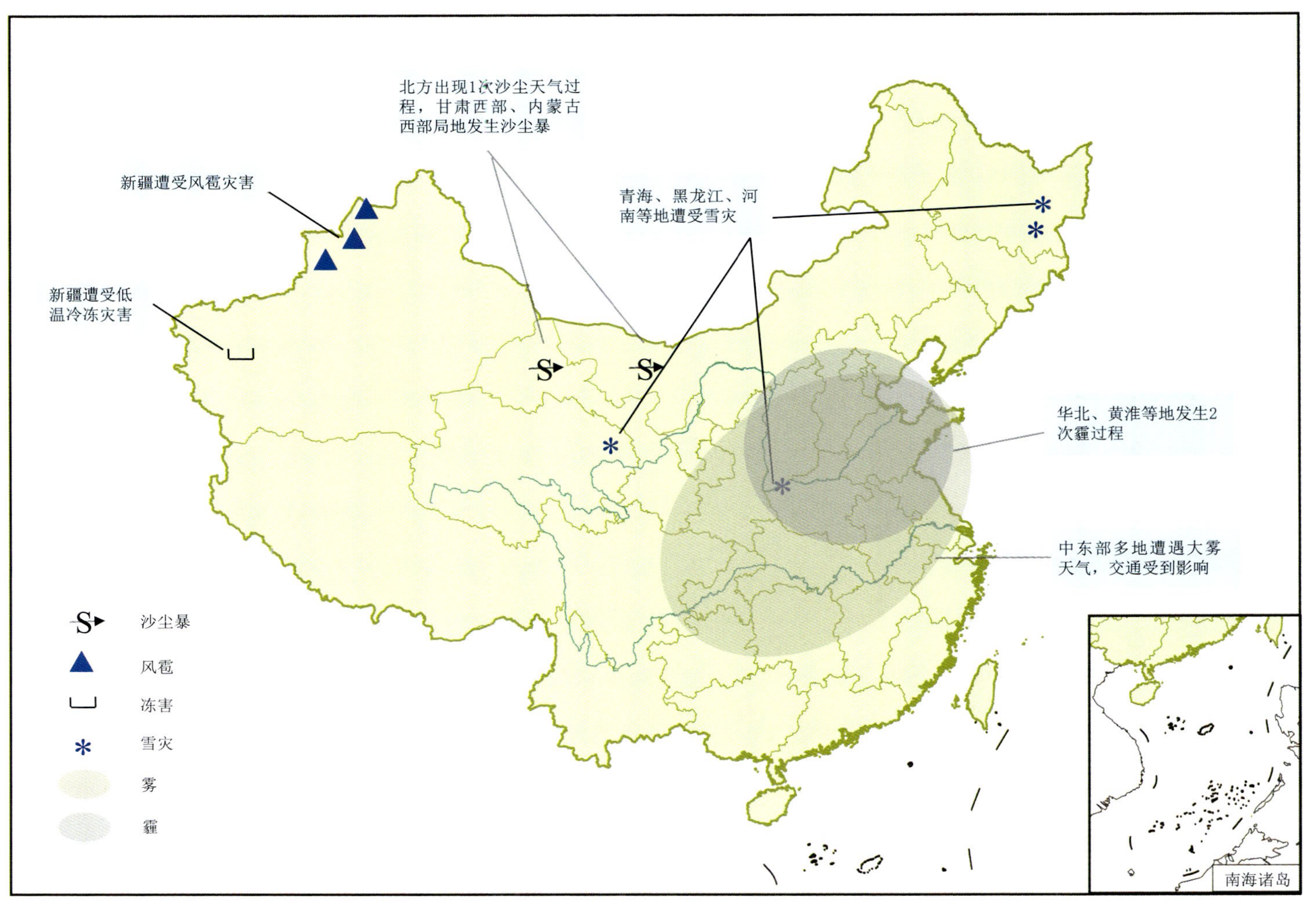

图 B11　2018 年 11 月全国主要气象灾害分布

Fig. B11　The distribution of major meteorological disasters over China in November 2018

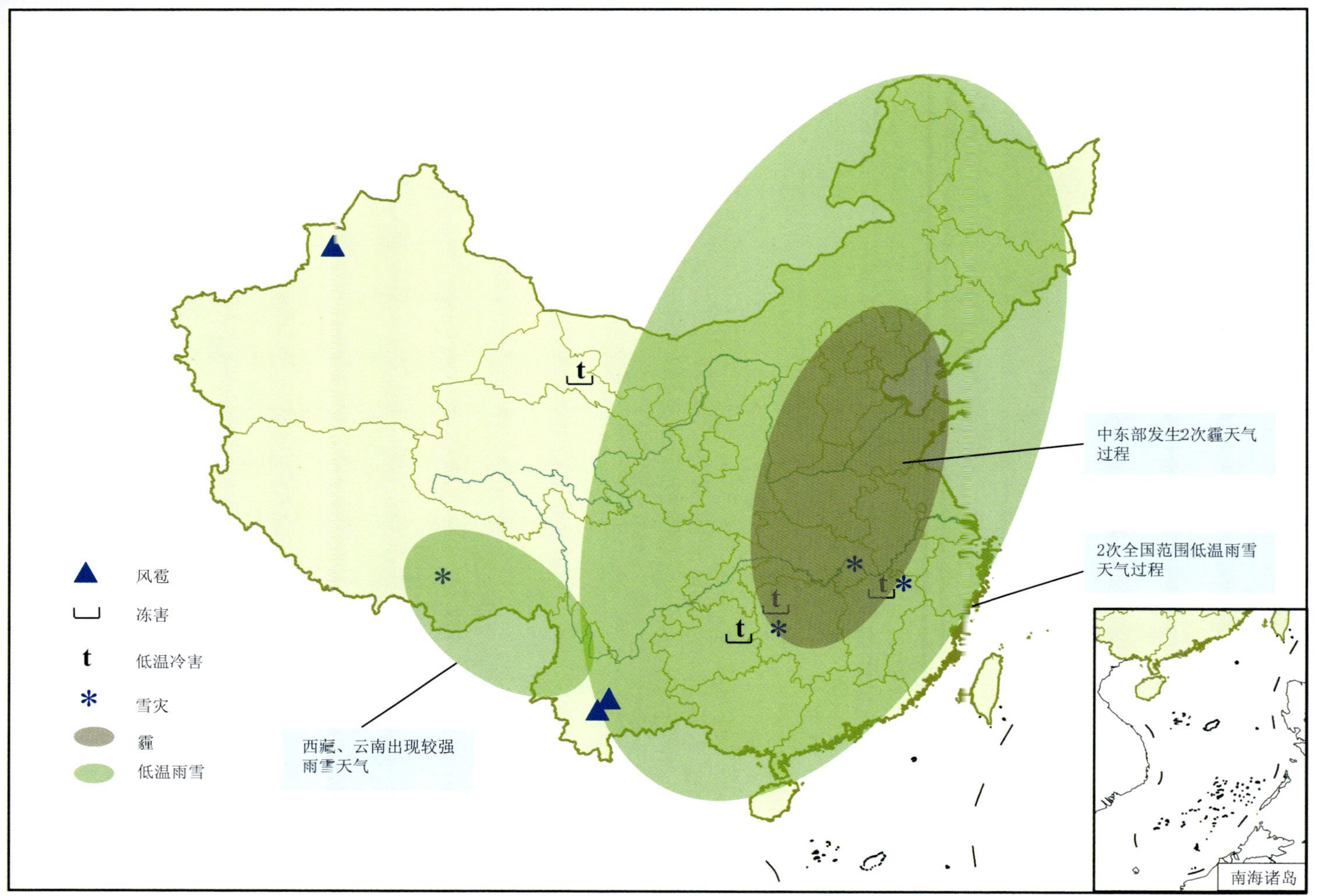

图 B12 2018 年 12 月全国主要气象灾害分布

Fig. B12 The distribution of major meteorological disasters over China in December 2018

附录 C 气温特征分布图

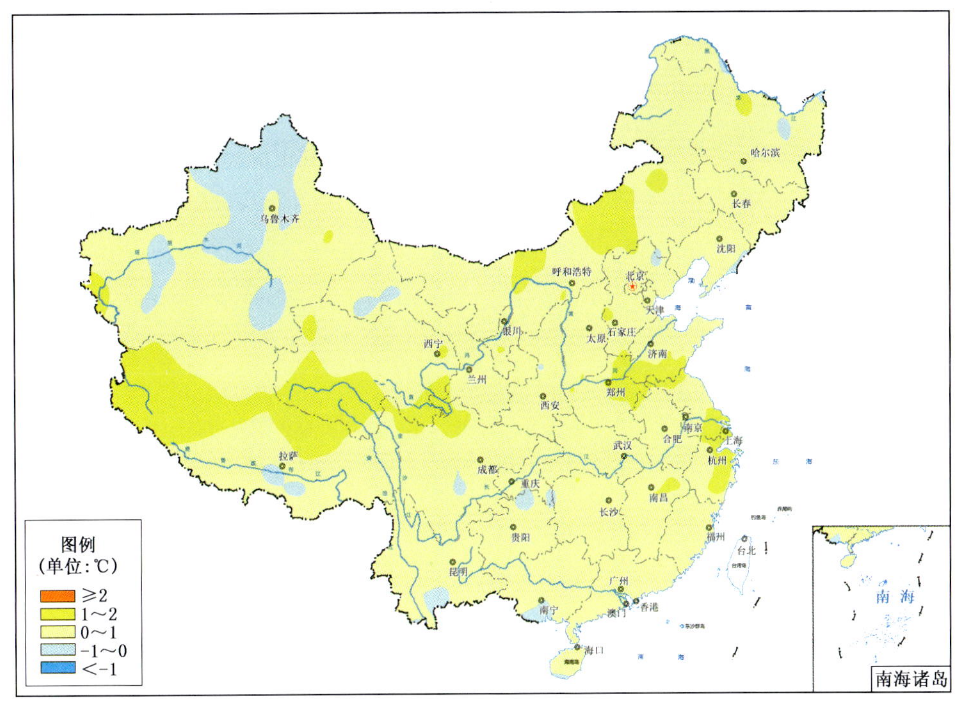

图 C1 2018 年全国年平均气温距平分布

Fig. C1 Distribution of annual mean temperature anomalies over China in 2018 (unit: ℃)

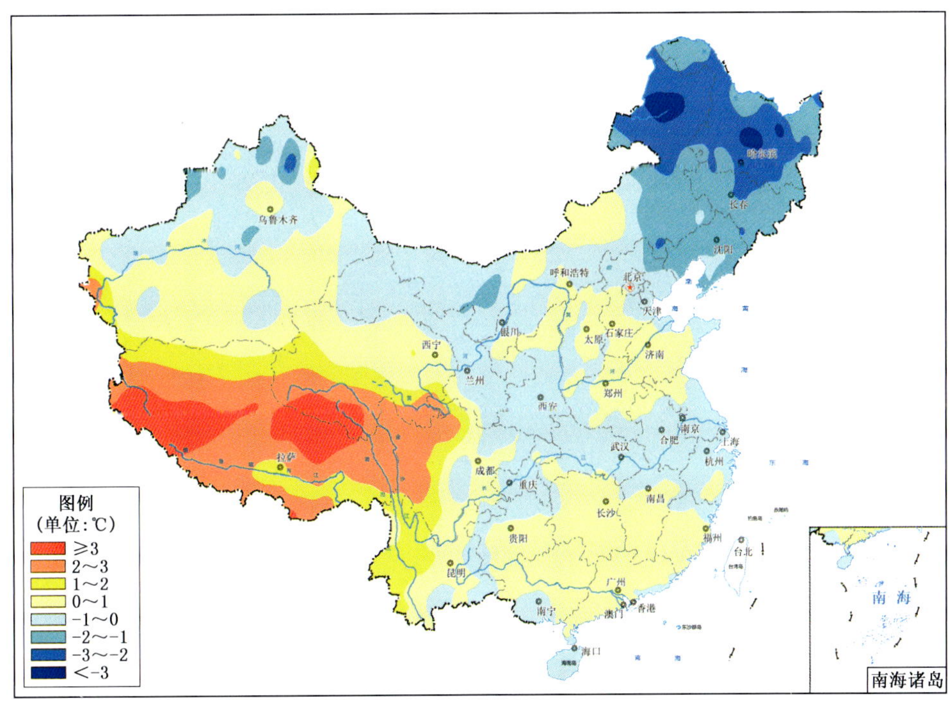

图 C2 2018 年全国冬季平均气温距平分布

Fig. C2 Distribution of annual mean temperature anomalies over China in winter of 2018 (unit: ℃)

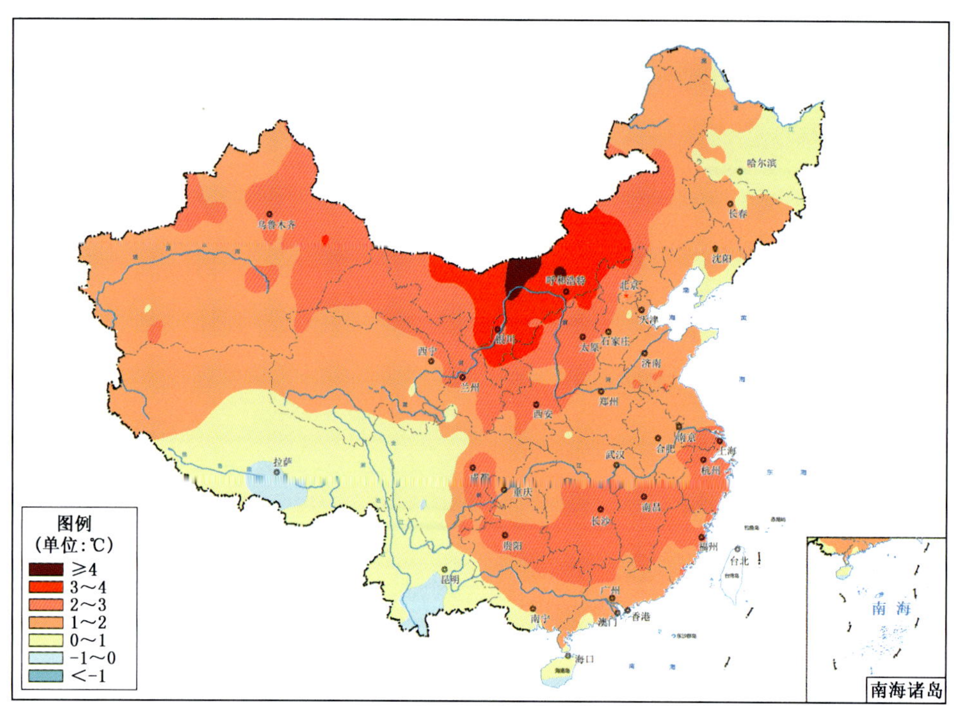

图 C3　2018 年全国春季平均气温距平分布

Fig. C3　Distribution of annual mean temperature anomalies over China in spring of 2018 (unit: ℃)

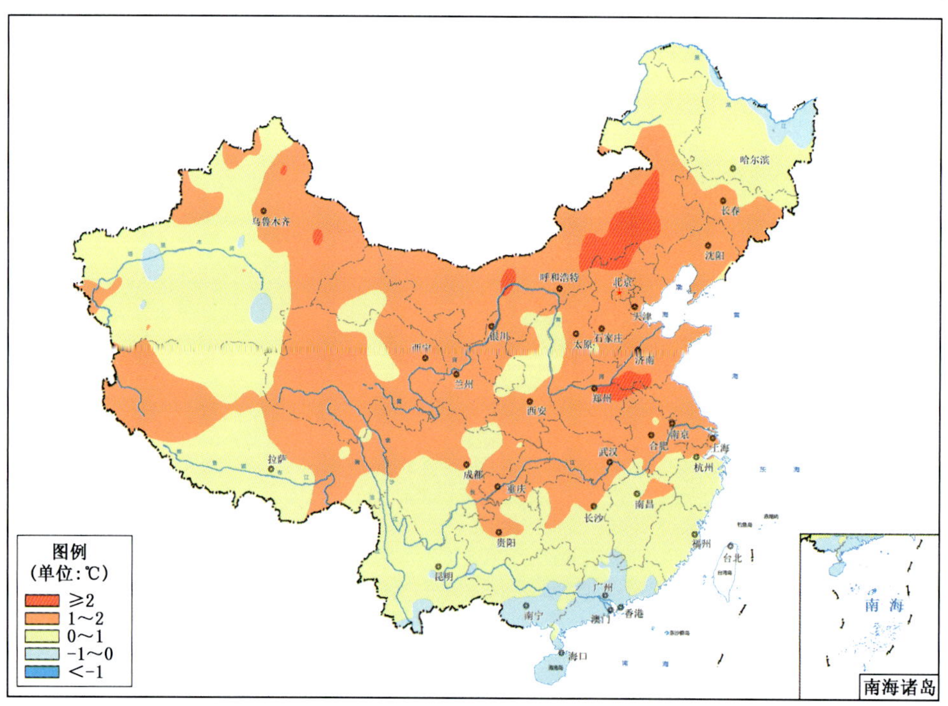

图 C4　2018 年全国夏季平均气温距平分布

Fig. C4　Distribution of annual mean temperature anomalies over China in summer of 2018 (unit: ℃)

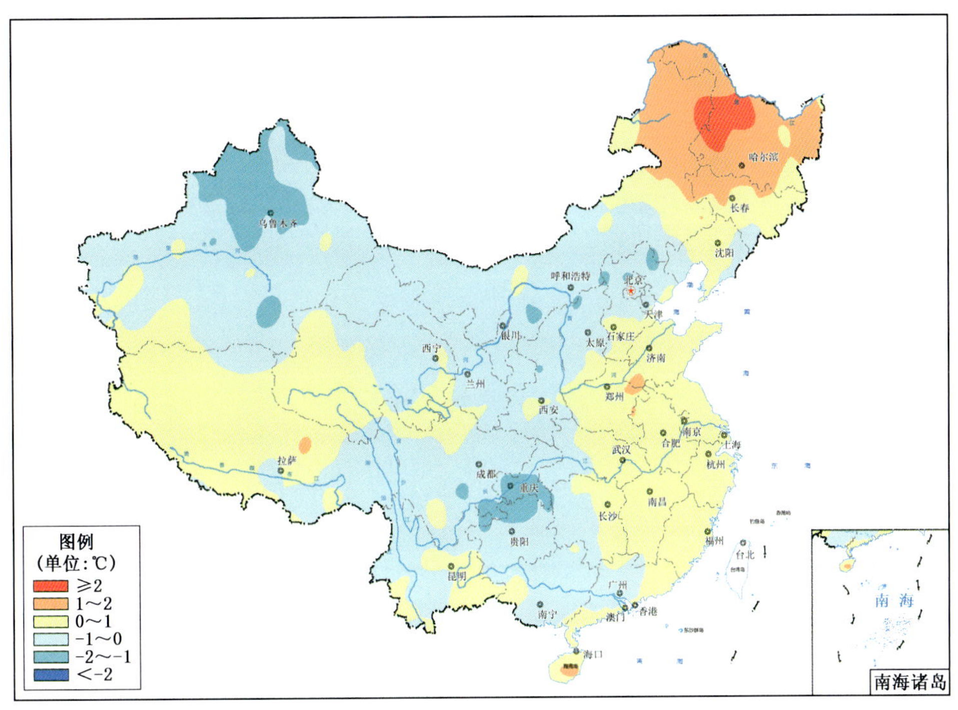

图 C5 2018 年全国秋季平均气温距平分布

Fig. C5 Distribution of annual mean temperature anomalies over China in autumn of 2018 (unit: ℃)

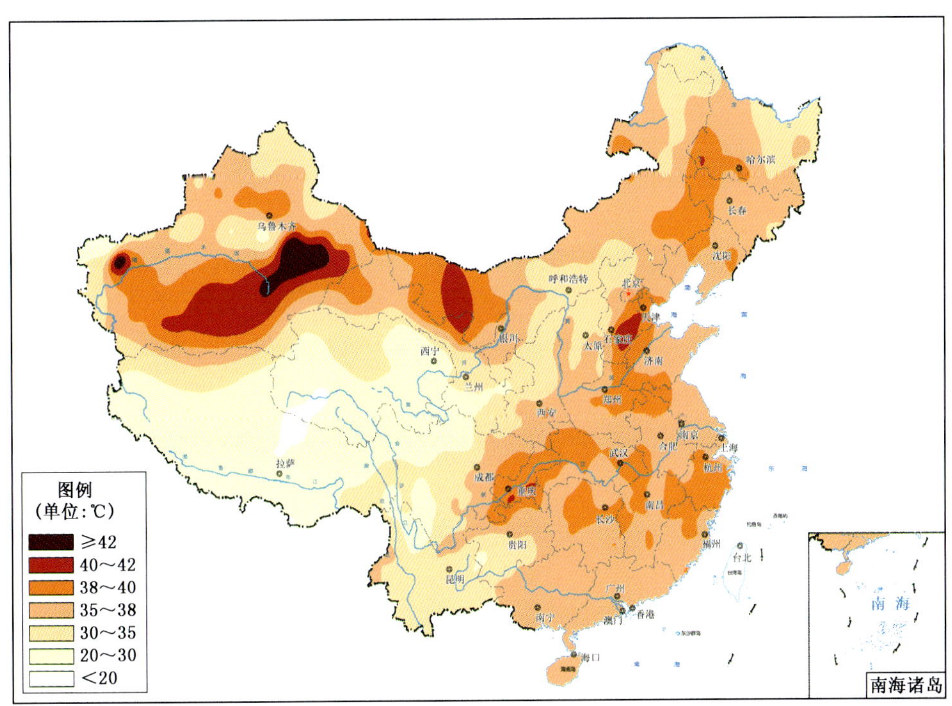

图 C6 2018 年全国极端最高气温分布

Fig. C6 Distribution of annual extreme maximum temperature over China in 2018 (unit: ℃)

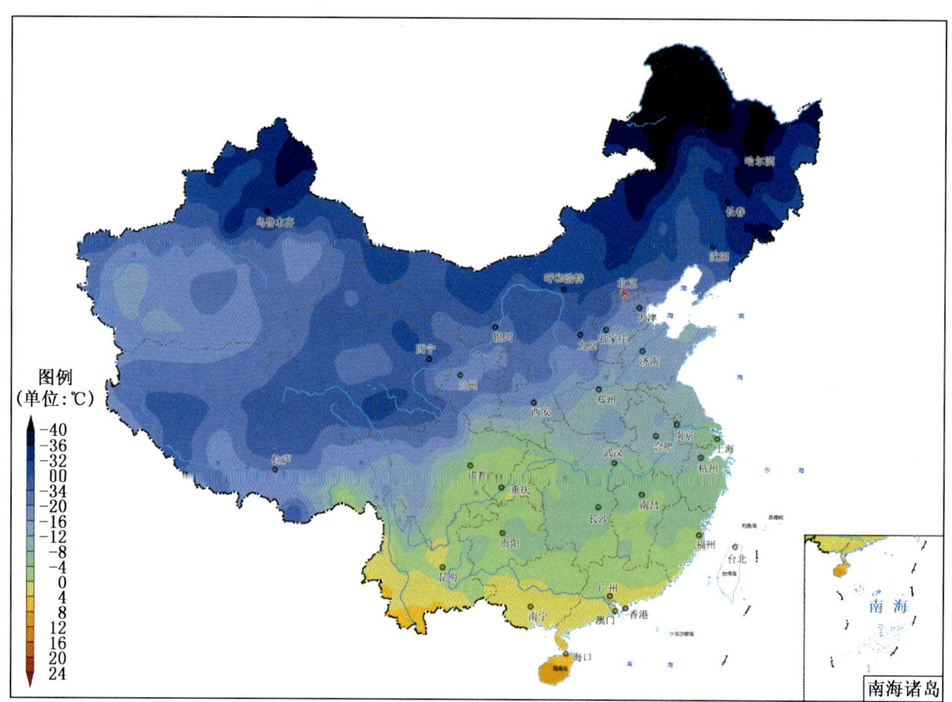

图 C7　2018 年全国极端最低气温分布

Fig. C7　Distribution of annual extreme minimum temperature over China in 2018 (unit: ℃)

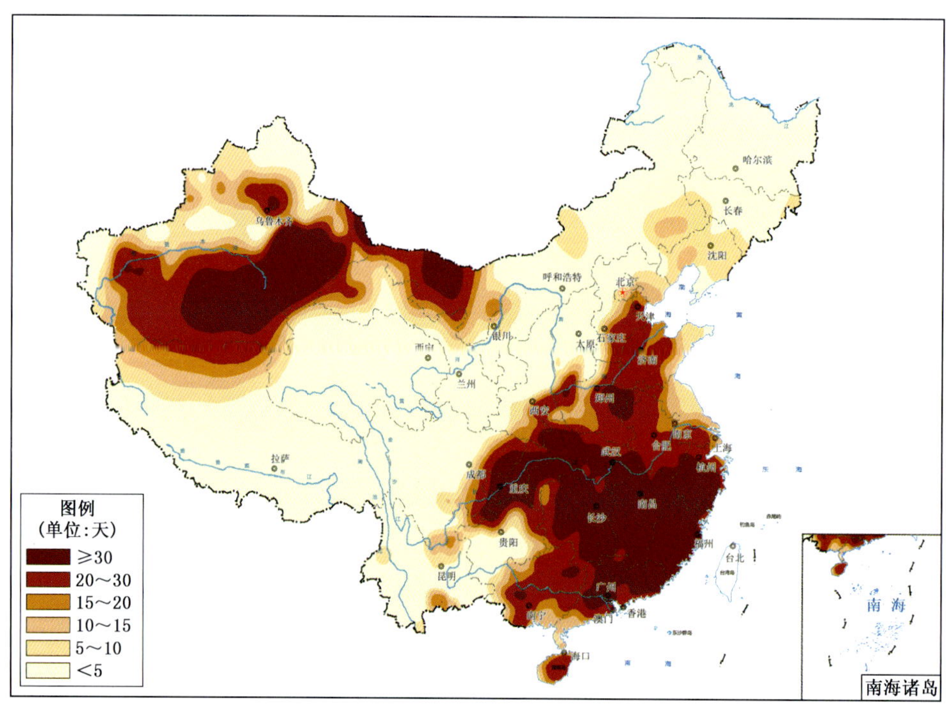

图 C8　2018 年全国高温(日最高气温≥35℃)日数分布

Fig. C8　Distribution of hot days (daily maximum temperature ≥35℃) over China in 2018 (unit: d)

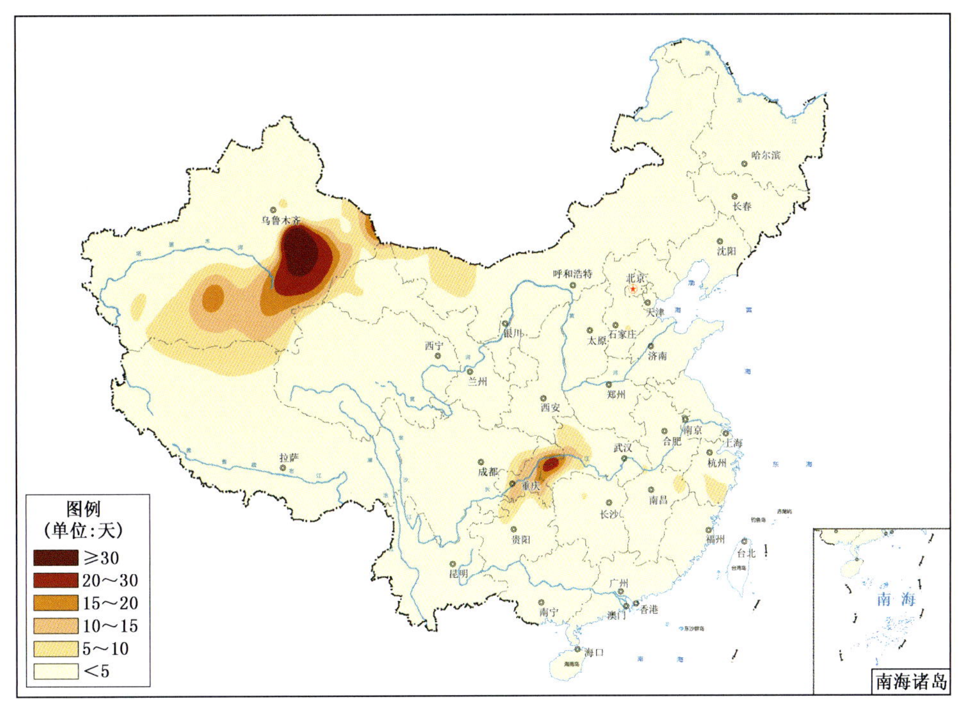

图 C9　2018 年全国高温(日最高气温≥38℃)日数分布

Fig. C9　Distribution of hot days (daily maximum temperature ≥38℃) over China in 2018 (unit:d)

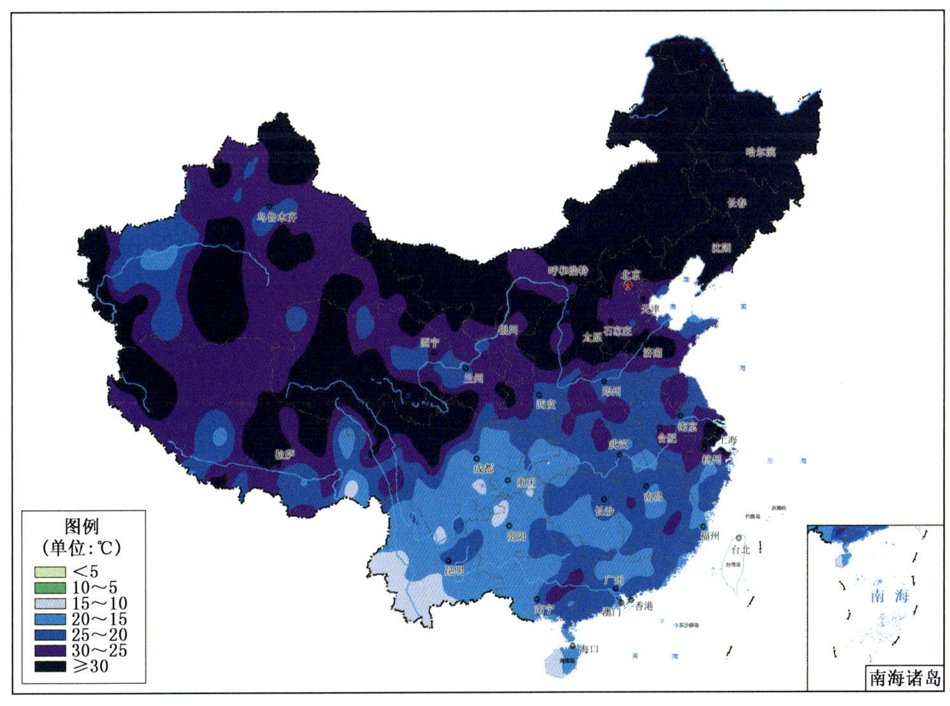

图 C10　2018 年全国最大过程降温幅度分布

Fig. C10　Distribution of the maximum amplitude of temperature dropping over China in 2018(unit:℃)

附录 D 降水特征分布图

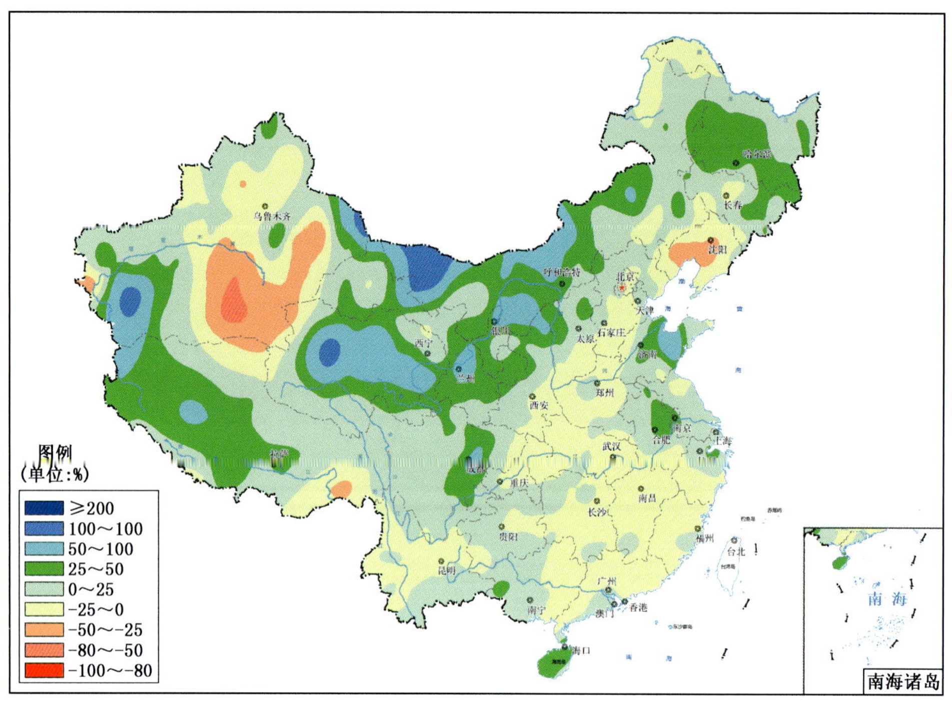

图 D1 2018 年全国降水量距平百分率分布

Fig. D1 Distribution of annual precipitation anomalies over China in 2018 (unit：%)

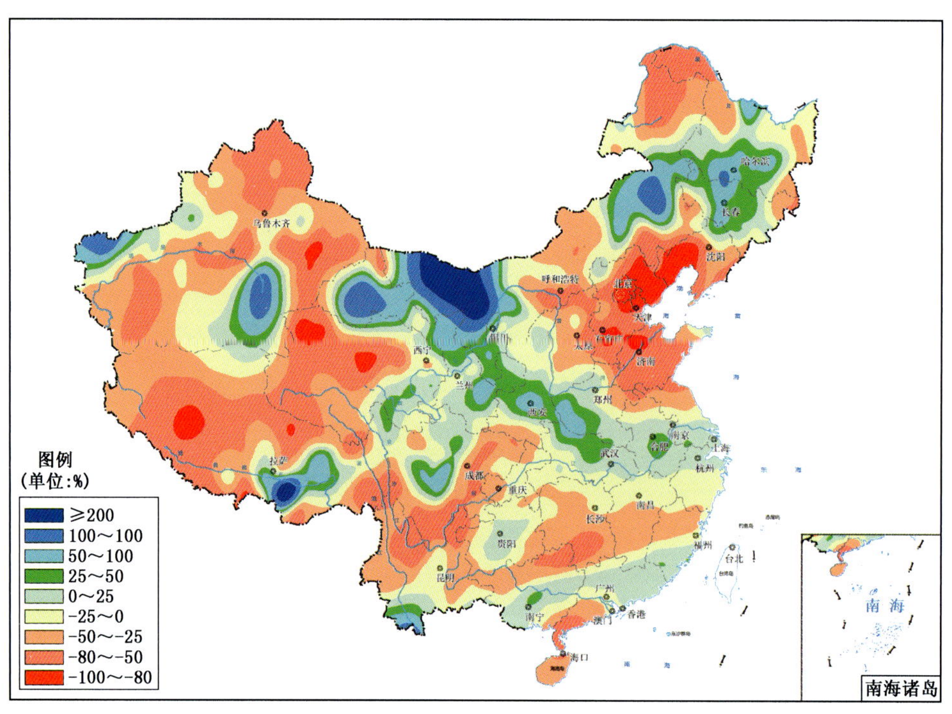

图 D2 2018 年全国冬季降水量距平百分率分布

Fig. D2 Distribution of precipitation anomalies over China in winter of 2018 (unit：%)

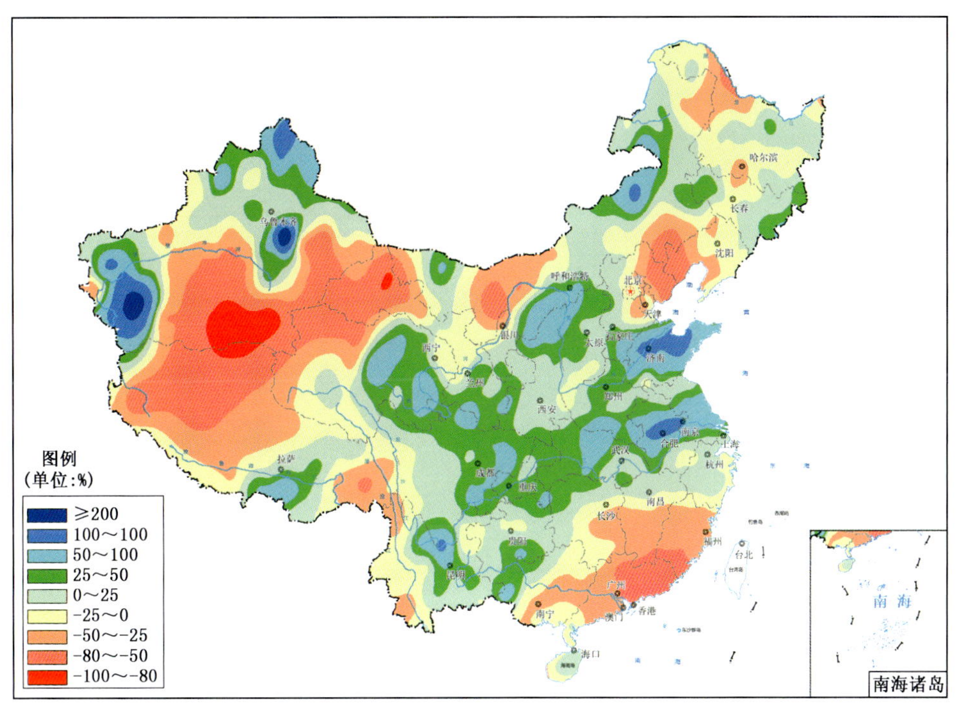

图 D3　2018 年全国春季降水量距平百分率分布

Fig. D3　Distribution of precipitation anomalies over China in spring of 2018 (unit：%)

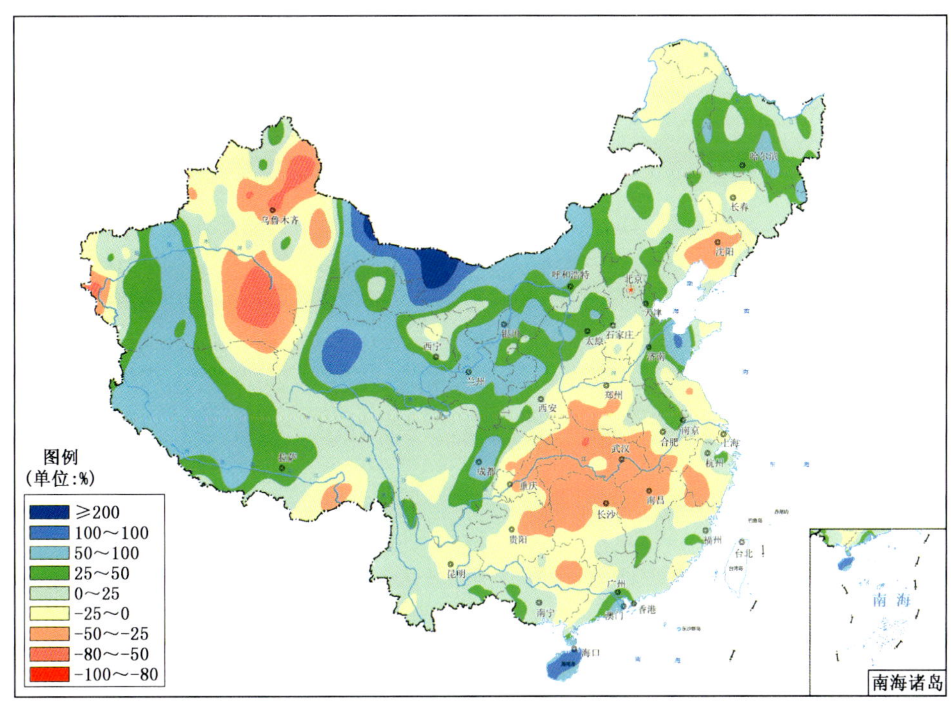

图 D4　2018 年全国夏季降水量距平百分率分布

Fig. D4　Distribution of precipitation anomalies over China in summer of 2018 (unit：%)

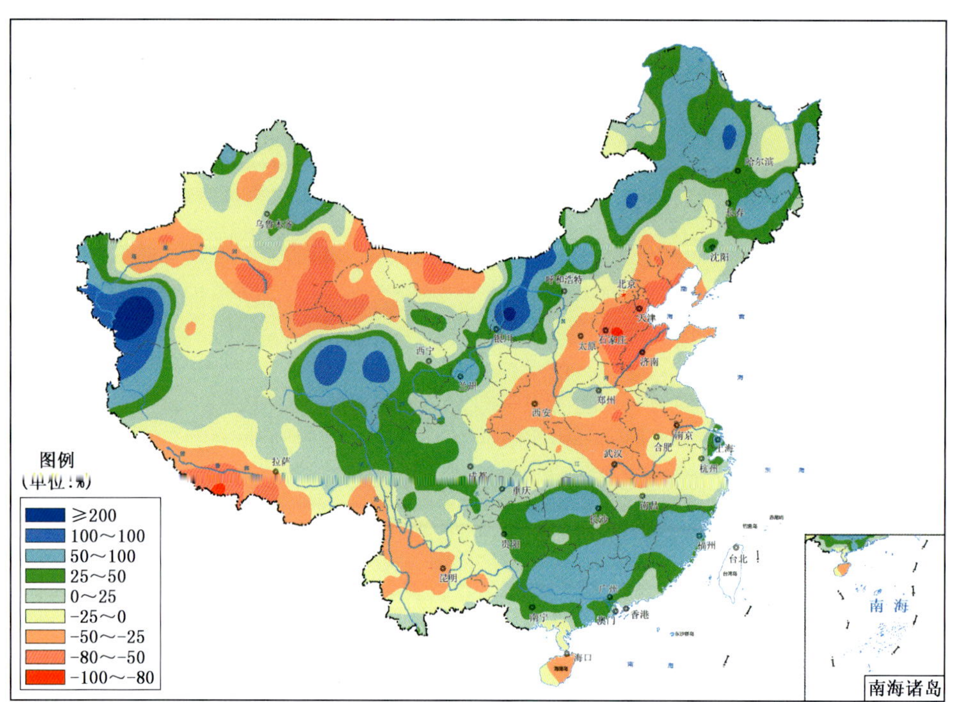

图 D5　2018 年全国秋季降水量距平百分率分布

Fig. D5　Distribution of precipitation anomalies over China in autumn of 2018 (unit：%)

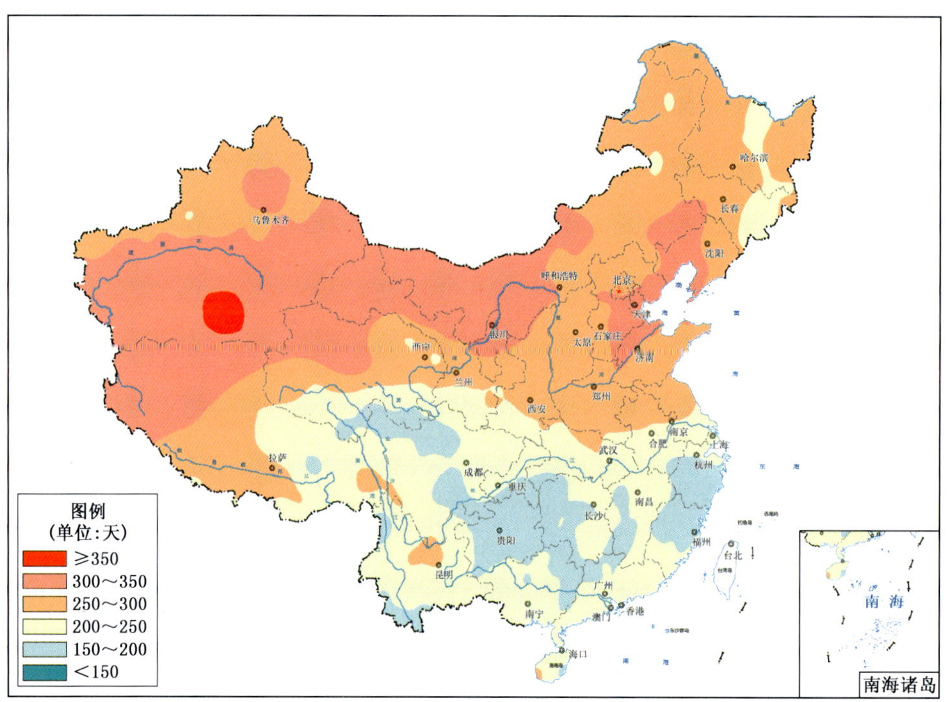

图 D6　2018 年全国无降水日数分布

Fig. D6　Distribution of non-precipitation days over China in 2018 (unit：d)

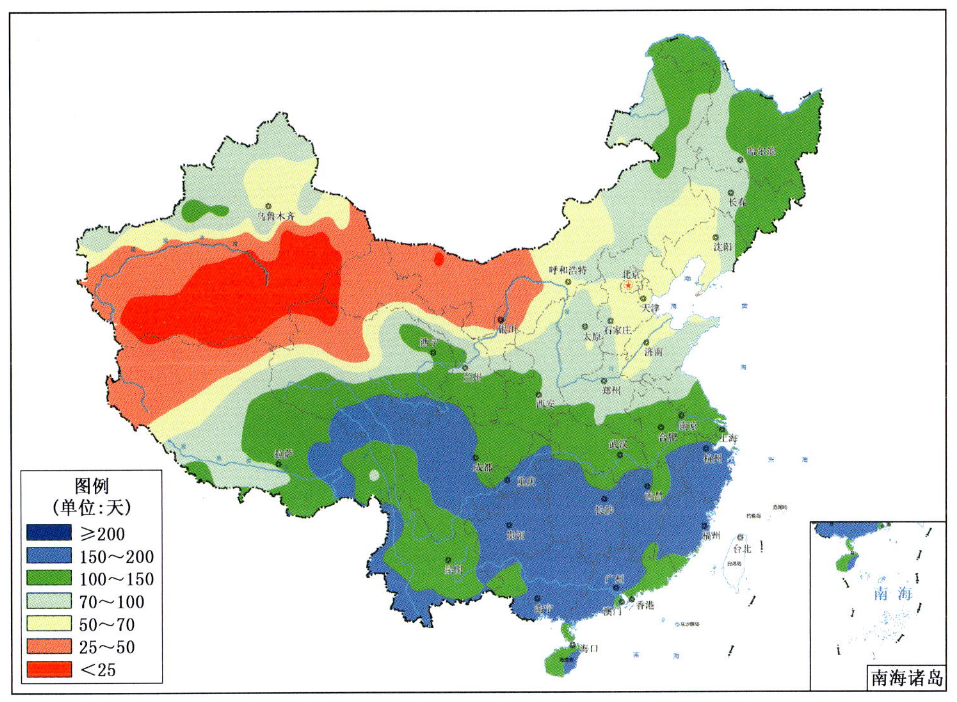

图 D7　2018 年全国降水(日降水量≥0.1 毫米)日数分布

Fig. D7　Distribution of the number of days with daily precipitation ≥0.1 mm over China in 2018 (unit: d)

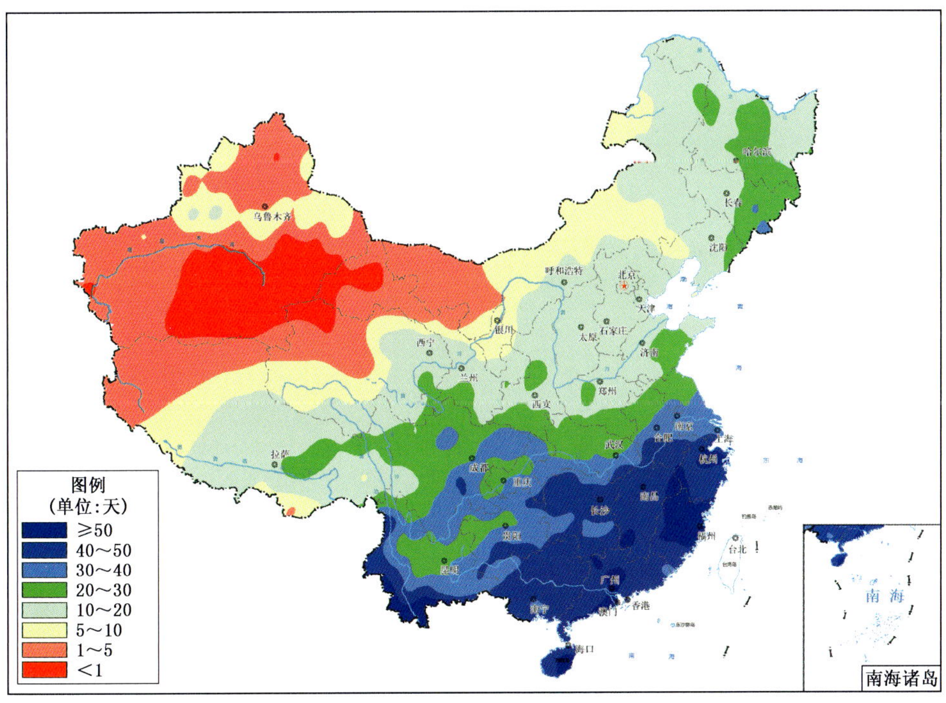

图 D8　2018 年全国降水(日降水量≥10.0 毫米)日数分布

Fig. D8　Distribution of the number of days with daily precipitation ≥10.0 mm over China in 2018 (unit: d)

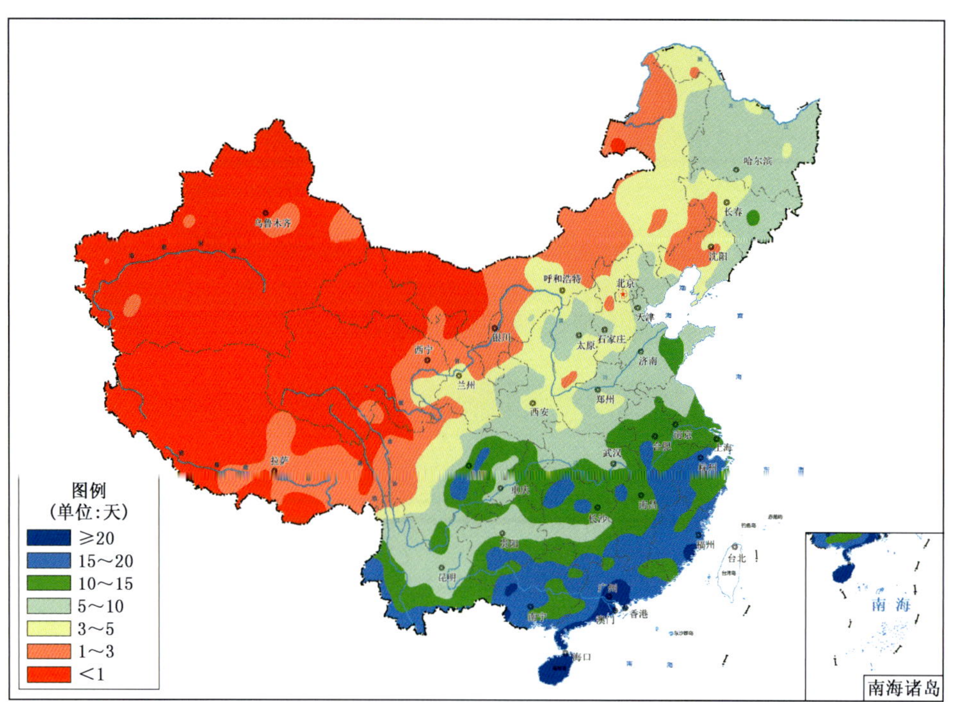

图 D9　2018 年全国降水(日降水量≥25.0 毫米)日数分布

Fig. D9　Distribution of the number of days with daily precipitation ≥25.0 mm over China in 2018 (unit: d)

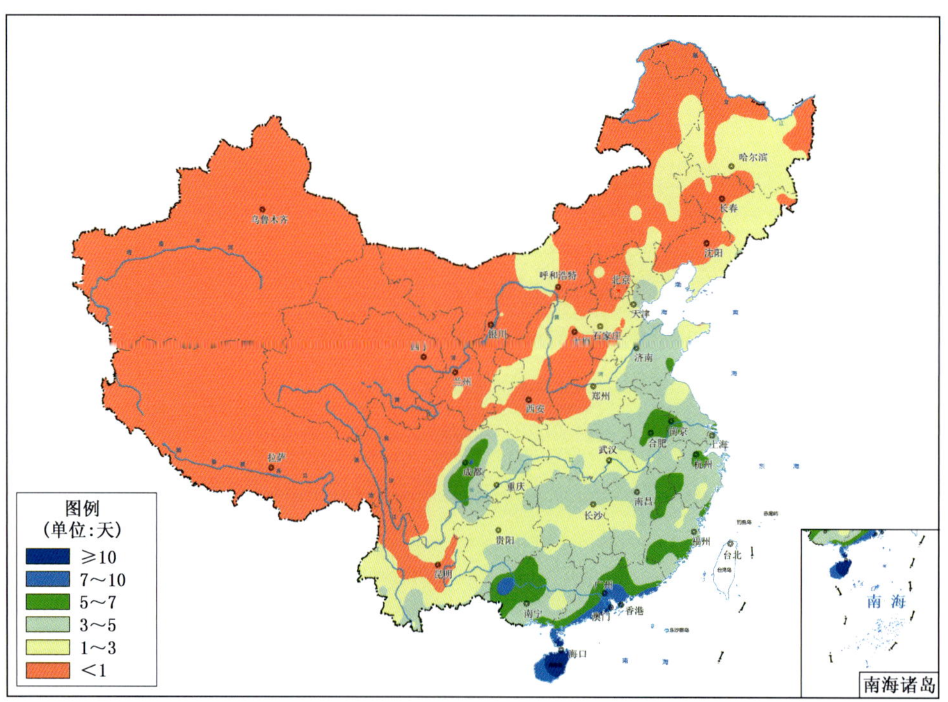

图 D10　2018 年全国降水(日降水量≥50.0 毫米)日数分布

Fig. D10　Distribution of the number of days with daily precipitation ≥50.0 mm over China in 2018 (unit: d)

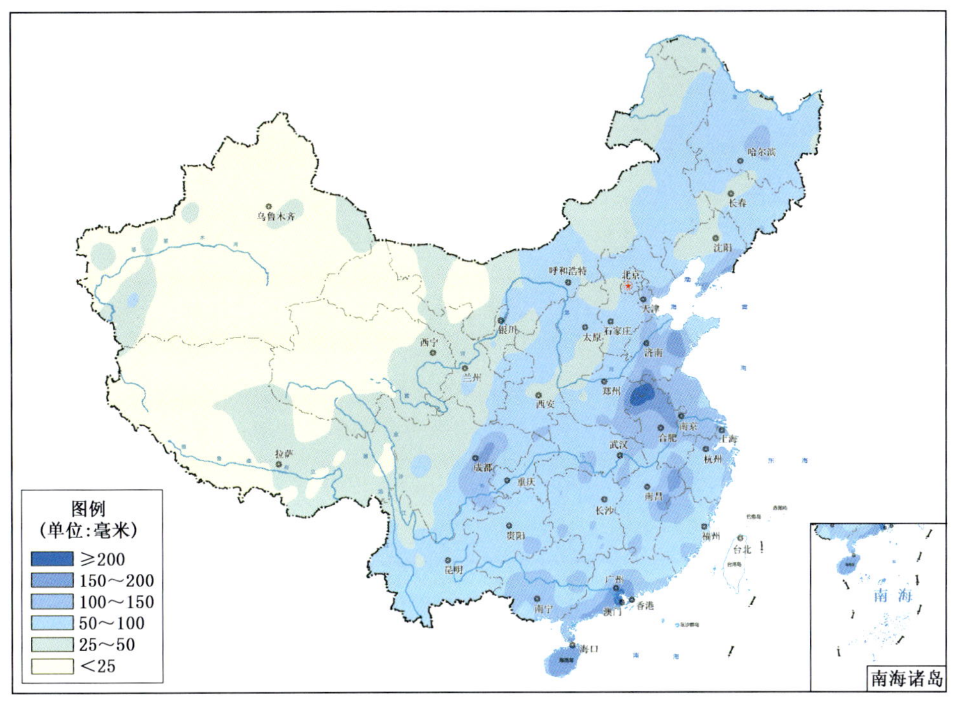

图 D11　2018 年全国日最大降水量分布

Fig. D11　Distribution of maximum daily precipitation amount over China in 2018 (unit: mm)

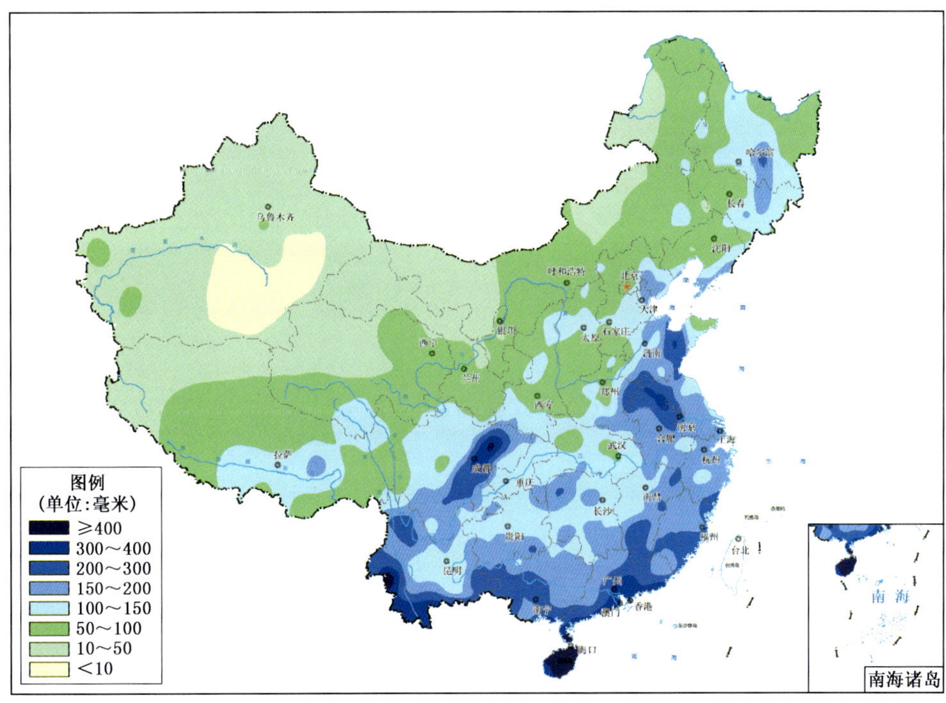

图 D12　2018 年全国最大连续降水量分布

Fig. D12　Distribution of maximum consecutive precipitation amount over China in 2018 (unit: mm)

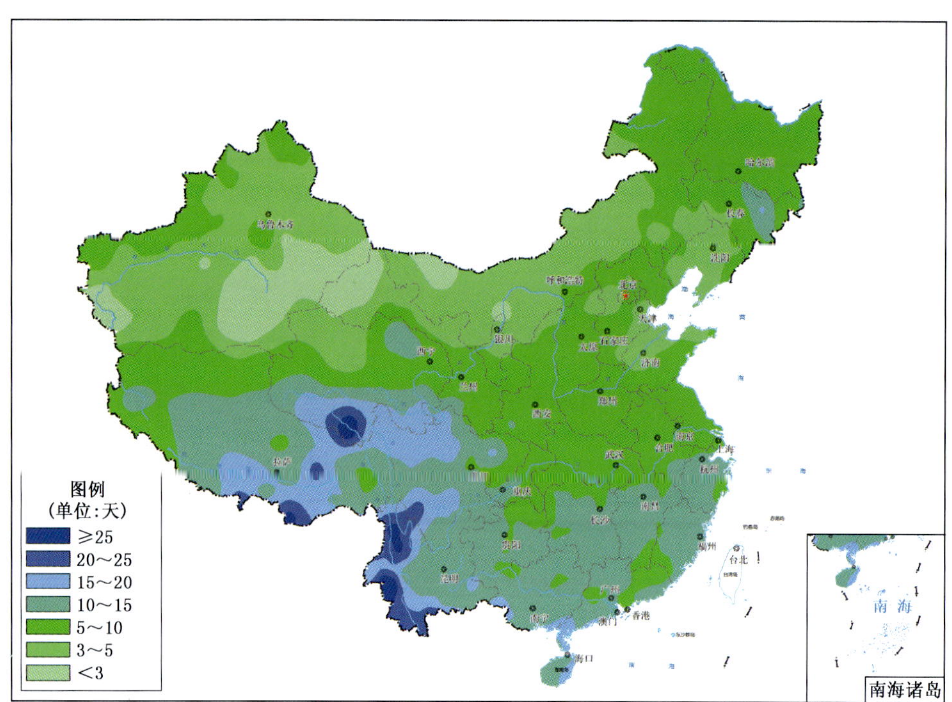

图 D13　2018 年全国最长连续降水日数分布

Fig. D13　Distribution of the maximum consecutive precipitation days over China in 2018 (unit: d)

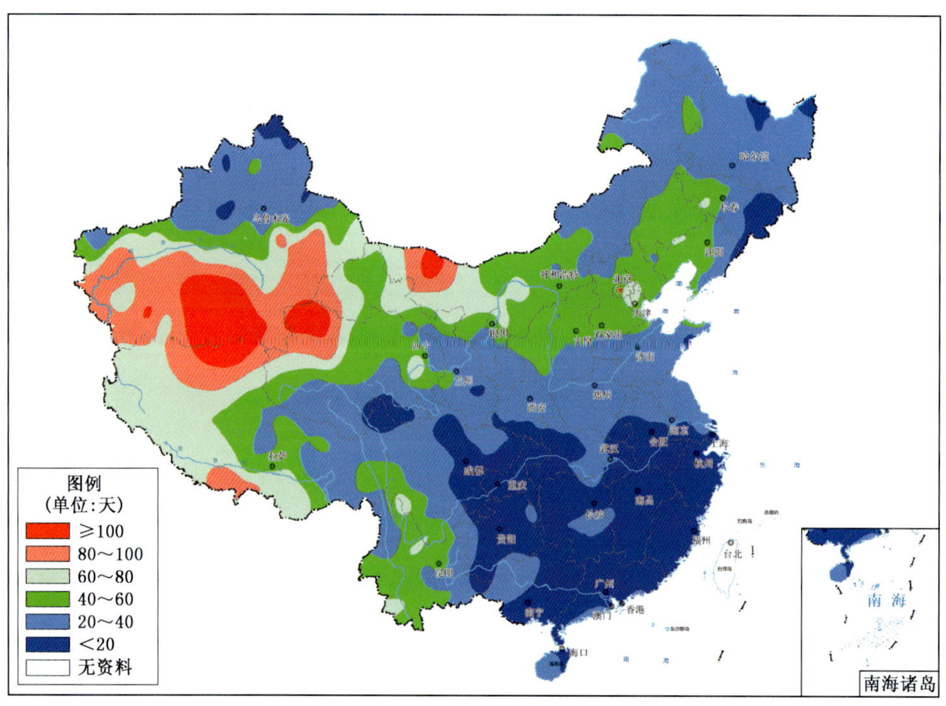

图 D14　2018 年全国最长连续无降水日数分布

Fig. D14　Distribution of the maximum consecutive non-precipitation days over China in 2018 (unit: d)

附录 E　天气现象特征分布图

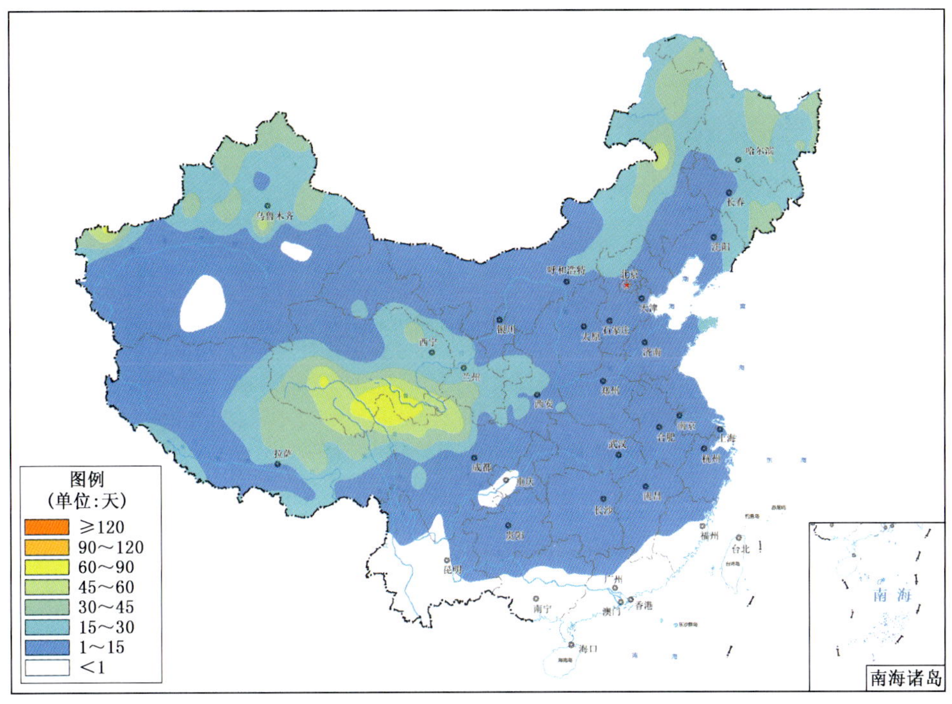

图 E1　2018 年全国降雪日数分布

Fig. E1　Distribution of snow days over China in 2018 (unit: d)

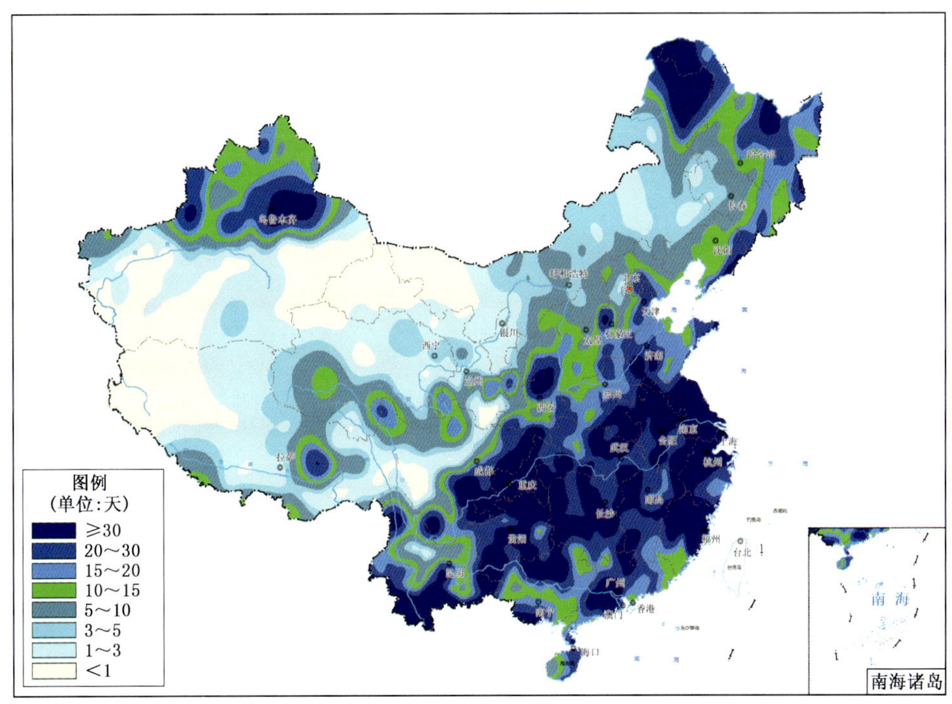

图 E2　2018 年全国雾日数分布

Fig. E2　Distribution of fog days over China in 2018 (unit: d)

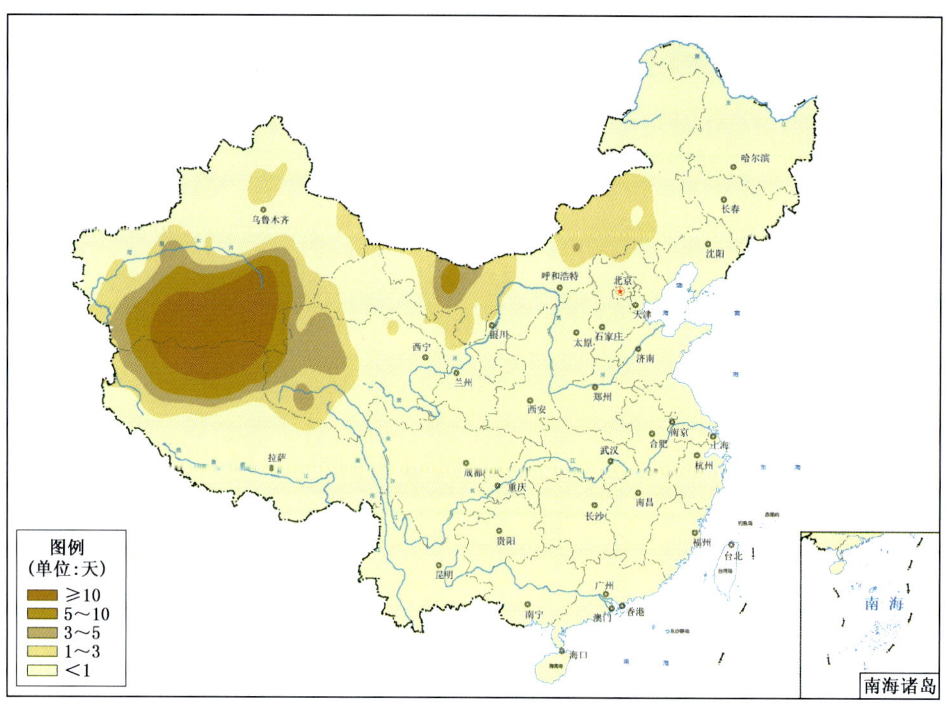

图 E3　2018 年全国沙尘暴日数分布

Fig. E3　Distribution of sand and dust storm days over China in 2018 (unit: d)

附录 F　2018 年香港、澳门、台湾气象灾害

香港

● 1 月 28 日开始，香港出现持续低温天气。1 月 29 日市区气温跌至 8.9℃，昂坪 2.8℃、大老山 2.9℃、打鼓岭 6℃；2 月 4 日市区最低气温 9℃，为近十几年来最冷的立春日。持续低温导致香港流感疫情持续，仅 1 月 28—30 日就新增 18 宗成人流感死亡事件。同时，寒冷天气造成市面上的菜品供应减少，菜价升高。

● 5 月 18—30 日，香港出现持续高温天气，连续 13 天日最高气温≥33℃，创历史上 5 月最长酷热纪录，兼单月内最多酷热总日数纪录。其中，5 月 29 日香港天文台最高气温达 35.3℃，大埔最高气温达 38.1℃；跑马地、北潭涌、大美督、打鼓巅、坪洲等都突破 37℃“关口”。由于烈日炙烤、气温居高不下，市民生活受到影响。白天街上行人纷纷躲进大厦、车站、广告牌下的荫蔽处躲避阳光；进凉茶铺喝凉茶清热解暑的顾客增多，水果档西瓜销量明显上升；各区室内游泳池成为市民们消暑纳凉的好去处。此外，酷热天气下，青衣有专线小巴疑冷气故障热晕司机，致小巴失控酿成 6 车连环相撞车祸，造成 3 人受伤；1 名 93 岁老人因中暑留医。

● 6 月 6—8 日，受热带风暴“艾云尼”影响，香港出现狂风骤雨，降雨量普遍超过 170 毫米。强降雨一度造成新田公路往元朗方向近垦围的行车线被淹，水深约半米，导致行车大排长龙，车龙长近 8 千米。6 日凌晨，香港大学校园一株高约 20 米、直径约 2 米的细叶榕被强风连根拔起，导致一部校巴被砸，车身损毁严重。另外，7 日黄昏长洲附近出现水龙卷。

● 8 月 14 日上午，受热带风暴“贝碧嘉”影响，香港中电 1 组 40 万伏供电系统出现 0.1 秒电压骤降，导致港九新界多区电力供应不稳，造成 76 起人员被困电梯及 20 起火警钟误鸣事故。

● 8 月 29 日，新界大部分地区降雨量在 100 毫米以上，屯门、元朗、大埔及北区超过 200 毫米，导致多处出现严重水浸，局地发生山泥倾泻，造成交通阻塞。同日，荃湾丽都湾泳滩及青衣汀九桥附近出现水龙卷。

● 9 月 16 日，强台风“山竹”袭击香港。横澜岛及长洲最大 60 分钟平均风速分别为 161 及 157 千米/小时，均是本站历史同期的第二高值。“山竹”所引发的风暴潮令多处水位异常升高，9 月 16 日下午维多利亚港内鲗鱼涌的潮位最高升至 3.88 米（海图基准面以上），是 1954 年之后的第二高值，仅次于 1962 年“温黛”台风袭港期间的最高纪录（3.96 米，海图基准面以上）。全港当日降雨量普遍在 100 毫米以上，部分地区雨量超过 200 毫米。“山竹”给香港造成严重影响。据报道，全港多区出现海水倒灌，鲤鱼门多处出现水浸，水深及膝。西贡沿岸一带至少 130 艘船只撞毁或沉没，其中 1 艘价值 5000 万元港币，4 层高、长 30 米的巨型游艇及 3 艘大型船只被吹上岸搁浅甚至解体，估计总损失高达 3 亿元港币。市内大部分公共服务暂停，香港迪士尼乐园、香港海洋公园、香港湿地公园及 41 个泳滩一度暂停开放。所有学校一度停课。海陆空交通大受影响，所有巴士、电车、渡轮、山顶缆车暂停服务；所有地面及架空路段的港铁列车、轻铁及港铁巴士暂停服务；香港国际机场 16 日共取消 889 班航班。据统计，风暴期间全港共发生 4.6 万宗树木倒塌个案，超过 450 人不同程度受伤。

● 9 月 24 日，香港遭受暴雨袭击，早上至中午天文台共降雨 63 毫米，成为 1992 年以来降雨最多的中秋节。暴雨令多区出现水浸，部分马路水深超 1 米，造成汽车经过时熄火。全港 24 日共收到 15 宗水浸报告，主要是渠口受树枝及树叶堵塞。

澳门

● 8 月 14 日晚，受热带风暴“贝碧嘉”影响，13 个低洼地区的公共停车场关闭；3 条连接澳门和凼仔的跨海大桥及莲花大桥一度封闭；外港码头往香港上环航班一度停航；机场共有 74 个航班延误

或取消，造成500多名旅客滞留。另外，风暴影响期间，澳门共发生坠物、塌树等18起事故，1名男子被脱落水泥块击中受轻伤。

● 8月27日晚至28日凌晨，澳门遭受暴雨袭击，澳门半岛过程降雨量91毫米，凼仔107毫米，路环区141毫米。暴雨造成青洲、台山、关闸、黑沙环及离岛部分道路水深至小腿，车辆犹如陆上行舟，道路临时封闭。

● 9月16日，第22号强台风"山竹"肆虐澳门，带来狂风暴雨并引发海水倒灌，内港等低洼地带变成一片汪洋，水深1.9米，不少商铺被淹，市政设施受损，树木大量倒伏。整个低洼地区共撤离5650户低层住户，1280人入住避险中心。截至17日，澳门民防中心共接到445项事故报告，有40人在台风期间不同程度受伤。受"山竹"影响，关闸、跨境工业区边境站和路凼城边境站等珠澳陆路口岸全面关闭，3条澳凼跨海大桥全面禁止行车；澳门往香港客轮停航，国际机场航班取消，澳门海陆空对外联系全面瘫痪。此外，澳门所有娱乐场所暂停营运33小时。

台湾

● 1月8—14日，台湾遭遇入冬后首波寒流袭击，大部分地区出现入冬以来的最低气温，淡水最低气温7℃，嘉义4.7℃，玉山−13.5℃。持续低温对人们的生产、生活造成了诸多不利影响。由于骤然降温，台湾流感疫情明显上升，造成一周内全台逾300人因天冷引发心肺功能停止而猝死。台北、新北市猝死人数达100人，台北市殡仪馆冰柜爆满，"一柜难求"；基隆一对60多岁夫妇不幸双双猝死家中，独留2岁的孙子在门口号啕大哭。强寒流对台湾渔业、农业造成影响，损失超过5000万元(新台币，后同)。云林、嘉义、台南等地的沿海连续3天夜间低温，造成约3成虱目鱼被冻死，其中台南市七股区浅坪式混养渔场面积约1800公顷，仅1月12日估计约144万尾虱目鱼冻死，损失约3600万元。另据台湾农业主管部门统计，台湾农作物估计损失约1890万元，以高雄市最为严重，主要是番茄等蔬菜类受损。

● 1月29日至2月1日，台湾遭受寒流袭击。因全台急冻，高山大雪纷飞，苗栗县雪山主峰沿线山区普遍积雪超过30厘米，路标指示和部分路径都遭冰封。全台近4天累计132人猝死。

● 5月，台湾岛内出现连续高温天气，多地刷新5月最高气温纪录。5月28日下午，台中气温升至36.3℃，是设站122年以来5月最高气温纪录；台北也于27日出现38.2℃的高温。截至5月28日，全台已累计有310人次因热伤害就医，就医人次比2017年5月全月高出93%。仅27日一天就有27人次因热伤害就医，屏东1人疑因热衰竭不幸死亡。此外，高温还引发用电负载升高，28日台湾用电量较历年5月最高纪录高出近100万千瓦时。

● 6月15日，台湾部分地区遭受暴雨袭击。当日00时至10时50分，累计降雨最多的屏东内埔达248.5毫米，屏东玛家、盐埔、九如、长治也都超过200毫米。暴雨造成高雄市部分区域1.35万户一度停电；台东县兰屿乡下午及晚上停止上班、上课。

● 6月19—21日，台湾南部出现大雨、暴雨，多个县、市发生淹水灾害。高雄市桃源、茂林区的24小时累计雨量都超过200毫米，导致台29线有落石坍方，暂时封闭部分路段。台南大雨造成19个区、87个路段一度淹水，建平路与建平九街口道路塌陷，一名女骑士掉进坑洞受伤。据6月20日台湾"农粮署"统计，农作物估计损失2431万元，其中屏东县损失最多为1730万元，其次是台东县、高雄市，分别损失521万元、131万元。

● 6月27日下午，台湾屏东地区突遭强风大雨袭击，部分地区出现冰雹。强风导致市区及眷村多处路树折断倒伏。降雨才半小时，就令启用刚3年、造价28亿元新台币的屏东火车站变成"水帘洞"，造成月台泼雨、室内漏雨，让旅客苦不堪言。

● 7月初，暴雨袭击台湾中南部地区。2日全台最大雨势出现在彰化，埔盐日降雨量高达386毫米，万兴、溪湖等地日降雨量也都超过300毫米，福兴、秀水1小时降雨量超过90毫米；高雄溪埔日降雨量也有272.5毫米；屏东泰武267毫米。3日，高雄凤森、大寮和屏东新园降雨量均超过100毫米。受强降雨影响，2日彰化县部分地区受淹，1位90岁老太疑因在被淹的家中跌倒昏迷，送医不治。4日凌晨阿里山公路70.2千米处发生坍方落石，造成双向交通一度阻断；嘉义地区滂沱大雨，视线不佳，引发2起车祸，造成3人受伤。台"农业委员会"4日统计，全台农作物受害面积1045公顷，农业产物损失累计1269万元，其中农产损失1211万元，畜产损失58万元。

● 7月10日深夜至11日凌晨，强台风"玛莉亚"横扫台湾北部。受其影响，台北市油坑总雨量387毫米、新竹县白兰305毫米、苗栗县凤美269毫米、新北市信贤派出所254毫米、桃园市高坡245毫米、台中市稍来244毫米、宜兰县福山植物园206毫米；彭佳屿出现16级阵风、新北市鼻头角14级、连江县东引13级、兰屿11级，台北市大直也有10级。此外，10日台东已经观测到7米以上浪高，基隆外木山海域出现水龙卷。"玛莉亚"给台湾造成一定损失，截至10日晚，全台预防性疏散撤离2131人，台北市1名女子外出时被掉落树枝砸伤；8县、市(包括北部全部6县市、中部苗栗县和东部宜兰县)宣布10日下午停班、停课；岛内航线航班取消117架次，两岸及国际航线取消161架次、延误20架次；泉(州)金(门)客运航线一度停航16个班次；全台共约12.6万户停电。

● 7月19日下午，台湾高雄市出现强雷雨天气，市区包括大小区、仁武区及凤山区的时雨量都超过70毫米，六龟山区17—18时降雨量一度达到98毫米。大雨导致10处积水，神农路水深约一个轮胎高，造成下班时间小客车无法通行；大小区疑似因落雷致高压线路断损，造成大社路、中山路等地8909户一度停电。此外，高雄机场因跑道遭雷击出现破洞，造成航班暂停起降，影响国内外航班到站30班、离站10班、旅客约千人。

● 7月下旬至8月上旬，台湾出现持续高温闷热天气，各地最高气温33～37℃。持续高温导致用电量一再飙高，台电8月1日13时54分用电攀升至3751.1万千瓦，突破7月31日才创的历史纪录，用电量同时创下2018年新高、历年8月新高、历史尖峰用电新高、历年每小时平均用电新高、历年日均用电新高5项纪录。另外，淡水河和基隆河等河流从8月13日起出现鱼群大量死亡，估计死亡达数十万尾，环保部门初步判断为高温导致河水溶氧量不足所致。

● 8月23日起，热带低压及西南气流带来的豪大雨影响台湾。24日嘉义县鹿草乡、义竹乡24小时累计雨量均超过700毫米；28日高雄市凤山区、新兴区、苓雅区、三民区、前镇区24小时累计雨量均超过300毫米，凤山区及新兴区1小时雨量超过80毫米。连日强降雨造成台湾中南部多地水患成灾，屏东、高雄、台南、嘉义等地陆续出现1543处低洼地区、道路积水，侧沟排水溢出等现象；高雄市区多处淹水严重，鼓山三路及裕明街一带积水近1米；台南多数河川水位暴涨，安平运河溢满，全市31座桥梁及87条道路封闭；嘉义地区超大豪雨导致阿里山森林游乐区、故宫南院分别休园、休馆；台东县往返绿岛、兰屿船班取消，造成上千人滞留；24日中南部8县、市一度停班、停课，5.3万户停电。据台有关部门8月底统计，水灾共造成全台7人死亡，1人失踪，148人受伤；农业及学校等损失超过10亿元新台币。其中，渔产业共计损失3.5亿元，主要是虱目鱼受损248公顷，受损金额1.4亿元，其次为吴郭鱼、鲈鱼等；畜产业共计损失2.0亿元，受损畜禽主要为鸡156万只，受损金额1.2亿元，猪损失1万余头，损失金额3813万元；农产共计损失1.6亿元(含养蜂损失453万元)，农作物受灾面积5390公顷，受灾最严重的是花生，其次为西红柿、西瓜及其他蔬菜。

● 9月10日，受热带低压及其外围环流影响，绿岛、兰屿风雨交加，造成台东往返绿岛、兰屿的船班全数取消，1000余名游客滞留。同时，因能见度不佳，加上风力强劲，台东10日飞往兰屿、绿岛班机全数取消。另外，台东县兰屿乡宣布10日下午停班、停课。

● 9月15日下午，受台风"山竹"外围环流影响，台东县尚武村遭龙卷风横扫，许多民宅屋顶全毁。尚武渔港内渔船半沉1艘，渔筏全毁18艘，估损1000万元新台币。

● 受台风"玉兔"外围环流及东北风的影响，10月30日晚开始，台湾北部、东北部和东部出现明显降雨。截至31日清晨，苏澳累计降雨量超过100毫米；2日兰屿累计24小时雨量达390毫米。11月1日早上，兰屿乡最强阵风达到13级，决定停班、停课1天，海上交通全面停止。另外，受大风影响，多条闽台海上航线停航，"丽娜轮"原定于30日、31日台北往返平潭航班全部停航。

附录 G　2018 年国内外十大天气气候事件

国内十大天气气候事件

1. “山竹”强势登陆粤港澳大湾区
2. 历史最热夏季拉响 33 天高温预警
3. 琼州海峡大雾锁航强留上班族
4. 气候变暖诱发冰崩或致雅江堰塞湖
5. 沙尘暴袭击北方 PM_{10} 浓度飙升
6. 1 月底寒潮侵袭中东部引发暴雪
7. 三台风一月内接连“光顾”上海
8. 夏季黄河上游雨水频繁兰州城看海
9. 初夏南方连续强降水致多地内涝
10. 春寒来势凶猛致中东部严重冻害

国外十大天气气候事件

1. 超强台风“山竹”重创菲律宾
2. 2 月北极出现史上最高气温
3. 夏季北半球发生严重“高烧”
4. 加州坎普山火肆虐重创天堂镇
5. 特大暴风雨致普吉岛游船倾覆
6. 日本遭遇 35 年来最重暴雨灾害
7. 台风“飞燕”两次登陆重创日本
8. 暴风雪刷新美国东海岸低温纪录
9. 3 月寒流横扫欧洲多国
10. 南非遭遇 23 年来最严重的干旱

Summary

Annual mean temperature over China was 10.1℃ in 2018, which was 0.5℃ higher than the climatic normal (9.6℃) (Fig. 1). The temperatures in January, February, October and December were slightly lower than the normal and closed to the normal in September, while were above the normal in other months as well as the temperature in July and August were the second-highest and fourth-highest in the same period since 1961, respectively. In 2018, the annual precipitation over China was 673.8 mm, which was 7% more than the normal (629.9 mm) and 5% more than that in 2017 (641.3 mm) (Fig. 2). The precipitations were less than normal in February and October with 53% less in February, while the precipitations were above normal in January, July, August, September, November and December with August reached third-highest in the same period since 1961 and 73% more in December. Besides, the precipitations in other months were closed to the normal.

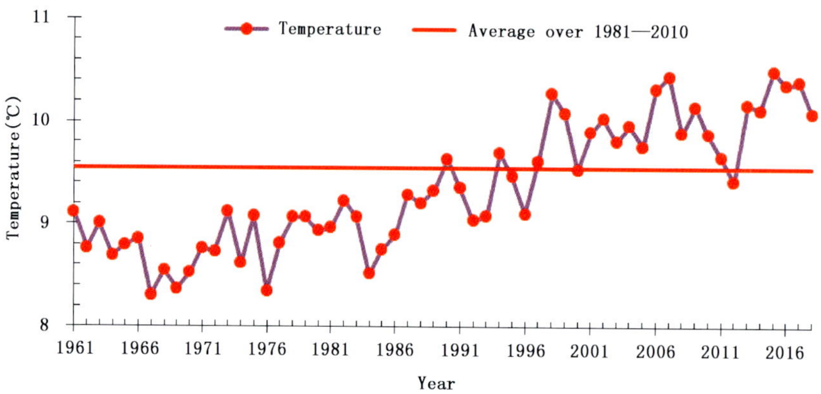

Fig. 1 Annual mean temperature over China during 1961—2018

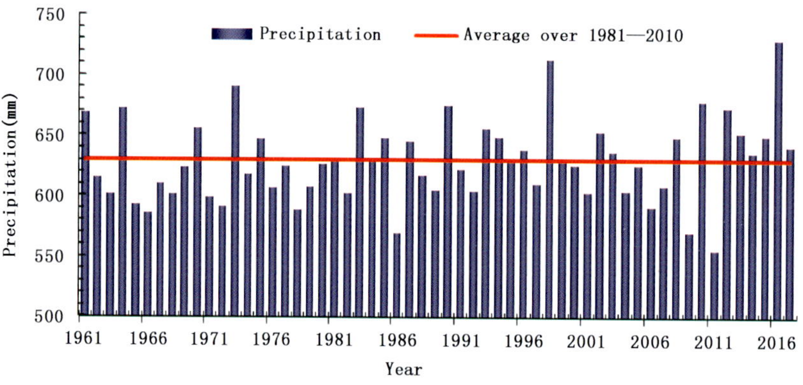

Fig. 2 Annual precipitation over China during 1961—2018

In 2018, rainstorm processes occurred frequently but caused less meteorological disasters in summer. The numbers of generated and landed typhoons were more than normal, while the typhoons made landfall northerly and caused serious disasters. The numbers of high-temperature-day were more than normal, and there were strong extreme high temperature events in Northeast China as well as central and eastern regions of China. Obvious regional and staged drought brought slight impacts and losses. Low-temperature freezing and snow disasters occurred frequently, with heavy losses in China. Severe convective weather processes were relatively less and brought about light economic losses. The northern China experienced fewer sandstorms in spring, but haze events occurred occasionally and distinctly influenced on air quality and human health.

Statistics indicated that meteorological disasters and their secondary and derivative disasters in 2018 affected about 140 million people, and caused 614 deaths (including missing persons), of these, 568 died. Disasters also influenced 20.8 million hectares crop lands with 2.6 million hectares farmlands without harvest. The direct economic loss (DEL) reached 261.56 billion RMB (Fig. 3). In general, the DEL caused by meteorological disasters in 2018 slightly more than the average level of the 1990—2017. However, the death(including missing) toll and affected areas in 2018 were obviously less than the average of 1990—2017. Overall, the damage of meteorological disaster in 2018 was relatively lighter.

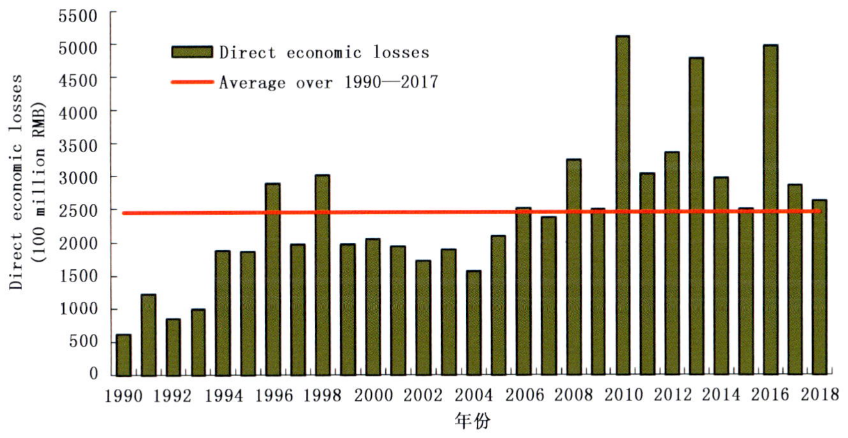

Fig. 3 Direct economic loss (DEL) caused by meteorological disasters over China during 1990—2018

Figure 4 displayed the relative proportions of loss indices for major meteorological disasters over China in 2018. Regarding to the direct economic losses, rainstorm and flood disaster had the highest percentage (40.5%), then followed by the typhoons, cryogenic freezing hazards and snow disasters. As for the affected population, death toll and collapsed houses, rainstorm and flood disaster still had the highest proportion, at 26.1%, 61.9% and 69.8%, respectively. Regarding to the areas of affected and failed crop, the drought had the highest percentage (37.1% and 35.7%, respectively) followed by rainstorm and flood disaster.

In comparison with 2017, the direct economic losses and death toll induced by rainstorm and flood disaster were less in 2018, while that caused by tropical cyclones, low-temperature freezing and snow disaster were more in 2018. Additionally, the death toll due to local strong convection was higher in 2018 (Fig. 5).

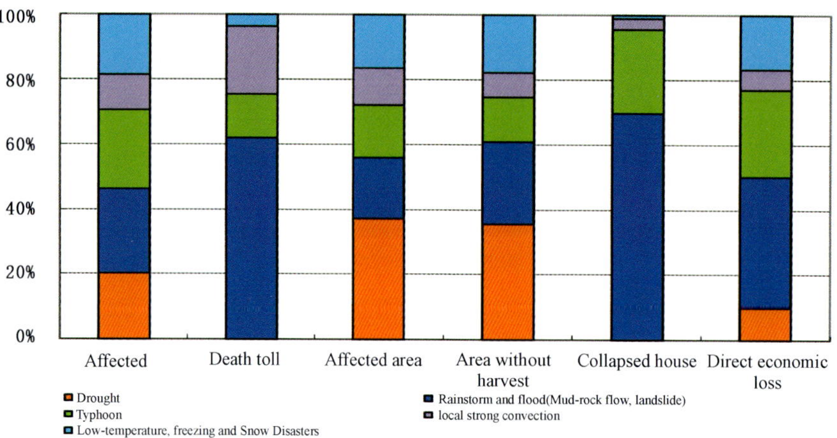

Fig. 4 Relative proportions of loss indices for five major meteorological disasters over China in 2018

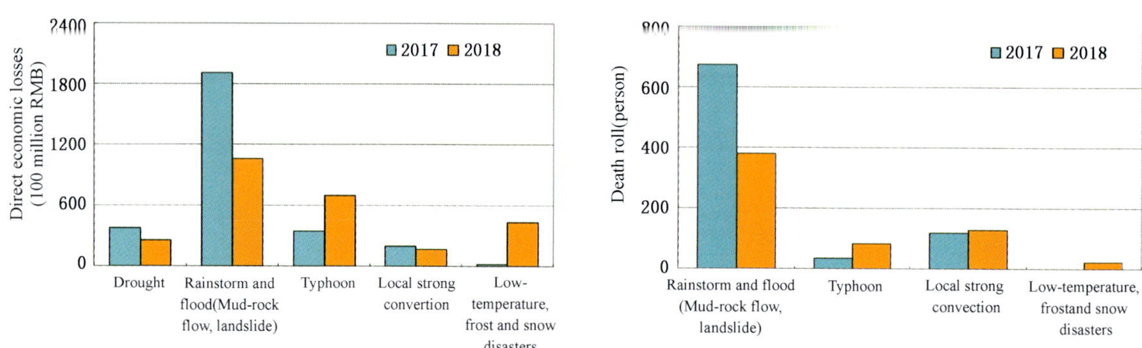

Fig. 5 Direct economic losses (left) and death toll (right) caused by main meteorological disasters over China in 2017 and 2018

General Review of Main Meteorological Disasters in 2018

Droughts In 2018, the affected area of farmland by droughts is about 7.7 million hectares, which was obviously less than the average of 1990—2017 and was the least since 1990 (Fig. 6). During the current year, the effect of drought was relatively slight in general, while it showed obviously regional and staged characteristics. In 2018, successive droughts from spring to summer occurred in the eastern part of Inner Mongolia, the central and southern part of Northeast China, and Beijing experienced successive drought from autumn to spring. Periodic droughts occurred in Jiang-Huai, Jiang-Nan and Jiang-Han, etc.

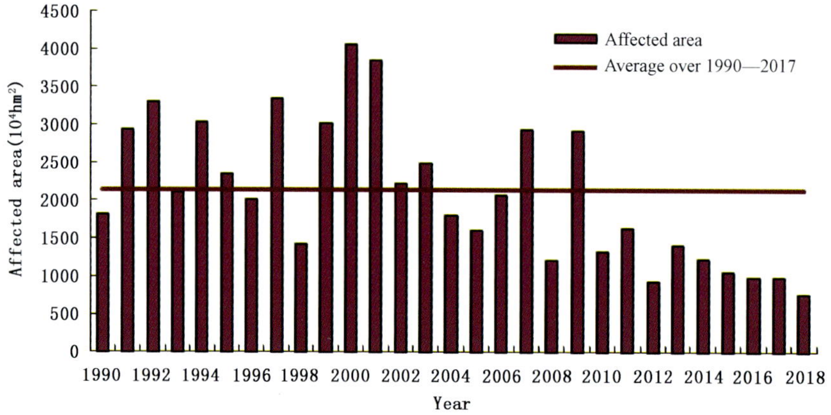

Fig. 6 Histogram of drought-affected areas over China during 1990—2018

Rainstorm and Associated Flood, Mud-rock Flow and Landslides In 2018, there were 21 rainstorms over China in flood season. Serious rainstorm and flood disaster happened in some areas. The direct economic losses of heavy rains and related geological disasters (including landslides and mudslides) were light in this year. In early summer, the continuously heavy rains caused regional flooding. From July to August, rainstorm and flood happened in many parts of northern China, and the middle and lower reaches of the Yangtze River. In late summer, southern China suffered from rainstorm and floods due to continuous and heavy rainfall. More rainy weather in autumn, the average rainy days over the 10 provinces (regions) (Qinghai, Sichuan, Chongqing, Guizhou, Hunan, Jiangxi, Zhejiang, Fujian, Guangdong and Guangxi) were the highest since 1982. In 2018, rainstorm and floods affected about 3.95 million hm^2, caused 380 deaths (including missings) and direct economic losses of about 106 billion RMB. The affected areas (Fig. 7), death toll in 2018 were less but direct economic losses obviously more than those of averaged level in 1990—2017. In general, rainstorms and their related disasters was relatively slight in 2018.

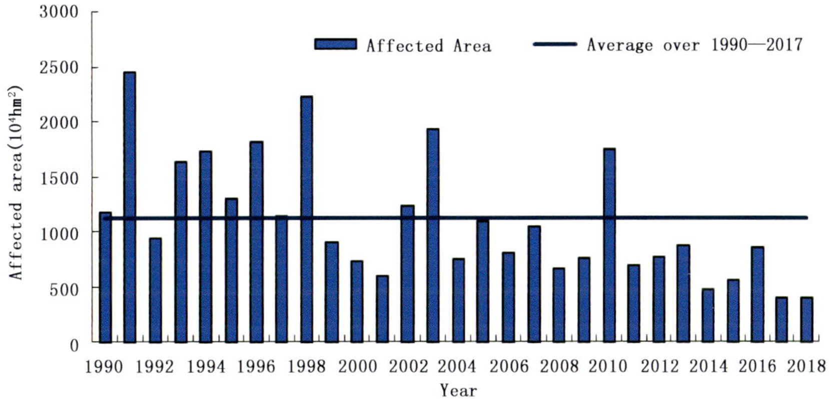

Fig. 7 Histogram of rainstorm and floods affected area over China during 1990—2018

Typhoons In 2018, there were 29 typhoons (the maximum sustained wind speed near the center exceeds 17.2 m/s) generatedin the Northwest Pacific and South China Sea, which was 3.5 more than the normal (25.5). Ten of them landed in the mainland, which are 2.8 more than the normal (7.2). The first landing time of the tropical cyclones was 13 days earlier and the last landing time was 10 days later than the normal. These tropical cyclones caused 83 deaths (including missings) and direct economic loss of 69.7 billion RMB. The direct economic loss in 2018 was higher than the average level of 1990—2017, while the death toll was less than the average. Overall, the tropical cyclone disaster was the relatively heavy in 2018 (Fig. 8). Specially, No. 18 Typhoon "Rumbia" had a broad influence, which caused the worst disaster losses in 2018. No. 22 Typhoon "Mangkhut" was the strongest typhoon with the longest life history that affected our country in 2018.

Local strong convections (gale, hail, tornado, lightning stroke, etc.) In 2018, the disater caused by local strong convections was generally light, which affected crop areas of 2.4 million hectares, caused 128 deaths (including missings) and direct economic loss of 16.8 billion RMB. In comparison with nearly ten years, the affected crop area and death toll were less than the normal.

Low-temperature freezing and Snow Disasters In 2018, the Low-temperature freezing and snow disaster affected crop area of 3.4 million hectares and caused a direct economic loss of 43.4 billion

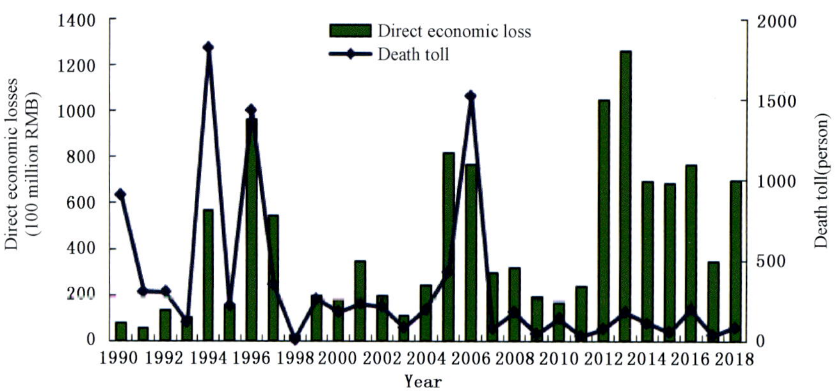

Fig. 8 Histogram of direct economic losses and death toll caused by typhoons over China during 1990—2018

RMB. The low temperature, frost and snow disaster were relatively heavy. In January, three large-scale low-temperature process with rain and snow occurred in mid-eastern China. From April 3 to 7, cold wave leaded to serious low-temperature freezing disaster in the some areas of northern China.

Sand Storms There were 14 dust weather processes in 2018. The first sand storm event happened earlier than the normal. In spring, there were 10 dust weather processes, which was 7 times less than the normal (17), with 3 times of sandstorms. The average dust days in northern China was 2.3 days, which was 2.8 days less than the normal for the same period. The sandstorm on March 26—29 was the strongest in this year. The sandstorm disaster was relatively slight in 2018.